U0391508

住房城乡建设部土建类学科专业“十三五”规划教材
高等学校土木工程专业应用型人才培养规划教材

工程质量事故分析与处理

李　飞　主　编
梁化强　单春明　副主编
张季超　主　审

中国建筑工业出版社

图书在版编目（CIP）数据

工程质量事故分析与处理/李飞主编. —北京：中国建筑工业出版社，2017.12（2024.6重印）
住房城乡建设部土建类学科专业“十三五”规划教材. 高等学校土木工程专业应用型人才培养规划教材
ISBN 978-7-112-21436-5

Ⅰ.①工… Ⅱ.①李… Ⅲ.①建筑工程-工程质量事故-事故分析-高等学校-教材②建筑工程-工程质量事故-事故处理-高等学校-教材 Ⅳ.①TU712.4

中国版本图书馆CIP数据核字（2017）第262681号

本书由中国土木工程学会教育工作委员会江苏分会组织编写。本书根据普通高等学校培养应用型人才的要求及现行的规范、标准和法规编写。本书为住房城乡建设部土建类学科专业“十三五”规划教材。

本书参考了大量工程质量事故分析与处理方面的相关教材和文献资料，引用国内外许多典型工程质量事故案例，分析了各种常见工程质量事故产生的原因和预防处理措施。全书共分为10章，包括：概述，工程质量事故的常用检测方法，岩土工程、混凝土结构工程、钢结构工程、砌体结构工程、道路与桥梁工程的质量事故分析与处理，防水工程、装饰工程质量缺陷分析与处理，最后还介绍了工程灾害事故分析与处理。

本书可作为土建类相关专业本科生和高职学生教材，可根据学时和不同专业选学相关内容，还可供相关工程技术人员参考。

为了更好地支持相应课程的教学，我们向采用本书作为教材的教师提供课件，有需要者可与出版社联系。

建工书院：http://edu.cabplink.com/index
邮箱：jckj@cabp.com.cn，2917266507@qq.com
电话：010-58337285

* * *

责任编辑：聂　伟　吉万旺　仕　帅　王　跃
责任设计：韩蒙恩
责任校对：王　瑞　王雪竹

住房城乡建设部土建类学科专业“十三五”规划教材
高等学校土木工程专业应用型人才培养规划教材
工程质量事故分析与处理
李　飞　主　编
梁化强　单春明　副主编
张季超　主　审
*
中国建筑工业出版社出版、发行（北京海淀三里河路9号）
各地新华书店、建筑书店经销
霸州市顺浩图文科技发展有限公司制版
建工社（河北）印刷有限公司印刷
*
开本：787×1092毫米　1/16　印张：21¼　字数：526千字
2018年1月第一版　2024年6月第七次印刷
定价：**44.00**元（赠教师课件）
ISBN 978-7-112-21436-5
（31123）

高等学校土木工程专业应用型人才培养规划教材
编委会成员名单
（按姓氏笔画排序）

出版说明

近年来，我国高等教育教学改革不断深入，高校招生人数逐年增加，对教材的实用性和质量要求越来越高，对教材的品种和数量的需求不断扩大。随着我国建设行业的大发展、大繁荣，高等学校土木工程专业教育也得到迅猛发展。江苏省作为我国土木建筑大省、教育大省，无论是开设土木工程专业的高校数量还是人才培养质量，均走在了全国前列。江苏省各高校土木工程专业教育蓬勃发展，涌现出了许多具有鲜明特色的应用型人才培养模式，为培养适应社会需求的合格土木工程专业人才发挥了引领作用。

中国土木工程学会教育工作委员会江苏分会（以下简称江苏分会）是经中国土木工程学会教育工作委员会批准成立的，其宗旨是为了加强江苏省具有土木工程专业的高等院校之间的交流与合作，提高土木工程专业人才培养质量，促进江苏省建设事业的蓬勃发展。中国建筑工业出版社是住房城乡建设部直属出版单位，是专门从事住房城乡建设领域的科技专著、教材、标准规范、职业资格考试用书等的专业科技出版社。作为本套教材出版的组织单位，在教材编审委员会人员组成、教材主参编确定、编写大纲审定、编写要求拟定、计划出版时间以及教材特色体现和出版后的营销宣传等方面都做了精心组织和协调，体现出了其强有力的组织协调能力。

经过反复研讨，《高等学校土木工程专业应用型人才培养规划教材》定位为以普通应用型本科人才培养为主的院校通用课程教材。本套教材主要体现适用性，充分考虑各学校土木工程专业课程开设特点，选择20种专业基础课、专业课组织编写相应教材。本套教材主要特点为：抓住应用型人才培养的主线；编写中采用先引入工程背景再引入知识，在教材中插入工程案例等灵活多样的方式；尽量多用图、表说明，减少篇幅；编写风格统一；体现绿色、节能、环保的理念；注重学生实践能力的培养。同时，本套教材编写过程中既考虑了江苏的地域特色，又兼顾全国，教材出版后力求能满足全国各应用型高校的教学需求。为满足多媒体教学需要，我们要求所有教材在出版时均配有多媒体教学课件。

本套《高等学校土木工程专业应用型人才培养规划教材》是中国建筑工业出版社成套出版区域特色教材的首次尝试，对行业人才培养具有非常重要的意义。今年正值我国“十三五”规划的开局之年，本套教材有幸整体入选《住房城乡建设部土建类学科专业“十三五”规划教材》。我们也期待能够利用本套教材策划出版的成功经验，在其他专业、其他地区组织出版体现区域特色的教材。

希望各学校积极选用本套教材，也欢迎广大读者在使用本套教材过程中提出宝贵意见和建议，以便我们在重印再版时得以改进和完善。

中国土木工程学会教育工作委员会江苏分会
中国建筑工业出版社
2016年12月

前　言

土木建筑工程与人类社会发展和人民生活水平密切相关。土木建筑工程建设发展到现在，一方面，以我国为代表的发展中国家，建设规模和建设速度都是空前的，从而出现大量的工程中的意外事故，造成大量经济损失和人员伤亡；另一方面，建设事业已经趋向饱和的发达国家，正面临着空前的工程结构老化裂损，存在亟待进行大范围加固处理的压力。因此，学习土建工程事故，掌握土建工程破损分析与处理技术，是土木工程类专业学生及土木工程师们应该具有的职业素养。本书主要包括土建工程中的质量事故分析与处理，还包括既有建筑物的裂损分析与加固处理两方面的内容。

本书着眼于培养土木工程专业应用型本科和高等职业技术人才要求，注重基本原理与典型事故案例紧密结合，图文并茂，实用性强。本书主要内容包括：概述、工程质量事故的常用检测方法，岩土工程、混凝土结构工程、钢结构工程、砌体结构工程、道路与桥梁工程的质量事故分析与处理，防水工程、装饰工程质量缺陷分析与处理，最后还介绍了工程灾害事故分析与处理。

本书由盐城工学院、江苏双强工程有限公司、江苏保利来工程科技有限公司李飞教授任主编，徐州工程学院梁化强、盐城市建筑工程学校单春明任副主编。参加本书编写的还有：盐城工学院李占印、林芹、张飞，徐州工程学院吴静晰，江苏双强工程有限公司葛爱兵，江苏保利来工程科技有限公司邱青、张国栋、葛晓梅。本书由广州大学张季超教授任主审。

本书的工程案例大多来自论文资料、教材、专著等，虽尽可能在参考文献中列出，但难免挂一漏万，在此一并表示衷心感谢！

由于我国土木工程建设发展迅速，新材料、新工艺、新技术不断出现，工程事故内容繁多，加上编者经验、水平所限，书中不妥之处，敬请读者批评指正！

编　者

目　录

第 1 章　概　　述

本章要点及学习目标

本章要点：

本章阐述了工程质量的概念、工程质量事故的分类以及事故处理的方法，分析了影响工程质量的五大因素（人、材、机、法、环，简称 4M1E 因素）。学习中应结合自己的实践，加深对工程质量事故分析的认识，进一步摸索、总结影响工程质量的主要因素和处理这些事故的方法规律，为以后接触质量事故奠定基础并能灵活地运用于实践。

学习目标：

1. 理解本章的基本概念，如质量、工程质量、工程事故。
2. 理解工程事故的分类。
3. 掌握影响工程质量的因素。
4. 掌握工程质量事故分析与处理的一般方法。
5. 了解工程事故的分类。
6. 了解工程质量事故分析与处理的程序。

1.1　工程质量的概念及影响因素

1.1.1　工程质量的概念

质量（Quality）的内涵随着社会经济和科学技术的发展而不断充实、完善和深化，人们对质量概念的认识也经历了一个不断发展和深化的历史过程。《质量管理体系、基础和术语》GB/T 19000—2008 对质量的定义是一组固有特性满足要求的程度。对建筑产品而言，如工业厂房、居住建筑，其固有特性必须满足人们生产、居住的需要或期望。

建筑产品的特性是指适用性、安全可靠性和耐久性的总和。要求工程在规定的时间内（设计基准期）、在规定的条件（正常设计、正常施工、正常使用维护）下具有完成预定功能（安全性、适用性和耐久性）的能力，体现在安全性、适用性和耐久性三个方面。

工程质量是国家现行的有关法律、法规、技术标准、设计文件及工程合同中对工程的安全、使用、经济、美观等特性的综合要求。

建筑工程产品是人们生活、生产、工作的活动场所，是人们赖以生存和发展的物质基础之一。建设工程质量，关系到人民的生命及财产的安全。一些民用建筑工程特别是住宅工程，影响正常使用功能的质量事故或质量缺陷屡屡出现，多发性、普遍性已成为人们关注投诉的热点。所以，建筑工程勘察、设计、施工的质量必须符合国家有关建筑工程安全标准的要求。

《建筑工程施工质量验收统一标准》GB 50300—2016 对建筑工程质量这一术语，从其标准的角度赋予其涵义是：反映建筑工程满足相关标准规定或合同约定的要求，包括其在安全、使用功能及其在耐久性能、环境保护等方面所有明显和隐含的能力特性。

建筑工程产品具有单件性、建成的一次性和寿命长期性的特点，一次性投入大，建设周期长。工程项目质量波动、质量变异、质量隐蔽、质量终检在工程建设的各个阶段，存在着许多影响质量的不确定因素。其中，施工阶段是建设工程“过程的结果”，对工程质量的影响起到举足轻重的作用。

1.1.2 工程质量的影响因素

影响工程质量的因素很多，归纳起来主要有五个方面，即人（Man）、材料（Material）、机械（Machine）、方法（Method）和环境（Environment），简称为4M1E因素。

1. 人员素质

工程项目质量要达到设计和合同规定的要求，首先须分析人的因素对工程质量的影响。在施工阶段，关键岗位管理者的理论水平、技术水平对工程质量起到关键作用。

2. 工程材料

工程材料选用是否合理、材质是否经过检验、保管使用是否得当等，都将直接影响建筑工程的质量。如新型防水材料的使用，使长期困扰房屋渗漏的问题得到了治理；新型外加剂的使用，提高了混凝土的强度和耐久性；深基坑支护技术的推广运用，确保了边坡稳定，满足了变形控制要求。

3. 机械设备

施工机械设备对工程质量也有重要的影响。工程用机具设备的产品质量优劣，直接影响工程使用功能质量。施工机具设备的类型是否符合工程施工特点，性能是否先进稳定，操作是否方便安全等，都会影响工程项目的质量。

4. 工艺方法

在工程施工中，施工方案是否合理，施工工艺是否先进，施工操作是否正确，都将对工程质量产生重大的影响。大力推进采用新技术、新工艺、新方法，不断提高工艺技术水平，是保证工程质量稳定提高的重要因素。

5. 环境条件

环境条件是指对工程质量特性起重要作用的环境因素，主要包括工程地质环境、水文地质环境、工程作业环境、工程管理环境、工程技术环境等条件。环境条件往往对工程质量产生特定的影响。加强环境管理，改进作业条件，把握好技术环境，辅以必要的措施，是控制环境对质量影响的重要保证。

1.2 工程质量事故的概念及分类

1.2.1 工程质量事故的概念

1. 工程质量事故与工程质量缺陷的区别

工程质量事故，指工程产品质量没有满足国家技术标准或质量达不到合格标准要求。

工程质量缺陷，指工程产品质量没有满足设计文件或合同中某个预期的使用要求或合理的期望（包括适用性与安全性的要求）。

在工程建设整个活动过程中，质量事故是应该防止发生的，是能够防止发生的。质量缺陷却存在发生的可能性。

建筑物在施工和使用过程中，经常会有各种缺陷。有些质量缺陷会随着时间的推移、环境的变化，趋向严重性，甚至出现局部或整体倒塌的重大事件。当遇到这些现象时，建筑工程师应该善于分析、判断其产生的原因，提出预防和治理的措施。要做到这些，必须对它们有一个准确的认识。

工程质量事故表现为建筑结构局部或整体的临近破坏、破坏和倒塌；工程质量缺陷表现为影响正常使用，承载力、耐久性、完整性的种种隐藏的和显性的不足。但是，工程质量缺陷和工程质量事故又是同一类事物的两种程度不同的表观；工程质量缺陷往往是产生事故的直接或间接原因；而工程质量事故往往是缺陷的质变或经久不加处理的发展。

2. 工程质量事故的界定

我国住房城乡建设部规定：凡工程质量达不到合格标准的工程，必须进行返修、加固或报废，由此而造成的直接经济损失在10万元以上的称为重大质量事故；直接经济损失在10万元以下、5000元（含5000元）以上的为一般工程质量事故；经济损失不足5000元的称为质量缺陷。

质量事故是指建筑工程不符合国家有关法规、技术标准的要求进行勘察、设计和施工，或者实际存在严重的错误；或者施工的工程（分项、分部和单位工程），按照《建筑工程施工质量验收统一标准》进行检验，评为不合格的工程，泛称为质量事故（图1-1～图1-3）。

图1-1 上海景苑小区住宅楼整体倒塌

图1-2 河北省黄骅市枫景华城小区危楼

1.2.2 工程质量事故的分类

工程质量事故具有复杂性、严重性、可变性和多发性的特点。为了准确把脉工程质量事故的症结所在，精确分析其原因，总结带有共性的规律，了解和掌握质量事故的分类方法是非常必要的。

1. 按造成损失严重程度分类

住房城乡建设部2010年发布的《关于做好房屋建筑和市政基础设施工程质量事故报告和调查处理工作的通知》建质〔2010〕111号，根据工程质量事故造成的人员伤亡或者

图 1-3 现浇钢筋混凝土柱蜂窝、露筋、缺棱掉角

直接经济损失，工程质量事故分为特别重大事故、重大事故、较大事故和一般事故4个等级。

（1）特别重大事故

造成30人以上死亡；或者100人以上重伤；或者1亿元以上直接经济损失的事故。

（2）重大事故

造成10人以上30人以下死亡；或者50人以上100人以下重伤；或者5000万元以上1亿元以下直接经济损失的事故。

（3）较大事故

指造成3人以上10人以下死亡；或者10人以上50人以下重伤；或者1000万元以上5000万元以下直接经济损失的事故。

（4）一般事故

造成3人以下死亡；或者10人以下重伤；或者100万元以上1000万元以下直接经济损失的事故。

本等级划分所称的“以上”包括本数，所称的“以下”不包括本数。

2. 按事故产生的原因分类

（1）管理原因

从事建设工程活动，没有严格执行基本建设程序，没有坚持先勘察、后设计、再施工的原则。在基本建设一系列规定程序中，勘察、设计、施工是保证工程质量最关键的三个阶段。

（2）技术原因

地质情况估计错误；结构设计计算错误；采用的技术不成熟或采用没有得到实践检验充分证实可靠的新技术；采用的施工方法和工艺不当等。

（3）社会原因

社会上存在的弊端和不正之风导致腐败，腐败引发建设中的错误行为恶性循环。近年来，不少重大工程质量事故的确与社会原因有关。

3. 按事故形态和性质分类

（1）倒塌事故。建筑物局部或整体倒塌。

（2）开裂事故。承重结构或围护结构等出现裂缝。

（3）错位偏差事故。建筑物上浮或下沉，平面尺寸错位，地基及结构构件尺寸、位置偏差过大以及预埋洞（槽）等错位偏差事故。

（4）变形事故。建（构）筑物倾斜、扭曲或过大变形等事故。

（5）材料质量不合格事故。钢材质量不合格，混凝土强度等级、砌体强度等级不合格等。

（6）构配件质量不合格事故。预制构件质量不合格，构件的尺寸、型号不配套等。

(7) 承载能力不足事故。主要指地基、结构或构件承载力不足而留下隐患的事故。

(8) 建筑功能事故。主要指房屋漏雨、渗水、隔热、保温、隔声功能不良等。

(9) 环保问题。装修材料含有放射性，或含有有害元素会对人造成危害等。

(10) 其他事故。塌方、滑坡、火灾、天灾等事故。

4. 按事故发生的部位分类

按事故发生的部位分类，工程质量事故可分为地基基础事故、主体结构事故、装修工程事故等。

5. 按结构类型分类

按结构类型分类，工程质量事故可分为砌体结构事故、混凝土结构事故、钢结构事故、组合结构事故等。

1.3 工程质量事故分析与处理的程序和一般方法

1.3.1 工程质量事故分析与处理的程序

工程质量事故发生后，应围绕事故主体进行调查，分析原因，提出处理措施，增强防范意识。工程事故分析流程图如图 1-4 所示。

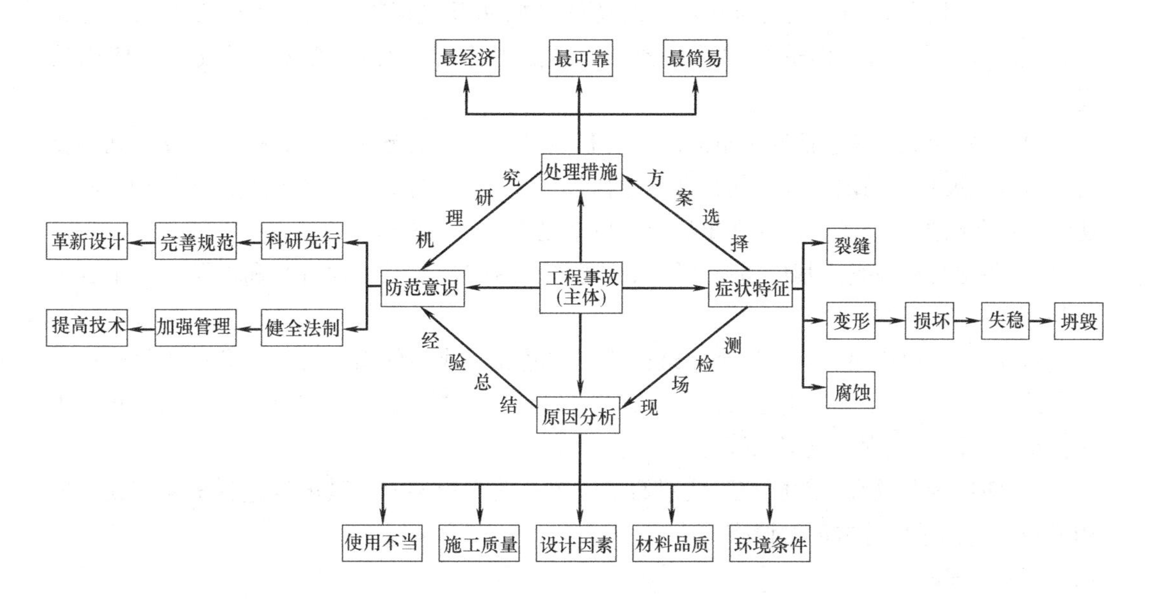

图 1-4 工程事故分析流程图

根据国务院发布的《特别重大事故调查程序暂行规定》要求，一般处理程序见图 1-5。

1. 事故调查

事故调查的内容包括勘察、设计、施工、使用以及环境条件等方面的调查，一般可分为初步调查、详细调查和补充调查。

(1) 初步调查

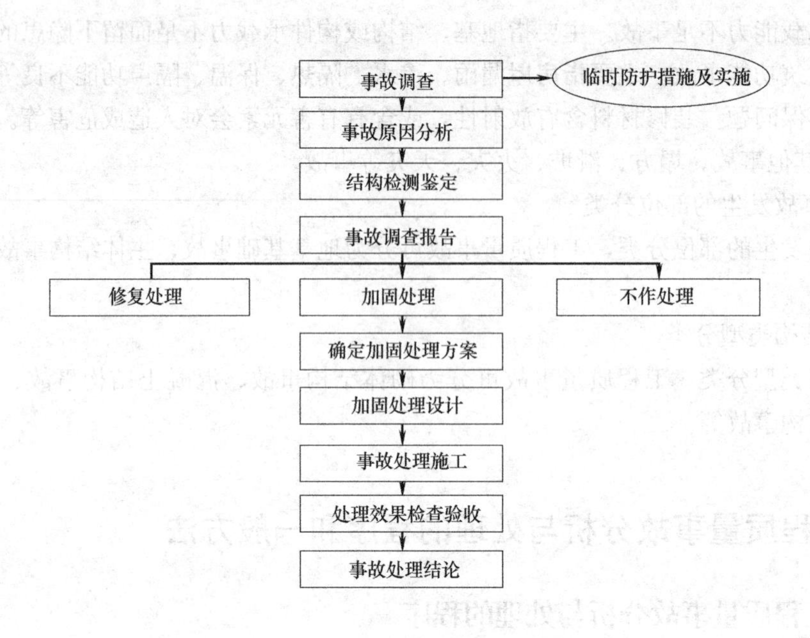

图 1-5　工程质量事故处理的一般程序

初步调查的内容包括：

1）工程情况。即建筑物所在场地的特征（如邻近建筑物情况、使用历史以及有无腐蚀性环境条件等）、建筑结构主要特征、事故发生时工程的现场情况或工程使用情况等。

2）事故情况。其包括发生事故的时间和经过，事故现况和实测数据，从发生到调查时的事故发展变化情况，人员伤亡和经济损失，事故的严重性（是否危及结构安全）和迫切性（不及时处理是否会出现严重后果）以及是否对事故做过处理等。

3）图样资料检查。其包括设计图纸（建筑、结构、水电、设备）和说明书，工程地质和水文地质勘测报告等。

4）施工内业资料检查。检查建筑材料、成品和半成品的出厂合格证和试验报告；施工中的各项原始记录和检查验收记录，如施工日志、打桩记录、混凝土施工记录、预应力张拉记录、隐蔽工程验收记录等。

5）使用情况调查。对已交工使用的工程应作此专项调查，其内容包括房屋用途、使用荷载、腐蚀条件等方面的调查。

（2）详细调查

详细调查是在初步调查的基础上，认为有必要时，进一步对设计文件进行计算复核与审查，对施工进行检测，确定是否符合设计文件要求，以及对建筑物进行专项观测与测量。详细调查应包括以下内容：

1）设计情况。设计单位资质情况，设计图纸是否齐全，设计构造是否合理，结构计算简图和计算方法以及结果是否正确等。

2）环境调查。它是指气象条件、地质条件、操作条件、设备条件、建筑物变形情况及原因、结构连接部位的实际工作状况、与其他周围建筑物的互相影响等。

3）地基基础情况。地基实际状况、基础构造尺寸与勘察报告、设计要求是否一致，必要时应开挖检查或进行试验检验。此外还应查清地基开挖的实际情况，材料、半成品、构件的质量，施工顺序与进度，施工荷载，施工日志，隐蔽工程验收记录等。

4）结构上各种作用的调查。主要调查结构上的作用及其效应以及作用效应组合的分析，必要时进行实测统计。

5）结构实际状况。其包括结构布置、结构构造、连接方式方法、结构构件状况、支撑系统及连接构造的检查等。

6）施工情况。应检查是否按图施工，有关工种的施工工艺、施工方法是否符合施工规范的要求，施工进度、施工荷载值的统计分析，施工日志，隐蔽工程验收记录，质量检查验收有关数据资料等。

7）建筑变形观测。其包括沉降观测记录，结构或构件变形观测记录等。

8）裂缝观测。其包括裂缝形状与分布特征，裂缝宽度、长度、深度以及裂缝的发展变化规律等。

9）房屋结构功能、结构附件与配件的检查。结构材料性能的检测与分析，结构几何参数的实测，结构构件的计算分析，必要时应进行现场实测或结构试验。

10）使用调查。若事故发生在使用阶段，则应调查建筑物用途有无改变，荷载是否增大，已有建筑物附近是否有新建工程，地基状况是否变化。对生产性建筑物还应调查生产工艺有无重大变更，是否增设了振动大或温度高的机械设备，是否在构件上附设了重物、缆绳等。

（3）补充调查

补充调查是在已有调查资料还不能满足工程事故分析处理时，需增加某些试验、检验和测试工作，通常包括以下六方面内容：

1）对有怀疑的地基进行补充勘察。当原设计的工程地质资料不足或可疑时，应进行补充勘察，重点要查清持力层的承载能力，不同土层的分布情况与性能，建（构）筑物下有无古墓、大的空洞，建筑场地的地震数据等。

2）设计复查。重点包括设计依据是否可靠，计算简图与设计计算是否正确无误，连接构造有无问题，新结构、新技术的使用是否有充分的根据。

3）测定建筑物中所用材料的实际强度与有关性能。对构件所用的原材料（如水泥、钢材、焊条、砌块等）可抽样复查；考虑到施工中采用混凝土强度等级及预留的试块未必能真实反映结构中混凝土的实际强度，可用回弹法、声波法、取芯法等非破损或微破损方法测定构件中混凝土的实际强度。对于钢筋，可从构件中截取少量样品进行必要的化学成分分析和强度试验。对砌体结构要测定砖或砌块及砂浆的实际强度。

4）建筑结构内部缺陷的检查。可用锤击法、超声探伤仪、声发射仪器等检查构件内部的孔洞、裂纹等缺陷。可用钢筋探测仪测定钢筋的位置、直径和数量。对砌体结构应检查砂浆饱满程度、砌体的搭接错缝等情况。

5）载荷试验。对结构或构件进行载荷试验，检查其实际承载能力、抗裂性能与变形情况。

6）较长时期的观测。对建筑物已出现的缺陷（如裂缝、变形等）进行跟踪观测，并做好记录，进一步寻找其发展变化的规律等。

综上所述，初步调查和详细调查可称为基本调查，是指对建（构）筑物现状和已有资料的调查，根据初步调查的结果，判别事故的危害程度，分析事故发生最可能的原因，对事故提出初步处理意见，并决定进一步调查及必要的检测项目。

补充调查的内容随工程与事故情况的不同有很大差别，实践经验表明，许多事故往往依靠补充调查的资料，才可以分析与处理，所以补充调查的重要作用不可忽视。

需要注意的是，有些严重的质量事故可能不断发展而恶化，有的甚至可能造成建筑物倒塌或人员伤亡。在事故调查与处理中，一旦发现存在有这类危险性时，应采取有效的临时防护措施，并立即组织实施。通常有以下两类情况：

1）防止建筑物进一步损坏或倒塌。常用的措施有卸荷与支护两种。比如，发现大梁或屋架的柱、墙承载能力严重不足时，及时在梁或屋架下增设支撑，采取有效的支护措施。

2）避免人员伤亡。有些质量事故已达到濒临倒塌的危险程度，在没有充分把握时，切勿盲目抢险支护，导致无谓的人员伤亡。此时应划定安全区域，设置围栏，防止人员进入危险区。

2. 事故原因分析

事故原因的分析应建立在事故调查及实际测试的基础上，其主要目的是分清事故的性质、类别及其危害程度，同时为事故处理提供必要的依据。原因分析是事故处理工作程序中的一项关键工作，其主要的分析方法有：

(1) 理论计算分析

它是对旧建筑物评定的重要手段之一，通过对建筑物的检测和查阅有关资料，运用结构理论加以分析和计算，从而分析结构的受力特征和出现异常现象（包括挠度、裂缝和其他变形等）的原因。分析计算须结合结构实际受力状态进行，需注意以下几点：

1）采用实际荷载进行计算。

2）材料强度和截面尺寸应以实测结果为准，而不是直接引用设计图规定的强度等级。

3）计算简图、支座约束、计算公式等应符合实际情况。

4）注意计算所依据的规范。

(2) 荷载试验

当计算分析缺乏依据，其准确性不能满足要求时，或发生质量事故（如火灾、爆炸、撞伤等情况）后材料变质，或采用新材料、新技术、新理论、新工艺进行设计和施工时，或进行综合评定有争议时，往往采用试验的方法加以论证和澄清。

在进行原因分析时，应注意以下事项：

1）确定事故原点。事故原点是事故发生的初始点，能反映出事故的直接原因。

2）正确区别同类型事故的不同原因。从大量的事故分析中可发现，同类型事故的原因有时差别甚大。只有经过严谨的分析后，才能找到事故的主要原因。

3）注意事故原因的综合性。不少事故原因往往涉及设计、施工、材料质量和使用等方面。在事故分析中，必须全面估计各项原因对事故的影响，以便采取综合治理措施。

3. 结构检测鉴定

结构可靠性是指结构在规定的时间内、规定的条件下完成预定功能的能力，包括安全性、适用性和耐久性。结构检测鉴定，就是根据事故调查取得的资料，对结构的安全性、适用性和耐久性进行科学评定，为事故的处理决策确定方向。

可靠性鉴定是在实测数据的基础上，按照国家现行标准，如《建筑结构荷载规范》GB 50009—2012、《混凝土结构设计规范》GB 50010—2010 等的规定，对结构进行验算，最后作出结构可靠程度的评价。

结构可靠性鉴定一般由专门从事建筑物鉴定的机构做出。

4. 事故调查报告

在调查、测试和分析的基础上，组织专家论证，请有关单位人员进行陈述与讨论，对事故发生原因进一步分析，专家综合与事故有关的各方面意见后得出结论。

事故的调查报告必须客观地反映事故的全部情况，要以事实为根据，以规范、规程为准绳，以科学分析为基础，完成调查报告。调查报告的内容一般应包括：

1）工程概况。重点介绍与事故有关的工程情况。

2）事故情况。事故发生的时间、地点，事故现场情况及所采取的应急措施；与事故有关的人员、单位情况。

3）事故调查记录。事故是否做过处理，如对缺陷部分进行封堵或掩盖，为防止事故恶化而设置的临时支护措施；如已做过处理，但未达到预期效果，也应予以注明。

4）现场检测报告。如实测数据和各种试验数据等。

5）复核分析。事故原因推断，明确事故责任。

6）对工程质量事故的处理建议。主要有三种：加固处理、修复处理、不处理。

7）必要的附录。如事故现场照片、录像，实测记录，专家会协商的记录，复核计算书，测试记录，实验原始数据及记录等。

5. 确定加固处理方案

根据工程事故的调查分析，事故处理一般有三种情况：不予处理、继续观察、必须处理。必须处理的情况主要有两种：对责任人的处理和对工程的处理。

（1）对责任人的处理

建设工程发生事故，有关单位应当立即向上级部门报告。任何单位和个人对建设工程的质量事故、质量缺陷都有权检举、控告、投诉。发生重大工程质量事故隐瞒不报、谎报或者故意拖延报告期限的，对直接负责的主管人员和其他责任人员视情节依法给予相应处分。

注册建造师、注册结构工程师、注册监理工程师等注册执业人员因过错造成质量事故的，吊销执业资格证书，5 年以内不予注册；情节特别恶劣的，终身不予注册。

建设、勘察、设计、施工、工程监理单位的工作人员因调动工作、退休等原因离开该单位后，被发现在该单位工作期间违反国家有关建设工程质量管理规定，造成重大工程质量事故的，仍应当依法追究法律责任。

（2）对具体的工程质量事故的处理

根据鉴定结果，若事故会影响结构的安全，威胁人们生命财产安全，不能拖延，必须进行加固处理。工程加固处理的加固设计应按如下原则进行：

1）充分调查、研究并掌握建筑物的原始资料、受力性能和事故状况。

2）根据建筑物种类、结构特点、材料情况、施工条件以及使用要求等综合考虑。

3）组织设计、施工等有关单位人员，对事故现场进行实地勘察，查清隐患；勘察事故直接原因，确定事故性质；认真记录所查的内容，必要时应拍摄照片或录像。

4）加固设计时，应尽量保留可利用的原有结构体系，要保证保留部分的安全可靠和耐久，避免不必要的拆除。

5）在确定加固方案和做法时，要尽量减小对使用者的影响、干扰或搬迁。

质量事故处理方案应根据事故调查报告、实地勘察成果和确认的事故性质，以及用户的要求共同确定加固处理方案。加固方案应做到：①切实可行、安全可靠；②施工方便；③注意建筑美观，尽量避免遗留加固的痕迹；④核实事故调查报告中重点问题的处理，以确保处理工作顺利进行和处理效果。

6. 加固处理设计

加固设计是在已确定加固处理方案的基础上进行的工作，应从既有建筑物实际条件出发，因地制宜、切实可行地进行设计，并绘制详细的加固施工图，经审批后，再行施工。

1）应按照有关的设计规范、规定进行。

2）除了选用合理的构造措施和按照结构承受的实际作用，进行承载能力极限状态、正常使用极限状态计算外，还应考虑施工的可行性，以确保加固处理施工的质量和安全。

3）施工图设计，其内容应满足下列要求：①编制施工图预算；②材料、设备的订购和供应，非标准设备的加工制作；③建筑施工安装；④应重视结构所处的不良环境对结构的影响，如高温、腐蚀、冻融、振动等原因给结构带来的损坏，气温变化引起的结构裂缝和渗漏等，均应在设计中提出相应的处理方案，以防止事故再次发生。

7. 事故处理施工

1）加固施工图审批通过后，即可开始施工准备工作，创造有利的施工条件，可保证工程加固能顺利进行。施工准备包括必要的材料、机械和人员组织的准备，以及现场工作条件准备等。做好图样会审和技术交底工作。

2）加固施工应严格按设计图进行，认真编制施工方案或施工组织设计，对施工工艺、质量、安全等提出具体措施，并进行层层技术交底。严格执行各项施工操作规程，建立严格的质量检查制度。

3）认真复查事故实际状况，并采取相应对策。施工中如发现事故情况与调查报告中所述内容及设计图差异较大，应停止施工，并会同设计等有关单位采取适当措施后再施工。施工中发现原结构的隐蔽工程有严重缺陷、可能危及结构安全时，应立即采取适当的支护措施，或紧急疏散现场人员。

4）加固施工是细致而缓慢的工作，应随时观察加固过程中是否有异常现象。若有应停止操作，加设临时支撑，请有关人员共同研究解决，避免加固过程中又出现新的问题。

5）施工材料的质量应符合有关材料标准的规定。根据有关规范的规定检查原材料和半成品的质量、混凝土和砂浆的强度以及施工操作质量等选用复合材料，如树脂混凝土、微膨胀混凝土、喷射混凝土、化学灌浆材料、胶粘剂等。在施工前进行试配，并检验其实际物理力学性能，确保处理质量和施工顺利进行。

6）加强施工检查，应着重检查节点和新旧部分连接的质量。质量检查应从施工准备时开始，直至竣工验收，及时记录隐蔽工程和各工序的验收。

7）确保施工安全。事故现场中不安全因素较多，必须加强对参与施工的人员的教育，必须保证施工人员的安全。

8. 处理效果检查与验收

1）工程验收。施工完成后，应根据施工验收规范和设计要求进行检查验收，验收时分工程实物验收和施工资料验收，验收后办理竣工验收文件并及时归档备案。

2）为确保加固效果，凡涉及结构承载力等使用安全和其他重要性能的处理工作，还需做必要的试验、检验工作。常见的检验工作有：混凝土钻芯取样，用于检查密实性和裂缝修补效果，或检测实际强度；结构荷载试验；超声波检测焊接或结构内部质量；工程的渗漏检验等。

9. 建筑事故处理结论

事故经过分析处理后，都应有明确的书面结论。若对后续工程施工有特定的要求，或对建筑物使用有一定限制条件，也应在结论中明确提出。有些质量事故在进行事故处理前需要先采取临时防护措施以防事故扩大。若加固处理后仍达不到标准，需要重新进行事故处理设计及施工直至合格。

1.3.2 工程质量事故分析与处理的一般方法

1. 临时防护措施及实施

在事故调查与处理中，一旦发现质量事故可能不断发展而恶化，有的甚至可能造成建筑物损毁或人员伤亡危险时，应采取有效防护措施，并立即组织实施，通常有以下两类情况。

(1) 防止建筑物进一步损坏或倒塌

防止建筑物进一步损坏或倒塌常用的措施有支护和卸荷两种，如图1-6、图1-7所示。

图1-6 防止隧道塌陷采取的支护

图1-7 为减少施工荷载粘钢卸荷

常见的支护措施，如发现梁或屋架的柱、墙承载能力严重不足时，及时在梁或屋架下增设支撑或粘钢卸荷；又如发现悬挑结构存在断裂或整体倾覆的危险时，应在悬出端或悬挑区内加设支撑；其他如砖墙变形过大，高厚比严重超过允许值，屋架安装后垂直度偏差太大等，均应及时采取有效的支护措施。

(2) 避免人员伤亡

有些质量事故已达到濒临倒塌的危险程度，在没有充分把握时，切勿盲目抢险支护，导致无谓的人员伤亡。此时应划定安全区域，设置围栏或警戒线，防止人员进入危险区，如图 1-8 所示。

图 1-8 避免人员伤亡设置警戒线

2. 建筑修补和封闭保护

(1) 裂缝修补

1) 表面处理法：一般用于裂缝宽度小于 0.2mm 时，常用环氧树脂浸渍玻璃丝布，沿裂缝铺贴在结构表面（图 1-9～图 1-11）。

图 1-9 玻璃丝布

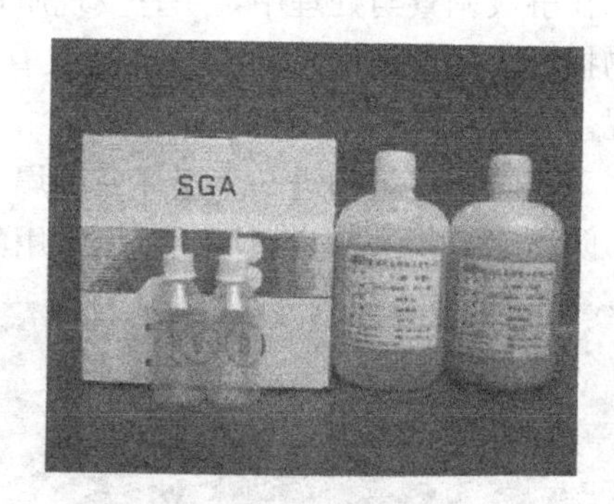

图 1-10 环氧树脂（AB 胶）

图 1-11 墙体裂缝粘贴玻璃丝布

2) 充填法：用于裂缝较宽，或用表面处理不能满足耐磨及防腐要求的情况。常见做法是沿着裂缝将混凝土表面凿成V形或U形槽，然后填充树脂砂浆或水泥砂浆、沥青等，如图1-12所示。

图1-12　沥青充填裂缝

图1-13　树脂砂浆注入法修补裂缝

3）注入法：该方法不仅可修补表面，而且能注入内部。用于修补裂缝宽度大于0.2mm的缺陷部位。使用这种方法时，需先沿裂缝埋设注入用管，间距10～50cm，裂缝表面需先采取用表面处理法或充填法封闭，然后用注浆管将树脂注入，如图1-13、图1-14所示。

4）钢锚栓及预应力法：将骑马钉（锚栓）锚于裂缝两边，形似缝合裂缝的方法。采用凿岩机打孔，并用水泥砂浆、树脂砂浆锚固（图1-15）。预应力法是用钻机在构件上打洞，穿入钢筋，施加预应力，使裂缝减小或闭合。

5）其他方法：如凿开开裂部分的混凝土，配筋，再重新浇混凝土的方法；树脂胶粘贴钢板的方法；碳纤维加固等（图1-16～图1-18）。

图1-14　微裂缝低压注射法修补

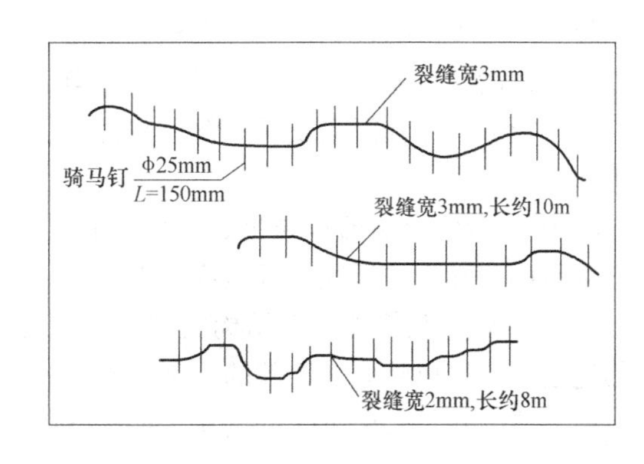

图1-15　骑马钉加固示意图

（2）表面缺陷修补

数量不多的小蜂窝或露石的混凝土表面，可用1∶2～1∶2.5的水泥砂浆抹灰。在抹砂浆之前，须用钢丝刷或加压力的水清洗。

3. 复位纠偏

（1）基础错位。常用两种方法纠偏：一种是吊移法，用机械设备将基础顶推移动或吊

图 1-16 树脂胶粘钢加固

图 1-17 粘钢加固

图 1-18 碳纤维加固

起移位使基础落到正确的位置上；另一种是扩大基础法，使上部结构仍能按原设计的要求与基础连接。

（2）结构构件错位。在现浇结构已施工部分产生了偏差，上部结构施工有可能恢复到正确位置，且不影响建筑结构使用和安全时，可在上部结构施工中缓慢地纠偏，到一定部位时，按原设计位置放线施工。在预制结构中，如因预制柱造成的偏差，可在安装中调整柱的中心线，以达到消除或减少偏差的目的。当结构构件出现下列两种情况时，还需要做处理：

① 构件错位影响结构强度、刚度和稳定性。此时，有的可以采取增设支撑来处理；有的则需按实际偏差情况进行验算。必要时，则需加固处理。

② 构件错位后影响上部结构安装。一般可以增加一些连接件将错位的构件与上部构件相连接，还可以将原来上部的预制构件改成现浇构件。

（3）整个建筑结构偏位。当建筑结构整体的强度、刚度较好时，可采取机械强力顶拉使之复位。

4. 地基加固

（1）硅化加固法。利用硅酸钠溶液（水玻璃）加固地基，来增加地基承载力和不透水性。

（2）柱基础加固法。一种是利用桩基础代替或分担原有基础，另一种是用砂桩、灰土桩、木桩起挤密作用，加固黏土或杂填土。

（3）压力灌浆加固法。在岩石类或碎石土中钻孔，并用压力灌入水泥浆、沥青、黏土浆等来加强地基。

5. 改变结构计算图形，减少结构内力

（1）梁板等受弯构件增设新的支柱（支座）后，减小计算跨度，结构内力及变形可明显减小。

（2）柱墙等竖向构件，采用增设新的斜支柱、支撑、支点或改善支承嵌固状态等方法，减少计算高度，从而增大承载力和结构稳定性。

（3）增设新的支柱、横梁、框架参与承载。如楼板、屋面板损坏时，可在楼板下或保温层中增设工字钢等参与承载。梁的承载力不足造成严重开裂和产生过大挠度时，可增设柱、托梁或框架；墙的承载力不足时可增设新的支柱参与受力等。

（4）增设预应力补强结构。此法不用将原来梁柱表面的混凝土全部凿掉来补焊钢筋，而是用预制补强钢筋从构件外部补强。施工时只在其接头处凿出孔槽，将补强钢筋锚固即可。此方法施工简便，取材容易，可在不影响使用条件下进行结构补强。

6. 结构卸荷

（1）减少结构荷载

1）减轻建筑结构自重，如砖墙改为轻质墙，钢筋混凝土平屋顶改为钢屋盖，改用高效轻质的保温隔热材料等。

2）改善建筑使用条件，以减少结构荷载，如防积水、积灰等。

3）改变建筑用途，对有缺陷的个别房间限制其使用荷载。

（2）合理使用有缺陷的构件

1）在各建筑物之间调整使用。如将有缺陷的但尚可使用的构件降低等级，使用在荷载较小的其他建筑中。

2）在建筑物内合理调整使用。一般建筑端部和伸缩缝处的柱、梁、屋架的荷载较小，可以将有缺陷、但可以使用的构件布置在这些部位。

7. 结构补强

（1）加大结构断面，提高构件的强度、刚度、稳定性和抗裂性能。

如砖柱外单侧或几个侧面增加钢筋混凝土（图 1-19、图 1-20）；又如砖或钢筋混凝土构件外包型钢、工程结构外粘 FRP（片状纤维增强复合材料）加固技术等。

（2）压浆法补强

混凝土中产生严重的蜂窝、孔洞时，常用水泥压力灌浆加固补强。补强前先对有缺陷的结构进行检查，确定补强范围，常用的检查方法有：小铁锤敲击，听其声音；较厚构件可进行灌水或压水检查；大体积混凝土可采用钻孔检查等。埋管间距视灌浆压力、结构尺寸、事故情况、水灰比等因素确定，一般为 50cm。每一灌浆处埋 2 根管，1 根灌浆，1 根排气或排水，上述各项工作完成后养护

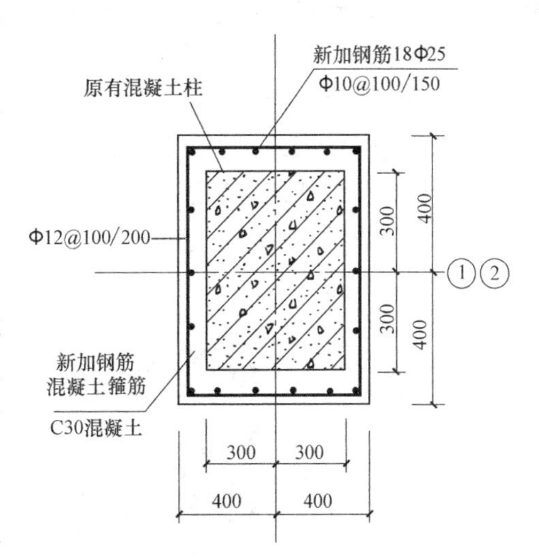

图 1-19 柱截面加大方案平面图

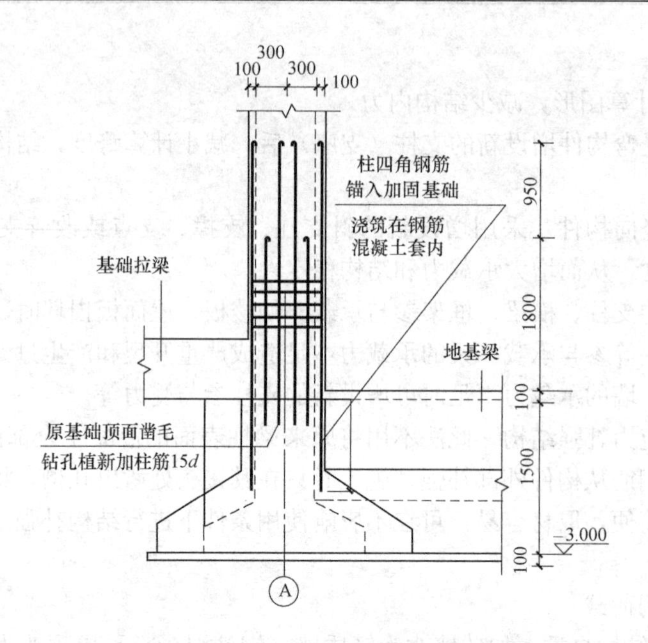

图 1-20 柱截面加大方案立面图

3d，即可开始灌浆。

8. 其他

（1）修改设计：诸如改变结构类型；砖混结构梁下增加梁垫；将砖墙上裂缝改为伸缩缝；将底层大房间改为小房间，改变结构传力路线等。

（2）局部拆除重建：除了常规方法拆除重建外，还有在后张法预应力构件中，调换不合格或出事故的钢筋；将上部结构临时支撑后的局部拆换，如托梁换柱等（图 1-21）。

（3）预制构件降低等级使用。

（4）利用混凝土后期强度。

（5）设备基础振动过大，增调配重。

（6）用热处理法改善钢筋点焊可能产生的脆断。

（7）控制爆破拆除部分建筑，减轻地基基础荷载。当地基基础出现明显的不均匀沉降，纠偏又无效或见效太慢，并可能因此引发恶性事故时，只好采用控制爆破拆除。

图 1-21 托梁换柱加固

本章小结

本章重点阐述了质量及质量事故的有关重要概念，质量事故的界定、分类及影响工程质量的五大因素（人、材、机、法、环，简称 4M1E 因素）。学习中应结合自己的实践，加深对其理解和重视，进一步摸索、总结影响工程质量的主要因素和规律，从理论上强化对工程质量事故分析。

质量事故处理的一般方法：建筑修补与封闭保护；复位纠偏；地基加固；改变结构计算图形，减少结构内力；结构卸荷；结构补强及其他方法等。学习这些事故处理方法，为以后接触质量事故奠定基础并能灵活地运用于实践。

思考与练习题

1-1 什么叫质量？如何理解工程项目质量和质量保证的内涵？

1-2 产生质量事故有哪些主要因素？建筑工程的事故分为哪些级别？

1-3 工程质量事故按事故的严重程度分为哪几类？

1-4 工程质量事故按事故产生的原因分为哪几类？

1-5 工程质量事故有哪些特点？

1-6 质量事故分析与处理的程序是什么？

1-7 质量事故分析为什么要“一切用数据证明”？

1-8 质量事故分析与处理的方法有哪些？比较方法的异同点。

1-9 为什么“现场调查”在质量事故分析中非常重要？

第2章 工程质量事故的常用检测方法

本章要点及学习目标

本章要点：

本章阐述了工程质量事故发生后，以现行的国家有关部门颁布的标准（包括统一标准、设计规范、施工质量验收规范、施工操作规程、材料试验标准等）为依据，以经验鉴定法、实用鉴定法和可靠度鉴定法进行事故分析和评判。

在分析事故发生的原因时，还需要对发生事故的结构或构件进行必要的检测，以便为工程质量事故的仲裁提供客观而公正的技术依据，也为建筑结构的修复、加固提供参考数据。

学习目标：

1. 理解工程质量事故结构鉴定的基本方法，如经验鉴定法、实用鉴定法和可靠度鉴定法。
2. 掌握工程变形观测质量事故常用检测技术。
3. 掌握砌体结构质量事故常用检测技术。
4. 掌握混凝土结构质量事故常用检测技术。
5. 掌握钢结构质量事故常用检测技术。

2.1 概述

当工程发生质量事故后，为了正确分析事故发生的原因并提供客观而公正的技术依据，也为结构的修复、加固提供数据，需要对发生事故的结构或构件进行检测和鉴定。这些检测包括：

（1）常规的外观检测，如平直度、偏离轴线的公差、尺寸准确度、表面缺陷、砌体的咬槎情况等。

（2）强度检测，如材料强度、构件承载力、钢筋配置情况等。

（3）内部缺陷的检测，如混凝土内部的孔洞、裂缝，钢结构的裂缝、焊接缺陷等。

（4）材料成分的化学分析，如混凝土的集料分析、水泥成分及性能分析、钢材化学成分分析等。

对发生质量事故的结构进行检测与常规的结构构件的检测工作相比，有下列特点：

（1）检测工作大多在现场进行，条件差，环境干扰因素多。

（2）发生严重质量事故的结构工程，常常管理不善，经常没有完整的技术档案，甚至没有技术资料，有时还会遇到虚假资料的干扰，这时尤其要慎重对待，检测工作要计划周到。

(3) 有些强度检测常采用非破损或少破损的方法进行。尤其是对非倒塌事故一般不允许破坏原构件，或者从原构件上取样时只能允许有微破损，稍微加固后即不影响结构的承载力。

(4) 检测数据要公正、可靠，经得起推敲。尤其是对于重大事故的责任纠纷，涉及法律和经济责任，为各方所重视，故所有检测数据必须真实、可信。

对于不同类别的结构构件，检测的方法也有所不同，至少是检测的侧重内容有所不同。

2.2 工程质量事故的鉴定方法

结构鉴定的基本方法主要有经验鉴定法、实用鉴定法和可靠度鉴定法。

2.2.1 经验鉴定法

经验鉴定法主要以原设计规范或规程为依据，按个人目视观察及规范定值计算结果来评定工程事故的一种经验评定法。

此法特点是荷载计算以实际调查为准，材料强度取值一般按经验评定，图样规定的材质数据仅作参考，对原设计中采用的规范依据、理论公式、计算图形，主要核查是否与实际结构工作状态相符，如不相符，则应按实际状况进行修改。

经验鉴定法的鉴定程序如图 2-1 所示。

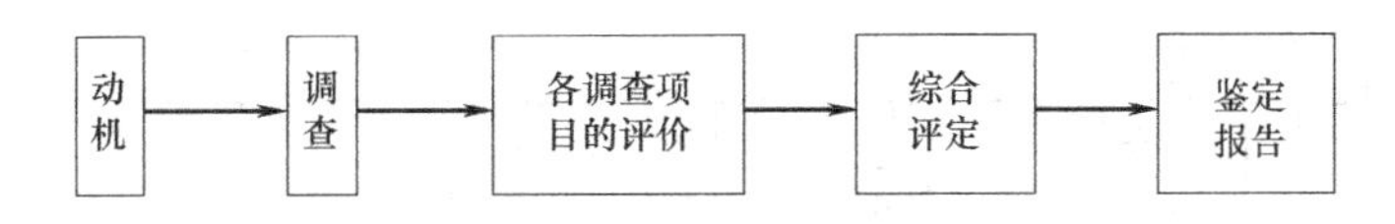

图 2-1 经验鉴定法的鉴定程序

1) 动机。一般由建筑物的管理或使用单位提出，主要指使用中发现的问题，建筑的主要损伤和缺陷，或因变更使用要求而提供的条件等。

2) 调查。简单视察，对使用人员进行必要的采访，核实“动机”中提出的有关问题的成因和发展过程，以避免失误。

3) 各调查项目的评价。由各项目调查者对调查结果做出评价。有时调查人员也是评价人。

4) 综合评定。一般由调查人员或鉴定人员做出，所以综合鉴定结论不易做到集思广益。

5) 检测鉴定报告。一般由调查人编写。

从以上可以看出，经验鉴定法的鉴定程序主要以个人的作用为前提。鉴定程序少，花费人力物力少，适用于受力简单、传力路线明确、较易分析的一般性建筑物的鉴定。

经验鉴定法一般不使用检测设备和仪器，主要凭个人经验，缺乏准确数据，受个人主观因素的影响较大，即使是鉴定人员专业技术水准较高，也未必判断准确。

例如，某一建筑顶层墙体部位发生裂缝，材料专家可能判定为建筑材料因干缩或温度作用引起的，属于材料问题；结构专家可能判定为荷载作用下结构抗力不足，属结构受力问题；地基专家可能判定为地基基础沉降作用引起，属地基基础问题；结构检测专家则可能判定为墙体材料内部缺陷作用引起，属内部隐患问题。具有不同专业特长的鉴定人员易受个人专业特长的制约，可能导致判断错误。

2.2.2 实用鉴定法

实用鉴定法是在经验鉴定法的基础上发展起来的，克服了经验鉴定法缺乏准确数据的缺点，重视使用检测手段和试验测试技术取得准确数据。对于结构材料强度等有关力学参数，采用实测并经统计分析后的强度值进行结构分析计算。在各项结果的评定中，均以原设计规范的控制条件为标准，经讨论分析后提出综合性鉴定结论和对策建议。

实用鉴定法在逐步调查、分析损害成因的基础上，列出受鉴定建筑物的调查项目、检测内容和结构试验方法，建立完整描述建筑物状况的模式和表格。一般要经两次以上的调查分析、逐项检测和试验、逐项评价、综合评定等程序，给出一个比较准确的鉴定结论。

实用鉴定法的特点是，荷载计算以实际调查的统计分析值为准，结构材料强度取值以实测结果为依据，对原设计计算采用的规范依据、理论公式和计算图形等均加以分析，为判断其与实际结构差异程度，还应做一定的构件试验或结构试验加以验证，其结果的分析要集体讨论或研究，充分发挥调查、检测人员的个人专长，以求比较准确获得各种资料和数据后，在做好单项评价的基础上，再集体研究给出鉴定结论。因此，实用鉴定法强调检测手段和试验数据。实用鉴定法的实施程序如图 2-2 所示。

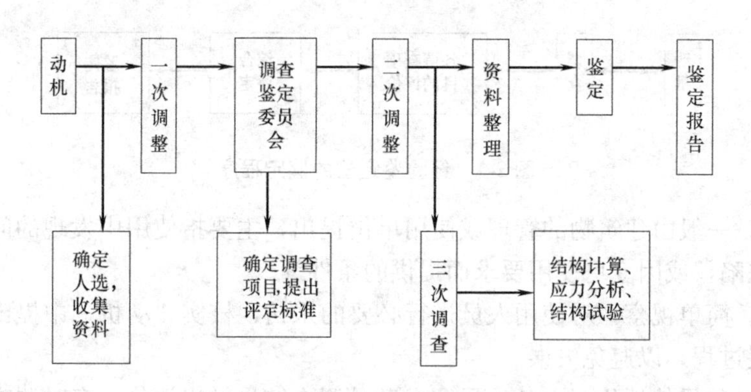

图 2-2 实用鉴定法的实施程序

实用鉴定法在实施中的每一步骤都存在着反馈过程。调查、检验和试验项目的选择和确定均应有预见性，应做到“心中有数”。执行中应注意其方法的便利和可行性，有些检测项目在分析中是重要的，但在实施中可能是不现实的或测试相当困难且花费大的，这种情况下就要采用另外的方法处理。在调查、检验和综合评定中，重点做好以下工作：

1）结构或构件计算。以第一、二次调查确定的数据，按原设计依据的规范要求进行结构分析和计算，判断结构抗力的可靠程度。当建筑物建设时间较早，是按旧规范进行设计的，也应该按新规范标准校核。若需要加固、补强，应按新规范标准执行。

2）整体结构解析评定。应按工程力学的方法，探求鉴定建筑物的结构实际工作状态，包括静力作用状态和动力作用状态，做应力或变形分析，或根据地震反应参数做建筑物地震反应谱分析等。

3）结构或构件试验。可在现场进行，也可取样在实验室进行，对整体结构或某些特殊构件，也可采用模型试验。

2.2.3 可靠度鉴定法

运用概率论和数理统计原理，采用非定值统计规律对建筑物的可靠度进行鉴定的一种方法，称为可靠概率鉴定法，又称为可靠度鉴定法。

建筑物的作用效应 S、结构抗力 R 是受施工条件、所在位置、使用时间、环境等多种因素的影响而在一定范围内波动的随机变量，而按现有规程、规范进行结构分析和应力计算时是一个定值，用定值去评定既有建筑物的随机变量的不定性影响，显然是不合理的。

可靠度鉴定法用概率的概念分析既有建筑物的可靠度，找出其在正常使用条件下和预期的使用期限内发生破坏或失效的概率，确定其使用寿命。建筑物的结构抗力 R 和作用效应 S 之间存在如下关系：

当 $R>S$ 时，结构处于安全状态；

当 $R=S$ 时，结构处于极限状态；

当 $R<S$ 时，结构处于失效状态。

可靠度鉴定法在理论上是完善的，但目前离实用还有距离。难点在于结构物的不定性，这种不定性来自结构材料强度的差异和计算模型与实际工作状态之间的差异。减少材料强度的离散性，提高理论计算的精确性，是提高和控制结构可靠度的主要途径。其次，根据校准试验的比较分析，各类结构构件的可靠性指标不一致，如在砌体结构中，轴压偏高，而偏压和受剪偏低。在实际施工中，工程质量不稳定，可靠性指标多数偏低。所以，落实可靠的质量控制措施是十分必要的。

目前概率法的实际应用仅止于近似概率法，从概率分布曲线和形态，用“均方差”度量并找出“安全指标”。根据调查资料，目前，国外各承建集团在对既有建筑物可靠度的安全指标测算中，方法和程序各异，并对外保密。我国建筑物的可靠性鉴定任务十分繁重，目前所采用的鉴定方法大致介于经验鉴定法和实用检测鉴定法之间。由于历史原因，既有建筑物的相关图样和资料可能保存不全，而且我国国家基本建设管理机构、科研机构和实施机构三者完全分离，增加了检验和鉴定工作的艰巨性和复杂性。大力发展实用鉴定法和可靠度鉴定方法的研究，开发新的测试技术和设备，尽快提高既有建筑物可靠性鉴定的质量和速度是十分重要的工作。

2.3 工程质量事故常用检测技术

2.3.1 混凝土结构检测

钢筋混凝土结构构件的检测，主要测定混凝土的强度、钢筋的位置与数量、混凝土裂缝、混凝土的外观质量与内部缺陷等。这些检测要在已有的构件上进行，大多为现场操作，因而有一定的难度。目前已发展了一系列方法，可以对混凝土质量的评定作出较准确的检测。

1. 构件的外形尺寸与偏差检测

结构构件的尺寸直接关系到构件的刚度和承载力。准确地度量构件尺寸，可以为结构验算提供可靠的资料。

用钢尺测量构件长度，并分别测量构件两端和中部的截面尺寸，从而确定构件的高度和宽度。构件尺寸的允许偏差应符合《混凝土结构工程施工质量验收规范》GB 50204—2015 规定。

现浇混凝土结构和混凝土设备基础拆模后的尺寸偏差应符合表 2-1 和表 2-2 的规定。

现浇混凝土结构尺寸允许偏差和检验方法　　表 2-1

项目			允许偏差(mm)	检验方法
轴线位置	基础		15	钢尺检查
	独立基础		10	
	墙、柱、梁		8	
	剪力墙		5	
垂直度	层高	≤5m	8	经纬仪或吊线、钢尺检查
		>5m	10	经纬仪或吊线、钢尺检查
	全高(H)		H/100 且≤30	经纬仪、钢尺检查
标高	层高		±10	水准仪或拉线、钢尺检查
	全高		±30	
截面尺寸			+8,−5	钢尺检查
电梯井	井筒长、宽对定位中心线		+25,0	钢尺检查
	井筒全高(H)垂直度		H/100 且≤30	经纬仪、钢尺检查
表面平整度			8	2m 靠尺和塞尺检查
预埋设施中心线位置	预埋件		10	钢尺检查
	预埋螺栓		5	
	预埋管		3	
预留洞中心线位置			15	钢尺检查

注：检查轴线、中心线位置时，应沿纵、横两个方向量测，并取其中的较大值。

混凝土设备基础尺寸允许偏差和检验方法　　表 2-2

项目		允许偏差(mm)	检验方法
坐标位置		20	钢尺检查
不同平面的标高		0,−20	水准仪或拉线、钢尺检查
平面外形尺寸		±20	钢尺检查
凸台上平面外形尺寸		0,−20	钢尺检查
凹穴尺寸		+20,0	钢尺检查
平面水平度	每米	5	水平尺、塞尺检查
	全长	10	水准仪或拉线、钢尺检查

续表

项目		允许偏差(mm)	检验方法
垂直度	每米	5	经纬仪或吊线、钢尺检查
	全高	10	
预埋地脚螺栓	标高(顶部)	+20,0	水准仪或拉线、钢尺检查
	中心距	±2	钢尺检查
预埋地脚螺栓孔	中心线位置	10	钢尺检查
	深度	+20,0	钢尺检查
	孔垂直度	10	吊线、钢尺检查
预埋活动地脚螺栓锚板	标高	+20,0	水准仪或拉线、钢尺检查
	中心线位置	5	钢尺检查
	带槽锚板平整度	5	钢尺、塞尺检查
	带螺纹孔锚板平整度	2	钢尺、塞尺检查

注：检查坐标、中心线位置时，应沿纵、横两个方向量测，并取其中的较大值。

检查数量：按楼层、结构缝或施工段划分检验批。在同一检验批内，对梁、柱和独立基础，应抽查构件数量的10%，且不少于3件；对墙和板，应按有代表性的自然间抽查10%，且不少于3间；对大空间结构，墙可按相邻轴线间高度5m左右划分检查面，板可按纵、横轴线划分检查面，抽查10%，且均不少于3面；对电梯井，应全数检查。对设备基础，应全数检查。

2. 混凝土外观质量与缺陷检测

《混凝土结构工程施工质量验收规范》GB 50204—2015规定，现浇混凝土结构的外观质量缺陷对结构性能和使用功能影响的严重程度可分为严重缺陷和一般缺陷，见表2-3。

现浇混凝土结构外观质量缺陷 **表2-3**

名称	现象	严重缺陷	一般缺陷
露筋	构件内钢筋未被混凝土包裹而外露	纵向受力钢筋有露筋	其他钢筋有少量露筋
蜂窝	混凝土表面缺少水泥砂浆而形成石子外露	构件主要受力部位有蜂窝	其他部位有少量蜂窝
孔洞	混凝土中孔穴深度和长度均超过保护层厚度	构件主要受力部位有孔洞	其他部位有少量孔洞
夹渣	混凝土中夹有杂物且深度超过保护层厚度	构件主要受力部位有夹渣	其他部位有少量夹渣
疏松	混凝土中局部不密实	构件主要受力部位有疏松	其他部位有少量疏松
裂缝	缝隙从混凝土表面延伸至混凝土内部	构件主要受力部位有影响结构性能或使用功能的裂缝	其他部位有少量不影响结构性能或使用功能的裂缝
连接部位缺陷	构件连接处混凝土缺陷及连接钢筋、连接件松动	连接部位有影响结构传力性能的缺陷	连接部位有基本不影响结构传力性能的缺陷
外形缺陷	缺棱掉角、棱角不直、翘曲不平、飞边凸肋等	清水混凝土构件有影响使用功能或装饰效果的外形缺陷	其他混凝土构件有不影响使用功能的外形缺陷
外表缺陷	构件表面麻面、掉皮、起砂、沾污等	具有重要装饰效果的清水混凝土构件有外表缺陷	其他混凝土构件有不影响使用功能的外表缺陷

(1) 混凝土裂缝的检测

混凝土结构裂缝的检测是判断结构受力状态和预测剩余寿命的重要依据之一。产生裂缝的原因很多，大致可分为受力裂缝和非受力裂缝两大类。裂缝的形态各异，能否正确区分要依靠检测人员的理论知识水平和工程经验的丰富程度。

1) 裂缝检测的项目。主要包括：①裂缝的部位、数量和分布状态；②裂缝的宽度、长度和深度；③裂缝的形状，如上宽下窄、下宽上窄、中间宽两端窄、八字形、网状形、集中宽缝形等；④裂缝的走向，如斜向、纵向、沿钢筋向，是否还在发展等；⑤裂缝是否贯通、是否有析出物、是否引起混凝土剥落等。

2) 检测方法。裂缝长度可用钢尺或直尺量，宽度可用检验卡（表明裂缝宽度，可作对比）、塞尺和20倍的刻度放大镜测定。裂缝深度可用细钢丝或塞尺探测，也可用注射器注入有色液体，待干燥后凿开混凝土观测，或用超声回弹法测定，测得的裂缝状况在构件表面裂缝展开图如图2-3所示。

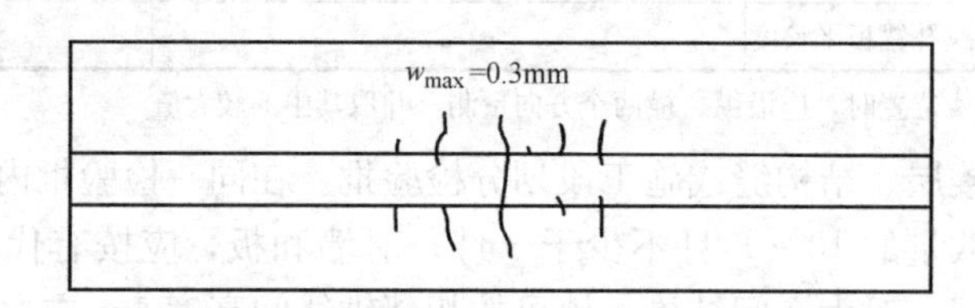

图2-3　混凝土梁表面裂缝展开图

(2) 构件表面蜂窝面积测定

蜂窝是指混凝土表面无水泥砂浆，露出石子深度大于5mm但小于保护层厚度的缺陷。蜂窝主要是由于砂浆少石子多、砂浆与石子分离、混凝土搅拌不均、振捣不实及模板漏浆等原因造成的。

蜂窝面积可用钢尺、直尺或百格网进行测量，以蜂窝面积占总面积的百分比计。

(3) 构件表面的孔洞缺陷

孔洞是指深度超过保护层厚度，但不超过截面尺寸1/3的缺陷，是由混凝土浇筑时漏振或模板严重漏浆所致。

检查方法为凿去孔洞周围松动石子，用钢尺量取孔洞的面积及深度。梁、柱上的孔洞面积任何一处不大于40cm^2，累计不大于80cm^{2}为合格；基础、墙、板上的孔洞面积任何时候一处不大于100cm^2，累计不大于200cm^{2}为合格。

(4) 构件表面的露筋缺陷

露筋是指钢筋没有被混凝土包裹而外露的缺陷，是由钢筋骨架放偏、混凝土漏振或模板严重漏浆所致。旧建筑的露筋还可能是由于混凝土表层碳化、钢筋锈蚀膨胀致使混凝土保护层剥落形成。

外露的钢筋用钢尺量取。梁、柱上每个检查件（处）任何一根主筋露筋长度不大于10cm，累计不大于20cm为合格，但梁端主筋锚固区内不允许有露筋。基础、墙、板上每个检查件（处）任何一根主筋露筋长度不大于20cm，累计不大于40cm为合格。

3. 混凝土强度无损检测

混凝土强度无损检测主要有回弹法、超声法和超声回弹综合法。

（1）回弹法

回弹法直接在原状混凝土表面上测试，仪器操作简便，测试结果直观，检测部位无破损，但不适用于表层与内部质量有明显差异或内部存在缺陷的构件检测。它是根据混凝土硬度和碳化深度来推定混凝土抗压强度的。回弹法的适用温度为－4～40℃；适用龄期范围是 14～1000d，长龄期应采用钻芯法修正。

采用回弹法进行检测时，应执行《回弹法检测混凝土抗压强度技术规程》JGJ/T 23—2011 的规定。回弹仪测区面积一般为 200mm×200mm，应测取 16 个点的回弹值，分别剔除 3 个偏大值与 3 个偏小值，取中间 10 个点的回弹值平均值作为测定值。测区表面应清洁、平整、干燥，避开蜂窝麻面。当表面有饰面层、杂物、油垢时，应该除去或避开。回弹仪还应该避免钢筋密集区。如构件体积小、刚度差或测试部位混凝土厚度小于 100mm 的薄壁、小型构件，因弹击时易产生颤动，故应固定后再测试，否则影响精度。

混凝土表面碳化深度对强度测定有较大影响，故应对回弹值进行碳化深度修正。在回弹仪回弹测量完毕后，应在有代表性的位置上测量碳化深度值，测点数不应少于构件测区数的 30%。选好点后可在表面形成直径约 15mm 的孔洞，深度略大于混凝土的碳化深度，然后除去孔洞中的粉末和碎屑（不可用液体冲洗），并立即用 1%～2%的酚酞酒精溶液滴在孔洞内壁的边缘处，未碳化部分的混凝土会变为紫红色，当已碳化与未碳化界线清楚时，应采用碳化深度测量仪测量已碳化与未碳化混凝土交界面到混凝土表面的垂直距离，并应测量 3 次，每次读数精确至 0.25 mm。应将 3 次测量的平均值作为检测结果，并应精确至 0.5mm。如钻孔、清孔有困难时，也可从测区混凝土表面凿取一小块混凝土，然后劈开（劈开面与表面垂直），并立即在断面上涂上 1%～2%的酚酞酒精溶液，用碳化深度测量仪测量碳化深度。

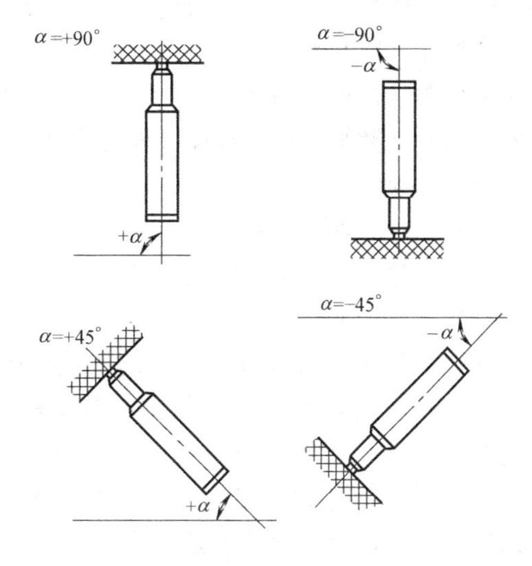

图 2-4 回弹仪测试角度

测量多处后取平均值。若 $l \leqslant 0.4$mm，可按未碳化处理。当碳化深度值极差大于 2.0mm 时，应在每一测区测量碳化深度值。

此外，如混凝土的测试面不是侧面，而是上表面或底面，则也应修正，见表 2-4。检测混凝土浇筑侧面时，回弹仪处于非水平状态时（图 2-4），应根据回弹仪与水平线的夹角不同，对测区的平均回弹值进行修正。

混凝土强度的推测：根据平均回弹值 N 及回弹值修正，由回弹值与混凝土强度的关系曲线（称为测强曲线）即可查得混凝土的强度。根据使用条件和范围的不同，分为统一测强曲线、地区测强曲线和专用测强曲线三类，应用回弹法时应优先选用地区的或专用的测强曲线。

（2）超声法

超声法属无损检测，使用方便，适用范围广，测试结果综合反映了施工质量，参数判读较直观，能判断混凝土内部孔洞、不密实区、裂缝深度、损伤层厚度、新老混凝土结合

不同浇筑面对回弹值的修正 ΔN_s 表 2-4

$\overline{N}_s$	ΔN_s	
	表面	底面
20	+2.5	−3.0
25	+2.0	−2.5
30	+1.5	−2.0
35	+1.0	−1.5
40	+0.5	−1.0
45	0	−0.5
50	0	0

面质量及混凝土匀质性等。但应注意，测试面应修理平整，测试时应尽量避开钢筋。

超声波法是根据超声脉冲在混凝土中的传播规律与混凝土强度有一定关系的原理，通过测定超声脉冲的参数，如传播速度或脉冲衰减值，来推断混凝土的强度。目前国产的超声脉冲仪大多是测量传播速度的。超声脉冲仪产生的电脉冲通过发射探头使声脉冲进入混凝土，然后电接收探头接收仪器测得信号的时间直接转化为声速表示出来，从仪器上读出了声速，即可由有关测强曲线求得混凝土的强度。

测试步骤如下：测试要选两个对面，一边放发射探头，一边放接收探头。测点布置视结构的大小和精度而定，一般可取 10 个方格。一般方格边长 150～200mm，在一方框内测 3 个声速，取其平均值。测点应避开有缺陷及应力集中的部位，并避开铁预埋件及与声通路平行而又很近的钢筋。两对面一般选择两侧面。设探头处表面要平整、干净，有不平整处可用砂纸磨平，在布置探头处可适当涂一薄层黄油等耦合剂，探头要压紧表面，以减少声能反射损失。

(3) 超声回弹综合法

超声回弹综合法是利用超声波测量与回弹仪测量所得到的结果相互修正而比它们中的某一种方法更为准确的一种非破损法。一般要求先进行回弹测量后进行超声测量。

回弹法只是反映混凝土表面的质量情况，对疏松、孔洞、裂缝等内部缺陷则无任何反映。混凝土的整体强度是与内部缺陷的大小、分布密切相关的，因此使用回弹仪有一定的局限性。用超声波法测强时，其声速与混凝土的密实度、均质性及内部缺陷均有密切关系，但它对水泥品种、养护方法等误差较大，因此采用超声回弹综合法测强，可以取长补短，较全面地评述混凝土质量，抵消或减少一些因素的不利影响，提高其精确度。

超声回弹综合法是根据混凝土硬度和密实性来推定混凝土抗压强度的，比单一法精度高，一般误差在 12%左右，影响因素显著减少，是适合现场混凝土强度检测，方便、可靠、费用低的非破损检测方法。

超声回弹综合法应根据《超声回弹综合法检测混凝土强度技术规程》CECS 02：2005 进行。使用时分别按回弹法和超声法测出测区的回弹值 R_a 和声速值 v_a，然后查专用或地区的超声回弹综合法测强曲线，求得强度换算值。该法适用于混凝土龄期范围为 28～730d，否则应采用钻芯法修正；不适用于遭受冻害、化学侵蚀、火灾、高温损伤或厚度小于 100mm 的构件。

4. 混凝土强度的局部破损法检测

(1) 钻芯法

钻芯法是使用专门的钻芯机在混凝土构件上钻取圆柱形芯样，经过适当加工后在压力试验机上直接测定其抗压强度的一种局部破损检测方法，适用于检测结构中强度不大于80MPa 的普通混凝土强度。

钻芯法非常直观、准确，在事故质量评判中也更能令人信服，因而受到重视。由于取芯数量不能很多，因而这种方法也常结合非破损方法同时应用，它可修正非破损方法的精度，且取芯数目可以适当减少。

取芯直径常在 100mm 左右，只要布置适当，并修补及时，一般不会影响原构件的承载力。取芯后留下的圆孔应及时修补，一般可用合成树脂为胶粘材料的细石混凝土，或用微膨胀水泥混凝土填补。填补前应细心清除孔中的污物及碎屑，用水湿润。修补后要细心养护。

钻芯法有局部破损，在使用中也受到一定限制。单个构件抽取芯样不宜超过 3 个。对预应力构件，一般不允许钻取芯样以确保结构的安全。另外，对于低强度（如小于 C15）的混凝土，因取样后外表面粗糙，芯样难以修整得符合要求，因而一般也不用钻芯法测其强度。

对于小截面构件，钻芯直径尺寸超过构件尺寸一半，则易危及安全，也不宜采用。

试样制取、取芯的部位应注意以下几点：

1）取芯部位应选择结构受力面小、对结构承载力影响小的部位。在结构的控制截面、应力集中区、构件接头和边缘处等，一般不宜取芯。

2）取芯部位应避开构件中的钢筋和预埋件，特别是受力主筋。

3）作为强度试验用的芯样，不应在混凝土有缺陷的部位（如裂缝、蜂窝、疏松区）钻取。

4）取样应注意代表性。

在构件上钻取芯样后要经过切割、端部磨平等工艺加工成试件。试件直径一般要大于混凝土集料最大粒径的 2～3 倍，高度为直径的 1～2 倍。建筑结构梁、柱、剪力墙的混凝土集料最大粒径一般在 40mm 以下，故可加工成 $D\times H=100\text{mm}\times 100\text{mm}$ 的圆柱体试件。我国混凝土标准试块为 150mm×150mm×150mm 的立方体，尺寸不同时，测定强度值会有差异，应予修正，见表 2-5。试验表明，如果直径为 100mm 或 150mm，而 $D:H=1:1$的芯样试件之抗压强度与标准立方体强度相当，因而可以不用修正，直接用芯样的抗压强度作为混凝土立方体强度。

芯样试件混凝土强度换算系数 **表 2-5**

高径比(H/D)	1.0	1.1	1.2	1.3	1.4	1.5	1.6	1.7	1.8	1.9	2.0
系数(a)	1.00	1.04	1.07	1.10	1.13	1.15	1.17	1.19	1.21	1.22	1.24

钻芯法应根据《钻芯法检测混凝土强度技术规程》CECS 03：2007 进行。

(2) 拔出法

拔出法的测试精度高，使用方便，适用范围广，检测部位微破损。该法根据埋件的抗拔力来推定抗压强度，被检测混凝土强度不能小于 10MPa，适用于龄期不小于 28d 的混凝土。

拔出法是在混凝土构件中埋锚杆（可以预置，也可后装），将锚杆拔出时，连带拉脱部分混凝土。试验证明，这种拔出的力与混凝土的受拉承载力有密切相关关系，而混凝土受拉承载力与受压承载力是有一定关系的，从而可据此推得混凝土的受压承载力。这种方法在美国、苏联和日本等国已经制定了试验标准。我国也已开始应用该方法，目前也已通过了试验的技术标准。对于质量事故的检查，主要采用后制锚杆法。

试验取样对单个构件取样不少于1组，对整体结构不少于构件总数的30%。1组试验是指在2m×2m左右范围内取3个试验点，由3个测点的算术平均值作为推算强度的代表值。当3个值之间的差值中有一差值超过15%时，可取中间值为代表值；如两个差值均超过15%时，应加取1个组（3个点）试验，取6个点的平均值为代表值。选择测点应平整，要清除抹灰、饰面层，应避开蜂窝、孔洞、裂缝及钢筋。测查点的厚度应大于两倍锚具置入深度，对于厚度小于150mm的构件，只可在一侧布置测点。

试验步骤：

1）在混凝土构件上钻孔（图2-5，例如孔径30mm、深25mm）；

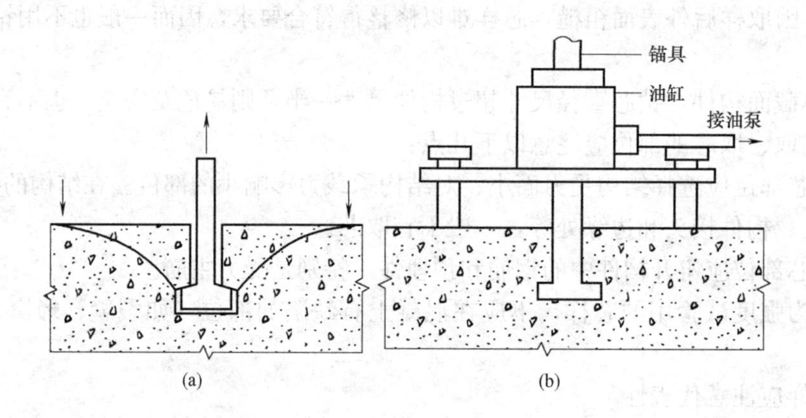

图2-5 拔出法示意图

2）将钻孔头部扩孔成“上”形，下部环形槽深2～3mm；

3）将锚具放入孔内，安装拔出机；

4）拔出锚杆，读出拔出机上的最大拔力值。

强度推断如下：设拔出力为F_p，则混凝土受压强度与F_p有直线相关关系，即

$$f_c = AF_p + B \tag{2-1}$$

式中：A、B为待定常数，要先率定。

例如某一地区率定的测强公式为：

$$f_c = 1.6F_p - 5.8 \tag{2-2}$$

拔出法与钻芯法均为微破损检测法。拔出法的精度比回弹法、超声法等非破损检验法要高，但比钻芯法稍低。但拔出法检测快，一般测一点只需十多分钟，而钻芯法要几天甚至十几天，并且拔出法破损小，破损面直径小于100mm，深度不超过30mm，大概在保护层厚度附近，不影响结构强度，因而其使用受限制少，可更广泛地应用。

拔出法的实施应按照《拔出法检测混凝土强度技术规程》CECS 69：2011进行。

5. 混凝土内部缺陷的检测

混凝土内部缺陷的探测方法有声脉冲法和射线法两大类。射线法是运用X射线、γ射线透射混凝土，然后照相分析。这种方法穿透能力有限，在使用中需要解决人体防护的问题，在我国很少采用。声脉冲法包括超声波法、声发射法等。其中超声波法技术比较成熟，在我国应用较广。

(1) 缺陷位置的检测

声速值在均匀的混凝土中是比较一致的，遇到有孔洞等缺陷时，根据超声波经孔隙而变小的原理，依据声时、声速、声波衰减量、声频变化等参数的测量结果对混凝土缺陷进行评判。首先对质量有怀疑的部位，以较大的间距（如300mm）画出网格，称为一级网络，测定网格交叉点处的声时值。然后在声速变化较大的区域，以较小的间距（如100mm）画出二级网络，再测定网格点处的声速。将具有数值较大声速的点（或异常点）连接起来，则该区域即可初步定为缺陷区，如图2-6所示。

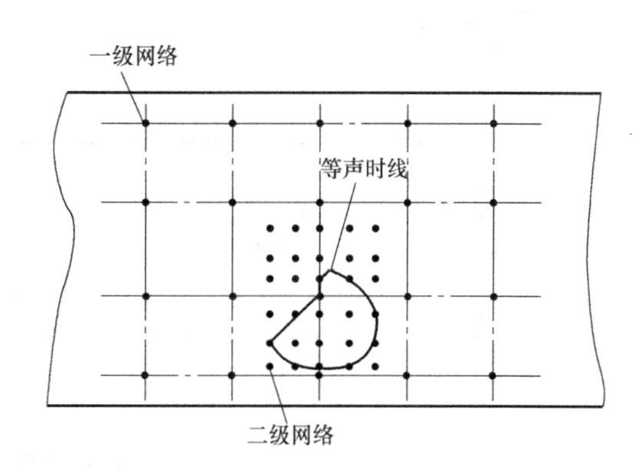

图2-6 用超声波法测内部缺陷时的网络布置

然后，根据声速值的变化判断是否存在缺陷。先在缺陷附近测得声时最长的点，然后用探头在构件两边测得声时最长的点，其连线应与构件垂直并通过声时最长点，如图2-7所示。缺陷的横向尺寸 d 按式（2-3）计算

$$d=D+L\sqrt{\left(\frac{t_2}{t_1}\right)^2-1} \tag{2-3}$$

式中 L——两探头间距离；

t_2——超声脉冲探头在缺陷中心时的声时值；

t_1——按相同方式在无缺陷区测得的声时值；

D——探头直径。

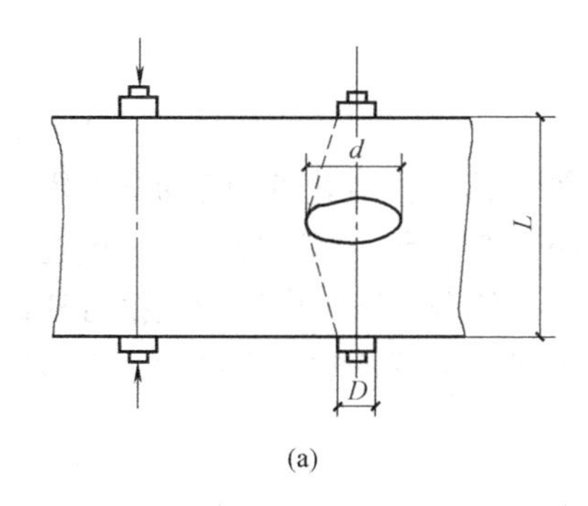

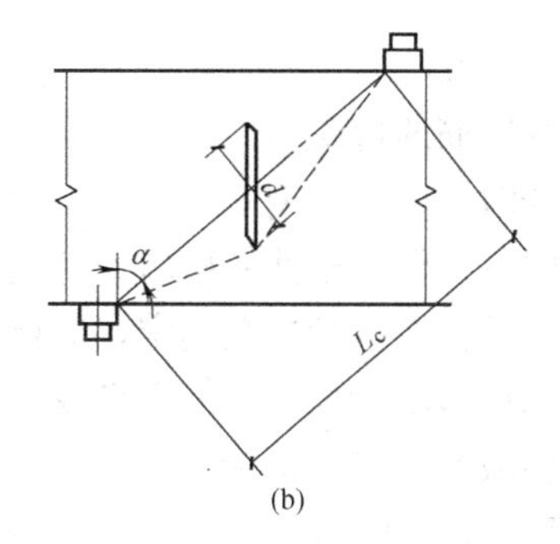

图2-7 内部孔洞尺寸探测法

(a) 内部孔洞尺寸的对测法；(b) 内部孔洞尺寸的斜测法

(2) 裂缝深度的检测

对于开口而又垂直于构件表面的裂缝，可按图2-8（a）测量。首先将探头放在同一构

件无裂缝位置，测得其声时值 t_0；然后将探头置于裂缝两边，测出其声时值 t_1。测 t_0 及 t_1 时应保持探头间距离 l 相同。裂缝深度可按式（2-4）计算。

$$h=\frac{1}{2}\sqrt{\left(\frac{t_1}{t_0}\right)^2-1} \tag{2-4}$$

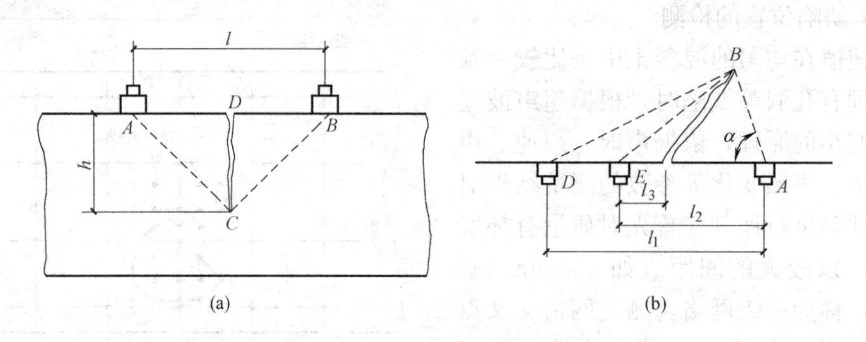

图 2-8 裂缝深度探测

（a）平测法探测裂缝深度的探头等距布置法；（b）斜裂缝的探测

需注意的是，$l/2$ 与 h 相近时，测量效果较好；应避开钢筋，一般探头距离钢筋轴线 $1.5h$ 为好。

如为开口斜裂缝，则可按图 2-8（b）布置。测试时首先在裂缝附近测得混凝土的平均声速 v，然后将一探头置于 A，另一探头跨过裂缝，先置于 D，量得 $AD=l_1$，测得 ABD 的声时为 t_2；再置于 E，量得 $AE=l_2$，测得 ABE 的声时为 t_1；E 离裂缝边的距离为 l_3。则有方程

$$\begin{cases}(AB)+(BE)=t_1 v\\(AB)+(BD)=t_2 v\\(BE)^2=(AB)^2+l_2^2-2(AB)l_2\cos a\\(BD)^2=(AB)^2+l_1^2-2(AB)l_1\cos a\end{cases} \tag{2-5}$$

式中：v、t_1、t_2、l_1、l_2 均为测得值，代入后即可解出 AB、BE 及 BD 值，从而确定裂缝深度。

6. 钢筋的检测

（1）进场钢筋的检测

钢筋进场时，应按《钢筋混凝土用钢　第 2 部分：热轧带肋钢筋》GB 1499.2—2007 等的规定抽取试件做力学性能检验，其质量必须符合有关标准的规定。检查数量应由进场的批次和产品的抽样检验方案确定，应检查产品的合格证、出厂检验报告和进场复验报告等。当发现钢筋脆断、焊接性能不良或力学性能显著不正常等现象时，应对该批钢筋进行化学成分检验或其他专项检验。

（2）钢筋位置的检测

钢筋的检测一般可在构件上进行。可用钢筋检测仪测量钢筋的位置、数量、直径及保护层厚度。目前，钢筋检测仪所测得的直径受环境影响较大，一般是凿去保护层，查看钢筋的数量并测量其直径，并与图样对照复核。必要时，可截取钢筋做强度试验，甚至作化学成分分析。

（3）钢筋锈蚀程度的检测

混凝土结构中的钢筋发生锈蚀使得钢筋有效截面积减小、体积增大，从而导致混凝土膨胀、剥落，钢筋与混凝土的握裹力及承载力降低，直接影响到混凝土的结构安全性及耐久性。钢筋的锈蚀程度和锈蚀速度与混凝土质量、保护层厚度、受力状况及环境条件有关。锈蚀程度的检测方法主要有直接观测法与自然电位测量法两种，还有不少非破损检测方法正在研究或试用中。

1）直接观察法是在构件表面凿去局部保护层，将钢筋暴露出来，直接观察、测量钢筋的锈蚀程度，主要是量测锈蚀层的厚度和剩余钢筋面积。这种方法直观、可靠，但要破坏构件表面，一般不宜做得太多。

2）自然电位法的基本原理是钢筋锈蚀后其电位发生变化，测定其电位变化来推断钢筋的锈蚀程度。所谓自然电位，是钢筋与其周围介质（此为混凝土）形成一个电位，锈蚀后钢筋表面钝化膜破坏，引起电位变化。现已有专用钢筋锈蚀检测仪用于测定钢筋锈蚀程度。用自然电位法测钢筋锈蚀情况，方法简便，不用复杂设备，快速出结果，可在不影响正常生产的情况下进行。但电位易受周围环境因素干扰，且对腐蚀的判断比较粗略，故常与其他方法（如直接观察法）联合应用。

（4）钢筋实际应力的检测

混凝土结构中钢筋实际应力的测定，是对结构进行承载力判断和对受力筋进行受力分析的一种较为直接的方法。一般选取构件受力最大的部位作为钢筋应力测试的部位，因为此部位的钢筋实际应力反映了该构件的承载力情况。测定步骤为：

1）凿除保护层、粘贴应变片。在所选部位将被测钢筋的保护层凿掉，使钢筋表层清洁并粘贴好测定钢筋应变的应变片，如图 2-9 所示。

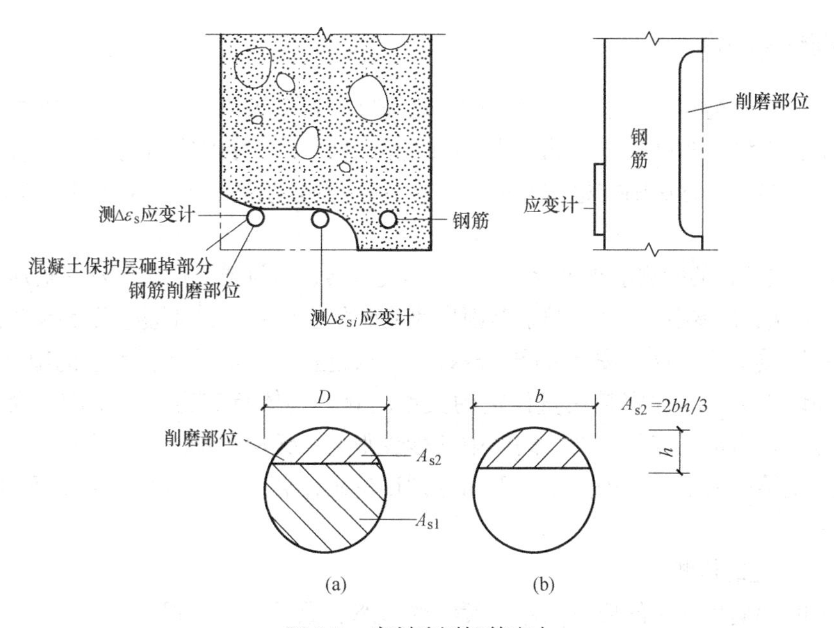

图 2-9 磨削法测钢筋应力

（a）钢筋断面示意图；（b）钢筋削磨面积尺寸示意图

2）削磨钢筋面积，量测钢筋应变。在与应变片相对的一侧用削磨的方法使被测钢筋的面积减小，然后用游标卡尺量测其减小量，同时用应变记录仪记录钢筋因面积变小而获得的应变增量 $\Delta\varepsilon_s$。

3）钢筋实际应力 σ_s，可近似按下式计算。

$$\sigma_s = \frac{\Delta\varepsilon_s E_s A_{s1}}{A_{s2}} + E_s \frac{\sum_{1}^{n} \Delta\varepsilon_{si} A_{si}}{\sum_{1}^{n} A_{si}} \tag{2-6}$$

式中　$\Delta\varepsilon_s$——被削磨钢筋的应变增量；

$\Delta\varepsilon_{si}$——构件上被测钢筋邻近处第 i 根钢筋的应变增量；

E_s——钢筋弹性模量；

A_{s1}——被测钢筋削磨后的截面积（图 2-9a）；

A_{s2}——被测钢筋削磨掉的截面积（图 2-9b）；

A_{si}——构件上被测钢筋邻近处第 i 根钢筋的截面积。

4）重复测试，得到理想结果，重复 2）、3）步骤。当两次削磨后得到的应力值 σ_s 很接近时，便可停止削磨测试，将此时的 σ_s 值作为钢筋最终要求的实际应力值。

测试中应注意，经削磨减小后的钢筋直径不宜小于 $2d/3$（d 为钢筋的原直径）。削磨钢筋应分 2～4 次进行，每次都要记录钢筋截面积减小量和钢筋削磨部位的应变增量。钢筋的削磨面要平滑。削磨后的钢筋面积应使用游标卡尺测量。削磨时，因摩擦将使被削钢筋温度升高而影响应变读数。一定要等到钢筋削磨面的温度与大气温度相同时，方可记录应变仪读数。测试后的构件应进行补强，可用Φ20、$l=200$mm 的短钢筋焊接到被削磨钢筋的受损处，并用比构件强度等级高一级的细石混凝土补齐保护层。

2.3.2　砌体结构检测

砌体工程的现场检测方法，按对墙体损伤程度，可分为以下两类：非破损检测方法和局部破损检测方法。非破损检测方法是指在检测过程中，对砌体结构的既有性能没有影响。而局部破损检测方法则在检测过程中，对砌体结构的既有性能有局部、暂时的影响，可修复。

对砌体结构构件的检测主要包括：①材料强度（砖、石材或其他块材及砂浆）；②砌筑质量（如砌筑方法、砌体中砂浆饱满度、截面尺寸及垂直度等）；③砌体裂缝及砌体的承载力。

关于砌筑质量的检查可按有关施工规程的要求进行，一般并无技术上的困难，这里不再介绍。砌体承载力的评定是质量评定的关键问题，砌体承载力取决于砌块及砂浆的强度，当然与砌筑质量也有关。由于砌体中的砂浆很薄，无法再加工成标准的立方体进行压力试验，这就给检测工作带来困难。下面分别讨论砌体裂缝、砂浆材料强度及砌体承载力的检测方法。

1. 砌体裂缝的检测

砌体中的裂缝是常见的质量问题，裂缝的形态、数量及发展程度对承载力、使用性能与耐久性有很大影响，对砌体的裂缝必须全面检测，包括检测裂缝的长度、宽度、走向、数量、形态等情况，初步确定引起裂缝的原因。

具体的检测方法：裂缝的长度可用钢尺或一般米尺进行测量。宽度可用塞尺、卡尺或专用裂缝宽度测量仪进行测量。记录裂缝出现的位置、裂缝数量、走向及形态，详细标注在墙体的立面图或砖柱展开图上，进而分析产生裂缝的原因并评价其对强度的影响程度。

(1) 裂缝的检测与处理的程序

房屋裂缝的检测与处理，一般按如图 2-10 所示的程序进行。

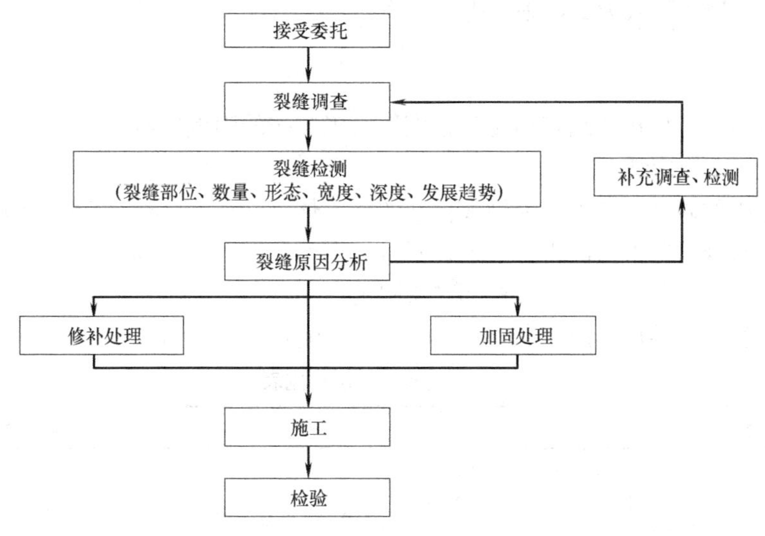

图 2-10 裂缝检测与处理程序

(2) 裂缝检测的一般规定

1) 在对结构构件裂缝宏观观测的基础上，绘制典型的和主要的裂缝分布图，并结合设计文件、建造记录和维修记录综合分析裂缝产生的原因以及对结构安全性、适用性、耐久性的影响，初步确定裂缝的影响程度。

2) 对于结构构件上已经稳定的裂缝，可做一次性检测；对于结构构件上不稳定的裂缝，除按一次性观测做好记录统计外，还需进行持续性观测，每次观测应在裂缝末端标出观察日期和相应的最大裂缝宽度值，如有新增裂缝，应标出发现新增裂缝的日期。

3) 裂缝观测的数量应根据需要而定，并宜选择宽度大或变化大的裂缝进行观测。

4) 需要观测的裂缝应进行统一编号，每条裂缝宜布设两组观测标志，其中一组应在裂缝的最宽处，另一组可在裂缝的末端。

5) 裂缝观测的周期应视裂缝变化速度而定，且最长不应超过 1 个月。

6) 对裂缝的观测，每次都应绘出裂缝的位置、形态和尺寸，注明日期，并附上必要的照片资料。

2. 砌块与砂浆材料强度的检测

砌体是由砌块和砂浆组成的复合体，砌体承载力取决于砌块、砂浆的强度及砌筑质量，所以，在现场对砌块和砂浆强度进行检测是十分关键的。

(1) 砌块强度的检测

砌块强度的检测通常可从砌体上取样，清理干净后，按常规方法进行试验。

抗压强度试验时，取 5 块砖，将砖样锯成两个半砖（每个半砖长度不小于 100mm），放入室温下的净水中浸 10～30min，取出，以断口方向相反叠放，中间用净水泥砂浆粘牢，上下面用水泥砂浆抹平，养护3d后进行压力试验。加荷前测量试件两个半砖叠合部分的面积A（m^2），加荷至破坏，若破坏荷载为P（N），则抗压强度为：

$$f_c = P/A \quad (MPa) \tag{2-7}$$

另取5块做抗折试验，可在抗折活动架上进行。将滚轴支座置于条砖长边向内20mm，加荷压滚轴应平行于支座，且位于支座的中间$L/2$处，加载前测得砖宽b，厚h，支承距L。加荷破坏荷载为P，则抗折强度为：

$$f_\tau = \frac{3PL}{2bh^2} \quad (MPa) \tag{2-8}$$

根据试验结果，可按烧结普通砖的强度等级确定砖的强度等级。

(2) 砂浆强度的检测

对于砌体中的砂浆，已不可能做成标准的立方体（70.7mm×70.7mm×70.7mm）的试件，无法按常规试验方法测得其强度。目前，常采用推出法、筒压法、砂浆片剪切法、回弹法、点荷法以及射钉法等方法检测砂浆强度。

各方法的特点、性质及限制条件见表2-6，这里仅介绍回弹法。

砂浆强度检测方法一览表 **表2-6**

序号	检测方法	特点	用途	限制条件
1	推出法	1. 属原位检测，直接在墙体上测试，测试结果综合反映了施工质量和砂浆质量； 2. 设备较轻便； 3. 检测部位局部破损	检测普通砖墙的砂浆强度	当水平灰缝的砂浆饱满度低于65%时，不宜选用
2	筒压法	1. 属取样检测； 2. 仅需利用一般混凝土试验室的常用设备； 3. 取样部位局部损伤	检测烧结普通砖墙中的砂浆强度	测点数量不宜太多
3	砂浆片剪切法	1. 属取样检测； 2. 专用的砂浆测强仪和其标定仪，较为轻便； 3. 试验工作较简便； 4. 取样部位局部损伤	检测烧结普通砖墙中的砂浆强度	—
4	回弹法	1. 属原位无损检测，测区选择不受限制； 2. 回弹仪有定型产品，性能较稳定，操作简便； 3. 检测部位的装修面层仅局部损伤	1. 检测烧结普通砖墙体中的砂浆强度； 2. 适用于砂浆强度均质性普查	砂浆强度不应小于2MPa
5	点荷法	1. 属取样检测； 2. 试验工作较简便； 3. 取样部位局部损伤	检测烧结普通砖墙中的砂浆强度	砂浆强度不应小于2MPa
6	射钉法	1. 属原位无损检测，测区选择不受限制； 2. 射钉枪、子弹、射钉有配套定型产品，设备较轻便； 3. 墙体装修面层仅局部损伤	烧结普通砖和多孔砖砌体中，砂浆强度均质性普查	1. 定量推定砂浆强度，宜与其他检测方法配合使用； 2. 砂浆强度不应小于2MPa； 3. 检测前，需要用标准靶检校

回弹法适用于推定普通砖砌体中的砌筑砂浆强度。检测时，应用砂浆回弹仪测试砂浆表面硬度，用酚酞试剂测试砂浆碳化深度，以此两项指标换算为砂浆强度。测位宜选在承重墙的可测面上，并避开门窗洞口及预埋件附近的墙体。墙面上每个测位的面积宜大于 $0.3m^2$。本方法不适用于推定高温、长期浸水、化学侵蚀、火灾等情况下的砂浆抗压强度。砂浆回弹仪应每半年校验一次。在工程检测前后，均应在钢砧上对回弹仪做率定试验。

试验步骤：

1）测位处的粉刷层、勾缝砂浆、污物等应清除干净；弹击点处的砂浆表面应仔细打磨平整，并除去浮灰。

2）每个测位内均匀布置 12 个弹击点。弹击点应避开砖的边缘、气孔或松动的砂浆。相邻两弹击点的间距不应小于 20mm。

3）在每个弹击点上，使用回弹仪连续弹击 5 次，第 1、2 次不读数，仅记读第 3、4、5 次的回弹值，精确至 1 个刻度。同时将弹击点击出的小圆坑的坑深量出，准确到 0.1mm，测试过程中，回弹仪应始终处于水平状态，其轴线应垂直于砂浆表面，且不得移位。

4）在每一测位内，选择 1～3 处灰缝，用游标卡尺和 1%的酚酞试剂测量砂浆碳化深度，读数应精确至 0.5mm。

试验完毕后，由回弹值 N 及坑的深度 d，可根据预先标定过的有关图表查出砂浆的强度。

3. 砌体强度的检测

得到了砌块及砂浆的强度后，即可按《砌体结构设计规范》GB 50003—2011 求得砌体强度，这是一种间接测定砌体强度的方法。

《砌体工程现场检测技术标准》GB/T 50315—2011 给出了几种直接测定砌体强度的方法，检测砌体抗压强度常用原位轴压法、扁顶法；检测砌体抗剪强度常用原位单剪法、原位单砖双剪法；检测砌体工作应力、弹性模量用扁顶法。各方法的特点、性质及限制条件，见表 2-7。

砌体强度检测方法一览表　　**表 2-7**

序号	检测方法	特　　点	用　　途	限制条件
1	原位轴压法	1. 属原位检测，直接在墙体上测试，测试结果综合反映了材料质量和施工质量； 2. 直观性、可比性强； 3. 设备较重； 4. 检测部位局部破损	检测普通砖砌体的抗压强度	1. 槽间砌体每侧的墙体宽度应不小于 1.5m； 2. 同一墙体上的测点数量不宜多于 1 个，测点数量不宜太多； 3. 限用于 240 砖墙
2	扁顶法	1. 属原位检测，直接在墙体上测试，测试结果综合反映了材料质量和施工质量； 2. 直观性、可比性较强； 3. 扁顶重复使用率较低； 4. 砌体强度较高或轴向变形较大时，难以测出抗压强度； 5. 设备较轻； 6. 检测部位局部破损	1. 检测普通砖砌体的抗压强度； 2. 测试古建筑和重要建筑的实际应力； 3. 测试具体工程的砌体弹性模量	1. 槽间砌体每侧的墙体宽度不应小于 1.5m； 2. 同一墙体上的测点数量不宜多于 1 个； 3. 测点数量不宜太多

续表

序号	检测方法	特 点	用 途	限制条件
3	原位单剪法	1. 属原位检测，直接在墙体上测试，测试结果综合反映了施工质量和砂浆质量； 2. 直观性强； 3. 检测部位局部破损	检测各种砌体的抗剪强度	1. 测点选在窗下墙部位，且承受反作用力的墙体应有足够长度； 2. 测点数量不宜太多
4	原位单砖双剪法	1. 属原位检测，直接在墙体上测试，测试结果综合反映了施工质量和砂浆质量； 2. 直观性较强； 3. 设备较轻便； 4. 检测部位局部破损	检测烧结普通砖砌体的抗剪强度，其他墙体应经试验确定有关换算系数	当砂浆强度低于 5MPa 时，误差较大

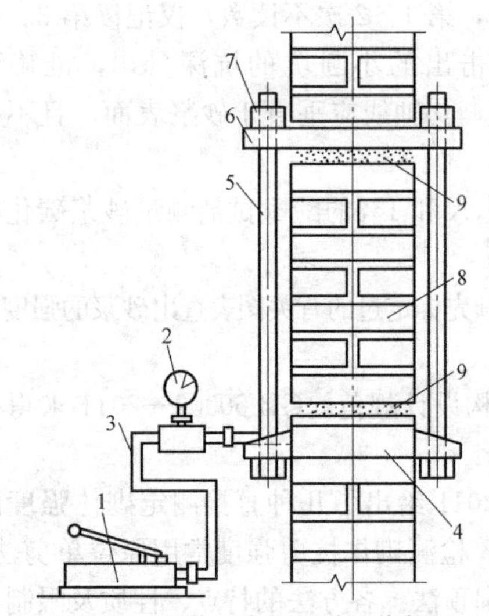

图 2-11 原位压力机测试工作状况

1—手动油泵；2—压力表；3—高压油管；4—扁式千斤顶；5—拉杆（共 4 根）；6—反力板；7—螺母；8—槽间砌体；9—砂垫层

(1) 原位轴压法测抗压强度

本方法适用于推定普通砖砌体的抗压强度。检测时，在墙体上开凿两条水平槽孔，安放原位压力机。原位压力机由手动油泵、扁式千斤顶、反力平衡架等组成，其工作状况如图 2-11 所示。

测试部位应具有代表性，并应符合下列规定：①测试部位宜选在墙体中部距地面 1m 左右的高度处，槽间砌体每侧的墙体宽度不应小于 1.5m；②同一墙体上，测点不宜多于 1 个，且宜选在沿墙体长度的中间部位，多于 1 个时，其水平净距不得小于 2.0m；③测试部位不得选在挑梁下、应力集中部位以及墙梁的墙体计算高度范围内。

试验步骤：

1) 在测点上开凿水平槽孔时，应遵守下列规定：

① 下水平槽的尺寸应符合表 2-8 的要求。

水平槽尺寸 表 2-8

名称	长度(mm)	厚度(mm)	高度(mm)	使用机型
上水平槽	250	240	70	—
下水平槽	250	240	70	450
	250	240	140	600

② 上下水平槽孔应对齐，两槽之间应相距 7 皮砖。

③ 开槽时，应避免扰动四周的砌体；槽间砌体的承压面应修平整。

2) 在槽孔间安放原位压力机时，应符合下列规定：

① 在上槽内的下表面和扁式千斤顶的顶面，应分别均匀铺设湿细砂或石膏等材料的垫层，垫层厚度可取 10mm。

② 将反力板置于上槽孔，扁式千斤顶置于下槽孔，安放四根钢拉杆，使两个承压板上下对齐后，拧紧螺母并调整其平行度；四根钢拉杆的上下螺母间的净距误差不应大于 2mm。

③ 正式测试前，应进行试加荷载试验，试加荷载值可取预估破坏荷载的 10%。检查测试系统的灵活性和可靠性，以及上下压板和砌体受压面接触是否均匀密实。经试加荷载，测试系统正常后卸荷，开始正式测试。

3）正式测试时，应分级加荷。每级荷载可取预估破坏荷载的 10%，并应在 1～1.5min 内均匀加完，然后恒载 2min。加荷至预估破坏荷载的 80%后，应按原定加荷速度连续加荷，直至槽间砌体破坏。当槽间砌体裂缝急剧扩展和增多，油压表的指针明显回退时，槽间砌体达到极限状态。

4）试验过程中，如发现上下压板与砌体承压面因接触不良，致使槽间砌体呈局部受压或偏心受压状态时，应停止试验。此时应调整试验装置，重新试验，无法调整时应更换测点。

5）试验过程中，应仔细观察槽间砌体初始裂缝与裂缝开展情况，并记录逐级荷载下的油压表读数、测点位置、裂缝随荷载变化情况简图等。

6）试验完毕后，按下式进行数据分析。

$$f_{\mathrm{m}}=\frac{N}{A\xi_1} \tag{2-9}$$

式中 f_{m}——砌体抗压强度的推定值（MPa）；

A——受压砌体截面积（mm^2）；

N——试验的破坏荷载（N）；

ξ_1——强度换算系数，$\xi_1=1.36+0.54\sigma_0$，σ_0 为被测试砌体上部结构引起的压应力值（MPa），可按实际承受的荷载标准值计算。

（2）顶出法测抗剪强度

这是一种原位测定法。选择门、窗洞口作为测区，在试验区取 370～490mm 长一段，两边凿通、齐平，加压面坐浆找平，如图 2-12 所示。加压用千斤顶，受力支承面要加钢垫板。

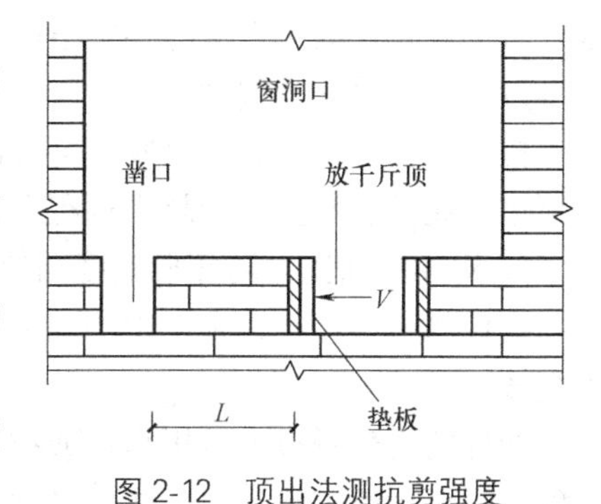

图 2-12 顶出法测抗剪强度

实验时用千斤顶逐步施加推力，此推力就是砌体试件受力面的剪力。若砌体破坏时的剪力为 V，被推出部分的受剪面积为 A，则该砌体的抗剪强度的平均值为：

$$f_{\mathrm{v,m}}=V/A \tag{2-10}$$

用于设计的抗剪强度指标，应按下式推算。

$$f=f_{\mathrm{v,m}}(1-1.645\delta_{\mathrm{f}})/\gamma_{\mathrm{f}} \tag{2-11}$$

对砌体结构抗压强度可取变异系数 $\delta_{\mathrm{f}}=0.17$，材料分项系数 $\gamma_{\mathrm{f}}=1.5$；对砌体抗剪强度则可取 $\delta_{\mathrm{f}}=0.20$，$\gamma_{\mathrm{f}}=1.5$。

（3）扁顶法

扁顶法是用一种特制的扁千斤顶在墙体上直接测量砌体抗压强度的方法。它的测试过程为：在墙体垂直方向相隔五皮砖凿开两个相当于扁千斤顶的水平槽，宽 240mm，高

70～130mm，然后在两槽内各嵌入一个千斤顶并用自平衡拉杆固定（图2-13），用手动油泵对槽间砌体分级加载至受压砌体的抗压强度 f_m：

$$f_m = N/(KA) \tag{2-12}$$

式中　f_m——砌体抗压强度的推定值，MPa；

A——受压砌体截面积，mm^2；

N——试验的破坏荷载，N；

K——强度换算系数，$K=1.29+0.67\delta_0$；

δ_0——被测试砌体上部结构引起的压应力值。

值得注意的是，当 $\delta_0 \geqslant 0.6$ MPa时，取 $\delta_0 = 0.6$MPa。

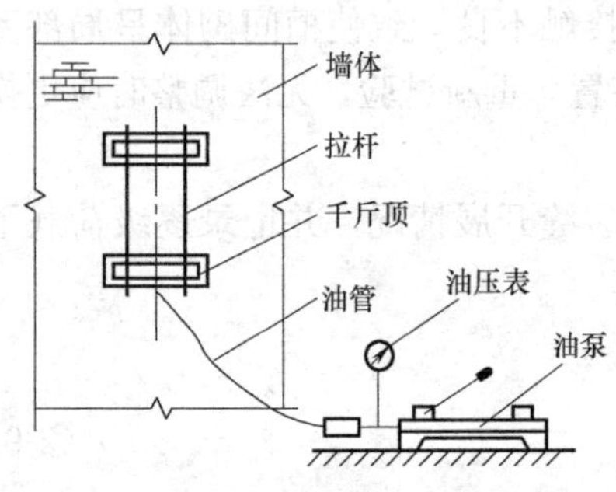

图2-13　扁顶法测量砌体抗压强度

2.3.3　钢结构检测

钢结构中的型钢构件如由正规钢厂生产并具有合格证明，则材料的强度及化学成分一般是可以保证的。检测的重点在于加工、运输、安装过程中产生的偏差与失误。钢结构工程检测的主要内容有：

（1）构件外观平整度的检测；

（2）构件长细比、局部平整度和损伤的检测；

（3）构件连接的检测。

如果钢材无出厂合格证明，或者厂家不明，则应再增加检测的项目为：钢材及焊条的材料力学性能，必要时再检测其化学成分。

1. 构件整体平整度的检测

梁和桁架构件的整体变形分为垂直变形和侧向变形，因此要检测两个方向的平直度。检查时，可先目测，发现有异常情况时，对梁或桁架可在构件支点间拉紧一根细钢丝，然后测量各点的垂度与偏度。

柱子的变形主要有柱身倾斜与挠曲。对柱子的倾斜度可用经纬仪检测；对柱子的挠曲度可用吊线垂法测量。如超出规程允许范围，应加以纠正。

2. 构件长细比、局部平整度和裂缝检测

构件的长细比，在施工中构件截面型钢代换时常被忽视而不满足要求，应在检查时重点复核。

构件的局部平整度可用靠尺或拉线的方法检查。其局部挠曲应控制在允许范围内。构件的裂缝可用目测法、锤击法、滴油法和超声探伤仪法检查。锤击法是用包有橡胶的木锤轻轻敲击构件各部分，如声音不脆，传音不匀，有突然中断等异常情况，则必有裂缝。

滴油法检查是在用10倍放大镜下怀疑有裂缝时的方法：无裂缝时，油成圆弧形扩散；有裂纹时，油会渗入裂隙呈直线状伸展。

超声探伤仪法的原理和方法与检查混凝土时相仿，这里不再赘述。

3. 构件连接的检测

钢结构工程的连接检测主要有：连接件检测和连接方式的检测，如螺栓连接和焊接连接。连接事故在钢结构事故中较常见，应将连接作为重点对象进行检查。

（1）对连接板的检查

① 检测连接板尺寸（尤其是厚度）是否符合要求；

② 用直尺作为靠尺检查其平整度；

③ 测量因螺栓孔等造成的实际尺寸的减少；

④ 检测有无裂缝、局部缺损等损伤。

（2）螺栓连接检测

① 螺栓（铆钉）尺寸的检测；

② 螺纹尺寸的检测；

③ 螺栓（铆钉）表面质量的检测。

对于螺栓连接，可用目测与锤击相结合的方法检查，并用示功扳手对螺栓的紧固性进行复查。当示功扳手达到一定的力矩时，用带有声、光指示的扳手校核其拧紧度。

（3）焊缝连接检测

检测内容包括以下三个方面：

① 焊缝外观质量；

② 焊缝尺寸；

③ 焊缝无损探伤。

焊接连接应用广泛，事故也较多，应检查其缺陷。焊缝的缺陷有裂纹、气孔、夹渣、未熔透、虚焊、咬肉、弧坑等，如图 2-14 所示。检查焊接缺陷时首先应进行外观检查，借助 10 倍放大镜观察，并可用小锤轻轻敲击，细听异常声响。必要时可用超声探伤仪或射线探测仪检查。

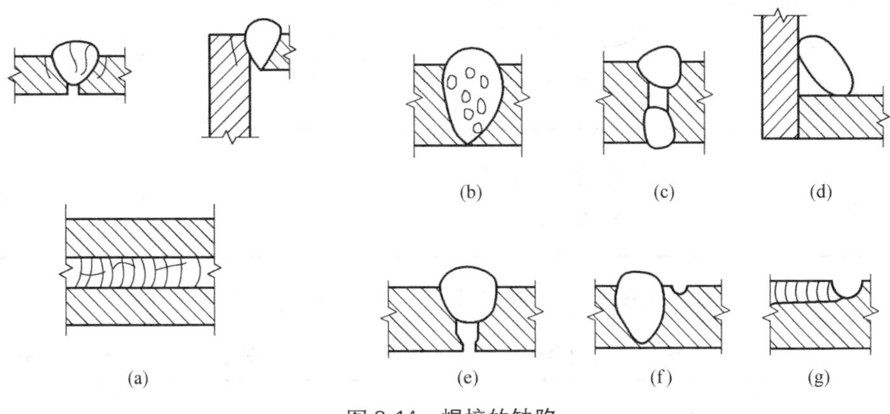

图 2-14 焊接的缺陷

（a）裂纹；（b）气孔；（c）夹渣；（d）虚焊；（e）未熔透；（f）咬肉；（g）弧坑

《钢结构工程施工质量验收规范》GB 50205—2001 对焊缝外观质量标准及尺寸允许偏差的规定是：

1）二级、三级焊缝外观质量标准应符合表 2-9 的规定。

二级、三级焊缝外观质量标准（单位：mm） **表 2-9**

项 目	允许偏差	
缺陷类型	二级	三级
未焊满(指不足设计要求)	≤0.2+0.02t,且≤1.0	≤0.2+0.04t,且≤2.0
	每 100.0 焊缝内缺陷总长≤25.0	

续表

项目	允许偏差	
缺陷类型	二级	三级
根部收缩	≤0.2+0.02t，且≤1.0	≤0.2+0.04t，且≤2.0
	长度不限	
咬边	≤0.05t，且≤0.5；连续长度≤100.0，且焊缝两侧咬边总长≤10%焊缝全长	≤0.1t且≤1.0，长度不限
弧坑裂纹	—	允许存在个别长度≤5.0的弧坑裂纹
电弧擦伤	—	允许存在个别电弧擦伤
接头不良	缺口深度0.05t，且≤0.5	缺口深度0.1t，且≤1.0
	每1000.0焊缝不应超过1处	
表面夹渣	—	深≤0.2t；长≤0.5t，且≤20.0
表面气孔	—	每50.0焊缝长度内允许直径≤0.4t，且≤3.0的气孔2个，孔距≥6倍孔径

注：表内t为连接处较薄的板厚。

2）对接焊缝及完全熔透组合焊缝尺寸允许偏差应符合表2-10的规定。

对接焊缝及完全熔透组合焊缝尺寸允许偏差　　表2-10

序号	项目	图例	允许偏差(mm)	
			一、二级	三级
1	对接焊缝余高C		B<20mm：0～3.0 B≥20mm：0～4.0	B<20mm：0～4.0 B≥20mm：0～5.0
2	对接焊缝错边d		d<0.15t，且≤2.0	d<0.15t，且≤3.0

3）部分焊透组合焊缝和角焊缝外形尺寸允许偏差应符合表2-11的规定。

部分焊透组合焊缝和角焊缝外形尺寸允许偏差　　表2-11

序号	项目	图例	允许偏差(mm)
1	焊脚尺寸h_f		h_f≤6mm：0～1.5 h_f>6mm：0～3.0
2	焊脚尺寸 角焊缝余高C		h_f≤6mm：0～1.5 h_f>6mm：0～3.0

注：1. h_f>8.0mm的角焊缝其局部焊脚尺寸允许低于设计要求值1.0mm，但总长度不得超过焊缝长度的10%；
2. 焊接H形梁腹板与翼缘板的焊缝两端在其两倍翼缘板宽度范围内，焊缝的焊脚尺寸不得低于设计值。

4. 钢结构防火涂料涂层厚度测定方法

(1) 测针法

测针（厚度测量仪）由针杆和可滑动的圆盘组成，圆盘始终与针杆保持垂直，并在其上装有固定装置，圆盘直径不大于30mm，以保证完全接触被测试件的表面。如果厚度测量仪不易插入被插材料中，也可使用其他适宜的方法测试。测试时，将测厚探针（图2-15）垂直插入防火涂层直至钢基材表面上，记录标尺读数。

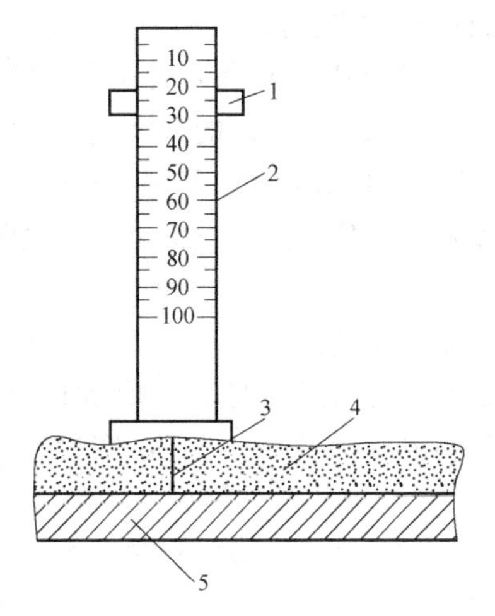

图2-15 测厚度示意图

1—标尺；2—刻度；3—测针；4—防火涂层；5—钢基材

（2）测点选定

1）楼板和防火墙的防火涂层厚度测定，可选两相邻纵、横轴线相交中的面积为一个单元，在其对角线上，按每米长度选一点进行测试。

2）全钢框架结构的梁和柱的防火涂层厚度测定，在构件长度内每隔3m取一截面，按如图2-16所示位置测试。

3）桁架结构，上弦和下弦每隔3m取一截面检测，其他腹杆每根取一截面检测。

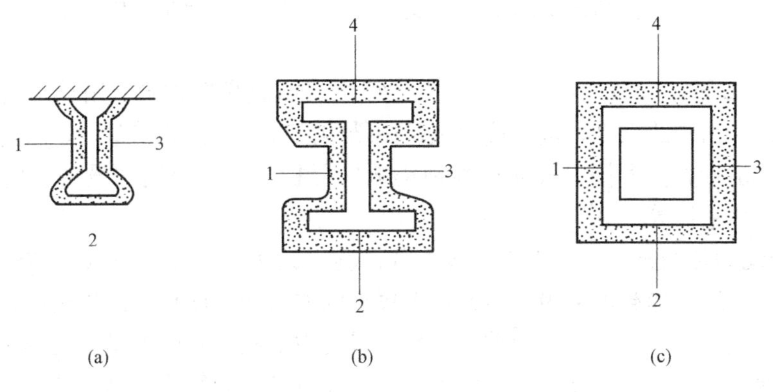

图2-16 测点示意图

（a）工字形梁；（b）工字形柱；（c）方形柱

注：1、2、3、4表示测点位置。

（3）测量结果：对于楼板和墙面，在所选择的面积中，至少测出5个点；对于梁和柱，在所选择的位置中，分别测出6个和8个点。分别计算出它们的平均值，精确到0.5mm。

5. 结构性能检测

结构性能检测主要包括静力检测和动力检测。

静力检测主要是检测结构构件在拉、压、弯、剪、扭单独及其组合作用下的强度及稳定性。所用设备由加载装置、传感器、观测装置、数据采集装置等组成。

结构动力性能取决于结构的材料、形式、各部分的细部构造等，很难用纯理论的方法分析，必须进行动力性能测试。动力性能测试分为动力特性测试和动力反应测试两部分。

（1）动力特性测试

动力特性主要是指结构的自振周期、振型、阻尼等动力参数。其测试方法有共振法、自由振动法、脉冲法。

1）共振法的特点是机理明确，提供参数全面，数据分析简单可靠。试验所用设备主要是激振器，常用的有机械式起振器、电动液压起振器、电磁式激振器等。

2）自由振动法测试结构的振动特性可采用荷载激励法，如突加激励、突卸激励等。常用打桩架、撞钟设备或反冲激振器施加冲击荷载。

3）脉冲法，也称为环境随机振动法。环境随机振动必然引起建筑物的随机响应，而且是一个随机过程。在测试时可利用测振传感器测量地面运动的脉源和结构的响应。将测试数据经傅里叶变换由所测时程曲线得到频谱图，再利用峰值法定出各阶频率，由半功率法得到结构阻尼。该方法实验简单，但分析处理较复杂。

（2）动力反应测试

用于结构动力反应测试的试验有结构伪静力试验、结构拟动力试验、抗震动力加载试验。

1）结构在地震作用下，受反复水平荷载的作用，以本身的变形来吸收地震能量，尤其是进入塑性状态后的变形。为了模拟这一过程，常采用静态的反复加载试验，称为伪静力试验。伪静力试验所用加载设备有液压加载设备、电液伺服加载系统。支承装置有抗侧力试验台座、反力墙、移动式抗水平反力支架等。伪静力试验在国内外的抗震试验中均被采用。

2）拟动力试验，又称伪动力试验，由计算机与加载联机试验，用计算机检测和控制整个试验过程。结构的恢复力可直接由试验中结构的位移和荷载来量测，结合输入的地震加速度记录，由计算机直接完成非线性地震响应分析。试验采用的设备有电液伺服加载器、计算机、传感器等。

3）抗震动力加载试验有：人工地震加载试验、天然地震加载试验、结构模拟地震振动台试验。人工地震加载可采用地面或地下爆炸的方式使地面瞬间产生运动，然后测量爆炸影响范围内建筑物的各种动力参数。天然地震动力加载，实际上是把地震区看做是一个试验场，在地震高发区内，预先布置好各种观察设备及不同结构类型的建筑结构，在震中或震后调查结构的宏观反应。地震模拟振动台加载试验是利用振动台台面输入地震波，结构输出动力反应，借助于系统识别方法，得到结构的各种动力参数，其主要设备是振动台和数据处理系统。

2.3.4　工程变形观测

建筑物由于某种原因，会产生整体的或局部的变形，比如建筑物倾斜、扭曲、不均匀沉降等。为了找出原因，解决问题，就必须对建筑物进行观测、监测和检测。通常对新建筑物按规范规定进行变形观测，发现建筑物出现异常后立即进行监测，工程遭受意外事故后进行监测。

建筑物的变形观测主要有：倾斜观测和沉降观测。

1. 建筑物的倾斜观测

建筑物倾斜观测所用的主要仪器是经纬仪。

选择需要观测的建筑物阳角作为观测点。通常情况下需对四个阳角均进行倾斜观测，综合分析才能反映整幢建筑物的倾斜情况。

（1）经纬仪位置的确定。经纬仪位置如图 2-17 所示，其中要求经纬仪至建筑物的距离 L 大于建筑物的高度。图中 A、B、C、D、E、F、G、H 是经纬仪的假设位置。虚线是假设倾斜位置。

（2）倾斜数据测读。如图 2-18 所示，瞄准墙顶一点 M，向下投影得一点 N，然后量出 N 与 n 的水平距离 P，图中，以 M 点为基准，采用经纬仪量出角度 α，L 为经纬仪与建筑物的距离，h 为经纬仪的高度。

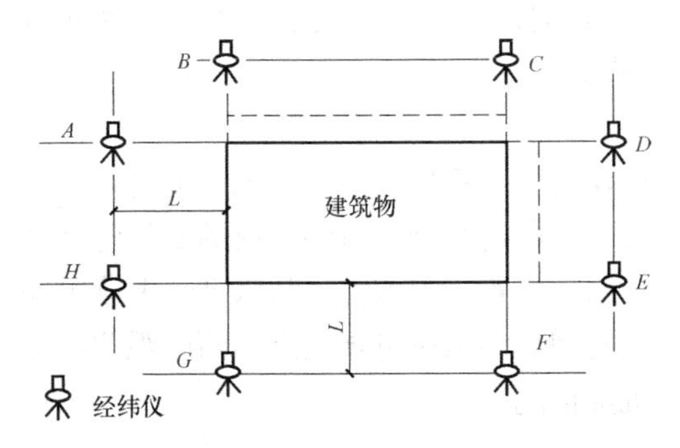

图 2-17　经纬仪的位置

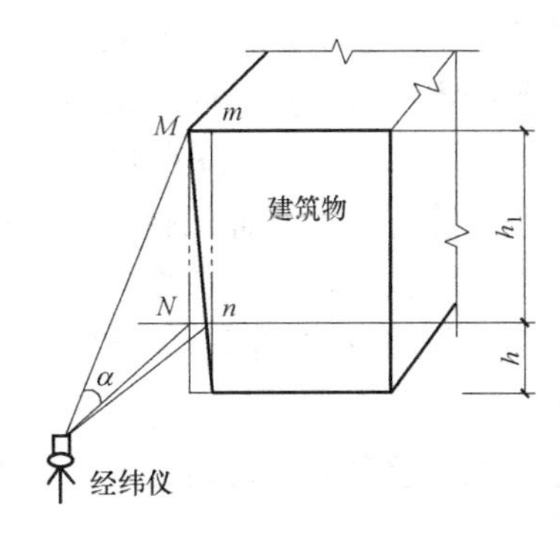

图 2-18　倾斜数据测读

（3）结果整理。按式（2-13）计算建筑物高度。

$$H=L\cdot\tan\alpha+h \tag{2-13}$$

则建筑物的倾斜度为

$$I=P/(h_1+h) \tag{2-14}$$

建筑物该阳角的倾斜量为

$$P=I\cdot(h_1+h) \tag{2-15}$$

最后，综合分析四个阳角的倾斜度，即可描述整幢建筑物的倾斜情况。

2. 建筑物的沉降观测

建筑物的沉降观测包括：建筑沉降的长期观测以及建筑物不均匀沉降的现场监测。

（1）建筑物沉降的长期观测

为掌握建筑物或软土地基上的建筑物在施工过程中以及使用阶段的沉降状况和使用初期是否存在下沉隐患，需要在建筑物的施工、竣工验收以及竣工后进行监测，达到安全预报、科学评价及检验施工质量等目的。

1）所用仪器。用于建筑物沉降观察的主要仪器为水准仪。

2）水准点布置。在建筑物的附近选择三处布置水准点，选择水准点位置的要求为：①水准点高程无变化（保证水准点的稳定性）；②观测方便；③不受建筑物沉降的影响；④埋设深度至少要在冰冻线下 0.5m。

3）观测点的布置。观测点一般是设在墙上，用角钢制成。观测点的数目和位置应能全面反映建筑物的沉降情况。一般是沿建筑物四周每隔 15～30m 布置一个，数量不宜少于 6 个。另外，在基础形式及地质条件改变处或荷重较大的地方也要布置观测点。

4）数据测读及整理。水准测量采用闭合法。为保证测量精度宜采用Ⅱ级水准。观测前应严格校验仪器，观测过程中测量工具和操作人员应固定不变。

沉降观测一般是在增加荷载或发现建筑物沉降量增加后开始。观测时应同时记录气象资料。观测次数和时间应根据具体情况确定。一般情况下，新建建筑中，民用建筑每施工完一层（包括地下部分）应对沉降观测点测一次沉降量；工业建筑按不同荷载阶段分次观测，但施工期间的观测次数不应少于 4 次。已有建筑物则根据每次沉降量大小确定观测次数，一般是以沉降量在 5～10mm 以内为限度。当沉降发展较快时，应增加观测的次数，随着沉降量的减少而逐渐延长沉降观测的时间间隔，直至沉降稳定为止。

测读数据是指用水准仪及水准尺测读出各观测点的高程。水准尺离水准仪的距离为 20～30m。水准仪离前、后视水准尺的距离要相等（最好同一根水准尺）。

观测应在成像清晰、稳定时进行，读完各观测点后，要回测后视点，同一后视点的两次读数差要求小于±1mm。将观测结果记入沉降观测记录表，并在表上计算出各观测点的沉降量和累计沉降量，同时绘制时间-荷载-沉降曲线。

（2）建筑物不均匀沉降观测

通过前述方法计算各观测点的沉降差，可获得建筑物的不均匀沉降情况。但是，在实际监测工程事故时，如建筑物的不均匀沉降已经形成，则需监测建筑物当前的不均匀沉降量。将水准仪布置在与两观测点等距离的地方，将水准尺置于观测点，从水准仪上读出同一水平上的读数，从而可算出两观测点的沉降差。同理可测出所有观测点中两两观测点的沉降差，汇总整理即可得出建筑物的当前不均匀沉降情况。

本章小结

本章介绍了工程质量事故结构鉴定的基本方法，如经验鉴定法、实用鉴定法和可靠度鉴定法。重点阐述工程变形观测质量事故常用检测技术、砌体结构质量事故常用检测技术、混凝土结构质量事故常用检测技术、钢结构质量事故常用检测技术，为学习和掌握后续各类工程质量事故分析与处理提供了依据。

思考与练习题

2-1 简述土木工程检测的基本程序。

2-2 砌体结构的现场检测有哪些方法？各方法的适用范围是什么？

2-3 混凝土结构的现场检测有哪些方法？各方法的适用范围是什么？

2-4 钢结构的现场检测有哪些方法？各方法的适用范围是什么？

第3章　岩土工程质量事故分析与处理

本章要点及学习目标

本章要点：

本章阐述了地基与基础工程、边坡与基坑工程、隧道与地铁工程等岩土工程质量事故的分类，结合大量岩土工程质量事故实例，分析质量事故原因及常用处理方法。

学习目标：

1. 理解地基工程、基础工程、边坡工程、基坑工程、隧道工程及地铁工程等概念。
2. 理解各种岩土工程质量事故的分类。
3. 掌握影响岩土工程质量事故的因素。
4. 掌握地基与基础工程加固与纠偏技术。
5. 了解隧道与地铁工程质量事故的分析。
6. 理解不同岩土工程质量事故分析与处理的程序方法。

3.1　地基与基础工程

地基与基础是建筑物的重要组成部分，任何建筑都必须有可靠的地基和基础。基础与地基是紧密联系、互相依存的工程结构，建筑物的全部重量最终都通过基础传递给地基。

地基与基础工程是建筑施工技术复杂、难度很大的分部工程之一。主要包括无支护土方、有支护土方、地基处理、桩基、地下防水等子分部工程。地基与基础施工质量合格与否，直接影响到建筑物的结构安全。随着国家经济的发展和施工技术的进步，单体工程的建筑规模越来越大，综合使用功能越来越多，地基与基础的施工质量越来越受到人们的关注和重视。

地基基础的设计与施工中存在着较多不确定性因素，如土层变化、水、空洞等，不合理或错误的基础设计与施工质量问题都会导致基础工程质量缺陷与事故。一旦发生事故，补救难度大，轻则影响使用，重则报废，甚至造成灾难性后果。

各类建筑工程对地基和基础的要求可概括为三个方面：一是有可靠的整体稳定性；二是有足够的地基承载力；三是在建筑物的荷载作用下，其沉降值、水平位移及不均匀沉降差满足某一定值的要求。

3.1.1　地基工程

1. 地基工程概述

建筑工程事故的发生大多与地基问题有关。地基事故发生的主要原因是勘察、设计、施工不当或环境和使用情况发生改变，最终表现为产生过大的变形或不均匀沉降，从而使基础或上部结构出现裂缝或倾斜，削弱和破坏了结构的整体性、耐久性，严重时会导致建筑物倒塌。

地基事故，按其性质可分为地基强度和地基变形两大类。地基强度问题引起的地基事故主要表现为地基承载力不足或丧失稳定性；地基变形问题引起的事故常发生在软土、失陷性黄土、膨胀土、季节性冻土等地区。

地基事故发生后，应进行认真细致的调查研究，再根据事故发生的原因和类型，因地制宜地选择合理的基础托换方法，进行处理。

2. 地基工程事故类别及特征

(1) 地基沉降造成工程事故

地基在荷载作用下产生沉降，包括瞬时沉降、固结沉降和蠕变沉降三部分。总沉降量或不均匀沉降超过结构物允许沉降值时，将影响结构物的正常使用，从而造成工程事故。特别是不均匀沉降，将导致结构物上部结构产生裂缝，整体倾斜，严重时造成结构破坏。结构物倾斜导致荷载偏心，使荷载分布发生变化，严重时可导致地基失稳破坏。

(2) 地基失稳造成工程事故

结构物作用在地基上的荷载效应超过地基承载能力时，地基将产生剪切破坏，包括整体剪切破坏、局部剪切破坏和冲切剪切破坏三种形式，如图 3-1 所示。地基产生剪切破坏将使结构物破坏或倒塌。

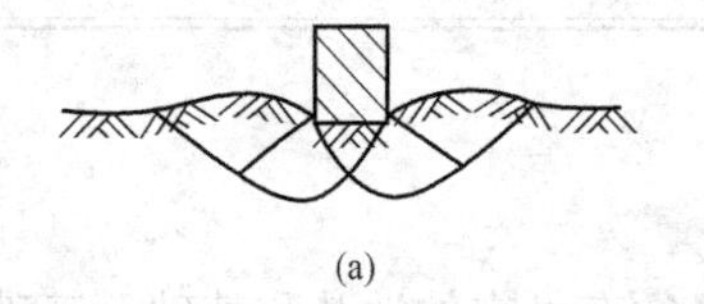
(a)

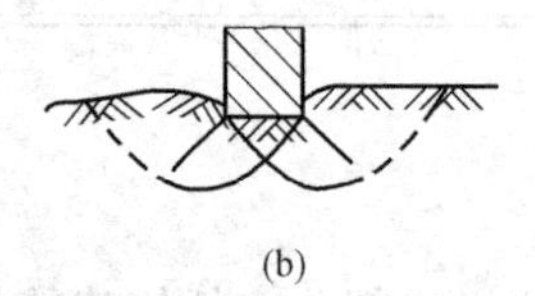
(b)

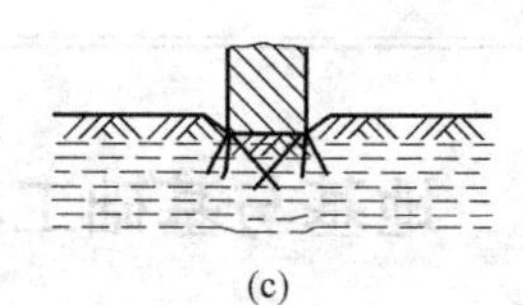
(c)

图 3-1　地基破坏的三种形式

(a) 整体剪切破坏；(b) 局部剪切破坏；(c) 冲剪剪切破坏

(3) 地基渗流造成工程事故

土中渗流引起地基破坏的情况主要有：渗流造成潜蚀，在地基中形成土洞或土体结构改变，导致地基破坏；渗流形成流土、管涌导致地基破坏；地下水位下降引起地基中有效应力改变，导致地基沉降，严重时可造成工程事故。

(4) 土坡滑动造成工程事故

建在土坡上或土坡顶和土坡坡脚附近的结构物会因土坡滑动产生破坏。造成土坡滑动的原因有许多，除坡脚取土、坡上加载等人为因素外，土中渗流改变了土的性质，降低土层界面强度以及土体强度随蠕变降低等也是重要原因。

(5) 特殊土地基工程事故

特殊土地基主要指湿陷性黄土地基、膨胀土地基、冻土地基及盐渍土地基等。特殊土的工程性质与一般土不同，特殊土地基工程事故也具有特殊性。

1) 湿陷性黄土地基。湿陷性黄土在天然状态时具有较高强度和较低的压缩性，但受水浸湿后土体结构迅速破坏，强度降低，产生显著附加下沉。如果不采取措施消除地基的湿陷性，直接在湿陷性黄土地基上建造结构物，那么地基受水浸湿后往往发生事故，影响结构物正常使用和安全，严重时导致结构物破坏。

2）冻土地基。土体在冻结时，其体积大约增加为含水体积的9%而产生冻胀，在融化时，产生收缩。土体冻结后，抗压强度提高，压缩性显著减小，土体热导率增大并具有较好的截水性能。土体融化后具有较大的流变性。冻土地基因环境条件发生变化，地基土体产生冻胀和融化，地基土体的冻胀和融化导致结构物开裂，甚至破坏，影响其正常使用和安全。

3）盐渍土地基。盐渍土含盐量高，固相中有结晶盐，液相中有盐溶液。盐渍土地基浸水后，因盐溶解而产生地基溶陷。另外，盐渍土中的盐溶液将导致结构物材料腐蚀。这些都可能影响结构物的正常使用和安全，严重时可导致结构物破坏。

（6）地震造成工程事故

地震对结构物的影响除了与地震烈度、上部结构的体型、结构形式及刚度、基础形式有关外，还与地基土动力特性、建筑场地效应等有关。对唐山地震的调查发现，同一烈度区内的结构物破坏程度有明显差异。对同一类土，地形不同，就出现不同的场地效应，结构的震害也不同。场地条件相同，黏土地基和砂土地基、饱和土和非饱和土地基上结构的震害差别也很大。

（7）其他地基工程事故

除了上述原因外，地下商场、地下车库、人防工程和地下铁道等地下工程的兴建，地下采矿造成的采空区，以及地下水位的变化，均可能导致影响范围内的地面下沉，造成地基工程事故。此外，各种原因造成的地裂缝也将造成工程事故。

3. 地基工程事故原因综述

造成地基与基础工程事故的原因主要来自以下方面：

（1）对场地工程地质情况缺乏全面、正确地了解，造成设计人员对建筑场地工程地质和水文地质情况缺乏全面、正确了解，主要有下述情况：

许多地基与基础工程事故源于对建筑场地工程地质情况缺乏全面、正确了解。没有正确了解建筑场地土层分布、各土层物理力学性质，就会错误估计地基承载力和地基变形特性，导致地基与基础工程事故发生。

1）工程勘察工作不符合要求

没有按照规定要求进行工程勘察工作，如勘察布孔间距偏大、钻孔取土深度太浅，造成勘察取土不能全面反映建筑场地地基土层实际情况。

也有少数情况属于工程勘察工作质量事故造成。在取土、试样运输和土工试验过程中发生质量事故，致使提供的工程地质勘察报告不能反映实际情况。如提供的土的强度指标和变形模量与实际情况差距很大，不能反映实际性状。

2）建筑场地工程地质和水文地质情况非常复杂

某些工程地质变化很大，虽然已按规范有关规定布孔进行勘察，但还不能全面反映地基土层变化情况。如地基中存在尚未发现的暗浜、古河道、古墓、古井等。

3）没有按规定进行工程勘察工作

没有按规定进行工程勘察工作造成工程事故虽然很少，但也时有所闻。应严格按工程建设程序开展工程建设工作。

（2）设计方案不合理或设计计算错误

设计方案不合理或设计计算错误主要有下述几个方面问题：

1）设计方案不合理

设计人员不能根据建筑物上部结构荷载、平面布置、高度、体型、场地工程地质条件，合理选用基础形式，造成地基不能满足建筑物对它的要求，导致工程事故。

2）设计计算错误

反映在地基与基础工程设计计算方面的错误主要有：①荷载计算不正确，低估实际荷载，导致地基超载造成地基承载力或变形不能满足要求；②基础设计方面错误。基础底面积偏小造成承载力不能满足要求，或基础底平面布置不合理，造成不均匀沉降偏大；地基沉降计算不正确导致不均匀沉降失控。

产生设计计算方面错误的原因多数是设计者不具备相应的设计水平，设计计算又没有经过认真复核审查，使错误不能得到纠正而造成的。也有一些设计计算方面的错误是认识水平问题造成的。

(3) 施工质量造成地基与基础工程事故

在地基与基础工程事故中，因为施工质量问题造成的事故所占比例不小。施工质量方面的问题主要有下述两方面：

1）未按设计施工图施工：未按设计要求的基础平面位置、基础尺寸、标高等进行施工。施工所用材料的规格不符合设计要求等。

2）未按技术操作规程施工：施工人员在施工过程中未按操作规程施工，甚至偷工减料，造成施工质量事故。

(4) 环境条件改变造成地基与基础工程事故

1）地下工程或深基坑工程施工对邻近建筑物地基与基础的影响。

2）建筑物周围地面堆载引起建筑物地基附加应力增加，导致建筑物工后沉降和不均匀沉降进一步发展。

3）建筑物周围地基中施工振动或挤压对建筑物地基的影响。

4）地下水位变化对建筑物地基的影响。

(5) 其他原因造成地基与基础工程事故

上述四方面的事故通过努力是可以避免的，也有一些地基与基础工程事故是难以避免的。如按五十年一遇标准修建的防洪堤，遇到百年一遇的洪水造成的基础冲刷破坏，又如由超过设防标准的地震造成的地基与基础工程事故；前面提到的少数地质情况特别复杂而造成地基与基础工程事故也属于这一类。

地基与基础工程事故还与人们的认识水平有关，某些工程事故是由工程问题的随机性、模糊性以及未知性造成的。随着人类认识水平的提高，可减少该类事故发生。

2009 年 6 月 27 日上海某小区在建楼房倒覆事故中，房屋倾倒的主要原因是：紧贴 7 号楼北侧，在短期内堆土过高，最高处达 10m 左右；与此同时，紧邻大楼南侧的地下车库基坑正在开挖，开挖深度 4.6m，大楼两侧的压力差使土体产生水平位移，过大的水平力超过了桩基的抗侧能力，导致房屋倾倒，如图 3-2 所示。2009 年 7 月 28 日上海市政府召开新闻发布会宣布，×××房地产公司、×××建筑公司的相关负责人涉嫌重大责任事故罪被刑事拘留。相关领导分别受到行政警告、行政记过和行政记大过处分。倒覆楼房开发商×××房地产公司、总包单位×××建筑公司、监理单位×××监理公司的资质证书均被吊销。

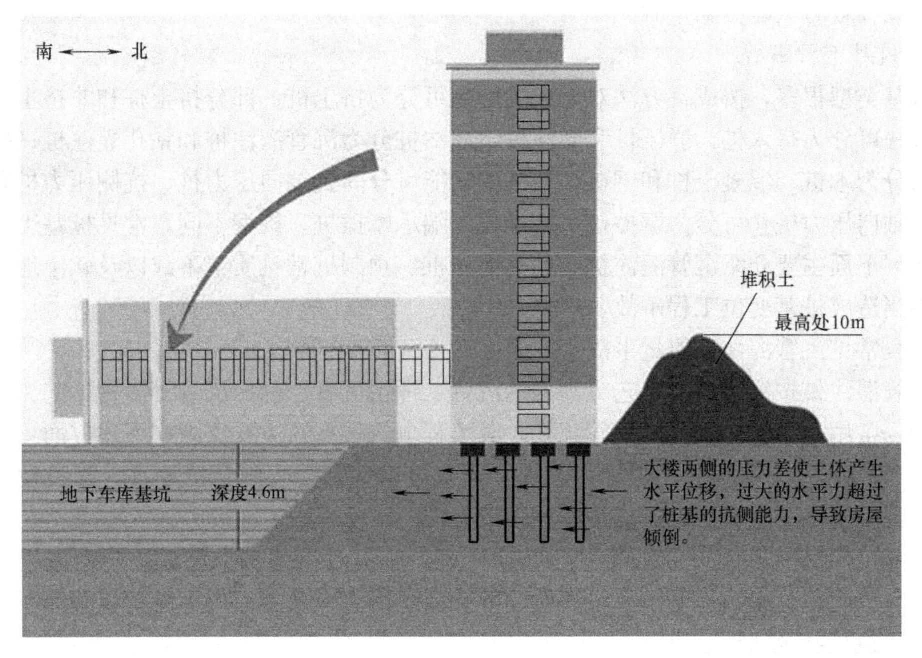

图 3-2　上海某小区在建楼房倒覆事故分析

3.1.2　基础工程

基础工程事故指建（构）筑物基础部分强度不够、变形过大，或基础错位造成建筑工程事故。造成基础工程事故的原因是地质勘察报告对地基评价不准、设计计算有误、未能按图施工和施工质量欠佳等。过高估计地基的承载力和压缩性能、设计计算有误造成选用基础形式不合理、基础断面偏小，以及所用材料强度偏低等均会导致基础工程事故，主要包括基础错位事故、基础孔洞事故、桩基工程事故以及大体积混凝土裂缝和地下室漏水等工程事故。

1. 基础错位事故

基础错位事故主要有三类：一类是基础平面错位，上部结构与基础在平面上相互错位，有的甚至方向有误，上部结构与基础方向颠倒；另一类是基础标高有误；还有一类是基础上预留洞口和预埋件的标高和位置有误。

基础错位大部分由设计或施工放线有误造成，有的也与施工工艺有关。

基础错位往往在上部结构施工前发现。对浅埋基础有时可通过吊移、顶推将错位基础移到正确位置，有时也可扩大基础尺寸来补救。如不能采用移位、扩大尺寸补救，则需在正确位置补做基础。若在上部结构施工后发现基础错位需要补救则可采用基础托换技术，如采用基础加宽托换技术、桩式托换技术等。

2. 基础孔洞事故

钢筋混凝土基础表面出现严重蜂窝、露筋或孔洞，称为基础孔洞事故。钢筋混凝土基础孔洞事故产生原因与上部结构钢筋混凝土孔洞事故相同，处理方法也类似。

若基础混凝土质量仅在表面出现孔洞可采用局部修补的方法修补；若在基础内部也有

孔洞，可采用压力灌浆法处理。基础强度不够也可采用扩大基础尺寸来补救。采用上述方法均难以补救时只能拆除重做。

3. 桩基工程事故

桩基类型很多，按成桩方法对土层的影响可分为挤土桩、部分挤土桩和非挤土桩；按成桩方法可分为打入桩、静压桩和灌注桩，灌注桩分为沉管灌注桩和钻孔灌注桩；按桩身材料可分为木桩、混凝土桩和钢桩；按桩的功能可分为抗轴向压力桩、抗侧压力桩和抗拔桩。抗轴向压力桩又可分为摩擦桩、端承桩和端承摩擦桩。桩型不同，常见桩基工程事故也不同。下面主要介绍沉管灌注桩、钻孔灌注桩、预制桩常见质量事故以及软土地基中因挖土不当造成桩基变位工程事故。

(1) 常见沉管灌注桩质量事故

沉管灌注桩按沉管成孔工艺分为振动沉管、锤击沉管、静压沉管等多种工艺。在软土地基中，常用振动沉管和静压沉管工艺。其工程事故较多，主要反映在下述方面：

1) 桩身缩颈、夹泥。主要原因是提管速度过快、混凝土配合比不良，和易性、流动性差。混凝土浇注过快也会造成桩身缩颈或夹泥。

2) 桩身裂缝或断桩。沉管灌注桩是挤土桩。施工过程中挤土使地基中产生超静孔隙水压力。桩间距过小，地基土中过高的超静孔隙水压力以及邻近桩沉管挤压等原因可能使桩身产生裂缝甚至断桩。

3) 桩身蜂窝、孔洞。主要原因是混凝土级配不良，粗骨料粒径过大、和易性差，以及黏土层中夹砂层影响等。

针对产生事故的原因，采用下述措施预防事故发生：

① 通过试桩核对勘察报告所提供的工程地质资料、检验打桩设备、成桩工艺及保证质量的技术措施是否合适。

② 采用合适的沉、拔管工艺，根据土层情况控制拔管速度。

③ 选用合理的混凝土配合比。

④ 确定合理打桩程序，减小相互影响。必要时可设置砂井或塑料排水带加速地基中超静孔隙水压力的消散。

(2) 常见钻孔灌注桩质量事故

钻孔灌注桩可分为干作业法和泥浆护壁法两大类。干作业法又可分为机械钻孔和人工挖孔两类。泥浆护壁法又可分为反循环钻成孔、正循环钻成孔、潜水钻成孔以及钻孔扩底等多种成孔工艺。本书介绍泥浆护壁法作业灌注桩质量事故。

1) 钻孔灌注桩沉渣过厚。清孔不彻底，下钢筋笼和导管碰撞孔壁等原因引起坍孔等造成桩底沉渣过厚，影响桩的承载力。

2) 塌孔或缩孔造成桩身断面减小，甚至造成断桩。

3) 桩身混凝土质量差，出现蜂窝、孔洞。主要由混凝土配合比不良，流动性差，在运输过程中混凝土严重离析等原因造成。

预防措施主要有根据土质条件采用合理的施工工艺和优质护壁泥浆，采用合适的混凝土配合比。若发现桩身质量欠佳和沉渣过厚，可采用在桩身混凝土中钻孔、压力灌浆加固，严重时可采用补桩处理。

(3) 预制桩常见质量事故

打入桩或静压桩质量事故一般较少。常见质量事故为桩顶破碎、桩身侧移、倾斜及断桩事故。打入桩较易发生桩顶破碎现象。其原因可能是：混凝土强度不够、桩顶钢筋构造不妥、桩顶不平整、锤重选择不当、桩顶垫层不良等。打入桩和静压桩会产生挤土效应，可能引起桩身侧移、倾斜，甚至断桩。根据产生桩顶破碎的原因采取相应措施，避免桩顶破碎现象发生。若桩顶破坏，可凿去破碎层，制作高强混凝土桩头，养护后再锤击沉桩。减小挤土效应的措施有：合理安排打桩顺序，控制打桩速度，如需要可先钻孔取土再沉桩，有时也可在桩侧设置砂井或减压孔。采用空心敞口预制桩也可减小挤土效应。

（4）桩基变位事故

对先打桩后挖土的工程，由于打桩的挤土和动力波的作用，使原处于静平衡状态的地基土体遭到破坏。对砂土甚至会产生液化，地下水大量上升到地表面，原来的地基土体强度遭到严重破坏。对黏性土由于形成很大挤压应力，孔隙水压力升高，形成超静孔隙水压力，土体的抗剪强度明显降低。如果打桩后紧接着开挖基坑，由于开挖时的应力释放，再加上挖土高差形成一侧卸荷和侧向推力，土体易产生一定的水平位移，使先打设的桩产生水平位移。严重的桩顶位移 1m 多，而地面以下 2m 左右处桩身产生裂缝，甚至折断。软土地区施工，桩基变位事故屡见不鲜，应充分重视。

预防该类事故的要点是合理的施工组织计划。在群桩基础的桩打设后，宜停留一定时间，待土中由于打桩积聚的应力有所释放，孔隙水压力有所降低，被扰动的土体重新固结后，再开挖基坑土方，而且土方的开挖宜均匀、分层，尽量减少开挖时的土压力差，以避免土体产生较大水平位移。发生桩基变位事故后应认真调查位移情况，特别是桩身破坏情况，再根据事故情况酌情处理。变位情况不严重，又是箱形、筏板基础，经验算合格可不作处理。位移较大，而且桩身破坏严重可采用高压喷射注浆法加固处理，如图 3-3 所示。这样可以固定桩与桩之间的距离，使产生弯曲变形的桩连成一体，增大整体承载能力。桩基变位造成的工程事故很复杂，应慎重处理。

4. 大体积混凝土裂缝事故

高层建筑的箱形基础或筏板基础，多为厚度较大的钢筋混凝土底板，还常有深梁，桩基常为厚大的承台，都是体积较大的混凝土工程，常达数千立方米，有的已超过 1 万 m^3。这类大体积混凝土结构，由外荷载引起裂缝的可能性较小。但由于水泥水化过程中释放的水化热引起的温度变化和混凝土收缩而产生的温度应力和收缩应力，往往可能形成混凝土裂缝。大体积混凝土裂缝分为宽度在 0.05mm 以下的微观裂缝和 0.05mm 以上的宏观裂缝两种。

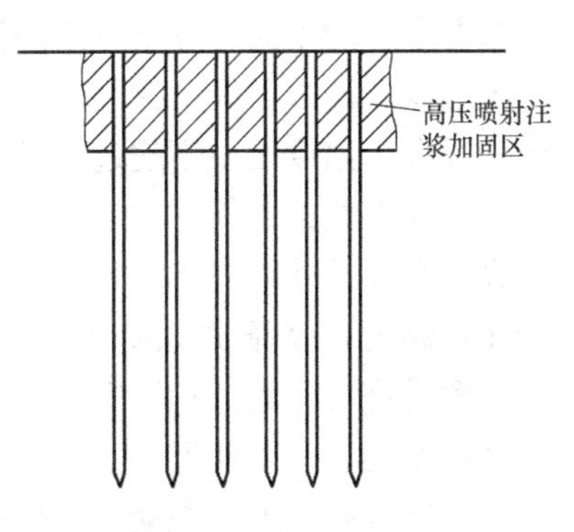

图 3-3　高压喷射注浆加固处理

水泥在水化过程中要产生大量的热量。由于大体积混凝土截面厚度大，水化热聚集在结构内部不易散发，使混凝土内部的温度升高。混凝土内部的最高温度大多发生在浇筑后的 3～5d。当混凝土内部与表面温度差过大时就会产生温度应力。当混凝土的抗拉强度不足以抵抗该温度应力时，便产生温度裂缝，这是大体积混凝土易产生裂缝的主要原因。

另外，结构在变形时，会受到一定的抑制而阻碍变形。大体积混凝土与地基浇筑在一起要受到下部地基的约束，混凝土就易产生裂缝，如图 3-4 所示。

图3-4 温度裂缝

施工期间外界气温的变化对大体积混凝土产生裂缝也有重要影响。外界温度越高，混凝土的浇筑温度也越高。外界温度下降，尤其是骤降，大大增加外层混凝土与内部混凝土的温度梯度，产生温差应力，造成大体积混凝土出现裂缝。

混凝土收缩变形也会产生收缩应力使混凝土出现裂缝。

预防大体积混凝土产生裂缝的措施包括下述几个方面：

(1) 材料选用方面

选用水化热低和安全性好的水泥，如矿渣水泥、火山灰水泥，石子、砂子的含泥量分别不超过1%和3%。

在混凝土中掺加一定数量的毛石，这样减少水泥用量，同时毛石可吸收混凝土中一定的水化热，这是防止大体积混凝土产生裂缝的较好措施。

在混凝土中掺加少量磨细的粉煤灰和减水剂，以减少水泥用量；掺加缓凝剂，推迟水化热的峰值期；掺入适量的微膨胀剂或膨胀水泥，使混凝土得到补偿收缩，减少混凝土的温度应力。

(2) 选择合理的施工方法

浇筑混凝土时分几个薄层进行浇筑，以使混凝土的水化热能尽快散发，并使浇筑后的温度分布均匀。水平层厚度可控制在0.6～2.0m范围内。相邻两浇筑层之间的间歇时间，一般5～7d。还可采用两次振捣的方法，增加混凝土的密实度，提高抗裂能力，使上下两层混凝土在初凝前结合良好。

根据季节的不同，分别选用降温法和保温法施工。夏季主要用降温法施工，即在搅拌混凝土时掺入冰水，温度控制在5～10℃，在混凝土浇筑后采用冷水养护降温，但要注意水温和混凝土温度之差不超过20℃，冬季采用保温法施工，利用保温材料防止空气侵袭。

(3) 改善约束条件

设置永久性伸缩缝将超长的现浇钢筋混凝土结构分成若干段，减少约束与被约束体之间的相互制约，以释放大部分变形，减小约束应力。

设置后浇带将大体积混凝土分成若干段，有效地削减温度收缩应力，同时也有利于散热，降低混凝土的内部温度。

在垫层混凝土上，先铺一层低强度水泥砂浆，以降低新旧混凝土之间的约束力。

(4) 改善板的配筋

分层浇筑混凝土时，为了保证每个浇筑层上下均有温度筋，可将温度筋作适当调整。温度筋宜细而密。高层建筑基础一般配筋较多，有利于抵抗裂缝。

(5) 利用混凝土的后期强度

由于高层建筑基础等大体积混凝土承受的设计荷载要在较长时间后才施加，对结构的刚度和强度进行复算并取得设计和质量检查部门的认可后，可采用45d、60d或90d强度代替28d强度作为混凝土设计强度，这样可使每立方混凝土的水泥用量减少40～70kg，混凝土的水化热温升可相应减少 4～7℃。上海宝钢曾做过 C20～C40 的混凝土试验，60d 混凝土强度设计值比 28d 平均增长 12%～26.2%。

5. 地下室渗漏事故

地下室渗漏事故经常发生，在地下水位较高地区更为严重。东南沿海某省 1996 年高层建筑地下室工程大约有 50%或多或少存在渗漏问题。

下面介绍产生渗漏的原因及补救方法。

(1) 混凝土蜂窝、孔洞渗漏

混凝土蜂窝、孔洞由混凝土浇筑质量不良形成。如未按顺序振捣混凝土而漏振；混凝土离析、砂浆分离、石子成堆或严重跑浆；有泥块等杂物掺入混凝土等。

可根据蜂窝、孔洞及渗漏情况，查明渗漏部位，然后进行堵漏处理。对于蜂窝，在修补处理前，先将面层松散不牢的石子剔凿掉，用钻子或剁斧将表面凿毛，清理后用水冲刷干净。孔洞情况不严重时，可采用水泥砂浆抹面法处理。若孔洞较深，可采用压力注浆，并可在浆液中加入一定促凝剂。如蜂窝、孔洞严重，面层处理后，可在蜂窝、孔洞周围先抹一层水泥素浆，再用比原混凝土强度等级高一级的细石混凝土填补好，仔细捣实，经养护后将表面清洗干净，再抹一层水泥素浆和一层 1∶2.5 水泥砂浆，找平压实。

(2) 混凝土产生裂缝造成渗漏

混凝土产生裂缝的原因有：混凝土搅拌不均匀或水泥品种混用，因其收缩不一产生裂缝；大体积混凝土施工时，由于温度控制不严而产生温度裂缝；设计时，由于对土的侧压力及水压力作用考虑不周，结构缺乏足够的刚度导致裂缝。

根据裂缝渗漏水量和水压大小，采用促凝胶浆或氰凝灌浆堵漏。对不渗漏水的裂缝采用以下方法处理：沿裂缝剔成八字形凹槽，遇有松散部位，将松散石子剔除，刷洗干净后，用水泥素浆打底，然后抹 1∶2.5 水泥砂浆，找平压实；或采用注浆法填补裂缝。

(3) 施工缝渗漏

施工缝是防水混凝土工程中的薄弱部位，造成施工缝渗漏的原因有：由于留设位置不当未按施工缝的处理方法进行处理；下料方法不当，造成骨料集中于施工缝处；钢筋过密，内外模板距离狭窄，混凝土浇捣困难，施工质量不易保证；浇筑混凝土时，因工序衔接等原因造成新老接合部位产生收缩裂缝等。

可根据施工缝渗漏水量和水压大小，采用促凝胶浆或氰凝灌浆堵漏。

(4) 预埋件部位渗漏

造成预埋件部件渗漏的原因有：没有认真清除预埋件表面侵蚀层，致使预埋铁件不能与混凝土粘结严密；预埋件周围，尤其是预埋件密集混凝土浇筑困难，振捣不密实；在施工或使用时，预埋件受振松动，与混凝土间产生缝隙等。

处理预埋件周围出现的渗漏，可将预埋件周边剔成环形沟槽并洗净，将水泥胶浆搓成条形，待胶浆开始凝固时，迅速填入沟槽中，用力向槽内和沿沟槽两侧将胶浆挤压密实，使之与槽壁紧密结合。如果裂缝较长，可分段堵塞。堵塞完毕后经检查无渗漏，用素浆和砂浆把沟槽找平并扫成毛面，待其达到一定强度后，再做好防水层。

因受振使预埋件周边出现渗漏，处理时需将预埋件拆除，并剔凿出凹槽供埋设预埋块，将预埋件制成预埋块（其表面抹好防水层）。埋设前在凹槽内先嵌入快速砂浆（水泥∶砂＝1∶1 和水∶促凝剂＝1∶1），再迅速将预埋块填入。待快凝砂浆具有一定强度后，在预埋块周边用胶浆填塞，并用素浆嵌实，然后再分层抹防水层补平。

(5) 管道穿墙（地）部位渗漏

管道穿墙（地）部位是渗漏的薄弱环节。除与预埋件部位渗漏相同原因外，还因热力管道穿墙部位构造处理不当造成的温差作用下，管道伸缩变形而与结构脱离，产生裂缝漏水。一般管道穿墙（地）部位渗漏的处理方法与预埋件部位渗漏的处理方法相同，要用膨胀水泥捻口。热力管道穿墙部分渗漏处理时，需先将地下水位降至管道标高以下，然后采用设置橡胶止水套的方法处理。

(6) 变形缝渗漏

下面分粘贴式变形缝和埋入式止水带变形缝两种情况介绍。

① 粘贴式变形缝

粘贴式变形缝产生渗漏的原因有：基层表面不干净或潮湿，致使胶片粘结不良；粘结剂涂刷质量不满足要求，粘贴时间不当，没有贴严实，局部有气泡；橡胶片搭接长度不够，致使搭接粘贴不严；细石混凝土覆盖层过厚，造成收缩裂缝等。

预防措施有：粘贴橡胶片的表面必须平整、粗糙、坚实、干燥，必要时可用喷灯等烘烤，或在第一遍胶内掺入10%～15%的干水泥，基面和橡胶片的表面在粘贴前一天分别涂刷两遍氯丁胶作为底胶层，待充分晾干，再均匀涂刷1～2mm厚界面胶。在用手背接触涂胶层不粘手时，粘贴橡胶片。每次粘贴橡胶片的长度以不超过2m为宜，搭接长度为100mm。若粘贴后发生局部空鼓，须用刀割开，填胶后重新粘，并补贴橡胶片一层。待全部粘贴完后，在橡胶片表面用胶粘上一层干燥砂粒，以保证覆盖层与橡胶片粘结；粘贴后搁置1～2d，待胶层溶剂挥发，再在凹槽内满涂一道素浆，然后用细石混凝土或分层水泥砂浆覆盖，并用木丝板将覆盖层隔开。

若变形缝处渗漏水，应剔去重做。

② 埋入式止水带变形缝

埋入式止水带变形缝产生渗漏原因有：橡胶止水带破损；橡胶止水带或金属止水带没有采取固定措施，或固定方法不当，埋设位置不准确或被浇筑的混凝土挤偏；橡胶止水带或金属止水带两翼的混凝土包裹不严，尤其是底板部位的止水带下面，混凝土振捣不实；混凝土分层浇筑前，止水带周围的灰垢等杂物未清除干净；混凝土挠捣方法不合适，钢筋过密，造成橡胶止水带或金属止水带周围骨料集中。

预防措施有：止水带在埋设前，必须认真检查，若有损坏必须修补好；止水带应按规定进行固定，保证其埋设位置准确；严禁在橡胶止水带的中心圆环处穿孔；在埋设底板止水带前，先把止水带下部的混凝土振实，然后将止水带由中部向两侧挤压捣实，再浇筑上部混凝土；由于钢筋过密难以保证混凝土浇筑质量时，应征得设计人员同意，通过适当调整粗骨料的粒径或采取其他技术措施，保证混凝土浇筑质量。

3.1.3 地基与基础加固与纠偏技术

1. 概述

已有建（构）筑物地基加固技术又称为托换技术，其可分为5类：①基础加宽技术；②墩式托换技术；③桩式托换技术；④地基加固技术；⑤综合加固技术。

基础加宽技术是通过增加建筑物基础底面积，减小作用在地基上的接触压力，降低地基土中附加应力水平，减小沉降量或满足承载力要求。墩式托换技术是通过在原基础下设置墩式基础，使基础坐落在较好的土层上，以满足承载力和变形要求。桩式托换技术是通过在原基础下设置桩，使新设置的桩承担或桩与地基共同承担上部结构荷载，达到提高承载力，减小沉陷的目的。地基加固技术是通过地基处理改良原地基土体或地基中部分土体，达到提高承载力、减小沉降的目的。综合加固技术是指综合应用上述两种或两种以上加固技术，达到提高承载力、减少沉降的目的。

当建筑物沉降或沉降差过大，影响建筑物正常使用时，有时在进行地基加固后尚需进行纠偏和顶升。顾名思义，纠偏是将偏斜的建筑物纠正。纠正有两条途径，一是将沉降小的部位促沉，使沉降均匀而将建筑物纠正，另一是将沉降大的部位顶升，将建筑物纠正。顶升法有时也用于虽无不均匀沉降，但沉降量过大的建筑物，通过顶升使之提高到一定高度。促沉纠偏有两类：一类是通过加载来影响地基变形达到促沉纠偏的目的，另一类是通过掏土来调整地基土的变形达到促沉纠偏的目的。有的直接在建筑物沉降较小的一侧基础下面掏土，有的在建筑物沉降较小的一侧的基础侧面地基中掏土。

已有建筑物地基加固与纠偏技术除应用于地基与基础工程事故补救外，还应用于已有建筑物加层改造地基加固和古建筑物保护地基加固。

在进行已有建筑物地基加固与纠偏设计前，应做好下述准备工作。

（1）建筑物地基工程勘察资料

详细分析已有建筑物地基工程勘察资料，包括土层分布、各土层土的物理力学性质、地下水位等。查清地基中是否有软弱夹层、暗浜、古河道、古墓和古井等。如原有工程地质和水文地质资料不能满足分析要求，或应用原有工程勘察资料难以解释建筑物沉降情况时，应对地基进行补勘。在制定加固方案前，一定要详细掌握可靠的工程地质和水文地质资料。

（2）沉降和不均匀沉降观测资料

力求了解建筑物沉降和不均匀沉降发展过程。如缺乏历史资料，也应对近期沉降资料，包括沉降和不均匀沉降值，特别是沉降速率要有正确的认识。

（3）建筑物上部结构和基础设计资料

详细分析建筑物结构设计情况，包括作用在地基上的荷载、建筑物整体刚度、基础形式及基础结构。如建筑物已发生破损，应详细了解建筑物破损情况，如裂缝分布情况、裂缝大小以及裂缝发展态势等。对加层改建工程，应详细了解加层改建结构设计情况，对于地基中修建地下工程应详细了解地下工程设计资料。

（4）周围环境情况

掌握建（构）筑物周围环境情况，包括地下管线等市政设施、邻近建筑物结构与基础情况等。分析其对加固建筑物的影响，以及建筑物地基加固对邻近建（构）筑物的影响。

（5）建筑物施工资料

要了解建筑物地基基础施工资料，特别是施工质量不良造成工程事故时。对于加层改建和地基中修建地下工程要详细了解施工组织设计。

通过对上述各方面资料的详细分析，可以得到地基产生沉降或不均匀沉降过大的原因。对于加层改建和地基中修建地下工程，通过分析可以了解其对地基加固的要求。针对产生工程事故的原因，或对地基加固的要求，通过多方案比较分析可以获得合理的地基或基础加固方案，再进行地基加固设计。

在已有建（构）筑物地基或基础加固与纠偏施工过程中要加强监测。根据工程情况可进行下述监测工作：

① 沉降观测，包括沉降和沉降速率观测；

② 如有裂缝，进行裂缝大小，裂缝发展态势监测；

③ 地下水位监测；

④ 如需要可进行结构中应力监测；

⑤ 有时还需要对周围市政设施和邻近建筑物进行监测。

2. 地基与基础加固技术

(1) 基础加宽技术

通过基础加宽可以扩大基础底面积，有效降低基底接触压力。基础加宽对减小基底接触压力效果明显，基础加宽费用低，施工方便，有条件应优先考虑。但有时基础加宽也会遇到困难，如周围场地是否允许基础加宽等。另外，若基础埋置较深，则对周围影响更大，而且需要较大的土方开挖量，影响加固费用。基础加宽还可能增加荷载作用影响深度，对于软土地基应详细分析基础加宽对减小总沉降的效用。

基础加宽应重视加宽部分与原有基础部分的连接。通过钢筋锚杆将加宽部分与原有基础部分连接，并将原有基础凿毛、浇水湿透，使两部分混凝土能较好地连成一体。基础加宽时对刚性基础和柔性基础都要进行计算。刚性基础应满足刚性角要求，柔性基础应满足抗弯要求。钢筋锚杆应有足够的锚固长度，有条件时可将加固筋与原基础钢筋焊牢。基础加宽有时也可将柔性基础改为刚性基础，条形基础扩大成筏形基础。

(2) 墩式托换技术

墩式托换是直接在基础下挖孔，灌注混凝土形成混凝土墩基础。一般适用于浅层有较好持力层的情况，让墩基础落在良好的持力层上，使其具有较高承载力。在基础下挖孔，一般先要在基础侧挖一个导孔，然后再在基础下挖孔。挖孔到设计标高后即可浇筑混凝土，一般浇筑到离基础底面 80mm 左右处停止浇筑，养护 1 天后再将 1∶1 水泥砂浆塞进空隙。也可采用早强或膨胀水泥，以取得更好效果。墩式托换施工要重视施工顺序，分段分批挖孔、浇筑混凝土墩。

(3) 桩式托换技术

1) 锚杆静压桩托换

锚杆静压桩技术属桩式托换技术。它将压桩架通过锚杆与建筑物基础连接，利用建筑物自重荷载作为压桩反力，用千斤顶将桩分段压入地基中，通过静压桩承担部分荷载。桩位布置宜靠近墙体或柱子，以利于荷载传递。凿压桩孔往往要截断底板钢筋，桩孔尽量布置在弯矩较小处，并使凿孔时截断的钢筋最少。

2) 树根桩托换

树根桩是一种小直径钻孔灌注桩，其直径通常为 100～250mm，有时也为 300mm。树根桩施工过程如下；先利用钻机钻孔，满足设计要求后，放入钢筋或钢筋笼，同时放入注浆管，用压力注入水泥浆或水泥砂浆成桩，也可放入钢筋笼后再灌入碎石，然后再注入水泥浆或水泥砂浆成桩。小直径钻孔灌注桩也称为微型桩。小直径钻孔灌注桩可以竖向、斜向设置，网状布置如树根状，故称为树根桩。树根桩技术是在 20 世纪 30 年代初由意大利的 FoRdedile 公司的 F. Lizzi 首创，主要用于古建筑修复工程、修建地下铁道时对原有建筑物地基加固工程、岩土边坡稳定加固工程、楼房加层改造工程和危房加固工程的地基加固等。

树根桩加固地基设计计算内容与树根桩在地基加固中的效用有关，应视工程情况区别对待。

① 单桩承载力

单桩承载力可根据单桩载荷试验确定。树根桩一般是摩擦桩，其桩端阻力一般不计。由于树根桩是采用压力注浆形成的，其桩侧摩阻力大于一般钻孔灌注桩和预制桩。当树根桩作单桩竖向抗压设计时，其桩侧摩阻力可取灌注桩侧摩阻力的上限值，而当树根桩作单桩竖向抗拔设计时，其桩侧摩阻力可取灌注桩桩侧摩阻力的下限值。

树根桩长径比较大，在计算树根桩单桩承载力时，应考虑其有效桩长的影响。

树根桩与桩间土共同承担荷载，树根桩的承载力发挥还取决于建筑物所能承受的容许最大沉降值。容许最大沉降值愈大，树根桩承载力发挥度高；容许最大沉降值愈小，树根桩承载力发挥度低。承担同样的荷载，当树根桩承载力发挥度低时，则要求设置较多的树根桩。

② 树根桩复合地基

树根桩一般为摩擦桩。采用树根桩加固地基，是桩与地基土共同承担上部荷载的，桩与土形成复合地基。树根桩复合地基一般属于刚性桩复合地基。

③ 树根桩承受水平荷载

树根桩与土形成挡土结构，承受水平荷载。对树根桩挡土结构不仅要考虑整体稳定，还应验算树根桩复合土体内部强度和稳定性。树根桩挡土结构作为重力式挡土墙，其抗滑动、抗倾斜、整体稳定等验算可采用常规计算方法。

3）其他桩式托换

除前面介绍的锚杆静压桩托换技术和树根桩托换技术外，还可应用挖孔桩、灌注桩、打入桩、一般静压桩进行基础托换。通常在原基础外侧地基中设置桩，然后通过托梁或扩大承台来承担柱或墙传来的荷载。灌注桩、打入桩和静压桩施工与一般桩基施工相同。挖孔桩和灌注桩托换需要重视施工期间的附加沉降。打入桩托换需要重视施工振动对原有建筑物的影响。地下水位较低，挖孔较方便时，也可直接在基础下用千斤顶压预制桩。具体做法如下：先在基础侧面挖导孔，并在基础下掏孔形成压桩工作面。如需要可在掏孔前加临时支撑进行加固。也可根据需要，在压桩前，对原基础进行结构补强。然后用千斤顶以基础为支承反力压桩。最后卸去千斤顶，用混凝土砌块和膨胀水泥砂浆砌封。直接在基础下压桩在黄土地区得到较多应用。

（4）地基加固技术

地基加固技术是通过地基处理改良地基土体或地基中部分土体，达到提高地基承载力、减小沉降的目的。下面主要介绍灌浆加固技术、旋喷桩加固技术和其他地基加固技术。

1）灌浆加固技术

将能够固化的浆液注入地基土体，通过物理化学作用，改善地基土体的物理力学性质，达到加固地基的目的。根据灌浆机理，灌浆法可以分为下述四类：

① 渗入性灌浆

在灌浆压力作用下，浆液克服各种阻力，渗入地基土中的孔隙或裂缝中，地基土层结构基本不受扰动和破坏。渗入性灌浆适用于存在孔隙或裂缝的地基土层，如砂土地基等。

在渗入性灌浆中，影响浆液扩散范围的因素有地基土层的渗透系数（或裂隙和孔隙尺寸），浆液的黏度、灌浆压力、灌注时间等。各国学者对灌浆浆液扩散范围提出许多计算理论，如球形扩散理论、柱形扩散理论和袖阀管法理论等。上述理论对天然地层都作了一些简化，而天然地层情况往往较复杂，故在工程上，一般还是以现场灌浆试验确定灌浆压力、灌浆时间和浆液扩散范围的关系，并从技术和经济方面综合分析，确定灌浆设计。

② 劈裂灌浆

依靠较高的灌浆压力，使浆液能克服地基土体中初始应力和土体抗拉强度，使土体沿垂直于小主应力的平面或土体强度最弱的平面上发生劈裂，使渗入性灌浆不可灌的土体可顺利灌浆，增大浆液扩散范围，达到地基处理目的。

在荷载作用下地基中各点小主应力方向是变化的，而且应力水平也不同，在劈裂灌浆中，劈裂缝的发展走向较难估计。

③ 压密灌浆

在地基中灌入较浓的浆液，浆液迫使注浆点附近土体压密而形成浆泡。开始灌浆压力基本上沿径向扩散，随着浆泡的扩大，灌浆压力的增大，便会发生较大的上抬力。压密灌浆形成的上抬力能使地面上抬，或使下沉的建筑物回升。压密灌浆是用浓浆液置换和挤密土体。

压密灌浆常用于砂土地基，黏土地基中若有较好的排水条件也可采用压密注浆。

压密注浆形成的浆泡形状与土的物理力学性质、地基土的均匀性、灌浆压力、灌浆速率等有关。浆泡形状在均质地基中常为球形或圆柱形，浆泡横截面直径可达 1.0m 或更大。浆泡界面 0.3～2.0m 以内土体能得到明显的加密。

④ 电动化学灌浆

在地基中插入金属电极并通以直流电，在电场作用下，土体中水会从阳极向阴极流动，这种现象称为电渗。借助于电渗作用，在黏土地基中即使不采用灌浆压力，也能靠直流电将浆液（如水玻璃溶液或氯化钙溶液）注入土体中，或者将浆液依靠灌浆压力注入电渗区，通过电渗使浆液扩散均匀，以提高灌浆效果。

灌浆浆液由灌浆材料、溶剂（水或其他有机溶剂）及各种外加剂，按一定比例配制。灌浆材料按原材料和溶液特性可分为水泥系浆材、化学浆材和混合型浆材。

灌浆加固过程中，如需浆液速凝可加速凝剂，如需缓凝可加缓凝剂，如需增加浆液的流动性，可加流动剂等。外加剂品种很多，如需进一步了解，可参阅有关灌浆材料手册。

在灌浆加固地基中，水泥浆液用途最广、用量最大。其主要特点是灌浆形成的水泥复合土体具有较好的物理力学性质和耐久性，无毒，材料来源又广，而且价格较低。在水泥浆液中应用最广的是普通硅酸盐水泥，有时也采用矿渣水泥、火山灰水泥和抗硫酸盐水泥等品种。水泥浆液是颗粒型浆液，有时需要提高水泥颗粒细度，掺入各种附加剂以改善浆液性质，提高其可灌性、稳定性。有时为了节省材料，降低成本，在水泥浆液中掺入黏土、砂和粉煤灰等廉价材料。化学浆液属于真溶液，其主要特点是初始黏度小，可灌注地基中细小裂缝或孔隙。缺点是造价较高，而且不少化学浆液具有一定毒性，会造成环境污染问题，影响其推广使用。

灌浆加固地基设计程序如下：

首先根据土层条件、灌浆要求，初步选择灌浆方案，包括灌浆处理范围、灌浆材料和灌浆方法等。灌浆材料一般应优先考虑水泥系浆材。

其次通过灌浆试验确定相应的浆材配比及灌浆工艺，包括灌浆压力和灌浆有效范围等参数。

最后根据灌浆试验确定的灌浆有效范围确定灌浆孔位置，通过合理布孔以获得较好的经济效益。

2）旋喷桩加固技术

将带有特殊喷嘴的注浆管置于土层预定深度，以高压喷射流使固化浆液与土体混合，凝固硬化加固地基的方法称为高压喷射注浆法。若在喷射的同时，喷嘴以一定的速度旋转、提升，则形成浆液和土体混合的圆柱形桩体，通常称为旋喷桩。高压喷射注浆法施工可采用单管法、二重管法和三重管法施工。单管注浆法利用钻机等设备，把安装在注浆管底部侧面的特殊喷嘴置入土层预定深度后，用高压泥浆泵等装置，以 20MPa 左右的压力，把浆液从喷嘴中喷射出去冲击破坏土体，同时借助注浆管的旋转和提升运动，使浆液与土体混合，经过一定时间，形成水泥土固结体。二重管高压喷射注浆法使用双通道的注浆管。当双通道二重注浆管钻进土层的预定深度后，通过在管底部侧面的一个同轴双重喷嘴，同时从外喷嘴射出 0.7MPa 左右的压缩空气和从内喷嘴喷射出 20MPa 的高压浆液。在高压浆液流和其外圈环绕空气流的共同作用下，土体破坏，随着喷嘴的旋转和提升，浆液与土体混合，经过一定时间形成水泥土固结体。三重管高压喷射注浆使用分别输送水、气、浆三种介质的三通道注浆管。在以高压泵等高压发生装置产生的 40MPa 左右的高压水喷射流周围，环绕一股 0.7MPa 左右的圆筒状气流，进行高压水喷射流和气流同轴喷射冲切土体，以形成较大的空隙，再另外由泥浆泵注入压力为 2～5MPa 的浆液填充，当喷嘴旋转和提升时，浆液和土体混合，经过一定时间，形成水泥土固结体。

3）其他加固技术

其他加固技术主要有灰土桩加固技术、石灰桩加固技术、碱液加固技术和热加固技术等，下面作简要介绍。

① 灰土桩加固技术

通常在原有基础两侧采用机械或人工的方法在地基中成孔，然后填入体积配合比为 2∶8 或 3∶7 的灰土。分层夯实，通过挤密桩间土和形成复合地基提高地基承载力并减小沉降。除用石灰和土制备成灰土填料形成灰土桩外，近年来，发展了用石灰、粉煤灰和土制备二灰土填料，或用建筑垃圾（如颗粒尺寸较大时需粉碎），填入少量水泥或石子，制备成渣土填料，形成渣土桩等。

灰土桩施工主要包括桩孔成孔和桩孔填夯。成孔方法较多采用沉管法，也有采用冲击法或人工挖孔。夯实机械目前尚无定型产品，多由施工单位自行设计加工而成。通过填夯工艺试验确定合理的分次填料量和夯击次数。

灰土桩加固地基过程中应注意附加沉降的控制，辅以必要的临时支撑。

② 石灰桩加固技术

先用机械或人工的方法在基础两侧成孔，然后灌入生石灰块，或灌入掺有粉煤灰、炉渣等掺合料的生石灰混合料，并进行振密或夯实形成石灰桩桩体，在桩体与桩间土形成石灰桩复合地基，以提高地基承载力，减小沉降。

石灰桩加固地基机理主要包括置换作用、生石灰吸水膨胀挤密作用、石灰吸水、升温以及胶凝、离子交换和碳化作用使桩周土体强度提高等。石灰桩法适用于加固杂填土、素填土和黏性土地基，有经验时也可用于淤泥质土地基。采用石灰桩加固地基时，当被加固土的渗透系数太小时不利于软土脱水固结，脱水加固效果很小，若被加固土的渗透性太大，孔中充水，石灰难以密实，效果不好。在采用石灰桩加固地基时，应注意适用条件以及正确的施工方法。

石灰桩加固地基承载力应通过原位试验或根据当地经验加固。沉降计算方法基本与灰土桩法加固相同。

在地基中设置石灰桩通常有三种方法：①提管投料压实法；②投料提管压实法，③挖孔投料法。

提管投料压实法是采用沉管打桩机在地基中沉管成孔，然后提管→填料→压实→再提管→再填料→再压实，重复直至成桩，再填土封口压实。投料提管压实法是采用沉管打桩机在地基中沉管成孔后，按照填料→拔管→压实→填料→拔管→压实的工序，重复直至成桩，再填土封口压实。该法较适用于地下水位较高的软土地区。挖孔投料法是采用特制的洛阳铲，人工挖孔，填料夯实，并填土封口。

在石灰桩施工过程中要控制每米填料灌入量，以保证桩体质量。一般以1m桩孔体积的1.4倍作为每米填料灌入控制量。在施工过程中，生石灰与其他掺合料不宜过早拌合，应边拌边灌，以免生石灰遇水胀发影响质量。

③ 碱液加固技术

碱液加固技术是将加水稀释的氢氧化钠溶液加温后，通过注浆管注浆掺入土中，氢氧化钠溶液与黄土中存在的钙、镁等可溶性碱土金属阳离子反应，生成碱土金属氢氧化物沉淀在土粒表面，并与游离状态的二氧化硅、三氧化二铝以及铝硅酸盐等反应生成络合物。这些混合物使土粒相互胶结在一起，土体强度大大提高，并具有很好的水稳性，达到加固地基的目的。

碱液加固技术适用于湿陷性黄土地基加固。

碱液加固设计参数需通过试验确定，如溶液浓度、温度、每孔注入量及加固半径。通过试验了解加固过程中可能产生的基础附加沉降量及消除湿陷性效果。加固过程中，土体被溶液中的大量水分浸湿变软，将产生一定的附加沉降。过大的附加沉降会使建筑物不均匀沉降进一步加剧，甚至危及安全，在采用碱液加固技术时，一定要重视加固过程中附加沉降的影响。

近年在碱液加固技术的基础上发展了碱灰混合加固技术。它将碱液加固技术和石灰桩加固技术相结合，在碱液注入孔四周设置石灰桩。石灰桩中生石灰大量吸收碱液中多余的水，可减小地基土体浸湿范围。生石灰吸水膨胀可使桩间土挤密，发热可加速氢氧化钠与黄土颗粒之间的硬化反应，强度增长速度加快。生石灰的吸水、发热和膨胀作用可使碱液加固效果提高，并可有效地减小附加沉降。

④ 热加固技术

热加固技术是将加热的空气或灼热的燃烧物通过建筑物地基中预先形成的钻孔对地基

土体进行加热或直接焙烧，以改善地基土体的物理力学性质，达到加固地基的目的。

热加固方法有密闭式和开口式两种。所谓密闭式是在密闭的钻孔中，把经过加热的高温气体以一定的压力灌入孔中，达到烧结土体的目的。每个孔的加固范围约为0.5～1.25m，加固深度可达15m左右。开口式是把两个钻孔的下端互相连接，在一个上端设置燃烧装置，从另一个孔进行排气。开口式热效率较低，但适用于透气性较差的黏土。

黏性土在持续高温加热下，水分蒸发，结合水消除，黏土矿物性质改变，土体强度可达5MPa以上，并具有水稳定性。在黄土中可消除湿陷性，在膨胀土中可消除胀缩性。沿钻孔径向形成烧结区、烘干区和干燥区，土体性质改善程度不同。热加固效果与持续高温时间和温度有关。

热加固施工工艺复杂，能耗大，成本高，在工程中应用不多。对于具有富余热源地区，具有应用价值。我国20世纪50年代在洛阳、兰州等地的事故处理中采用过，近年来郑州铁路局西安铁路科研所采用热加固技术成功地处理了天津铁厂2号转运站地基事故，取得新的成果。

3. 纠偏技术

(1) 迫降纠偏技术

1) 加载纠偏技术

通过在建筑物沉降较少的一侧加载，迫使地基土变形产生沉降，达到纠偏目的称为加载纠偏。最常用的加载手段是堆载，在沉降较少一侧堆放重物，如钢锭、砂石及其他重物。堆载纠偏又称为堆载加压纠偏法。该法较适用于建（构）筑物刚度较好，跨度不大，地基为深厚软黏土地基的情况。对于由于相邻建筑物荷载影响产生不均匀沉降和由于加载速度偏快，土体侧向位移过大造成沉降偏大的情况具有较好的效果。堆载加压纠偏过程中应加强监测，严格控制加载速率。

加载纠偏也可通过锚桩加压实现，在沉降较小的一侧地基中设置锚桩，修建与建筑物基础相连接的钢筋混凝土悬臂梁，通过千斤顶加荷系统加载，促使基础纠偏。锚桩加压纠偏一般可多次加荷。施加一次荷载后，地基变形应力松弛，荷载减小，变形稳定后，再施加第二次荷载，如此重复，荷载可逐渐增大，当一次荷载保持不变，变形稳定后，再增加下一次荷载，直至达到纠偏目的。

2) 基础底地基中掏土纠偏

直接在基础下地基中掏土对建筑物沉降反应敏感，一定要严密监测，利用监测结果及时调整掏土施工顺序及掏土数量。掏土又可分为钻孔取土、人工直接掏挖和水冲掏土方法。一般砂性土地基采用水冲法，黏性土及碎卵石地基采用人工掏挖与水冲相结合的办法。一般可在建筑物沉降小的一侧设置若干个沉井，在沉井壁留孔，沉至设计标高后，通过沉井预留孔，将高压水枪伸入基础下进行探层射水，使泥浆流出，完成掏土，达到纠偏目的。若建筑物底面积较大，可在基础底板上钻孔埋套管取土。取土可采用人工掏土和钻孔取土两种方法。人工掏土套管深度即为掏土深度，钻孔取土套管深度为开始取土深度，取土深度由钻孔深度决定。

3) 基础侧地基中掏土纠偏

在建筑物沉降较小的一面外侧地基中设置一排密集的钻孔，在靠近地面处用套管保护，在适当深度通过钻孔取土，使地基土发生侧向位移，增大该侧沉降量，达到纠偏目的。如需要，也可加密钻孔，使之形成探沟。基础外侧地基中掏土纠偏施工过程中大致可分为定孔位、钻孔、下套管、掏土、孔内作必要排水和最终拔管回填等阶段。孔位（孔距）由楼房平面形式、倾斜方向和倾斜率、房屋结构特点以及地基土层情况确定。钻孔直径一般为 400mm，孔深和套管长度根据掏土部位确定。掏土使用大型麻花钻或大锅锥。掏土顺序、深度、次数、间隔时间根据监测资料和倾斜情况分析确定。孔内排水采用潜水泵，通过降水可促进土体侧向移动。拔管应间隔进行，并及时回填土料。

（2）顶升纠偏技术

顶升纠偏是将建筑物基础和上部结构沿某一特定位置进行分离，在分离区设置若干个支承点，通过安装在支承点的顶升设备，使建筑物沿某一直线（点）作平面转动，使倾斜建筑物得到纠正。为确保上部分离体的整体性和刚度，采用钢筋混凝土加固，通过分级托换，形成全封闭的顶升支承梁（柱）体系。

对于对不均匀沉降反应灵敏，而不均匀沉降又较易产生的工程，如不均质较弱地基上的浮顶式油罐等，在结构设计中，可考虑设置顶升梁及预留安装顶升设备（如千斤顶）位置，在施工阶段和使用阶段，可以通过顶升纠偏，调整罐体各点标高，保证正常使用。

对已倾斜建筑物进行顶升纠偏，需对顶升支承梁体系、施工平面、顶升量和顶升频率进行设计。

1）结构设计

倾斜建筑物的纠偏是在顶升结构的基础上完成的。要使整幢建筑物靠若干个支点的支撑完成平稳上升转动，除需结构体的整体性比较好外，尚需有一个与上部结构连成一体具有较大刚度及足够承载力的支承体系——加固支承梁（柱）体系。对不同结构类型采用不同的顶升支承梁。

① 砌体结构

砌体结构的荷载是通过砌体传递的，根据顶升的技术原理，顶升的砌体结构的受力特点相当于墙梁作用体系，由墙体与支承梁组成墙梁，其上部荷载主要通过墙梁下的支座传递。也可将支承梁上的墙体作为无限弹性地基，支承梁作为在支座反力作用下的弹性地基梁。

因支承梁是为顶升专门设置的，因此在施工阶段对支承梁按钢筋混凝土受弯构件进行验算。验算受弯、受剪及支承梁支座上原砌体的局部承压能力。

一般根据上部结构重量、墙体的总延长米和千斤顶工作荷载得出支承点平均间距，将相邻三个支承点的距离之和作为支承梁设计跨度。

② 框架结构

框架结构荷载是通过框架柱传递的，顶升时顶升力应作用于框架柱下，但是要使框架柱能够得到托换，必须增设一个能支承框架柱的结构体系，因此支承梁（柱）体系必须按后增牛腿来设计，为减少框架柱间的变位，增加连系梁，利用增设的牛腿作为托换过程、顶升过程及顶升后柱连接的承托支座。

首先对原结构进行内力计算，包括剪力、轴力、弯矩。因为原框架结构的上部结构本身属一整体的超静定结构，其柱脚为固定端，而柱托换施工以后顶升的框架柱脚为自由端，因此计算的结果与原结构内力结果有一定的改变，为了解除内力改变对结构变形的影响，托换前增设连系梁相互拉接，解除柱脚的变位问题。

牛腿是后浇牛腿，存在着新旧混凝土的连接问题，钢筋的布置处理也应考虑这一点。

设计时应进行截面受弯能力、局部受压强度及柱周边的抗剪强度验算。

2）施工平面设计

① 砌体结构

砌体结构建筑的施工平面设计包括支承梁的分段施工顺序及千斤顶的平面位置。

墙砌体按平面应力问题考虑，一般在墙体内间隔一定距离打洞，并不影响结构的安全，为了保证托换时的绝对安全，在托换梁施工段内设置若干个支承芯垫。

分段施工应保证每墙段至少分三次，要等托换梁混凝土强度达到50%后方可进行邻近段的施工，邻近段的施工应满足新旧混凝土的连接及钢筋的搭焊要求。

对门位窗位同样按连续梁形成封闭的梁系，同样应考虑节点及转角的构造处理。

顶升点的设置一般根据建筑的结构形式、荷载及起重器具、工作荷载来确定，同时考虑结构顶升的受力点进行调整，避开窗洞、门洞及受力薄弱位置。

② 框架结构

框架结构施工设计包括托换牛腿的施工顺序及千斤顶的设置。

当削除某钢筋保护层后钢筋混凝土柱在荷载组合的情况下，尚能保证其安全，但为了确保安全施工，应控制各柱位相间进行，必要时应设置一道附属措施（如支撑等），同时一旦施工处理完就要立即浇筑钢筋混凝土。

千斤顶的设置一般根据柱荷载及千斤顶的工作荷载来确定，同时考虑牛腿受力的对称性。

（3）其他纠偏技术

除加载纠偏、掏土纠偏和顶升纠偏外，还有注浆顶升纠偏、降低地下水位纠偏和湿陷性黄土浸水纠偏等。

1）注浆顶升纠偏

压密注浆是向地基中注入浓浆，在注浆孔附近形成浆泡。随着注浆压力提高，浆泡对建筑物的上抬力增大。通过合理布置注浆孔，控制各点注浆压力和注浆量，可以使建筑物得到顶升，达到纠偏的目的。注浆顶升纠偏较难定量控制。

2）降低地下水位促沉纠偏

通过局部区域降低地下水位促沉可得到纠偏效果。降低地下水位促沉往往与其他纠偏技术结合使用。

3）湿陷性黄土浸水促沉纠偏

对湿陷性黄土地基上建筑物因地基局部浸水湿陷产生不均匀沉陷，导致建筑物倾斜的情况，可利用湿陷性黄土遇水湿陷的特性，采用浸水纠偏技术纠偏，采用浸水纠偏与加载纠偏相结合效果更好。

4. 综合纠偏加固技术

在对原有建（构）筑物进行纠偏加固时，有时需要运用多种技术进行纠偏加固。例如在采用顶升纠偏时，往往先进行地基加固。如先采用锚杆静压桩托换，在建筑物沉降稳定后再进行顶升纠偏。又如对地基软土层厚薄不均产生不均匀沉降的建筑物，往往在沉降较小的一侧进行掏土促沉，在沉降较大的一侧进行地基加固，这样既可达到纠偏的目的，又可通过局部地区地基加固使不均匀沉降不再继续发展。综合运用多种技术不仅可以取得较好的纠偏加固效果，而且可以获得良好的经济效益。

3.2 边坡与基坑工程

边坡是指在各种地质作用下形成的具有侧向临空面的地质体，一般分为天然斜坡和人工边坡。前者是在一定地质环境中，在各种地质营力作用下形成和演化的自然历史过程的产物，如山坡、海岸、河岸等。后者是由于人类活动（开挖或填筑等）形成的边坡，如建筑边坡、水利水电工程边坡、矿山边坡、路基边坡、路堑边坡、基坑侧壁等。为满足工程需要而对自然边坡进行改造，称为边坡工程。

边坡稳定问题是工程建设中经常遇到的问题，如建筑的边坡、水库的岸坡、渠道边坡、隧洞的进出口边坡、坝肩边坡、公路或铁路的路基路堑边坡、基坑侧壁等，都涉及稳定问题。边坡失稳不但会危及边坡上的结构物，还会危及坡上及坡下附近的结构物安全，轻则影响工程质量与施工进度，重则造成人员伤亡与重大损失。因此，边坡稳定问题是边坡工程需要重点考虑的问题。

3.2.1 边坡工程事故

1. 边坡破坏特征

一种破坏类型是破坏发生后对原有边坡的总体坡度影响不大，仅发生在坡体表层范围内的岩土变形和破坏，其规模有限。这类破坏往往是坡面岩土受自然风化营力，如温差、日照、水汽等作用产生的氧化和还原，风蚀、雨淋、裂隙水、坡面水等产生的冲刷等作用而产生的变形和破坏。坡面破坏中常见坡面流石流泥（或称坡面溜塌）、坡面冲沟、落石、碎落、剥落和土爬等变形现象。其破坏过程多从坡体的表层和局部开始，逐步扩展至斜坡上整个风化破碎带或重力堆积体中。若坡面高陡且风化破碎带或重力堆积体厚时，其变形量会较大，产生危害。

常见的并具有一定规模的边坡破坏类型有崩塌、滑坡、错落、坍塌。每种破坏类型的典型断面、受力方式、运动和破坏特征、主要影响因素、变形体完整性、裂缝特征如下：

（1）崩塌

崩塌是较陡斜坡上的岩土体在重力作用下突然脱离母体崩落、滚动、堆积在坡脚（或沟谷）的地质现象。产生在土体中称为土崩；产生在岩体中称为岩崩；规模巨大、涉及山体称为山崩；当其崩塌产生在河流、湖泊或海岸上时，称为岸崩。崩塌体与坡体的分离截面称为崩塌面，崩塌面往往就是倾角很大的界面，如节理、片理、劈理、层面、破碎带等。崩塌体的运动方式为倾倒、滑移、拉裂、错断、崩落等。

1）崩塌的特征

常见的边坡崩塌破坏具有如下特征：

① 规模差异大，而且每次崩塌破坏均沿新的面产生，没有固定的带或面。

② 崩落体脱离坡体，崩塌体各部分相对位置完全打乱，大小混杂，形成较大石块翻滚较远的倒石堆。

③ 崩落破坏具有突发性和猛烈性，运动速度快，虽然有征兆迹象，如岩体的蠕动、破坏声音、出现地裂缝和出口带潮湿与压裂等，但先兆不明显。

④ 崩塌破坏速度快（一般为5～200m/s），崩塌的岩土体一般呈彼此分离的块体，各块体之间失去原有结构面之间的相对关系。

⑤ 崩塌的垂直位移大于水平位移。

2）崩塌的破坏模式

崩塌的规模大小、物质组成、结构构造、活动方式、运动途径、堆积情况、破坏能力等千差万别，但其形成机理是有规律的。根据崩塌的破坏机理，将崩塌划分为倾倒式崩塌、滑移式崩塌、鼓胀式崩塌、拉裂式崩塌和错断式崩塌等5种破坏模式。

① 倾倒式崩塌

在河流的峡谷区、岩溶区、冲沟地段及其他陡坡上，常见巨大而直立的岩体，以垂直节理或裂缝与稳定岩体分开。如果危岩底部不易被剪切破坏，危岩体在垂向裂隙中水压力或充填物的水平推力作用下，卸荷裂隙向深部发展的同时，危岩体逐步向外倾斜，在地震等外力作用下产生倾倒崩塌，在形成力学机制上为倾覆力矩大于抗倾覆力矩引起岩石块体转动。这类岩体的特点是高而窄，横向稳定性差，失稳时岩体以坡脚的某一点为转点，发生转动性倾倒。这类崩塌模式的产生有多种途径。

a. 在重力作用下，长期冲刷、淘蚀直立岩体的坡脚，由于偏压，使直立岩体产生倾倒蠕变，最后导致倾倒式崩塌。

b. 当附加特殊的水平力（地震作用、静水压力、动水压力、冻胀力和根劈力等）时，岩体可能倾倒破坏。

c. 当坡脚由软岩层组成时，雨水软化坡脚，坡脚产生偏压，引起崩塌。

d. 直立岩体在长期重力作用下，产生弯折，也能导致这种崩塌。

② 滑移式崩塌

在某些陡坡上的不稳定岩体下部有向下倾斜的光滑结构面或软弱面，常见的破坏形式有平面式滑移、楔形体滑移和圆弧式滑移3种情况。这种崩塌能否产生关键在于开始时的滑移，岩体重心一经滑出陡坡，突然崩塌就会产生。这类崩塌产生的原因，除重力外，连续大雨渗入岩体裂缝，产生的静水压力和动水压力以及雨水软化软弱面，都是岩体滑移的主要诱发因素。在某些条件下，地震也可能引起这类崩塌。

③ 鼓胀式崩塌

当陡坡上不稳定岩体下有较厚的软弱岩层，或不稳定岩体本身就是松软岩层，而且分布长大节理把不稳定岩体和稳定岩体分开，软弱岩层在上部岩体压力作用、遇水软化、长期风化剥落等因素作用下不断压缩和向临空方向塑性流动，软岩将被挤出，发生向外鼓胀。随着鼓胀的不断发展，导致上覆较坚硬岩层拉裂，不稳定岩体将不断下沉和外移，拉张原有节理面或在坡内岩体形成新的裂隙，形成危岩体，同时发生倾斜，一旦重心移出坡外，崩塌即会发生。

④ 拉裂式崩塌

当陡坡由软硬相间的岩层组成时，因差异风化、下部岩体由于结构面的切割掉块或河流的冲刷淘蚀作用等原因形成岩腔，上部的坚硬岩体在坡面上以悬臂梁形式凸出，拉应力进一步集中在尚未产生节理裂隙的部位，一旦拉应力大于该部位岩石的抗拉强度时，拉裂缝就会迅速向下发展，突出的岩体就会突然向下崩落。除重力长期作用之外，振动及各种风化作用，特别是根劈和寒冷地区的冰劈作用等，都会促进这类崩塌的发展。

⑤ 错断式崩塌

陡坡岩体中高倾角节理或卸荷裂隙发育，但无倾向临空面的结构面，在岩体的自重或其他因素作用下，引起下部剪切力集中，当剪应力接近并大于危岩与母岩连接处的抗剪强度时，危岩体的下部被剪断，从而发生错断式崩塌。这种崩塌的发生在于岩体下部因自重所产生的剪切应力是否超过岩石的抗剪强度，一旦超过，崩塌将迅速产生。

这种崩塌通常有以下几种原因：由于地壳上升，河流下切作用加强，使垂直节理裂隙不断加深；在冲刷和其他风化剥蚀力的作用下，岩体下部的断面不断减小，从而导致岩体被剪断；由于人工开挖边坡过高、过陡，使下面岩体被剪断，产生崩坍。

（2）滑坡

1）滑坡的分类

滑坡是指斜坡上的土体或岩体，受河流冲刷、地下水活动、地震及人工切坡等因素影响，改变了坡体内一定部位的软弱带（或面）中应力状态，或因水和其他物理化学作用降低其强度，在重力作用下，沿着一定的软弱面或软弱带，整体地或者分散地顺坡向下滑动的自然现象。

滑坡形成于不同的地质环境，并表现为各种不同的形式和特征。目前滑坡的分类方法很多，各方法所侧重的分类原则不同。

2）滑坡的特征

滑坡的类型很多，但无论哪种类型，均有一个共同点：在滑坡体内都有一相对软弱的带（面），其强度比在它之上的滑体和在它之下的滑床的岩土强度小，滑坡就是滑体沿该软弱带（面）由剪切破坏发展而产生的。该软弱带可以是地质时代早已存在的构造带（面），也可以是地质环境不断变化作用下逐渐形成的。它可能是一个滑动带（面），也可能是大致平行的多个滑动带（面），其厚度可以薄至数厘米，也可以厚至数米或数十米。对于滑坡而言，一般都具有中部主滑段、后部牵引段和前部抗滑段 3 个部分。当滑坡前缘剪出口出现时整个滑坡才算形成，从此滑坡进入整体移动阶段。由于各种不同类型滑坡的地质条件不同，特别是组成滑带的岩性差别很大，在不同因素和应力作用下其抗力的大小和持续时间也不同，不同类型滑坡的每一发展阶段也是不一致的。

大多数滑坡变形始于体内中部主滑带，且多数在水的作用下发生剪切破坏，或是前部抗滑体的支撑能力遭到削弱或切断，也有在后部和中部加载作用下产生滑动的。

3）滑坡的破坏模式分类

由于变形破坏的复杂性和表现形式的多样性，滑坡的破坏模式很多，按滑体的组成物质，可划分为两大类：岩质滑坡和土质滑坡。

① 岩质滑坡

岩质滑坡按主滑带（面）成因划分为 3 大类：顺层（层面）滑坡、构造结构面滑坡和同生面滑坡。

A. 顺层（层面）滑坡

按主滑面特征细分为 6 种破坏模式：完全平面式顺层破坏模式、前缘剪出式顺层破坏模式、溃屈式顺层破坏模式、阶梯式顺层破坏模式、楔形顺层破坏模式和缓倾平推式顺层破坏模式。

a. 完全平面式顺层破坏模式

在沉积岩顺坡层状岩体结构和变质岩中顺坡似层状岩体结构中，当层面和似层面倾角缓于边坡坡角时，由于边坡开挖，切断了顺坡层面或似层面，沿层面或似层面可能发生完全平面式顺层破坏，其后缘拉裂缝往往追踪一组陡倾的构造裂面，这种滑坡称为完全平面式顺层滑坡。

b. 前缘剪出式顺层破坏模式

在沉积岩顺坡层状岩体结构和变质岩顺坡岩体结构中，当层面倾角与坡面倾角基本相等时，由于软弱滑动面以上岩体的下滑力较大，在滑动体下缘较薄弱的部位剪出破坏，破裂面可能追踪一组缓倾顺坡节理或缓倾反坡节理，也可能在薄弱部位将软弱薄层剪断，形成前缘剪出式顺层破坏，这种滑坡称为前缘剪出式顺层滑坡。

c. 溃屈式顺层破坏模式

高大顺坡层状边坡岩体的下部经过长期蠕变，岩层逐渐发生弯曲，在弯曲的部位岩层脱空、弯折、破裂，最后破裂面与顺层滑动面连通，产生溃屈式顺层滑动破坏，这类滑坡就是溃屈式顺层滑。这类顺层滑坡多见于天然斜坡，在工程边坡中很少见。

d. 阶梯式顺层破坏模式

在沉积岩顺坡层状岩体结构中，当岩层倾角缓，而且软弱夹层较发育时，开挖边坡较陡，同时切割了几个软弱夹层，使边坡顺层岩体产生了沿多个软弱夹层的阶梯式顺层破坏，这种滑坡称为阶梯式顺层滑坡。

e. 楔形顺层破坏模式

在斜交顺层层状岩体结构中，岩层的层面与构造结构面相交，交线倾向临空面，岩层面、结构面与坡顶面和边坡面所切割成的楔形岩体沿交线向下滑动的模式就是楔形顺层破坏模式。

f. 缓倾平推式顺层破坏模式

在缓倾近水平层状边坡岩体中，岩层缓倾倾角通常在10°左右，上部岩体常为厚层硬岩（如砂岩），下部为软岩，硬岩中常有两组近直立的陡倾节理，透水性好。软硬岩之间常为不透水的软弱夹层。在长期大雨之中，雨水沿陡倾裂隙向下渗透，不仅软化了软弱夹层的土，使其强度很低，而且充满陡倾裂隙的水，沿软弱夹层顶，可以向下流动。在裂隙水的动静水压力作用下，上部不稳定岩体就会产生缓倾平推式顺层破坏，这种滑坡就是缓倾平推式顺层滑坡。

B. 构造结构面滑坡

按主滑面特征细分为5种破坏模式：单一平面式结构面破坏模式、单一弧形结构面破坏模式、双结构面楔形破坏模式、多结构面折线式破坏模式和断层破碎带破坏模式。

a. 单一平面式结构面破坏模式

在沉积岩巨厚反倾层状边坡岩体结构和岩浆岩、变质岩巨块状有向临空倾结构面的边坡地质结构中，常有平滑的延伸很远的向临空倾斜的结构面，其上的不稳定岩体常沿单一平面式结构面发生破坏，这种滑坡称为单一平面式结构面滑坡。这类滑坡较多，因为滑动面切穿了岩层面，也称为切层滑坡。

b. 单一弧形结构面破坏模式

在反倾层状边坡地质结构和反倾似层状边坡地质结构中，当边坡岩体受地质构造影响强烈的地段常有向临空倾斜的弧形结构面，特别是在较软弱的泥质片岩和千枚岩中，这种弧形向临空倾的结构面更多，其上的不稳定岩体，常沿弧形结构面产生弧形滑动破坏，这种滑坡就是单一弧形结构面滑坡。

c. 双结构面楔形破坏模式

在反倾层状边坡岩体、反倾斜交层状边坡岩体及岩浆岩、变质岩巨块状整体边坡地质结构中，当有两组构造结构面相交，交线向临空面倾斜时，由两组构造结构面和边坡顶面、边坡面共同切割的楔形体，可能沿交线或下滑力最大的方向发生双结构面的楔形破坏，情况类似于楔形顺层破坏模式，不同的只是其楔形面由两个构造结构面组成。这种滑坡在边坡上常见，但一般规模较小。

d. 多结构面折线式破坏模式

在反倾层状边坡地质结构和反倾似层状边坡岩体结构中，当倾向临空的构造结构面发育时，滑坡的主滑带及滑坡后缘、前缘可能追踪不同的结构面发育，形成多结构面折线式破坏模式。

e. 断层破碎带破坏模式

断层破碎带的岩体通常为边坡碎裂岩体，并常有泥质充填。在边坡开挖过程中，一旦挖穿断层破碎带后，断层破碎带的不稳岩体极易沿断层破碎带发生破坏，这种破坏模式就是断层破碎带破坏模式。

C. 同生面滑坡

按主滑面特征细分为 3 个破坏模式：错落挤压剪切式破坏模式、碎裂岩体压裂式破坏模式和类均质岩体弧形破坏模式。

a. 错落挤压剪切式破坏模式

在近水平边坡地质结构中，当上部有柱状、板柱状等高大坚硬岩体，下部为软弱的砂页岩互层时，在上部高大岩体垂直挤压下，下部软岩中就会形成新生的剪切缓倾裂隙，上部不稳定岩体就会沿下部的挤压剪切裂隙发生滑动破坏，这种滑坡就是错落挤压剪切式滑坡。

b. 碎裂岩体压裂式破坏模式

在软岩反倾互层状边坡岩体和近水平互层状边坡岩体中，边坡表层常有较厚的碎裂岩体，它们在重力和长期雨水作用下，不稳定的碎裂岩体在较薄弱的部位可能被压裂，随之沿压裂面产生滑动破坏，压裂面是在滑动破坏的同时产生的，这种滑坡就是破裂岩体压裂式滑坡。一般这种滑坡的规模较小。

c. 类均质岩体弧形破坏模式

在散体粒状边坡地质结构中，如强风化花岗岩散体粒状边坡，它们在结构上属类均质体，在无倾向临空的结构面时，在长期雨水作用下，可能产生类均质岩体的弧形破坏。

② 土质滑坡

土质滑坡按主滑面（带）特征可细分为 6 种破坏模式：堆积土层沿基岩顶面破坏模式、类均质土体内弧形破坏模式、残积土层沿原岩结构面破坏模式、沿不同堆积结构面破坏模式、沿老滑动面破坏模式和沿填土界面破坏模式。

a. 堆积土沿基岩顶面破坏模式

在二元边坡地质结构中，上部为坡残积、坡崩积和坡洪积等堆积层，下部为基岩，基岩向临空面倾斜，当开挖边坡切断堆积层时，常引起堆积层沿基岩顶面滑动破坏。

b. 类均质土体内弧形破坏模式

所谓类均质土体包括细颗粒类的类均质黏性土、类均质黄土、类均质残积层、类均质堆填土，也包括土石混杂的类均质土体，如类均质坡残积层、类均质坡崩积层、类均质坡积层土体。这些类均质边坡土体，在渗入雨水或地下水作用下，都可能产生弧形滑动破坏。

c. 残积土层沿原岩结构面破坏模式

在残积层中保留了原岩的各种构造结构面，当残留的构造结构面倾向临空面时，一旦被边坡面切断时，结构面以上的不稳定的残积层极易沿原岩结构面发生剪切破坏。花岗岩残积层比较厚，常保留原岩中的构造结构面，当构造结构面倾向坡外时，在雨季就可能产生沿原岩结构面的滑动破坏。

d. 沿不同堆积结构面破坏模式

各种堆积结构面包括残积层与风化基岩界面，坡积层与崩积层的界面，冲洪积层内的沉积界面，残积层与坡积层、坡洪积层、坡崩积层的界面，如坡崩积层边坡常沿下部残积黏土顶面发生滑动破坏。

e. 沿老滑动面破坏模式

在老滑坡堆积区，由于工程开挖、库岸边坡蓄水、暴雨、地下水的长期作用，可能引起老滑坡堆积体沿老滑坡面产生滑动破坏。

f. 沿填土界面破坏模式

在填方地段，由于对填方基底未做加固处理，常引起人工填土沿原地面残积层产生滑动破坏。例如，陡坡路堤填方地段，由于未对原残积土进行加固处理或处理不当，路堤人工填方完成后，在地下水和降雨入渗作用下，人工填方常沿残积土老地面发生滑动破坏。

（3）错落

错落是指陡崖、陡坎、陡坡沿一些近似垂直的破裂面发生整体下坐位移。它的特征是垂直位移量大于水平位移量。错落体比较完整，大体上保持了原来的结构和产状。其底部一般有一层松软且具有一定厚度的软弱垫层，被压缩的软弱垫层的范围称为错落带，错落带由上向下运动的岩土体称为错落体。

1）错落的分类

错落带的产状可分为两种：错落带向山缓倾（反倾错落）和错落带向河缓倾（顺倾错落）。

2）错落的特征

① 错落体在形态上呈阶梯状，常常只有一级，多级的较少。它们的后缘为几乎垂直的（70°左右）错落崖或错落坎。错落坎附近，有大致与它平行的较顺直的裂缝。错体与母体在台坎处分开，错体保持错动前的相对完整性。错体的结构较破碎，而错壁以内的岩体较完整。错落体的基部有挤压鼓包等现象。

② 错落与崩塌不同，错落与滑坡虽然都有滑动面，但错落以重力作用为主，水的作用较次。错落一般沿高倾角且比较平直的滑动面下坐位移。

③ 由于底部压缩变形引起上部岩体应力调整形成上部错缝，错体依次产生由外而里，由下而上的运动，错落台坎的形成表明应力调整已结束，称为一次“错落”。

④ 错落带前缘出口附近的岩土多破碎、疏散、潮湿，有的大错体前缘也存在“串珠”

状水泉出露。错落带出口段由于压缩外鼓，总是向外缓倾。

⑤ 错体是整体向下错动，形成的重心仍在坡内，若底垫层无明显破坏的迹象，可暂时稳定或不再错滑，如错落后底垫层继续变坏，则可能转化为其他性质变形破坏。一次错落发生后，坡面将有相当长的稳定时间，这是采取整治措施的重要时机。可以把错落列为崩塌与滑坡之间的中间类型。

3）错落的破坏模式

① 错落带向山缓倾错落

由软硬岩组成的边坡，老岩层向山缓倾且软弱岩层的厚度较大，随着河流的下切和各种因素的作用，软岩中的竖向承载力不足以支撑上部岩体的自重，软岩上部的岩体沿陡倾结构面向下移动产生错落，错体有少量外移现象。

② 错落带向河缓倾错落

坡体中存在向河倾的断层破碎带，随着河流的下切，上部岩体侧向失去支撑，软垫层的竖向承载力不足以支撑上部岩体质量，而产生沿上部岩体中向河陡倾角的构造裂面的下错变形。错落体有较明显的向下向外移动现象，这种错落易于转化为滑坡。

4）错落的转化

如果仅仅是错落，其错体不会脱离母岩，边坡岩体不会发生较大的变形破坏。但错落可以转化为其他的边坡病害，特别是易转化成滑坡。

（4）坍塌

边坡体一定范围的岩土，由于受库水浸泡、降雨和地下水等活动影响，或受震动、侧向卸荷、坡面加载或四季干湿等因素的影响，特别是雨季中或融雪后受湿的岩土自重增大、强度降低使岩土的结合密实度变化，坡体强度不能支持旱季中斜坡的陡度而塌坡，塌至与其相适应的坡率（受湿时的综合内摩擦角）为止的变形现象称为坍塌。

1）坍塌的特征

坍塌变形先在坡顶（坡口附近）产生蠕动变形而引起坡顶张裂，张裂由外向内发展；自前向后、自外向里坍塌，塌下的岩土体堆积在斜坡的坡脚，岩土体的整体性完全被破坏；每次坍塌均产生新的坍塌面，直至坍塌体的堆积掩埋并超过上部坍塌出口形成稳定斜坡之后，变形可暂时结束。在岩石边坡中常见发生沿多组结构面的V形坍塌。

2）坍塌的破坏形式

① 溜塌

边坡上松散的表层土体由于大量雨水的渗入、浸润而饱和，使得土颗粒间的连接大大减弱，土体强度显著降低甚至成为流动状态，土体产生浅表层沿某些沟槽溜滑并坍移堆积于坡脚，这种破坏现象称为溜塌。溜塌是运营高边坡的一种典型病害，一般规模不大，危害相对较小。

② 堆塌

堆塌是堆积层或风化破碎岩层斜坡，由于雨水和上层滞水活动、河流冲刷或人工开挖坡陡于岩土体自身强度所能保持的坡度，致使其上覆相应部分岩土崩解、坍落至相适应坡率（受控于不利工况下的综合摩擦角），而产生逐层塌落的变形现象。这是一种在路堑边坡工程中非常普遍的现象，一直塌到岩土体自身的稳定角时方可自行稳定。

③ 滑塌

滑塌是斜坡上的岩体或土体，在重力和其他外力作用下，沿坡体内新形成的滑面整体向下以水平滑移为主的现象。对于土质边坡，当坡面岩土在饱水的状态下产生浅表层部分或整体坍移滑动时，则形成滑塌。在岩质边坡中，表层的岩土体由于受水浸润，强度降低，沿顺坡结构面向下坍塌，这种破坏现象也称为滑塌。滑塌和浅层滑坡不同，不沿固定的面或带向下滑动，而沿相对软弱的面向下坍塌。这种相对软弱的部分可能是同一性质的结构面，下次再失稳，可以沿着另外同一性质的结构面向下塌滑。滑塌灾害具有“滑坡”和“坍塌”两种机制和“先滑后塌”的变形破坏过程，以往常把它们作为“滑坡”或“坍塌”来研究。

由于地质环境条件差异和外界因素（如爆破开挖、暴雨、地震等）的影响，边坡的破坏除了上述4种常见的类型外，在某些情况下，还可能同时发生多种破坏，即为混合型破坏。

3.2.2 边坡工程质量事故原因分析与处理

1. 事故原因分析

根据边坡工程事故鉴定的工作经验，造成边坡工程事故的主要原因如下：

（1）工程地质勘察失误

工程地质勘察失误主要表现为：①提供虚假的工程地质勘察报告；②工程地质勘察工作深度不够；③岩土参数取值错误；④未正确判断岩体结构面的位置、设计控制参数等；⑤水文地质勘察不充分。

（2）设计失误

设计失误主要表现为：①岩土工程参数未按地质勘察报告提供的设计参数取值或缺乏试验数据，仅凭个人经验设计；②外部荷载作用计算错误，如坡顶活荷载漏算；③支护结构设计错误；④支护结构选型错误；⑤边坡局部或整体稳定性漏算等。

（3）施工错误

施工错误主要表现为：①违规爆破施工，破坏了岩体的完整性和稳定性；②未严格按逆作法施工，大开挖形成高大直立未支护边坡，或大开挖引起岩体沿结构软弱面滑移；③支护结构施工质量未满足设计要求；④施工程序违规，如在上一道工序（或工程）未验收合格时，已进行下一道工序的施工；⑤发现工程事故先兆，隐瞒不报等。

（4）施工管理、监督不力

主要表现为：①对施工组织设计方案的认证走过场，明显不合理的施工方法不纠正；②违规施工不制止；③违规施工；④发现严重施工质量问题或安全隐患时，不及时停工，在未采取补救措施或补救措施不到位时，继续施工；⑤不按设计要求，请有资质的监测单位进行施工期间边坡变形监测等；⑥为节约建设费用，对设计、规范要求的必检工程项目，不检测或检测数量不满足国家有关标准、规范、规程的要求。

2. 事故的预防

预防边坡滑坡的主要措施有：

（1）严格按台阶开挖或分层开挖，不得采用挖取一面坡的开挖方式，不得掏挖，不得形成反坡。

（2）在最终边坡附近爆破时，要防止爆破导致最终边坡破碎。在最终边坡附近爆破时，每孔装药量要适量减少。可采取光面爆破或预裂爆破等先进的爆破方法，防止破坏边坡。

（3）当采用人工开挖时，台阶高度不得超过 6m；采用中深孔爆破时，台阶高度不得超过 20m。

（4）边坡角应控制在设计规定的范围以内，最终边坡角不得大于 60°。

（5）当出现边坡开裂、连续滚石时，表明台阶可能发生局部滑坡事故，必须及时处理滑坡体，防止滑坡体突然垮落伤人。如不能立即处理，则应设定警戒范围，采取警戒措施，防止人员进入。

3. 事故的处理

根据建筑边坡工程事故的特点，因地制宜地选择合理的边坡工程加固技术，合理地选择加固结构形式，才能使损失降到最小。

（1）查清建筑边坡的现状，确定合理的待加固建筑边坡的安全程度。工程实践经验表明，边坡的加固效果，除了与其所采用的方法有关外，还与边坡的现状有着密切的关系。一般而言，建筑边坡经局部加固后，虽然能提高建筑边坡的安全性，但这并不意味着建筑边坡的整体承载一定是安全的。因为就整个建筑边坡而言，其安全性还取决于原支护结构方案及其布置是否合理，构件之间的连接是否可靠，其原有的构造措施是否得当与有效等，而这些就是建筑边坡结构整体性或整体牢固性的内涵，其所起到的综合作用就是使建筑边坡具有足够的安全性。因此，专业技术人员在边坡加固设计时，应对该建筑边坡整体稳定性进行评估，以确定是否需采取其他加强措施。

（2）根据业主的使用要求和建筑边坡自身的特点，确定建筑边坡合理的安全等级。被加固的建筑边坡，其加固前的服役时间各不相同，其加固后的使用要求可能有所改变，因此不能直接沿用其新建时的安全等级作为加固后的安全等级，而应根据业主对该建筑边坡下一目标使用期的要求，以及建筑边坡加固后的用途、环境变更和重要性进行重新定位，故有必要由业主与设计单位共同商定建筑边坡合理的安全等级。

（3）增加建筑边坡的安全储备时，加固设计不应损伤原有支护结构的支护能力。建筑边坡加固应避免对未加固部分以及相关的支护结构、构件和地基基础造成不利的影响。因为在当前的建筑边坡加固设计领域中，经验不足的设计人员占较大比重，致使加固工程出现“顾此失彼”的失误案例，故有必要加以提示。

（4）由其他原因引起的建筑边坡事故，应在消除其诱因后，再对建筑边坡采取相应的处理措施。由高温、高湿、冻融、腐蚀、放炮振动、超载等原因造成的建筑边坡损坏，在加固时应采取有效的治理对策，从源头上消除或限制其有害的作用。与此同时，尚应正确把握处理的时机，使之不致对加固后的建筑边坡重新造成损坏。一般而言，应先治理后加固，但也可能需在加固后采取一些防治措施。因此，在加固设计时，应合理地安排好治理与加固的工作顺序，杜绝隐患，这样才能保证加固后建筑边坡的安全和正常使用。

（5）建筑边坡加固设计宜采用动态设计法，且应采用信息施工法。

（6）加固后的建筑边坡在使用过程中应进行必要的监测和检查，且应进行正常的维修和维护。

（7）改变建筑边坡外部使用条件和环境，应进行相应的技术鉴定或设计许可。建筑边坡的加固设计，是以委托方提供的建筑边坡用途、使用条件和使用环境为依据进行的。倘若加固后任意改变其用途、使用条件或使用环境，将显著影响建筑边坡的安全性及耐久性。因此，改变前必须经技术鉴定或设计许可，否则后果的严重性将很难预料。

3.2.3 建筑边坡加固的常用方法

建筑边坡的支护结构类型较多，在不同的条件下建筑边坡的加固方法不尽相同，下面以几种常用的建筑边坡支护结构为例说明边坡加固的常用方法。

1. 重力式挡墙的加固

重力式挡土墙是较常采用的一种边坡支护结构形式，由于其取材方便，工程造价相对较低，在山区建筑边坡高度不大时（一般高度 $H<8m$）经常被采用。重力式挡土墙常见事故形式为：整体滑动破坏、挡墙变形过大（如鼓肚、墙体开裂、墙顶侧移过大等）、局部垮塌、整体垮塌等。不同类别和性质的重力式挡土墙事故原因不同，其加固方法也不相同。常用的方法如下：

（1）新增抗滑桩。新增抗滑桩在多数情况下均可使用；但随地质条件、外部环境的不同，其加固费用差别很大。在下述条件下可选择新增抗滑桩加固方法。

① 重力式挡土墙墙身安全，抗滑稳定系数不足，岩质地基，在墙后新增抗滑桩。

② 重力式挡土墙墙身中、下部安全储备不足，抗滑稳定系数和抗倾覆安全性不足，岩质地基，在墙后新增抗滑桩，桩顶位于墙高下部 1/3～1/2 处。

③ 重力式挡土墙或衡重式挡土墙整体变形较大，岩质地基，受地形限制，可在墙前新增抗滑桩。

④ 重力式挡土墙墙身安全，抗滑稳定系数和抗倾覆安全性均满足要求，岩质地基，但坡顶新增使用荷载较大，可根据场地实际条件在墙前（或墙后）新增抗滑桩。

⑤ 原有分阶式重力式挡土墙破坏后（局部或整体破坏），建筑边坡坡高较大，可新增抗滑桩。

⑥ 其他适宜的情况。

（2）因爆破振动或开挖坡脚引起的原有重力式挡土墙局部破坏，可采用新建重力式挡土墙或衡重式挡土墙加固。

（3）重力式挡土墙抗滑稳定系数和抗倾覆安全件储备略微不足，地形条件许可，可采用增加卸荷平台的方法加固；或可对墙后土体灌浆加固；或可采用局部截面增大法加固重力式挡土墙；或可采用格构式锚杆进行加固；或可采用树根桩法加固边坡。

2. 锚杆（锚索）挡墙的加固

在岩质边坡中，存在各种原因可能导致锚杆挡墙结构安全储备不足、变形过大或支护结构失效。当锚杆挡墙出现上述问题时，可根据实际工程地质情况、边坡支护结构鉴定报告、边坡工程性质及安全等级、业主要求等综合因素选择合适的加固技术措施。

常用的几种加固技术为：①增加锚杆数量，适当减小锚杆间距；②增设腰梁和预应力锚索；③场地条件允许时，适当放坡减小岩土作用；④增设抗滑桩。

3. 其他类型支护结构的加固

按照国家或地方建筑边坡的工程经验，当不同类别的岩土体建筑边坡高度超过某一界限时，建筑边坡将成为高边坡，建筑高边坡的失效将带来较为严重的生命财产损失。2001

年5月在重庆武隆发生的建筑高边坡失效造成了严重的生命财产损失和恶劣的社会影响，其工程教训是极为深刻的。

高边坡加固常采用以下方法：①增加锚杆数量，适当减小锚杆间距；②增设腰梁和预应力锚索；③场地条件允许时，适当放坡减小岩土作用；④增设抗滑桩；⑤增设预应力锚索抗滑桩；⑥改变支护结构设计方案等。

边坡工程的加固是一个系统工程，它需要考虑多种因素的作用，并为人类社会的可持续发展创造良好的岩土工程环境。因此，岩土边坡的加固配套措施是多方面的，它包含了岩土工程本身、结构加固配套技术、水文和气候等因素。以下措施可作为加固配套措施要求：①采用注浆技术改善岩土体特性，提高岩土体自身强度和稳定性；②增设防水，消除、减少水力作用或减轻水对岩土体的不利作用；③坡顶削坡减载（土质边坡特别有效）。

3.2.4　基坑工程

随着高层、大跨、重载以及地下工程的不断发展，大开挖深基槽、基坑的工法愈来愈多得到应用，对基坑工程的要求越来越高。确保深基坑施工的可靠和稳定成为建筑施工的关键问题之一。

基坑有两类：一类是放坡基坑，当基坑较深时，边坡较宽，占用大量场地；另一类是不放坡基坑，采用支护结构，在高层建筑施工，特别是在场地受到限制的情况下经常采用此类基坑。

1. 基坑工程的特点

（1）基坑支护体系是临时结构，其荷载、强度、变形、防渗、耐久性等方面的安全储备较小，具有较大的风险性。

（2）基坑工程具有很强的区域性。如软黏土地基、黄土地基等工程地质和水文地质条件不同的基坑工程差异性很大。同一城市不同区域也有差异。基坑工程的支护体系设计、施工和土方开挖都要因地制宜，其他地区的经验可以借鉴，但不能简单搬用。

（3）基坑工程具有很强的个性。基坑工程的支护体系设计、施工和土方开挖不仅与工程地质、水文地质条件有关，还与基坑相邻结构物和地下管线的重要性、所处的位置、抵御变形的能力以及周围场地条件等有关。有时保护相邻结构物和市政设施的安全是基坑工程设计与施工的关键。

（4）基坑工程综合性强。基坑工程涉及地基土稳定、变形和渗流三个土力学基本课题，不仅需要岩土工程知识，也需要结构工程知识，需要土力学理论、测试技术、计算技术及施工机械、施工技术的知识。

（5）基坑工程具有较强的时空效应。基坑的深度和平面形状对基坑支护体系的稳定性和变形有较大影响。在基坑支护体系设计中要注意基坑工程的空间效应。土体，特别是软黏土，具有较强的蠕变性，作用在支护结构上的土压力随时间变化。蠕变将使土体强度降低，土坡稳定性变小。所以对基坑工程的时间效应也必须给予充分的重视。

（6）基坑工程是系统工程。基坑工程主要包括支护体系设计和土方开挖两部分。土方开挖的施工组织是否合理对支护体系是否成功具有重要作用。不合理的土方开挖步骤和速度可能导致主体结构桩基变位、支护结构过大的变形，甚至引起支护体系失稳而导致破坏。同时在施工过程中，应加强监测，力求实行信息化施工。

(7) 基坑工程具有环境效应。基坑开挖势必引起周围地基地下水位的变化和应力场的改变，导致周围地基土体的变形，对周围结构物和地下管线产生影响，严重的将危及其正常使用或安全。大量土方外运也将对交通和弃土点环境产生影响。

2. 基坑工程事故形式

基坑工程事故形式与围护结构形式有关，围护结构形式主要有放坡开挖及简易围护、悬臂式围护结构、重力式围护结构、内撑式围护结构、拉锚式围护结构、土钉墙围护结构及其他形式围护结构，如组合型围护结构、冻结法围护、沉井围护结构等。围护结构形式繁多，工程地质和水文地质各地差异也很大，产生基坑工程事故的原因很复杂，对其严格分类很困难，可粗略分为以下两种：

(1) 围护体系变形过大

支护体系变形较大，引起周围地面沉降和水平位移增大。若对周围结构物及市政设施不造成危害，也不影响地下结构施工，支护体系变形大一点是允许的。造成工程事故是指变形过大影响相邻结构物或市政设施安全使用。除支护体系变形过大外，地下水位下降以及渗流带走过多地基土体中细颗粒也会造成周围地面沉降过大，也应予以注意。

(2) 支护体系破坏

围护体系破坏形式很多，破坏原因往往是几方面因素综合形成的。为了便于说明，将其分为6类。

当围护墙不足以抵抗土压力形成的弯矩时，墙体折断造成基坑边坡倒塌，如图3-5(a)所示。对于撑锚围护结构、支撑或锚拉系统失稳，围护墙体承受弯矩变大，也会产生墙体折断破坏。

当围护结构插入深度不够，或撑锚系统失效造成基坑边坡整体滑动破坏，称为整体失稳破坏，如图3-5(b)所示。

在软土地基中，当基坑内土体不断挖去，坑内外土体的高差使围护结构外侧土体向坑内方向挤压，造成基坑土体隆起，导致基坑外地面沉降，坑内侧被动土压力减小，引起围护体系失稳破坏，称为基坑隆起破坏，如图3-5(c)所示。

对内撑式和拉锚式围护结构，插入深度不够或坑底土质差，被动土压力减小或丧失，造成围护结构踢脚失稳破坏，如图3-5(d)所示。

当基坑渗流发生管涌，使被动土压力减少或丧失，造成围护体系破坏，称为管涌破坏，如图3-5(e)所示。

对支撑式围护结构，支撑体系强度或稳定性不够，对拉锚式围护结构，拉锚力不够，均将造成围护体系破坏，称为锚撑失稳破坏。支撑体系失稳破坏如图3-5(f)所示。

诱发围护体系破坏的主要原因可能是一种，也可能同时有几种，但破坏形式往往是综合的。整体失稳造成破坏也产生基坑隆起、墙体折断和撑锚系统失稳；撑锚系统失稳造成破坏也产生墙体折断，有时也产生基坑隆起、踢脚破坏形式；踢脚破坏也产生基坑隆起、撑锚系统失稳现象。但仔细观察分析，造成破坏的原因不同，其破坏形式还是有差异的。

基坑工程事故影响较大，往往造成较大的经济损失，并可能破坏市政设施，造成较大的社会影响。基坑工程事故重在预防，除对围护体系进行精心设计外，还要实行信息化施工，加强监测，进行动态管理。及时发现险情，及时采取措施，把事故消除在萌芽阶段。

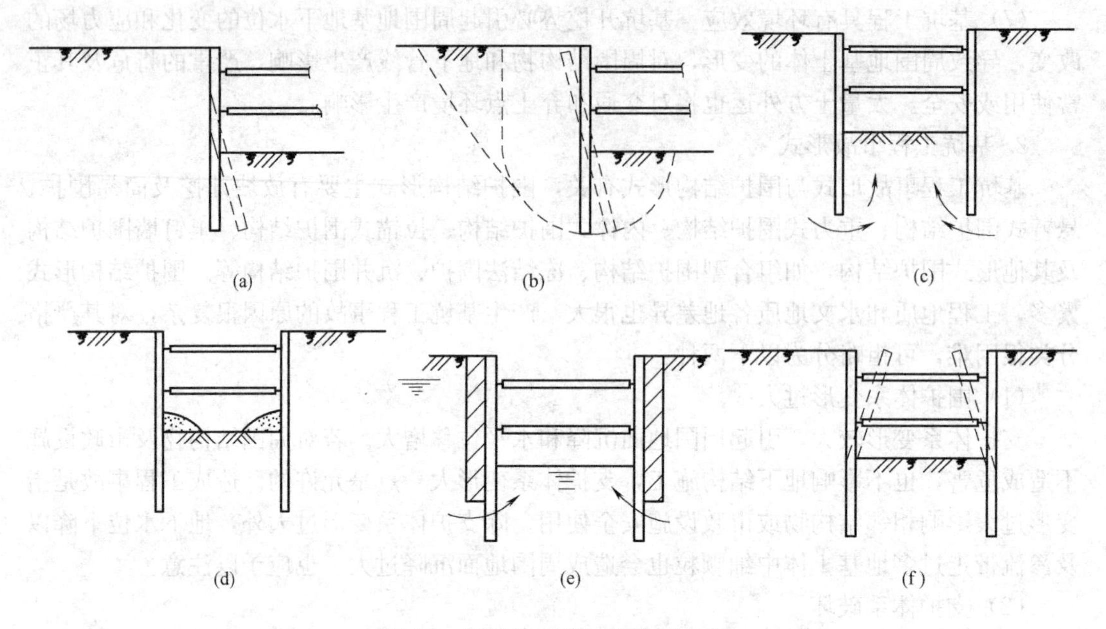

图 3-5 围护体系破坏的基本形式
(a) 墙体折断破坏；(b) 整体失稳破坏；(c) 基坑隆起破坏；(d) 踢脚失稳破坏；
(e) 管涌破坏；(f) 支撑体系失稳破坏

3.3 隧道与地铁工程

3.3.1 隧道工程

近年来，我国的交通建设迅速发展，公路网交通逐渐向崇山峻岭穿越、向离岸深水延伸。由于我国国土中75%左右都是山地或丘陵，而隧道具有能够穿山越岭，具有大大缩短交通距离的巨大优越性，在交通建设中深受欢迎。同时，在城市建设中，以节约土地和保护环境为宗旨，城市隧道工程方兴未艾。

隧道施工具有地质复杂多变、围岩稳定性不确定、作业空间狭小、施工机械化程度低、施工环境条件恶劣、多种危险有害因素相交织等特点，施工过程中的事故发生率比其他岩土工程要高。某一方面、阶段、环节的工作没有做好都有可能酿成事故，造成严重损失。

1. 隧道工程事故类型

按事故原因，隧道工程事故的类别主要有坍塌、透水、物体打击、冒顶片帮、触电、放炮、瓦斯爆炸、火药爆炸、火灾、中毒和窒息、其他事故等。按事故发生的时间，隧道工程事故分为施工期事故和使用（运营）期事故，施工期事故按事故类型又可以分为洞口失稳、突水突泥、坍塌、软弱围岩大变形、洞内火灾、洞内爆炸等。使用（运营）期事故又分为隧道水害、衬砌裂损、冻害及火灾。

开挖过程中的事故类别主要有坍塌、冒顶片帮、透水、机械伤害、爆炸、中毒窒息等。事故的主要原因包括：①当隧道穿过断层、岩溶、破碎带及其他不良地质段时，由于对工程地质、水文地质勘察不力，认识不足，施工方案选择不合理、(临时) 支护不及时或支护偏弱等，在开挖后潜在应力释放，承压快，围岩易失稳而发生塌方、透水、突泥等突发性灾害事故且难以治理；②当隧道穿过附近含瓦斯地段的岩层时，常因检测不力，通风不良造成瓦斯积聚，当遇电火或明火，极易引燃瓦斯发生爆炸、火灾及有害气体导致的中毒窒息等重大事故；③采用钻爆法和掘进机法开挖或搭设钢架进行支护时，使用凿岩及掘进机等未按操作规程操作，易产生机械伤害、高处坠落等事故。

装岩运输过程中的事故一般占隧道施工总事故的 25%。因隧道洞内工作面狭窄，空气污浊，能见度不高，装岩过程中车辆的调度和衔接不当等都可能造成事故。一般地，隧道装岩运输过程中发生的事故可以分成两类，一类是施工人员被自卸汽车、电机车或其他运输车辆碰撞；另一类是施工人员与岩块或其他障碍物相撞而受伤。

在一些长、大、宽的公用设施隧道、地下通道和地铁隧道中常采用大型高效的机械设备施工，隧道内铺设的电缆和高压风水管路也较多，因此触电、机械伤害、高压风水管路接头脱落击伤施工人员等事故也时有发生。

2. 隧道工程事故成因及处理

(1) 洞口失稳事故

隧道洞口边仰坡作为一种特殊形式的边坡，其稳定性除受上述因素影响外，又有其特殊性。隧道进出口边仰坡往往具有地质条件脆弱、埋深浅等特点，在隧道设计和施工中虽然遵循“早进洞，晚出洞”的原则，但隧道开挖必然会导致坡体的内应力场及位移场发生调整，对坡体造成不同程度的影响，如造成古滑坡的复活或新滑坡的形成。

洞口段隧道工程，既属于隧道工程的范畴，又与边坡工程有密切关系，其稳定性取决于边坡与隧道相互作用的效果。隧道支护结构保护围岩不致发生过大变形，同时隧道围岩的变形对洞口段边坡的稳定性有重要影响。同时洞口边仰坡的稳定性又对支护结构的受力及变形产生重要影响。其中任何一项的不稳定性都将对隧道洞口边仰坡的稳定性产生重要影响。

此外，隧道洞口边仰坡的稳定性还与隧道与潜在滑动体的空间关系、隧道开挖方式、隧道埋深、地形引起的偏压、施工工艺技术等有关系。

由此可见，隧道洞口边仰坡稳定性问题本质上是边坡工程与隧道工程在洞口段这个特殊位置上相互作用、相互影响、相互稳定的问题。因此隧道进出口段坡体与隧道的相互关系及作用机理的研究对于隧道和坡体变形的预测及制定出有效的整治措施起重要的作用。

影响隧道洞口边仰坡破坏模式的因素复杂多变，其表现形式也是多种多样，其破坏模式在外在表现上可以总结为边仰坡喷层剥落破坏、剪切破坏、张拉破坏、局部塌陷破坏、洞口初期支护失稳破坏、雨水冲刷破坏。比较常见的为剪切挤压破坏和拉裂破坏。洞口段隧道工程有其特殊性，按隧道开挖后破坏的外在表现，其破坏模式可以分为平面破坏、楔形破坏、崩溃破坏、局部坍塌破坏和堆塌破坏。

(2) 突水、突泥事故

据不完全统计，至 20 世纪末，我国修建的铁路隧道 80%以上在施工和运营过程中出现各种各样的地质灾害，尤以隧道岩溶突水、突泥最为突出。深埋山岭长隧道的突水、突泥问题主要是隧道所处地区的岩溶地质问题，隧道岩溶问题也是国内外隧道施工中的重大难题。

1）隧道突水、突泥的危害

隧道突水、突泥是隧道施工和运营过程中常见的一种地质灾害。隧道的突水、突泥严重危害隧道施工安全，影响隧道施工的进度，如果隧道施工措施不当，常常会使隧道建成后运营环境恶劣，地表环境恶化，给人们的生产和生活造成重大损失。

其危害具体表现在以下几个方面：

① 发生机率高、突发性强、突水量大、水压高

岩溶隧道开挖过程中，突水事故时常发生，若突水过程中伴有大量的泥砂则更具危害性，可淹没隧道，冲毁机具，造成隧道施工中断，甚至造成人员重大伤亡。由于地下水的高流动性，在地壳表层中分布的普遍性，以及大多数岩溶隧道都处于地下水富集带或其附近，只要存在导水通道，就有可能发生突水。

② 引起地面塌陷和地面沉降

岩溶地壳隧道地面塌陷绝大多数是由隧道岩溶突水、突泥引起的，隧道突水使地下水位急剧下降产生真空负压，而隧道突泥造成固体物质不断流失，使上部岩溶中的充填土层失去上托力，在上覆土层自重应力、真空吸蚀等作用下，造成地面塌陷。

③ 造成水资源减少和枯竭

隧道开挖后，由于其集水和汇水作用，岩溶地下水不断排入隧道中，随着地下水不断地涌入隧道，地下水的储存量被大量消耗，使降落（位）漏斗不断扩展，引起地下水渗流场和补排关系的明显变化，只要地下水系统的疏干水量满足不了隧道的排出水量，地下水位就将持续下降，继而导致地表井泉干涸，河溪断流。隧道突水，尤其是岩溶和断裂带的突水，因其量大，影响范围极广。

④ 导致水质变差及周围水环境的污染

在天然状态下，隧道地下水系统在各岩溶含水层基本是相对独立的，彼此间不存在水量交换。然而，由于隧道大量突水，疏干了充水围岩，打破了地下水系统内部原有的水力平衡，加速了水交替的速度，利于氧化作用充分进行，从而促使地下水中一些酸根离子含量增加或 pH 值发生显著变化，使地下水具有较强的腐蚀性，从而腐蚀和毁坏隧道的二次衬砌结构和其他施工设备，危害作业人员的健康。另外，隧道周围水体补给时被污染的或在隧道施工环境中被污染的地下水不经处理就直接排入周围环境，引起地表水和地下水二次污染。

2）隧道突水、突泥特征

① 时间特征

隧道施工过程中揭穿岩溶管道时，含有大量地下水的岩溶管道水因为水压突破阻隔层（或隧道支护），突入坑道，在时间上主要表现为突发性。隧道突水一般不会随着隧道的开挖而发生，而是在时间上往往滞后几十个小时，有的滞后数月之久，表现为滞后性（缓发性）。该类突水、突泥的规模一般较大，破坏性较强。

② 空间特征

岩溶区水岩交互作用决定了岩溶发育形态及地下水的赋存形式，同时决定了隧道突水在空间上的分布。施工时揭穿垂直岩溶管道致使岩溶管道中的岩溶水倾泻入隧道。

③ 突水量特征

对于上述突水、突泥，突水量基本上从突出时最大逐渐减少，直至稳定，若水流管道

与地表水相连通，则还应受地表降雨影响。

3）隧道坍塌事故

随着我国国民经济的发展，对基础设施，尤其是对交通设施建设的需求不断增加，高等级的交通干线也得到了前所未有的发展。随着公路技术标准的提升，隧道工程所占比重越来越大，所穿越地层地质条件空前复杂，施工受各种地质灾害困扰，工伤事故频发。隧道工程的建设具有其特殊性：地理位置特殊、质量和安全要求高、涉及工程专业多、工程量巨大、地下和露天作业多、工程和周边环境关系密切、生产的流动性、生产的单件性、生产的周期长。这也决定了隧道施工具有大量不确定安全风险，使得施工过程中出现塌方事故的概率极高，事故后果一般都很严重。

隧道坍塌是指在隧道施工中，洞顶及两侧部分岩石在重力作用下向下崩落的一种不良地质现象。围岩变形和坍塌，除与岩体的初始应力有关外，主要取决于围岩的岩性、结构和构造。隧道坍塌的原因很多，形成机制也十分复杂。坍塌产生的主要原因有地质因素、设计因素、施工因素和人为因素。

① 地质因素

隧道工程属地下工程，地质情况千变万化。各种不可预见的地质现象及地质构造对隧道施工影响巨大。多变的地质条件（如地下水、岩溶、岩爆、膨胀土等）加大了隧道施工难度，使得隧道施工安全性差。受现有的勘察水平及其他相关因素的制约，隧道设计中的地质勘察在很多情况下都不彻底、不完善。这些无疑加大了隧道的施工难度和坍塌事故产生的可能性。

② 设计因素

当前隧道工程设计方法主要有工程类比法、理论计算法及现场监控法等，这些方法又以工程类比法运用得最为广泛。在设计过程中若对围岩判断不准或情况不明，从而设计的支护类型与实际要求不相适应，也是导致施工中产生松弛、坍塌等异常现象的原因。

③ 施工因素

隧道是施工难度大、技术要求高的一项地下工程，它要求施工单位的应变及处理能力要强，施工队伍本身的素质及施工经验、水平等要高。施工时若不能做到超前有效防护，或是在坍塌出现后，不能采取合理有效的措施来补救，将导致坍塌不断扩大，从而使处理越来越困难。我国现状是：施工单位众多，隧道施工队伍的技术水平发展很不平衡，管理及施工水平参差不齐，加上一些建设环节的操作不规范，而且有的施工企业及人员对新奥法原理缺乏深入学习、认识、研究和应用。如新奥法为限制围岩的松弛和变形，要求洞室开挖后及时提供支护反力，以便实现围岩的自承和自稳。若在隧道开挖后不能及时地喷射混凝土予以封闭，围岩因有了新的临空面而应力重分布，使松弛范围逐步扩大，从而不仅加大了荷载，与新奥法理论的初衷相悖，而且极易产生坍塌等工程事故。超挖部分应该用相同强度等级混凝土或喷射混凝土回填密实，有的施工单位不按施工规范的要求，只在表面用喷射混凝土喷射圆顶，超挖部分并没有回填密实，使得初期支护与围岩之间产生了空洞，最终导致坍塌。

④ 人为因素

施工单位的施工人员未经上级技术部门同意，擅自改变施工方法，如开挖方式、支护方式等；不严格遵守设计文件、施工组织设计、隧道施工相关技术规范、隧道验收评定标准的要求和规定组织施工，达不到“均衡生产、有序施工”的要求，质量意识淡薄，在施工中存在侥幸心理，偷工减料，弄虚作假等，造成支护质量远远达不到设计要求，从而引发坍塌事故。

(3) 软弱围岩大变形事故

目前，关于围岩大变形还没有一个明确和清晰的定义。隧道围岩大变形是高地应力地区隧道围岩柔性破坏时应变能缓慢释放造成的一种动力失稳现象。软弱围岩具有岩石的单轴抗压强度低，强度应力比大，自然含水率大，有一定的膨胀性等特征。

根据国内外隧道施工的实践总结，在下述条件下的施工过程中发生大变形现象，是必然的：①挤压性围岩的挤压变形；②膨胀性围岩的膨胀变形；③断层破碎带的松弛变形；④高地应力条件下软弱围岩的大变形等。

1) 隧道围岩变形的影响因素

隧道围岩变形与多种因素有关，一方面与隧道所处的地理位置有关，另一方面又与地质、埋深、施工等条件有关。这使得隧道围岩的变形既具有空间效应，又具有时间效应；在新奥法施工中，隧道围岩变形的影响因素归纳起来主要有以下几个方面。

① 隧道设计

隧道经过何种地层穿过山体，采用哪种角度与岩层相交，以及隧道埋深等因素将直接影响隧道围岩的变形。此外，隧道本身的断面形状、高度、跨度等对变形也有影响。

② 围岩工程性质

穿过的围岩越坚硬，隧道内空变形相对越小，如果隧道穿过的岩层较软弱，那么围岩变形就较大；穿过的围岩越完整，隧道内空变形相对越小，如果所穿过的围岩较松散破碎，隧道围岩变形就越大。

③ 施工方法

隧道开挖方式的选择对隧道围岩变形也有一定影响，由于半断面开挖时，上半部监测点受到两次扰动，导致在同种岩体中半断面开挖变形比全断面开挖变形大。

④ 支护类型及支护时机

隧道内空变形受支护类型及支护时间的影响很大，隧道内柔性支护较刚性支护产生较大的变形，但刚性支护结构所受的围岩压力要大很多。此外，较厚的初期支护喷射混凝土和架设较密的锚杆，可减小隧道内的变形。隧道开挖后及时进行支护，隧道内变形相对较小。

⑤ 爆破震动效应

爆破开挖对隧道围岩产生的强烈震动与冲击，会引起围岩在较短时间内出现不连续性变形，一些变形呈跳跃性突变。爆破对围岩的扰动作用随时间延长而减小。

2) 围岩变形破坏的模式

① 坍塌

主要发生在砂质泥岩、碳质泥岩或互层的围岩中。坍塌有以下几种情况：由于岩体结构破碎导致围岩稳定性差，或受结构面控制，沿节理、层面或软弱夹层滑移，开挖后或受极小的扰动即坍塌；开挖后能保持稳定，或局部坍塌后保持稳定，但在喷锚支护后围岩持续变形，支护结构破坏，从而坍塌。

② 全断面挤出大变形

主要发生在以炭质泥岩、板岩为主的软弱或碎裂围岩段，开挖后往往伴有局部坍塌或剥落，之后能形成自稳。初期支护后，围岩在二次应力场下屈服并缓慢挤出变形，作用于支护结构的围岩压力逐渐增大，最终致其变形破裂，严重时造成大规模坍塌。

③ 拱顶下沉，边墙收敛

发生在拱顶、拱腰、边墙部位，危害很大，处理不当会造成坍塌。

④ 边墙挤出、内鼓

发生在拱腰、边墙部位，主要分两种情况，一是层状岩体在应力作用下发生横弯或纵弯而挤出变形；二是碎裂结构岩体受软弱夹层或结构面切割为倾向洞内的不稳定块体，在应力作用下向洞内滑移挤出变形。

⑤ 底鼓

岩性多为薄层的炭质泥岩或砂质泥岩、板岩，层状碎裂结构或镶嵌碎裂结构，局部摩擦镜面发育，但地下水不发育。

（4）洞内爆炸事故

隧道爆炸包括瓦斯爆炸和炸药爆炸。大型交通隧道内一旦发生爆炸事故，由于局部环境密闭，爆炸冲击波对隧道衬砌结构的破坏和杀伤力极大，并且爆炸后引起的火灾、坍塌等现象会带来极大的人员伤亡和财产损失。

3. 使用期事故与处理

（1）隧道水害及处理

1）隧道水害的类型

① 隧道渗漏

按发生的部位分为拱部有渗水、滴水、漏水成线和成股射流四种，边墙有渗水、滴水两种，少数有涌水灾害。渗漏对隧道稳定、洞内设施、行车安全、地面建筑和隧道周围水环境产生诸多不利的影响甚至威胁。

② 衬砌周围积水

主要指运营隧道中地表水或地下水向隧道周围渗流汇集。其危害有：水压过大导致衬砌破裂；软化围岩，从而加大衬砌压力，导致衬砌破裂；寒冷地区引发冻胀病害。

③ 潜流冲刷

主要是指由于地下水渗流和流动而产生的冲刷和溶蚀作用。其危害有：衬砌基础下沉、边墙开裂或仰拱、整体道床下沉开裂；周围滑移错动导致衬砌变形开裂；超挖回填不实引起围岩坍塌。

2）隧道水害产生的原因

① 勘测与设计方面

在防水设计之前，设计人员对工程地质和水文地质情况了解得不够仔细，对衬砌周围地下水源、水量、流向及水质情况掌握不准等因素导致了隧道的防排水设计很难在隧道的使用期内完全满足防排水的要求。

② 施工方面

施工不当可产生水害，施工单位一味追求施工速度，忽视二次衬砌质量，对排水设施不按施工规范要求操作等，使地下水丰富地区的隧道存在严重的渗漏水。

③ 材料方面

如果所选用的防水材料达不到国家质量标准，会导致隧道的渗漏水病害。

④ 监理方面

监理工程师应对防水材料的选择和使用、铺设基层的处理、铺设工艺等进行跟踪检查，确保防水质量。

⑤ 验收方面

工程竣工后，从衬砌表面往往看不出什么问题，管理单位缺乏检验手段，有时又接近运营期限，往往对交验前的渗水情况缺乏进一步查验，只好按竣工报告及施工总结，勉强验收，导致运营后渗漏水逐渐严重。

3）隧道水害的处理

为避免和消除地下水对隧道的危害，目前我国有关施工规范明确规定采用“截、堵、排综合使用”的治水原则，以浇筑混凝土衬砌作为防水（堵水）的基本措施。隧道治水的具体措施就是以排为主，排、堵、截相结合，因地制宜，综合治理，形成一个完整的隧道治水体系。

① 防、排水设施

在衬砌外面设置排水措施，如盲沟（竖向盲沟、纵向盲沟和环向盲沟）；围岩排水钻孔；纵向、横向排水沟等。在衬砌里面设置排水设施，如引水管、泄水孔、引水暗槽等，其主要优点是可以不开凿衬砌，工程量小，施工简单；缺点是不易对准地下水露头位置，疏干围岩范围小，在冬季发生冰冻的段落不能采用。衬砌自防水是以衬砌结构本身的混凝土密实性实现防水功能的一种防水方法，其造价低、工序简单、施工方便。常用的防水混凝土有普通防水混凝土、外加剂防水混凝土、膨胀性防水混凝土，一般在运营隧道更换衬砌条件下采用，也可以采用外贴防水层和内贴防水层法，或采用压注法。压注法就是用压力把某些能固化的浆液注入隧道围岩及衬砌混凝土的裂缝或孔隙，以改善其物理力学性质，达到防渗、堵漏和加固的目的，主要的注浆材料有水泥砂浆水玻璃类和化学浆材。

② 衬砌漏水封堵

对某些隧道衬砌的渗漏水，除采取排水措施外，还可以用堵漏材料进行封堵。常用的堵漏材料有硅酸钠防水剂、无机高效防水粉、水泥类堵漏材料。

③ 截水设施

截水就是截断流向隧道的水源，或尽可能使其流量减小，从而使隧道围岩的水得不到及时补充，达到疏干围岩、根治水害的目的。截水的主要措施有地表截水、地下截水。

（2）隧道衬砌裂损及处理

1）衬砌裂损病害类型

衬砌裂损病害类型主要有衬砌变形、衬砌移动、衬砌开裂。其中，衬砌变形有横向变形和纵向变形两种，其中横向变形是主要变形；衬砌移动是指衬砌的整体或其中一部分出现转动、平移和下沉等变化，也有纵向和横向之分；衬砌开裂是衬砌裂损病害的主要表现形式，指衬砌表面出现裂纹、裂缝或贯通衬砌全部厚度的裂纹，是衬砌变形的结果。

隧道衬砌裂缝根据裂缝走向及其和隧道长度方向的相互关系，分为纵向裂缝、环向裂缝和斜向裂缝三种。环向裂缝对衬砌结构正常承载影响一般不大。拱部和边墙的纵向和斜向裂纹会破坏结构的整体性，危害较大。

2）衬砌裂损的成因分析

① 设计、地质方面的原因

客观上，隧道穿越山体的工程地质与水文地质条件复杂多变，受地质勘察的数量、深度及技术所限，最后的勘察结构很难保证完整、准确，特别是对地质构造特殊、岩性特异及地下水破坏作用较强的围岩的勘察不准确，在进行设计工作时可能对某些地段的围岩级别划分不准确，从而导致衬砌的类型选择不当，为衬砌裂损埋下隐患。

② 施工方面的原因

a. 施工方法选择不当

施工方法的选择应根据隧道所处的地质条件、隧道断面、隧道长度、工期要求、机具装备、技术力量等情况确定。但由于施工工艺、施工设备等方面的原因，很难达到施工方法的要求（如围岩稳定性、水硬性等），因此，在一些情况下衬砌裂损在所难免。

b. 施工质量不过关

运营隧道衬砌裂损除少部分与设计、地质、环境、结构老化等因素有关外，大部分都与施工质量有关。主要表现在施工单位管理不善，追求施工速度，造成施工质量不良，例如工程测量发生误差、欠挖、模板拱架支撑变形、坍塌、过早拆除支撑、混凝土捣实质量不佳、对超挖部分回填不实、防排水处理措施不当等。

c. 地下水方面的原因

地下水的动、静压力作用，也可使衬砌裂损。严寒地区冻胀也是衬砌裂损的原因之一。当围岩背后存在空洞时，地下水便会存积在其中，从而增大围岩压力而引起裂损。尤其当隧道处于软质围岩环境中，软质围岩因水浸发生泥化或软化而失去承载力或产生塑性流动，对衬砌的压力增大；围岩的结构面及软弱夹层因水浸发生软化、滑动失稳，对衬砌压力增大，均会导致衬砌的裂损。根据有关实测资料表明，雨季与旱季相比，围岩压力有的要增加一倍，而这一因素极易产生隧道衬砌裂损，并使已有裂损发展。

d. 运营维护方面的原因

运营中，若养护工作跟不上，如对隧道的设计施工情况，特别是围岩地质，地下水分布及处理，坑道开挖，支撑拆除，衬砌背后回填，防排水设施，衬砌质量情况，施工中有关技术、质量、安全等方面的问题和处理措施缺乏全面的了解；对衬砌裂损缺乏定期的检查监测，缺乏较长期的系统的观测与分析，对裂损变形的发展情况不明，难以对造成原因及其安全影响做出正确判断，更难以做到及时有效治理，均会使施工中发生的裂缝继续发展，整治达不到应有效果，或原来没有裂损的衬砌也会出现新的病害。

e. 其他方面的原因

除上述因素外，运营阶段的振动与空气污染、人为破坏与突发荷载也是衬砌裂损的重要原因。

③ 衬砌裂损的防治措施

衬砌裂损的防治原则：防治衬砌裂损病害首先要消灭已有的衬砌裂损对结构及运营的一切危害，并防止裂损加大；其次是采取以稳固围岩为主，稳固围岩与加固衬砌相结合的综合治理措施。

a. 稳固岩体的工程措施

治水稳固岩体。地下水的浸泡与活动对各种围岩的稳定性削弱最大。疏干围岩含水，并采取相应治水措施是稳固岩体的根本措施之一。

锚杆加固岩体。对较好的岩体，自衬砌内侧向围岩打入一定数量和深度（3～5m）的金属锚杆、砂浆锚杆，可以把不稳定的岩块锚固在稳定的岩体上，提高破损围岩的粘结力，形成一定厚度的承载拱；在水平层状的岩石中把数层岩层串联成一个组合梁，与衬砌共同承受外荷载。对松散破损的岩体采用锚杆加固不仅可以有效地控制岩体的变形和提高其稳定性，而且可以使岩体对衬砌的压力大小和分布产生有利的转化。

注浆加固岩体。通过向破损松动的岩体压入水泥浆液和其他化学浆液（如铬木素、聚氨酯等）加固围岩，使衬砌背后形成一个1～4m厚的人工固结圈，就能有效地稳固岩体，防止地下水的渗入，甚至使作用在衬砌上的地层压力大小和分布产生有利的转化，有利于衬砌结构的受力和防水。

支挡加固岩体。对靠山、沿河的偏压隧道或滑坡地带，除治水稳固山体外，尚可采取支挡措施，包括设支挡墙、锚固沉井、锚固钻（挖）孔桩等来预防山体失稳与滑坡，这种工程措施只能用于洞外防治。

回填与换填。如果衬砌外围存在着各种大小的孔隙（如超挖而没有回填等），不仅对地层压力产生不利影响，而且使得衬砌结构失去周边的支撑条件，不能使衬砌的承载能力得到更大的发挥。此时应采取回填措施，用砂浆或混凝土将围岩孔隙回填密实。如果隧底存在厚度不大的软弱不稳定的岩体或有不稳定的充填物，可以采取换填办法处理。

b. 衬砌更换与加固

压浆加固。包括圬工体内加固和衬砌背后加固。前者主要适用于衬砌裂损非常缓慢或者已呈稳定状态，一般以压环氧树脂浆液为主，并选择无水季节施工。后者主要针对衬砌的外鼓和整体侧移，在拱后压浆以增加拱的约束，起到提高衬砌刚度和稳定性的作用。

嵌补加固。对已呈稳定状态暂不发展的裂缝，不能采取压浆加固时可以采用嵌补，即将裂缝修凿剔深，在缝口处多用水泥砂浆、环氧树脂砂浆或环氧树脂混凝土进行嵌补。

锚喷加固。可用于裂损衬砌的所有内鼓变形和向内移动的裂损部位。采用锚杆加固岩体，可将衬砌与岩体嵌固在一起，形成一个均匀压缩带，以增强围岩的稳定性。

套拱加固。如果混凝土质量差、厚度不够，或受机车煤烟侵蚀，掉块剥落严重，并且拱顶净空有富余时，可对衬砌拱部加筑套拱或者全断面加筑套拱。

更换衬砌。拱部衬砌破坏严重，已丧失承载能力，其他整治补强手段难以保证结构稳定，或者衬砌严重侵入限界，采用其他整治措施有困难时，采用全拱更换，彻底根除病害。

（3）隧道冻害及处理

隧道冻害指寒冷地区和严寒地区的隧道内水泥和围岩积水冻结，引起隧道拱部挂冰、边墙结冰、衬砌胀裂等，这是寒冷地区最具代表性的劣化现象之一。

1）隧道冻害的类型

① 冰柱、冰溜子。渗漏的地下水通过混凝土裂缝渗出，在渗出点因低温影响积成冰柱，尤其在施工接缝处渗水点多，结冰明显，累积十至几十厘米的冰溜子。如不清理，冰溜子越积越大，侵入限界，危及行车安全。隧道排水沟槽设施保温不良引起冰冻（称为冰塞子），水沟地下排水困难，因结冰堵塞，使水沟冻裂破损，地下水不易排走，衬砌周边因水结冰而冻胀，致使隧道内各种冻害接踵而来。

② 衬砌发生冰楔。隧道砌筑在围岩良好地段，一旦衬砌壁后有空隙，渗透岩层的地

下水，在排水不通畅时水就积在衬砌与壁后围岩间，结冰冻胀产生冰冻压力，传递给衬砌，使衬砌施工缝处充水冻胀，衬砌开裂、疏松、剥落。

③ 围岩冻胀破坏。主要包括隧道拱部衬砌发生变形与开裂，隧道边墙变形严重，隧道内线路冻坏，衬砌材料冻融破坏，隧底冻胀与融沉。

2）隧道冻害的原因

① 寒冷气温的作用。隧道冻害与所在的地区气温（低于 0℃或正负交替）有直接关系。

② 季节冻融圈的形成。沿衬砌周围各最大冻结深度连成一个圈称为季节冻融圈。隧道的排水设备如果埋在冻融圈内，冬季易发生冰塞。在冻融圈范围内的岩土，由于受到强烈频繁的冻融破坏，风化破碎程度与日俱增，也是冻害原因之一。

③ 围岩的岩性对冻胀的影响。

④ 隧道设计和施工的影响。

3）隧道冻害的整治措施

① 综合治水。

② 更换土壤。

③ 保温防冻（在隧道内加筑保温层、降低水的冰点、供热防冻）。

④ 防止融塌。

⑤ 加强结构。加大侧向拱度，使拱轴线能更好地抵抗侧向冻胀。增加拱部衬砌厚度，一般加厚 10cm 左右，提高衬砌混凝土强度等级或者采用钢筋混凝土，隧底增设混凝土支撑。

（4）隧道火灾及处理

1）隧道火灾特点

① 随机性大。隧道火灾发生的时间、地点、规模、形态等都具有很大的随机性。

② 成灾时间短。汽车起火爆发成灾的时间一般为 5～10min，并且发展过程很短。较大火灾的持续时间与隧道内的环境有关，一般在 30 分钟和几个小时之间。

③ 烟雾大，温度高。隧道内一旦发生火灾，由于隧道空间小，近似处于密闭状态，不可能自然排烟，一次烟雾比较大，燃烧产生的热量不易散发；火灾可能将隧道照明系统破坏，能见度低，给扑救火灾和疏散人员带来困难。

④ 隧道火灾多半是缺氧燃烧，产生高毒性一氧化碳气体，观察到火灾时，隧道内一氧化碳的含量可达 7%。

⑤ 疏散困难。隧道横断面小，道路狭窄，发生火灾时除了人员疏散困难外，物资疏散也极其困难。车辆一辆接着一辆，要疏散几乎是不可能的。因此，火灾在车辆之间的蔓延也比较快，且每一辆汽车都有油箱，如果汽油燃烧将加剧火势发展。

⑥ 进洞、扑救困难。隧道发生火灾，消防人员进洞道路缺乏，很难接近火源扑救。如发生在整条隧道中心，即使从隧道口进洞，到火灾现场有时也有几百米或更长的距离，加之缺乏照明，扑救更加困难。而长距离隧道火灾，进行内攻灭火几乎是不可能的。

⑦ 洞内火灾产生的热烟，首先集中在隧道顶部，而很长一段隧道的下部仍是新鲜空气。当洞内有较大的纵向风流时，才会使隧道全断面弥漫烟气，使人迷失方向并可能中毒死亡。

2）隧道发生火灾的原因

① 隧道因素。隧道内火灾事故的危险性与隧道长度和交通量成正比。随着交通量的增长，带有各种可燃物质（油、化工原料等）的车辆的数量也在增长。长大隧道内电气设备增多，隧道内电路或电气设备短路的机率也呈现上升趋势，火灾事故也就相应增多。隧道内由于道路比较狭小，能见度较差，情况比较复杂，容易发生车辆相撞事故。

② 车辆因素。据有关资料介绍，汽车每行车 1000 万 km 平均发生 0.5～1.5 次火灾。引起汽车火灾的原因是电气线路短路起火、汽化器起火、载重汽车气动系统起火等。

③ 货物因素。隧道内有各种车辆通过，它们所载的货物有的是可燃或易燃物品，遇明火发生燃烧或自燃。

④ 道路因素。据研究表明：在公路上，当车辆以 50km/h 行驶时，其制动距离在冰路上为 98.1m，雪路上为 49m，潮湿混凝土路面为 32.7m，潮湿沥青路面为 24.5m，碎石路面为 19.6m，干沥青路面为 16.3m，干混凝土路面为 4.8m。所以路面状况直接影响行车安全性。另外铁路隧道铁轨的状况也影响列车的行车安全。

⑤ 驾驶员因素。驾驶员的技术熟练程度、精神状态、强行超车、超速行驶等是诱发事故发生的主要因素。据美国高速公路安全保险公司统计：在高速公路上发生的 2325 起小汽车火灾事故中，大多是撞击后起火的。

⑥ 气候环境因素。高温酷暑天气，对热敏感性强的易燃易爆物品、低沸点液体、压缩液化气体、装载的气瓶与槽车极易发生爆炸、泄露等事故；另外降雨、降雪、大雾等天气造成视线不清、车轮打滑等对安全也有很大影响，雷雨天气还有可能遭受雷击等。

3）隧道火灾的防范

① 隧道的耐火等级

隧道内发生火灾时，隧道顶部的温度将会很高。而公路隧道墙体内一般埋有电缆等设施，如果墙体耐火等级太低，火灾时极易将电缆烧坏，影响隧道内设备的使用。隧道内的拱顶和侧壁的表面应喷涂隧道防火涂料或采取其他措施予以保护，提高其耐火等级，使耐火极限达到 2h 以上，防止隧道内混凝土在火灾中迅速升温而降低强度，避免混凝土炸裂、衬砌内钢筋破坏失去支撑能力而导致隧道内垮塌，防止墙体内埋的电缆等设施烧坏。

② 隧道内的消防设施

隧道是一个近似密闭状态的交通设施，为了能及时了解隧道的营运情况，应在隧道内安装电视监控系统。此外，为了使火灾或其他突发事件能及时得到解决，隧道内还应安装应急设施，主要包括报警设施（宜采用感温探测器或火焰探测器）。在安装自动报警设施的同时还应安装手动报警装置，以便发现火情的人员能够迅速报警。另外，宜在每隔一定距离设置消防应急电话；手动报警设施和应急电话可设在消火栓箱旁。短距离的隧道可用自然通风，如果隧道内采用纵向通风系统，火灾时烟气将会顺车道扩散，则应设置避难设施。隧道内应设置事故照明和安全疏散引导标志，以便火灾时指示避难方向。在隧道内应配备必要的灭火器材，应设置消火栓系统及便携式灭火器材。

③ 隧道的消防管理

隧道的火灾主要是通过隧道内的车辆引起的，加强安全管理首先应从加强车辆管理入手，隧道管理部门通过监控系统对隧道内车辆进行监控，如果发生事故，隧道管理部门应立即派车进行疏散。交警应加强对进入隧道的车辆及驾驶人员的检查，严禁酒后驾车和疲劳驾驶。另外，隧道管理部门还应定期检查隧道内的消防设施、火灾隐患和消防安全工作等。

④ 隧道内送风、排烟系统

与地面建筑相比，隧道工程结构复杂，环境密闭，通道狭窄，连通地面的疏散出口少，逃生路径长。发生火灾，不仅火势蔓延快，而且积聚的高温浓烟很难自然排除，并会迅速在隧道内蔓延，给人员疏散和灭火抢险带来困难，严重威胁被困人员和抢险救援人员的生命安全。因此，通风系统应具备双向排烟功能，在事故发生时能控制烟雾和热量的扩散，可根据消防及救援人员的现场要求控制和调节隧道内的风向和风量。

⑤ 隧道交通管理

加强危险化学品运输车辆的动态安全管理，交警应加强路面巡逻勤务，加强路面危险化学品运输车辆的管控，及时纠正和消除危险化学品运输车辆的交通违法和违规行为，全力维护公路行车秩序。同时，严查车辆违法行为，严格车辆禁行管理。有针对性地加强对违反“禁行”规定车辆和驾驶人员的“严打”力度，对不按规定行驶路线和时间行驶的危险化学品运输车辆依照有关规定予以严处。

⑥ 隧道内照明系统

隧道的照明控制应确保车辆驾驶员在进出隧道时实现洞内外光线平稳过渡，避免因“黑洞”或“白洞”现象而影响车辆行驶安全。照明控制一般根据洞口光强检测值或人工设定的时序参数进行自动控制。但是在隧道发生火灾时，应与事件处理要求实现联动控制，为人员疏散和事件处理提供照明。

⑦ 情报信息的发布

隧道洞内外情报板和可变限速标志信息发布主要是配合隧道内事件的发生，及时向隧道内司乘人员和救助人员提供疏散路径、隧道环境状况等信息，以便及时掌握隧道内情况，配合应急部门处理应急事件。

3.3.2 地铁工程

近年来，我国城市轨道交通进入了快速发展阶段。目前全国多个城市的轨道交通建设规划获得国务院批复，在未来的20～30年中，我国将进入城市地下空间开发的高潮期，城市地下空间的安全建设已成为我国经济、社会和国家安全的重大需求。

城市地下工程现场环境条件复杂、施工难度大、技术要求高、工期长、对环境影响控制要求高，是一项相当复杂的高风险性系统工程。城市地下工程所赋存的岩土介质环境复杂，设计施工理论尚不完备，建设过程中带有很强的不确定性，而且，随着地下空间开发进程的推进，新建工程往往要近邻地下或地上的基础设施及结构物施工，必然会对其造成一定的影响，若控制不力，这种影响将造成重大安全事故。由此可见，城市地下工程建设存在很大的风险，工程建设中一旦发生工程事故，将造成巨大经济损失并造成严重的社会影响。

由于我国城市地下空间开发历史较短，经验不足，在建设中存在着一些不容忽视的问题和安全隐患，对潜在的技术风险缺乏必要的分析和论证，以及人们对客观规律的认识不足、管理不到位，北京、上海、南京及其他城市在地下工程建设过程中都出现过不同程度的安全事故，其中部分事故造成了重大经济损失，严重威胁城市的生产和生活，甚至造成了恶劣的社会影响。这些工程事故在留给人们惨痛教训的同时，也为我们鸣响了城市地下工程安全建设的警钟。

我国现阶段地铁建设的高速度也为地铁事故频发埋下了隐患。轨道交通工程建设参与各方处于超负荷工作状态，专业技术人员不足，管理力度不够，导致工程建设中出现了不少薄弱环节，尤其是在工程安全风险管理方面，造成了地铁工程建设非常严峻的安全形势。

在这种形势下，有必要对城市地下工程建设中出现的事故原因进行深入的分析，在明确事故原因的基础上，提出相应的控制对策，以有效降低安全事故的发生率。

1. 地铁工程事故分类

土木工程事故的分类方法很多，就地铁工程事故而言，事故的分类方法可以有以下四种。

按事故发生时间可以分为施工期事故和使用（运行）期事故。施工期的事故按发生因素又分为水患事故、地质因素事故及其他安全事故。使用（运行）期事故又分为脱轨翻车事故和地铁火灾两大类。按事故后果可以分为灾难性、极严重性、严重性、重大性和轻微性五种。

2. 地铁工程事故特征

事故会导致人员伤亡、财产损失，而且不同类型事故的表现形式千差万别，但大部分事故发生都具有以下基本特征：

(1) 关联性

事故的发生需要很多相互关联的因素共同作用。最常见的因素就是人的不安全行为、物的不安全状态以及安全经费的投入不足。

(2) 潜伏性

事故尚未发生或尚未造成后果的时候似乎一切都处于“正常”和“平静”状态。但是只要事故隐患没有消除，事故就会存在发生的可能，事故发生的时间、地点，造成的伤害等是很难预测的。

(3) 突发性

事故的发生往往具有突发性，因为事故是一种意外事件，是一种紧急情况，常常使人感到措手不及。由于事故发生很突然，所以一般不会有太多时间来仔细考虑如何处理事故，于是往往会忙中出乱而不能有效控制事故。

(4) 可预防性

事故的发生、发展都是有规律的，只要秉持严谨的态度，按照科学的方法进行分析并做好现场监测、风险评估、事故预警机制等有关预防工作，事故是完全可以预防的。对企业和施工人员来说，人们在生产生活过程中积累了相当多的安全知识和安全技能，只要积极学习并运用这些知识和技巧，就基本上能够确保生产的安全。通过有关职能部门有力的监管，采取行政、法律、经济的手段，人类完全能够有效防止或减少各类事故的发生。

3. 地铁工程事故的原因分析

国际隧道工程保险集团对施工现场发生安全事故原因的调查结果表明，地下工程发生事故原因是多方面的，其中，地质勘察不足占12%，设计失误占41%，施工失误占21%，缺乏信息沟通占8%，不可抗力占18%。地铁建设安全事故的原因，归结起来主要有以下几个方面：

(1) 内在原因

地铁一般都处在地下或高架桥的半封闭空间里，自身结构复杂，具有以下特性：隐蔽性大、作业循环性强、作业空间有限，而且动态施工过程中的力学状态是变化的，围岩的力学物理性质也在变化，作业环境恶劣。随着城市发展的需要，城市地下工程建设面临着开挖断面不断增大、结构形式日益复杂、结构埋深越来越浅的技术难题。地下工程，其跨度尺寸均达到10m甚至20m以上，而且结构复杂，施工中力学转换频繁。随着地下工程埋深的减小，施工对地面的影响越来越大，在超浅埋条件下，开挖影响的控制与开挖方式、施工工艺、支护方法等众多因素有关，是地下工程施工中极为复杂的问题。

(2) 环境原因

① 地质水文条件复杂。地铁工程属于精密岩土工程，其建设安全深受地质水文条件的复杂性和变异性的影响。由于地下工程的隐蔽性，地质构造、土体结构、节理裂隙特征与组合规律、地下水、地下空洞及其他不良地质体等在开挖之前很难被精细地判明；且城市地下工程埋深一般较浅，而表土层大多具有低强度、高含水率、高压缩性等不良工程特性，甚至有的土层呈流塑状态，不能承受荷载。大量的试验统计表明，岩土体的水文地质参数具有离散性、不确定性和很高的空间变异性。这几个复杂因素给城市地下工程建设带来了巨大的风险，也蕴含了导致地铁建设安全事故的深层因素。另外，水囊、空洞等不良地质体的存在也是引起施工过程中突发事故灾害的主要原因。因此，把握好工程所在地的地质水文资料是减少城市地下工程施工安全事故的根本前提。

② 城市地下管线错综复杂。城市地下管线的错综复杂是影响地铁工程建设安全的重要原因之一。隧道施工前对管线准确位置、现状等具体信息调查不详、资料欠缺，或者在未落实现场管线情况前就盲目施工等都容易引发施工安全隐患。管线的渗漏破裂对周围土层的密实性及稳定性产生了极大影响，促进了不良地质体的形成。一方面，管线长期泄漏在地层中形成水囊，或管线周围土体松散、填埋不实而产生较大空洞，在开挖卸载及水压力等作用下土体坍塌；另一方面，不良地质体也反作用于管线，恶化其支承条件，增大受力超限，增大变形破坏甚至断裂的安全风险。

③ 地层变形和围岩失稳。地层变形和围岩失稳是城市地铁工程建设环境风险的主要风险因子。主要表现为隧道施工引起地层扰动和失水，从而造成地层颗粒间结构的失稳，引起地层的破坏和变形。当地层变形传递到地下结构并与其发生作用，导致变形量增大，更容易造成结构破坏，甚至会出现伴生灾害和事故。地形变形对地下管线的破坏作用往往会使安全事故更加严重。

(3) 技术原因

① 设计理论尚不完善。因工程地质水文地质条件异常复杂，地下结构形式多样，地下结构体与其赋存的地层之间的相互作用关系至今仍不明确，使得目前的城市地下工程的设计规范、设计准则和标准均存在一定程度的不足，导致工程设计中所采用的力学计算模型及分析判断方法与实际施工存在一定的差异。因此，在设计阶段就可能孕育导致工程事故的风险因素。

② 施工单位的施工设备及操作技术水平参差不齐，施工企业安全文化缺乏、安全制度不落实、安全监管不力，施工组织结构和隶属关系复杂，一线操作人员安全技术差、安

全意识不强、缺乏建筑工地安全环境文化等是现在工程建设工程中存在的问题，也是安全管理的重大障碍。一线操作人员不了解或不熟悉安全规范和操作规程，又因缺乏管理，违章作业现象不能得到及时纠正和制止，事故隐患未能及时发现和整改是造成事故发生的重要原因。地铁工程施工技术方案与工艺流程复杂，不同的施工方法又有不同的适用条件，因此，同一个工程项目，不同单位进行施工可能会达到完全不同的施工效果。施工设备差、操作技术水平低的队伍在施工中更容易发生安全事故。

(4) 管理原因

① 施工管理水平。城市地铁工程与其他工程项目相比，会遇到更多更复杂的决策、管理、组织问题，安全事故隐患在施工现场无处不在。施工管理工作涉及地铁施工的各方面，若没有完善的管理制度、强大的监管力度，再加上施工人员疏忽麻痹，则极易引发事故。目前，地铁施工管理涉及的深层问题主要表现在大规模的建设使得施工经验丰富的技术人员相对紧缺而聘用经验不足的管理人员，从而引起管理上的盲区，使项目管理层及施工人员存有侥幸心理。

② 第三方的安全监督管理。在目前的安全监督工作中，仍不可避免地存在着某些形式主义。在实际的安全监督过程中，安监部门不但要对施工现场的安全状况进行检查，还应与安全管理的资料相对照，这样才能更深入地了解施工现场的安全情况。应该强调的是安全监督部门在施工过程的跟踪检查与管理过程中，应重视隐患治理，不能只着重于外在的一些安全表象，否则就无法达到预先诊断、超前控制的目的。

(5) 其他原因

① 低价中标对施工的不良影响。在建筑市场竞争日益激烈的情况下，承包商为了求生存、图发展，迫不得已压低标价甚至采取低于成本价方式竞标。中标企业为了追求利润，不惜偷工减料以降低工程成本，或以更低的价格进行分包，而分包单位又再次将工程分包给技术水平差的施工队伍。分包后，中标企业只管协调、收费和整理资料以便交工使用，施工由分包单位自行组织。分包单位为了抢工期和节约资金，便一切从简，施工组织设计只是为了投标而编制的，不是用于指导施工的。

② 挂靠施工的影响。“挂靠”工程的承包商多以追求最大利益为目的，要把一切非法的、不合理的费用从建设工程中扣回，唯一的办法就是降低工程成本、偷工减料、使用不合格材料、降低质量标准，而这些都有可能成为安全隐患。

③ 投资、工期等的影响。地铁建设单位资金不能按时到账也会在一定程度上影响施工安全，盲目地缩短工期是引发施工事故的重要原因之一。

本章小结

本章首先介绍地基与基础工程，重点分析了地基变形、不均匀沉降，影响地基承载力的原因以及相应处理方法，并对加固处理中出现的质量问题，做了全面系统地分析。桩基础工程，重点分析了成桩过程中容易发生的质量事故的共性原因及处理方法，并阐述了各种不利因素的相互作用。边坡工程重点分析了边坡失稳、塌方、深基坑支护结构位移整体失稳、降水排水不当等，使地基扰动，影响承载力。通过分析，要加深对地基基础工程施工过程中容易发生的质量事故及处理方法的理解。还简要分析地下空间（隧道、地铁）工程事故与处理。

思考与练习题

3-1 常见地基与基础工程质量事故分哪几类?
3-2 造成地基与基础工程质量事故的原因有哪些?
3-3 简述各种地基变形对上部结构造成的影响。
3-4 简述基础变形的特征、原因及处理方法。
3-5 简述地下水对工程的影响。
3-6 简述湿陷性黄土地基的处理方法。
3-7 简述软土地基常见的工程事故及处理方法。
3-8 简述膨胀土地基常见工程事故及处理方法。
3-9 简述沉井基础各种质量事故的原因及处理方法。
3-10 桩基事故按其性质可分为几类?
3-11 简述桩基事故常用的处理方法。
3-12 建筑物倾斜的原因是哪些?
3-13 建筑物纠斜应遵循什么原则?
3-14 什么情况下容易发生边坡滑坡事故?
3-15 预防边坡滑坡的主要措施有哪些?
3-16 边坡加固措施主要有哪些?
3-17 常见隧道工程事故分哪几类?
3-18 造成隧道工程事故的原因有哪些?
3-19 作为工程师，如何防范隧道事故的发生?
3-20 常见地铁工程事故分哪几类?
3-21 造成地铁工程事故的原因有哪些?
3-22 作为工程师，如何防范地铁工程质量事故的发生?

第 4 章　混凝土结构工程质量事故分析与处理

本章要点及学习目标

本章要点：

本章主要介绍了混凝土结构缺陷的表现形式、成因及处理方法；介绍了混凝土结构质量事故的成因，并举例说明；介绍了混凝土构件的主要加固方法。

学习目标：

理解混凝土结构缺陷的表现形式及成因，掌握混凝土结构缺陷的主要处理方法；掌握混凝土结构质量事故的成因；熟悉混凝土构件的主要加固方法。

钢筋混凝土结构是目前建筑领域应用最广泛的结构形式之一。钢筋混凝土结构可以充分发挥钢筋、混凝土两种材料各自的优点。混凝土的抗压强度较高，可塑性好、耐久性及耐腐蚀性也较好，其缺点是抗拉强度低，易开裂；钢筋的抗拉、抗压强度都很高，但受压时受截面尺寸及形状的影响，在未达到极限强度之前易失去稳定发生破坏，不能充分发挥出其强度高的优点，在正常环境下易锈蚀而影响结构或构件的耐久性。钢筋混凝土结构也存在混凝土材料成分复杂难控、工序多、工期长等缺点，常由于设计、施工、管理和使用不当造成工程质量事故，轻微时表现为开裂和表面缺损，严重时出现结构倒塌。

常见的混凝土结构质量事故包括混凝土结构的裂缝及表层缺陷，设计失误引起的事故，施工不良引起的事故，结构使用不当引起的事故等。

造成工程质量事故的主要原因是：违反基本建设程序，工程没有有效的监督机制；对国家规范理解、掌握有偏差，使建筑结构设计先天不足，存在质量事故隐患；施工过程管理混乱，随意性大，质量把关不严，直接影响工程质量。

对混凝土结构质量事故的分析处理，需要在对结构现状进行调查和分析的基础上，分析造成事故的原因，采取有针对性的措施进行处理。

4.1　混凝土结构的裂缝及表层缺陷

4.1.1　混凝土结构的裂缝及原因分析

混凝土的抗拉强度只有抗压强度的 1/17～1/8，极限拉应变很小，因而很容易开裂。普通钢筋混凝土结构常常是带裂缝工作的，但不可以产生超过规范允许的过长、过宽裂缝。许多混凝土结构在发生重大事故之前，往往有裂缝出现并不断发展，应特别注意。

钢筋混凝土结构中产生裂缝的现象常见于受弯、受拉等构件中，以及预应力钢筋混凝土构件的某些部位。按其产生的原因和性质，将裂缝分为荷载裂缝、温度裂缝、干缩裂缝、张拉裂缝和腐蚀裂缝等。裂缝产生的原因不同，其表现形态及特征也不同，一些常见裂缝的形态如图 4-1 所示。

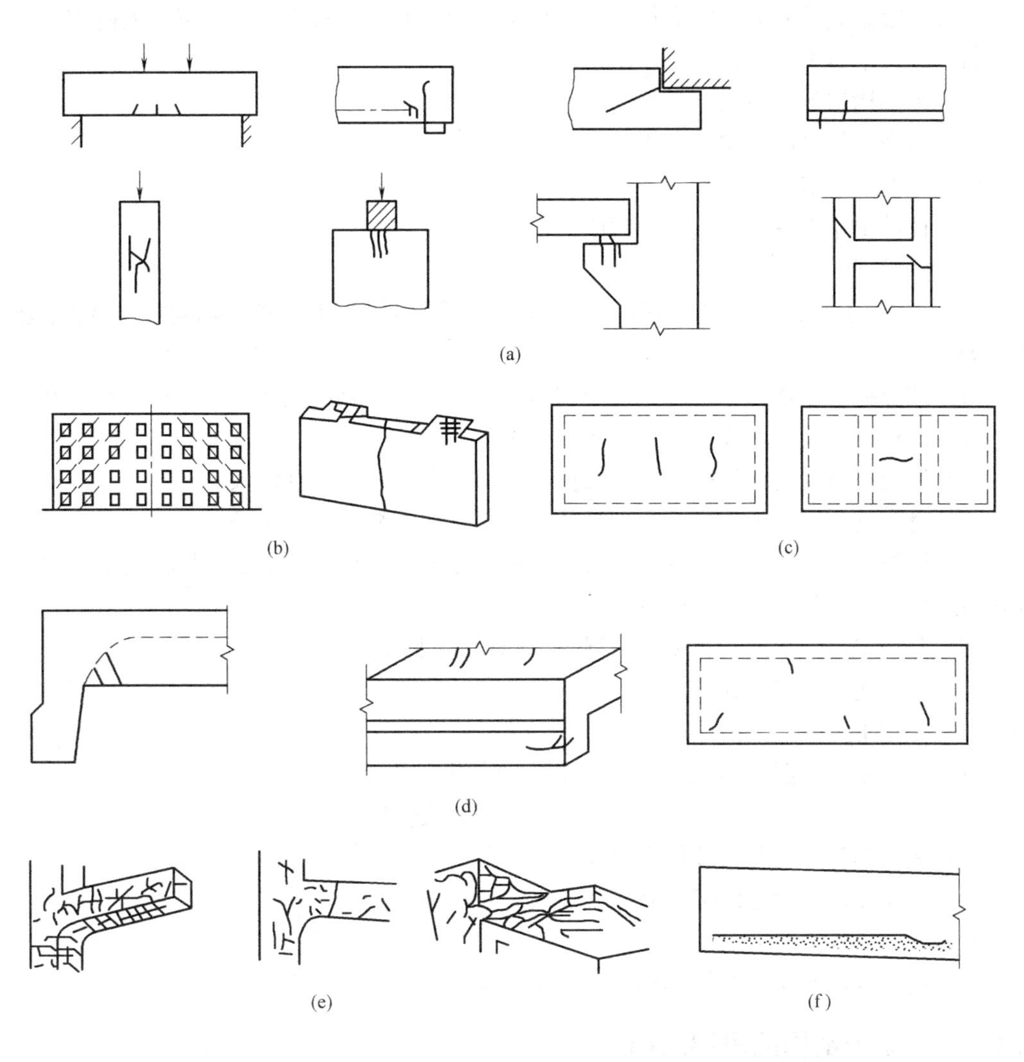

图 4-1 常见裂缝的形态

(a) 受力过大、应力集中等引起的裂缝；(b) 温度变化引起的裂缝；(c) 混凝土收缩引起的裂缝；(d) 预拉应力引起的裂缝；(e) 火灾引起的裂缝；(f) 钢筋锈蚀引起的裂缝

在事故分析与处理时，常按混凝土裂缝产生的阶段和原因分类，有材料因素、设计因素、施工因素、环境因素、使用因素等。

1. 材料方面

混凝土材料来源广阔，成分复杂，很难保证材料具有稳定的性能，如：

(1) 水泥水化导致的体积收缩，水泥水化热引起的热胀冷缩。

(2) 混凝土拌合物的泌水和沉降。

(3) 混凝土配合比不当，外加剂使用不当。

(4) 砂石含泥或其他有害杂质超过规定，骨料中有碱性骨料或已风化的骨料。

（5）混凝土养护不当引起的失水收缩，也称“干缩”。

2. 设计方面

如设计者失误导致的计算错误。另外，混凝土结构裂缝的计算理论是不完善的，很多时候防裂、限制裂缝开展只能靠构造措施保证，而且其中有很多问题还待深入研究。

（1）设计承载力不足。

（2）细部构造处理不当。

（3）构件计算简图与实际受力情况不符。

（4）局部承压能力不足。

（5）设计中未考虑某些重要的次应力作用。

3. 施工方面

混凝土结构施工工序多，制作工期较长，任何环节出了差错都可能导致开裂事故，如：

（1）外加掺合剂拌合不均匀，搅拌和运输时间过长，泵送混凝土加入过量水泥和水。

（2）浇筑顺序失误，浇筑速度过快，振捣不实。

（3）混凝土终凝前钢筋被扰动，保护层太薄，箍筋外只有水泥浆。

（4）滑模施工时工艺不当，施工缝处理不当，施工缝位置不正确。

（5）模板支撑下沉，模板变形过大，模板拼接不严以致漏浆漏水，拆模过早，混凝土硬化前受振动或达到预定强度前过早受载。

（6）养护差以致早期失水太多，混凝土养护初期受冻。

（7）构件运输、吊装或堆放不当。

4. 环境和使用方面

（1）环境温度与湿度的急剧变化，冻胀、冻融作用。

（2）钢筋锈蚀，锚具（锚头）失效，腐蚀性介质作用。

（3）使用超载，反复荷载作用引起疲劳。

（4）振动作用，地基沉降，高温（及火灾）作用。

5. 其他各种原因

如火灾、地震作用、燃气爆炸、撞击作用等。

4.1.2 混凝土结构的表层缺损

混凝土的表层缺损是混凝土质量通病之一。在施工或使用过程中产生的表层缺损有蜂窝、麻面、小孔洞、缺棱掉角、露筋、表皮酥松等。这些缺损影响观瞻，使人产生不安全感；缺损也影响结构的耐久性，增加维修费用。当然，严重的缺损会降低结构承载力，引发事故。现将常见原因分析如下：

（1）蜂窝。混凝土配合比不合理，砂浆少而石子多；模板不严密，漏浆；振捣不充分，混凝土不密实；混凝土搅拌不均匀，或浇筑过程中有离析现象等，使得混凝土局部出现空隙，石子间无砂浆，形成蜂窝状的小孔洞。

（2）麻面。模板未湿润，吸水过多；模板拼接不严，缝隙间漏浆；振捣不充分，混凝土中气泡未排尽；模板表面处理不好，拆模时粘模严重，致使部分混凝土面层剥落，混凝土表面粗糙，或有许多分散的小凹坑。

（3）露筋。由于钢筋垫块移位，或者少放或漏放保证混凝土保护层的垫块，钢筋与模板无间隙；钢筋过密，混凝土浇筑不进去；模板漏浆过多等，致使钢筋外表面没有砂浆包裹而外露。

（4）缺棱掉角。常由构件棱角处脱水，与模板粘结过牢，养护不够，强度不足，早期受碰撞等原因引起。

（5）表层酥松。混凝土养护时表面脱水，或在硬化过程中受冻，或受高温烘烤等原因引起混凝土表层酥松。

4.1.3 裂缝及表层破损的修补

当裂缝及表层缺损对承载力无影响或影响很小时，可以修补。其主要目的是使建筑外观完好，并防止风化、腐蚀、钢筋锈蚀及缺损的进一步发展，提高建筑的耐久性。常用的修补方法有以下几种：

1. 抹面层

若混凝土表面只有小的麻面及掉皮，可以用抹纯水泥浆的方法抹平。抹水泥浆前应用钢丝刷刷去混凝土表面的浮渣，并用压力水冲洗干净。

若混凝土表层有蜂窝、露筋、小的缺棱掉角、不深的表面酥松、表面微细裂缝，则可用抹水泥砂浆的方法修补。抹水泥砂浆之前应做好基层清理工作。对缺棱掉角，应检查是否还有松动部分，如有，则应轻轻敲掉。对蜂窝，应把松动部分、酥松部分凿掉。因冻、高温、腐蚀而酥松的表层均应刮去，然后用压力水冲洗干净，涂上一层纯水泥浆或其他粘结性好的涂料，再用水泥砂浆填实抹平。修补后要注意湿润养护，以保证修补质量。

2. 填缝法

对于数量少但较宽大的裂缝（缝宽大于 0.5mm）或因钢筋锈胀使混凝土顺筋剥落而形成的裂缝可用填缝法。常用的填缝材料有环氧树脂、环氧砂浆、聚合物水泥砂浆、水泥砂浆等。填充前，沿缝凿宽成槽，槽的形状有 V 形、U 形及梯形等，如图 4-2 所示。对于防渗漏要求高的可加一层防水油膏。对锈胀缝，应凿到露出钢筋，除锈干净，再涂上防锈涂料。为了增加填充料和混凝土界面间的粘结力，填缝前可在槽面涂上一层环氧树脂浆液。

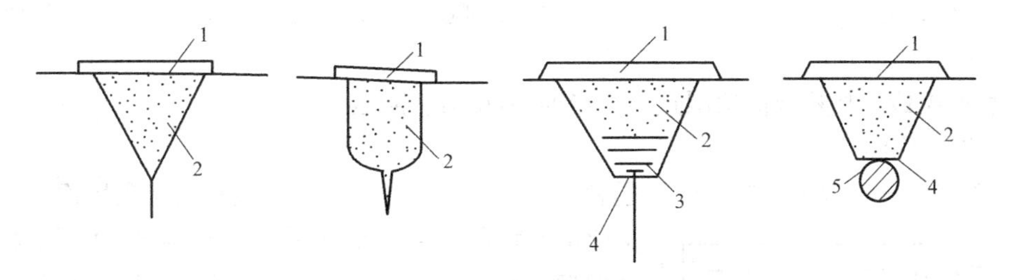

图 4-2　凿槽填充法修补裂缝

1—环氧涂料；2—环氧砂浆（或聚合物砂浆等）；3—防水油膏；4—水泥浆；5—防锈涂料

3. 灌浆法

对裂缝宽大于等于 0.3mm、深度较深的裂缝，可用灌浆法修补。灌浆法是把各种封缝浆液（树脂浆液、水泥浆液或聚合物水泥浆液）用压力方法注入裂缝深部，以加强和提高构件的整体性、防水性及耐久性。压力灌浆的浆液要求可灌性好、粘结力强。缝细的常用树脂类浆液，对缝宽大于 2mm 的缝，也可用水泥类浆液。

环氧树脂浆液可灌入裂缝的宽度为 0.1mm，粘结强度达 1.2～2.0MPa。甲基丙烯酸醋类浆液可灌入裂缝的宽度为 0.05 mm，其粘结强度可达 1.2～2.2MPa。

其他修补方法：如孔洞较大时，可用小豆石混凝土填实；对表面积较大的混凝土表面缺损，可用喷射混凝土等方法。

4.2 混凝土结构质量事故分析

4.2.1 设计失误引起的事故

混凝土结构在设计方面引发事故的主要原因有以下几个方面：

(1) 因设计方案欠妥引起的事故（见案例 4-1)。如房屋长度过长而未按规定设置伸缩缝；把基础置于持力层承载力相差很大的两种或多种土层上而未妥善处理；房屋体型不对称，重量分布不均匀；主次梁支承受力不明确，工业厂房或大空间采用轻屋架而未设置必要的支撑；受动力作用的结构与振源振动频率相近而未采取措施；结构整体稳定性不够等。

(2) 设计计算失误（见案例 4-2、案例 4-3)。因任务急、时间紧，计算和绘图错误而又未认真校对；荷载漏算或少算；采用标准图后未结合实际情况复核，有的甚至认为原有设计有安全储备而任意减小断面，有的少配钢筋或降低材料强度等级；所遇问题比较复杂，而作了不妥当的简化；盲目相信电算，因输入有误或与编制程序的假定不符导致输出结果并不正确；设计时所取可靠度不足或偏低等。

(3) 对突发事故缺少二次防御能力。我国有关规范规定当有突发性事件发生时，允许结构发生局部破坏，但应保持在一段时间内不发生连续倒塌，能保持结构的整体稳定性。这一方面的规定往往为设计人员所忽略。

(4) 对于结构构造细节处置不当（见案例 4-4)。有些设计人员重计算、轻构造，认为构造处理不是很重要，因而未精心设计。如大梁下未设置梁垫，预埋件设置不当，钢筋锚固长度不够，节点设计不合理等。

(5) 与其他工种（如建筑水、暖、电等）配合不好，有些变动不协调，造成设计错误。

【案例 4-1】 某复合框架因选型不当而引起裂缝事故

1. 事故概况

某学校综合教学楼共二层，一层和二层均为阶梯教室，顶层设计为上人屋面，可作为文化活动场所。主体结构采用三跨共计 14.4m 宽的复合框架结构，如图 4-3 所示。屋面为 120mm 现浇钢筋混凝土梁板结构，双层防水并做水磨石顶面。楼面为现浇钢筋混凝土大梁，铺设 80mm 的钢筋混凝土平板，水磨石地面，下为轻钢龙骨、吸音石膏吊顶。在施工过程中拆除框架模板时发现复合框架有多处裂缝，且劣化很快，因对结构安全造成危害，被迫停工检查。

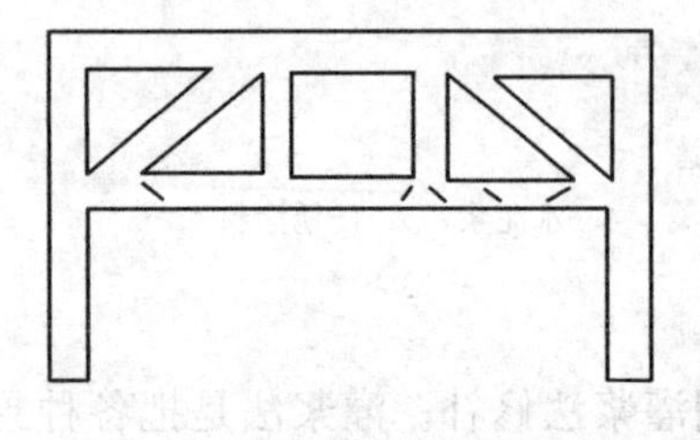

图 4-3 复合框架裂缝示意图

2. 事故分析

事故分析认为，造成这次事故的主要原因是选型不当，框架受力不明确。按框架计算，构件横梁杆件主要受弯曲作用，但本框架两侧加了两个斜向杆，斜杆将对横梁产生不利的拉伸作用。在具体计算时，因无类似的结构计算程序可供选用，而简单地将中间竖杆作为横向杆的支座，横梁按三跨连续梁计算，实际却因节点处理不当和竖杆刚性不够而有较大的弹性变形，斜杆向外的扩展作用明显。按刚性支承的连续梁计算，而选择截面偏小，弯矩分布也与实际结构受力不符，加上两端拉伸的不利作用，下弦横梁就出现了严重的裂缝。由于本楼为大开间教室，使用人数集中，安全度要求高一些，而结构在未使用时就严重开裂，显然不宜使用，研究后决定加固。加固方案不考虑原结构承载力，采用与原结构平行的钢桁架代替上部结构，基础及柱子也相应加固，虽然加固及时未造成人员伤亡，但加固费用大，经济损失严重。

【案例 4-2】 人字形折梁按拱计算而倒塌的事故

1. 事故概况

某库房为单层结构，跨度 10m，长 24.5m，采用砖墙承重，屋面采用人字形折梁（原意为采用人字屋架，实无下弦），折梁间距 3.5m，在折梁上搁置预应力钢筋混凝土檩条，每米放 3 根，共 30 根，檩条上铺 85cm×60cm×5cm 的预制平板。库房的平剖面示意图及屋架梁配筋如图 4-4 所示，在屋架梁中均匀配置 8 ϕ 18 的钢筋，采用 C20 混凝土。当铺完屋面，拆除折梁的模板及支撑时，屋盖倒塌。

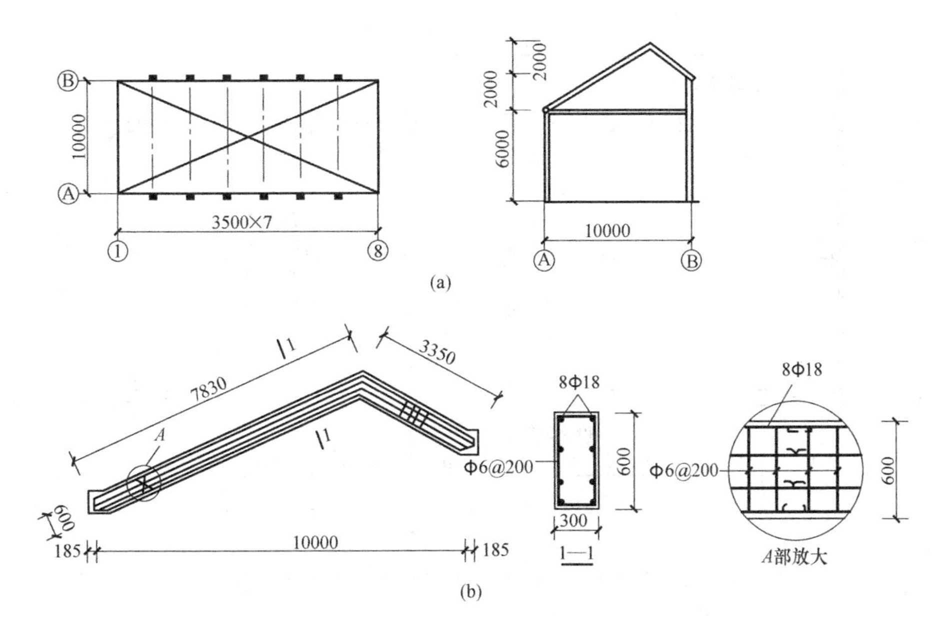

图 4-4 某单层库房平剖面示意图及屋面梁配筋

（a）平、剖面示意图；（b）屋面梁配筋图

2. 事故分析

设计者原意采用轴心受压的人字形拱屋架，故钢筋沿周边均匀布置。实际上，该结构虽然形式上像拱，但下弦既无拉杆，两端也没有抗推力结构，事实上形成了一个折线形斜梁。按斜梁计算，则强度严重不足。计算复核如下：

C20 混凝土的抗压强度设计值 $f_c=9.6\text{N/mm}^2$；因混凝土强度等级低于 C25，保护层厚度取 25mm，假定受拉钢筋为 6 Φ 18，$A_s=1527\text{mm}^2$，$f_y=210\text{N/mm}^2$。$h_0=600-(25+9+133)=433\text{mm}$。

由 $a_1f_cbx+f'_yA'_s=f_yA_s$ 得

$$x=\frac{f_yA_s-f'_yA'_s}{a_1f_cb}=\frac{210\times1527-210\times509}{1\times9.6\times300}=74.2\text{mm}>2a'_s=50\text{mm}$$

证明假设三排钢筋受拉是正确的。结构实际能承受的极限弯矩为：

$$M_u=f_yA_s(h_0-x/2)=210\times1527\times(433-74.2/2)=126.95\text{kN}\cdot\text{m}$$

而设计弯矩 $M=189.3\text{kN}\cdot\text{m}$。即使不计使用活载，按施工时的恒载及实际施工荷重计算，其施工弯矩为 $M_{实}=149.1\text{kN}\cdot\text{m}$。可见，折梁的承载力严重不足，加上折梁曲折处受拉筋沿受拉边顺放，在弯折处对受拉力极为不利，这是规范所不允许的。折梁承载力不足，构造又不合理，屋盖的塌落不可避免。

【案例 4-3】 设计失误导致综合楼变成危房的事故

1. 事故概况

四川省某县烟草公司综合楼为底层框架的五层砖混结构工程，底层为仓库，层高为 5.4m；二～五层为两单元的单元宿舍，层高均为 3.0m。底层总长 26.3m，总宽 9.0m，建筑面积 1135m²。在住户入住及仓库投入使用后，陆续发现墙体及二层楼盖框架梁出现裂缝。由于裂缝数量较多和裂缝宽度较大，引起住户恐慌，被迫搬出，停止使用该房。

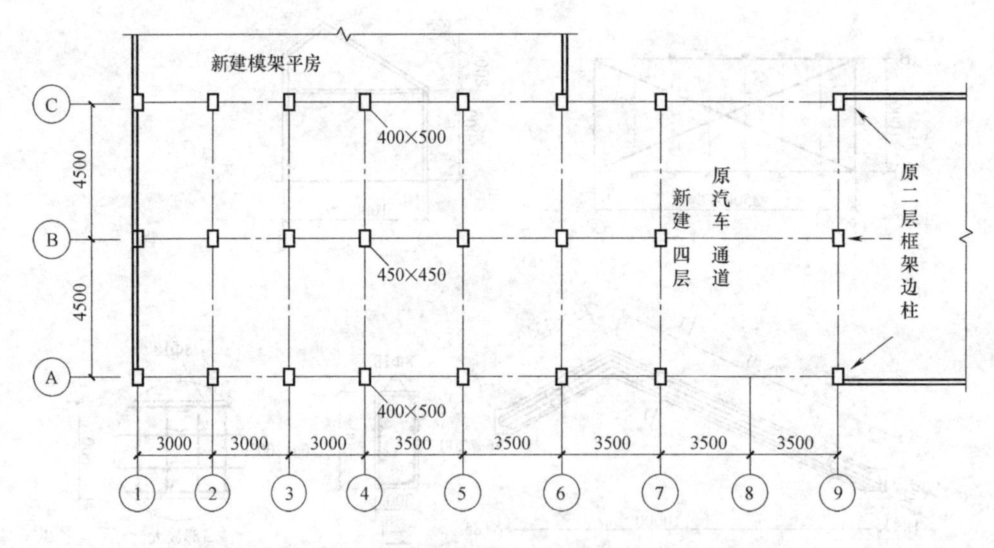

图 4-5 综合楼底层平面及与其他工程关系的示意图

2. 事故分析

经现场检查和结构验算分析，该工程事故的主要原因系结构设计错误、计算失误引起的。

(1) 结构设计失误

该工程一～三层的⑨轴山墙，为原卷烟仓库的山墙。卷烟仓库为二层框架结构，始建于 1987 年；⑦～⑨轴的底层，为 1988 年建成的一单层汽车通道，此通道也与卷烟仓库连为一个整体。

新建五层综合楼长26.5m，原有的卷烟仓库长28m，包括汽车通道在内，三者形成一幢总长54.5m的混杂结构工程，上部结构和地基基础受力复杂，这属于结构设计错误，是设计单位过分迁就建设方要求的结果。

因对汽车通道未进行必要的结构复核，在上面增加了四层楼的荷载，致使工程完工后，汽车通道的钢筋混凝土梁即出现严重的受力裂缝，不得不立即采取了结构加固措施。

结构方案处置失误，新、老基础沉降的差异，是导致⑦～⑨轴墙体开裂的基本原因，使用早期收缩值、线胀系数均较大的灰砂砖砌筑墙体和太阳西晒则加剧了该部位墙体裂缝的发展。

（2）其他设计问题

1）紧贴⑨轴山墙，分别在第二层和第三层楼盖处各设一根钢筋混凝土连续梁，以支撑预制空心楼板。这一措施使⑧～⑨轴间的Ⓐ、Ⓑ、Ⓒ轴自承重墙变为承重墙。其中Ⓐ、Ⓒ轴墙段，开有门窗洞口，墙垛面积很小，为240mm×620mm，且墙垛与山墙之间缺乏拉结措施，形成高达6m的纵向通缝，墙垛的稳定性较差。这一点仅从构造要求出发也是欠妥的。

2）该工程二层以上为两个单元的宿舍楼，设有2.4m宽的两个楼梯间，其中仅一个楼梯间通至底层。底层和相邻的二层仓库均为卷烟仓库，一旦发生火灾，不利于人员的安全疏散。

上部砖混结构墙体布置欠妥，两个楼梯间的四道承重横墙，其荷载通过二层楼盖的梁传至Ⓐ轴、Ⓑ轴的纵向连系梁上，然后再传至框架柱，传力体系复杂。

3）屋盖处的预制板不满足安全使用要求。设计选用的预制板为原“西南J211”标准图集中的3级板，允许外加荷载标准值为3.0kN/m^2。按设计图和实际情况计算，外加荷载标准值为5.1kN/m^2，超载约70%。故该屋盖存在严重安全隐患。

【案例4-4】 现浇梁柱铰接处理不妥引起裂缝、破损事故

1. 事故概况

某厂房横梁与柱铰接。处理方法如图4-6（a）所示，符合通常做法。但投入使用后，在铰接点附近发生裂缝与局部破坏。

2. 事故分析

钢筋X形原意是只能承受水平力而不能承受弯矩，从而实现“铰”的功能。但实际上，这种做法有相当程度的嵌固作用。当两边柱子有不均匀沉降时，节点处梁端产生一角变位，使锚筋受拉，梁端面与柱混凝土接触面受压而形成抵抗力矩。若这种弯矩过大，则会使节点处开裂，甚至局部破坏。

当要求铰接的条件较高时，可改进节点做法，如图4-6（b）所示。这两种节点做法更接近理想铰接的形式，构造也较简单，施工也很方便。梁柱间的间隙可视具体情况及梁、柱尺寸的大小而定。

4.2.2 施工不当引起的事故

钢筋混凝土工程使用的材料多种多样，施工工序多，工期长，任何一个环节出了问题就可能引起质量事故。从已有质量事故的统计来看，施工管理不善、施工质量不高引起的

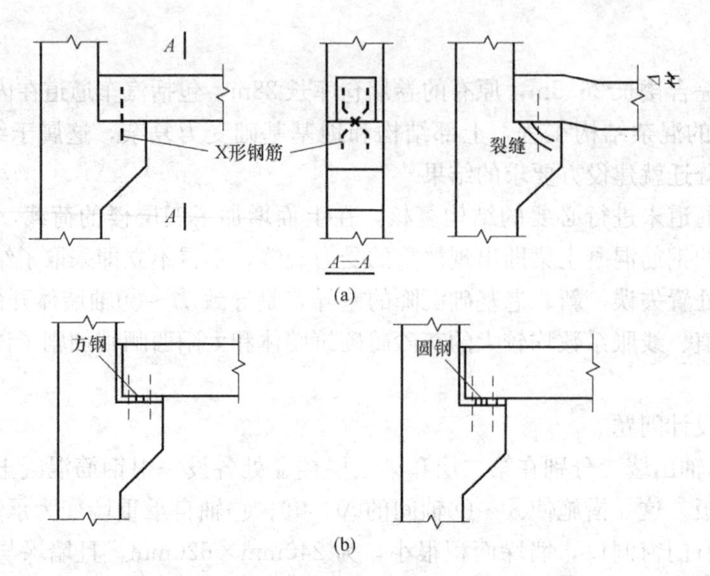

图 4-6 节点构造

(a) 常规做法；(b) 改进做法

事故率是比较高的。从施工管理方面分析，引起事故的原因是多方面的。

1. 建筑业管理方面的原因

(1) 不按图施工，甚至无图施工。这在中小城市或一些小型建筑中常见。以为建筑不大，任意画一草图就施工。有些工程因领导意图要限期完工，往往未出图就施工。有时虽有图，但施工人员怕麻烦，或未领会设计意图就擅自更改。

(2) 施工人员误认为设计留有很大的安全度，少用一些材料，房屋也塌不了，因而故意偷工减料。

(3) 建筑市场不规范，名义上由有执照或资质证书的施工单位承包施工，实际上层层转包，直接施工的施工人员技术低，素质差，有的根本无相关职业资格证书。

(4) 进场建筑材料质量把关不严。有时为利润驱动，选择价格便宜的材料，根本不顾质量。材料质量不行，建筑工程质量就难以保证。

(5) 不遵守操作规程，质检人员检查不力，马虎签章，留下隐患。

(6) 不按基本建设程序办事，未经有关部门批准，擅自开工，往往无设计先施工，未勘测先设计，抢工期，不讲质量。

2. 施工管理和技术方面的原因

(1) 模板问题

模板要求坚固、严密、平整、内面光滑。常见问题有：①强度不足或整体稳定性差引起塌模；②刚度不足、变形过大造成混凝土构件歪扭；③木模板未刨平，钢模未校正，拼缝不严，引起漏浆，造成混凝土蜂窝、麻面、孔洞等缺陷；④模板内部不平整、不光滑或未用脱模剂，拆模时与混凝土粘结，硬撬拆模，造成脱皮、缺棱掉角；⑤混凝土未达需要的强度，过早拆模，引起混凝土构件破坏。

(2) 钢筋问题

钢筋是钢筋混凝土结构中的主要受力材料，一定要注意施工质量。常见问题有：①钢筋露天堆放，雨水浸泡后锈蚀严重，使用前未除锈；②钢材质量问题，有时只注意强度满足要求，伸长率、冷弯不合格，或硫、磷含量过高，影响成型、加工（尤其是焊接）质量；③钢筋错位，施工人员不熟悉图样或看错图样而放错；④图下料省事，不按规范要求，而使梁、柱在同一截面的接头率超过规范允许值；⑤接头不牢，主要是绑扎松扣或焊接虚焊、漏焊；⑥悬挑构件的主筋放反了，或在施工中被压错位；⑦预埋件放置不当。

（3）混凝土施工问题

混凝土在钢筋混凝土结构中主要承受压力，施工质量出现问题的后果严重，比较常见的问题有：

1）配制混凝土配合比不准，或不按配合比设计配料，尤其是操作人员为了增加流动性而多加水；为节省工本而偷工减料，少加水泥，减小面积；骨料质量把关不严；使用过期水泥；搅拌混凝土搁置时间过久，超过初凝时间才浇筑，使混凝土质量达不到要求，导致承载力不足引起事故。

2）振捣不实。不论用何种方法振捣新浇筑的混凝土，如果振捣不实，均会引起蜂窝、麻面、露筋、孔洞等毛病。对于水胶比较小的干硬性混凝土，钢筋布置紧密的部位及边角之处更应注意振捣。

3）浇筑顺序不当。有些混凝土结构在浇筑过程中容易使模板产生不利变形，应按规定顺序浇筑。一些大面积、大体积混凝土容易因收缩而产生裂缝，要按规定留好施工缝。

4）养护问题。混凝土浇筑完毕后要细心养护，保持必要的温湿度。在混凝土强度不足时过早拆模也易引起事故。夏季要防止过早失水，保持湿润；冬季要防止受冻害。

3. 预应力施工问题

预应力混凝土已有广泛的应用，其中先张法大多用于中小型标准构件；后张法用于大中型构件；无粘结预应力多数用于高层建筑结构的楼盖结构。预应力混凝土工程对材料要求高，对施工工序要求严，如果施工不当，就可能造成质量事故。

预应力混凝土工程常见的质量事故有预应力筋和锚夹具事故，预应力构件裂缝、变形事故，预应力筋张拉事故和构件制作质量事故。

（1）预应力筋事故特征：强度不足；钢筋冷弯性能不良；冷拉钢筋的伸长率不合格；钢筋锈蚀；钢丝表面损伤；下料长度不准；钢筋（丝）墩头不合格；穿筋时发生交叉，导致锚固端处理困难等。

（2）预应力筋用锚夹具质量事故特征：螺纹端杆断裂；螺纹端杆变形；钢丝（筋）束墩头强度低；锚环断裂；锚具内夹片碎裂；锚具加工精度差，导致预应力筋内缩量大，钢筋（绞线）滑脱等。

（3）构件制作质量事故特征：先张钢丝滑动、先张构件翘曲、先张构件刚度差；后张孔道塌陷、堵塞，孔道灌浆不实，后张构件张拉后弯曲变形，无粘结预应力混凝土摩阻损失大，张拉伸长值不符等。

（4）预应力钢筋张拉质量事故特征：张拉应力失控、钢筋伸长值不符合规定、张拉应力导致混凝土构件开裂或破坏、放张时钢筋（丝）滑移等。

（5）预应力构件裂缝变形质量事故特征：锚固区裂缝、端面裂缝、支座竖向裂缝、屋架上弦裂缝等。

4.2.2.1 由混凝土引起的事故

【案例 4-5】 浇筑质量差引起的框架柱蜂窝和露筋事故

1. 事故概况

某影剧院观众厅看台为框架结构，有柱子 14 根，其剖面及断面如图 4-7 所示。底层柱从基础顶起到一层大梁止，高 7.5m，断面为 740mm×740mm。混凝土浇筑后，拆模时发现 13 根柱有严重的蜂窝、麻面和露筋现象，特别是在地面以上 1m 处尤为严重。

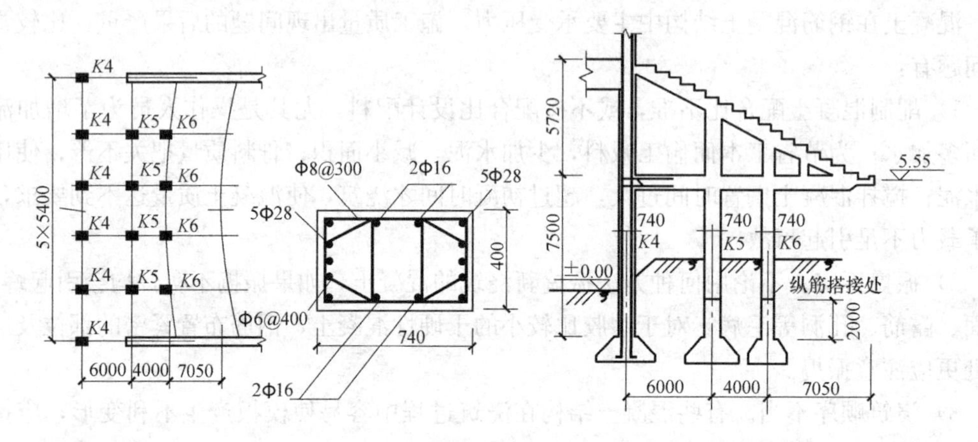

图 4-7 某影剧院看台结构

2. 事故分析

经调查分析，引起这一质量事故的原因有以下几点：

(1) 配合比控制不严。混凝土水灰比、坍落度等控制不严，特别是水灰比。

(2) 浇筑高度超高。规范规定：混凝土自由倾落高度不宜超过 2m；柱子分段浇筑高度不应大于 3.5m。该工程柱高 7m，施工时柱子模板上未留浇筑的洞口，混凝土从 7m 高处倒下，也未用串筒或溜管等设备，一倾到底，这样势必造成混凝土的离析，从而易造成振捣不密实与露筋。

(3) 每次浇筑混凝土的厚度太厚。该工程施工时没有机械振捣设备（如振捣器等），仅用 2.5cm×4cm×600cm 的木杆捣固。这种情况，每次浇筑厚度不应超过 200mm，且要随灌随捣，捣固要捣过两层交界处，才能保证捣固密实。但施工时，以一车混凝土为准作为一层捣固，这样每层厚达 400mm，超过规定一倍，加上捣固马虎，出现蜂窝麻面是不可避免的。

(4) 柱子中钢筋搭接处钢筋配置太密。该工程从基础顶面往上 1～2m 间为钢筋接头区域，搭接长度 1m 左右。搭接区内，在同一断面的某一边上有 6～8 根钢筋，钢筋的间距只有 30～37.5mm，而规范要求柱内纵筋间距不应小于 50mm。加上施工时钢筋分布不均匀，许多露筋处钢筋间距只有 10mm，有的甚至筋碰筋，一点间隙也没有，这样必然造成露筋等质量问题。

综上分析，事故主要原因是施工人员责任心不强，违反操作规程，混凝土配合比控制不严，浇筑高度超高，一次浇筑捣固层过厚，接头处钢筋过密而又未采取特殊措施等。

对此事故采取如下补强加固措施：将蜂窝、孔洞附近酥松的混凝土全部凿掉；用水将蜂窝、孔洞处混凝土湿润；在要补填混凝土的洞口附近支模，上边留出喇叭口以便浇筑；

将混凝土强度提高一级并加入早强剂，或掺入微膨胀剂，将洞口浇捣填实；保持湿润 14 昼夜后拆模，将多余混凝土凿去，磨平。

【案例 4-6】 因混凝土外加剂使用不当引起的事故

1. 事故概况

广州某一高楼 28 层，框架剪力墙结构，采用泵送混凝土现浇梁柱及楼板。基础为钻孔灌注桩。在浇筑第三层楼板时，泵送混凝土发生了堵管，眼看事故要扩大，不得不紧急停工，检查原因。

2. 事故分析

堵管问题往往是由于水泥不合格、配合比不当或外加剂使用不当造成的。从水泥抽样检验来看，各项指标完全符合标准，配合比也严格按试配后确定的比例配合。堵管的原因只有从外加剂上去找，外加剂采用的是木钙粉，在工程中应用广泛，应无问题。最后由对水泥成分进行 X 射线分析，证实水泥中含有大量的硬石膏 $CaSO_4$。

木钙粉的主要成分为木质素磺酸钙及其衍生物，是利用生产化纤或纸浆的下脚料经提取酒精后的酒精废液，经石灰、硫酸处理后喷雾干燥而成。它易溶于水，对水泥颗粒有明显的分散作用，掺入量合适时，不仅使混凝土流动度大为改善，且能够提高混凝土强度。但木钙类减水剂易与硬石膏产生不良反应，严重时可引起工程事故。因为普通水泥熟料矿物中水化反应速度最快的铝酸三钙，它的优点是硬化快，早期强度高，但它的存在使水泥凝结过快，施工不便，为此，一般加入二水石膏（$CaSO_4 \cdot 2H_2O$），起缓凝作用，但是有些水泥生产厂家采用硬石膏（$CaSO_4$）作缓凝剂。因为木钙的原料中除含有木质素外，还有其他成分。尤其是经石灰和硫酸处理后，产品是从分离出硫酸钙沉淀的滤液中喷雾干燥而得，硬石膏（$CaSO_4$）在木钙溶液中是不溶的，因而它不能参加铝酸三钙的水化过程，即其缓凝作用不能发挥。在泵送过程中便过早凝结而引起堵管。于是确定原因为硬石膏与木钙作用产生的假凝现象造成的。

事故原因弄清楚后，改用其他类型的减水剂，泵送混凝土恢复正常，工程顺利进行。

【案例 4-7】 因干燥热风而引起混凝土楼盖大面积开裂

1. 事故概况

某九层办公楼为现浇混凝土框架结构，每层面积 $863m^2$。每浇筑完一层楼盖的混凝土后，盖草帘浇水养护。在主体结构基本完成，养护 28d 后，拆除底模。在去掉草帘时发现第三层楼盖布满了不规则裂缝，大多数裂缝宽0.05～0.5mm，有的裂缝已上下贯通，如图 4-8 所示。但其余楼层均无裂缝。

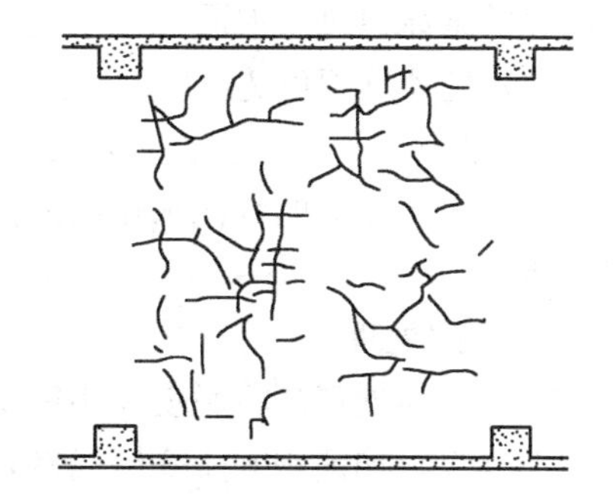

图 4-8 楼板上典型的裂缝

2. 事故分析

从裂缝形态及分布上看可排除荷载裂缝和温度裂缝。最大可能是混凝土干缩裂缝。那么为什么其余各层没有此类裂缝呢？进一步检查发现，第三层施工时气温高达 30℃，相对湿度不到 40%，而且当日有七、八级大风，风速达 12～18m/s。如此干燥的天气加上热风猛吹，混凝土的干缩比一般情况下可增大 4～5 倍，可使混凝土在浇筑后立即开裂。因而尽管浇筑后也按一般情况盖上草帘，但浇水不足，热风一吹，很快蒸发掉了。混凝土硬化期间温度高，湿度极小，引起剧烈收缩，从而造成裂缝事故。

经钻芯及用回弹仪检测，混凝土强度平均降低15%，裂缝已停止发展，补强后尚可应用，故采用灌浆封闭裂缝，上铺一层ϕ6@200的钢筋网，浇筑30mm的豆石混凝土的补救方案。

【案例4-8】 混凝土受冻害事故

1. 事故概况

某综合厂房，五层砖混结构，砖墙承重，现浇钢筋混凝土楼盖。在浇筑混凝土时正值冬季（日间气温0～5℃）。但施工队缺乏冬期施工措施，在拆模后发现冻害严重。具体表现在：①板面混凝土层剥落。板面酥松，用铁器或木板刮擦时，表层纷纷剥落，有的外露石子，用手可以抠动，结构酥松。②混凝土强度严重不足。原设计混凝土为C25，实测强度大都只达到C10，个别甚至更低。③表面裂缝遍布，如图4-9所示。

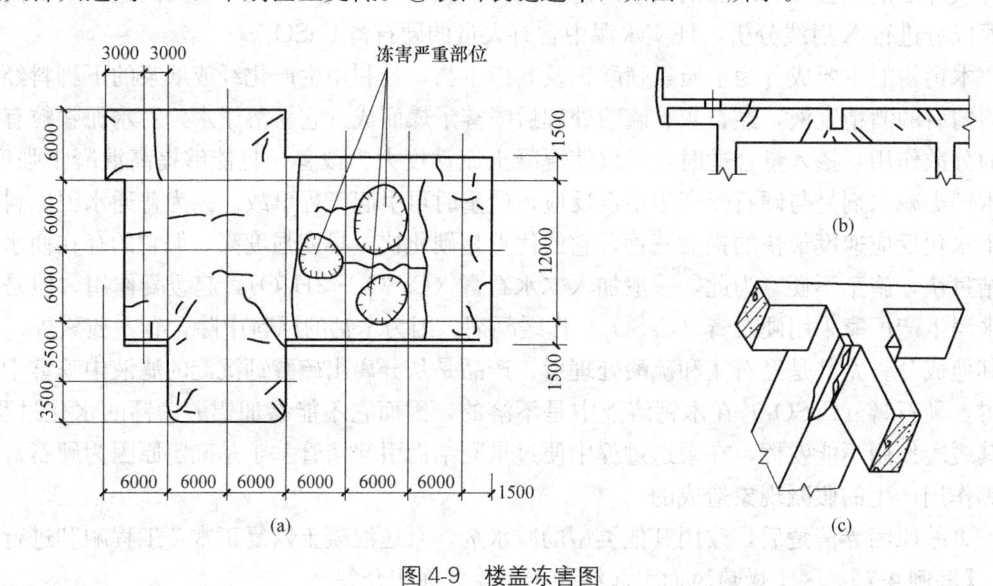

图4-9 楼盖冻害图

(a) 裂缝分布及冻害严重部位；(b) 梁上裂缝；(c) 柱端头的裂缝

2. 事故分析

事故原因显然是混凝土在凝结硬化过程中受了冻害。从取样混凝土中发现，骨料表面有明显的结冰痕迹。混凝土的水化反应随着温度的降低而减弱，水结冰则水化反应完全停止。纯水的冰冻温度为0℃，但在混凝土拌合物中总有一些溶解物质，水的结冰温度要低于0℃，为−1～−4℃。在低温环境中浇筑混凝土，由于混凝土在硬化前受冻，水化反应很弱，同时新形成的水泥水化物的强度很低，水结冰冻胀时，内部结构遭到破坏，因而强度严重不足。

3. 事故处理

(1) 板面处理。将脱皮及不密实的混凝土全部剔除，清理干净，用清水冲洗表面。刷素水泥砂浆，加铺ϕ6@150钢筋网，浇筑40mm厚的C25豆石混凝土，并养护7昼夜。

(2) 梁加固。采用扩大断面法，即梁的两侧面及底面加上围套的钢筋混凝土。

4.2.2.2 由钢筋引起的事故

【案例4-9】 因锚固长度不足而引起大梁折断

1. 事故概况

某锻工车间屋面梁为 12m 跨度的混凝土 T 形薄腹梁（图 4-10a），在车间建成后使用不久，梁端头突然断裂，造成厂房局部倒塌，倒塌构件包括屋面大梁及大型面板。

2. 事故分析

事故调查发现，混凝土强度满足设计要求。梁端检测结果如图 4-10（b）所示，从梁端断裂处看出，纵向钢筋深入支座的锚固长度不足，设计要求锚固长度至少 150mm，实际长度不足 50mm；设计图上注明钢筋端部至梁端外边缘的距离为 400mm，实际施工时却只有 140～150mm。因此，梁端支承于柱顶上的部分接近于素混凝土梁，承载能力非常低。另外，锻工车间投产后，锻锤的动力作用产生了动力放大系数，放大了厂房的静荷载效应。在这两种影响的综合作用下，大梁产生突然的剪切断裂。

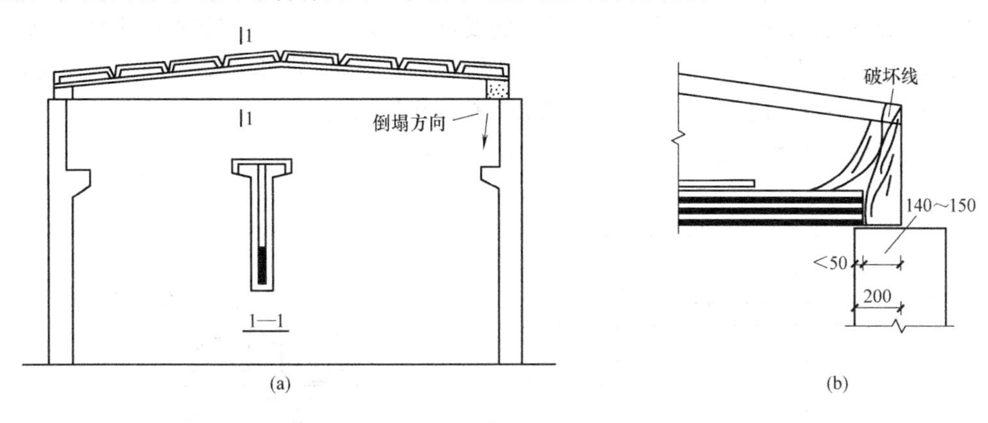

图 4-10 某锻工车间屋面梁

【案例 4-10】 某工程框架柱基础配筋放错方向而导致的事故

1. 事故概况

某工程框架柱，断面尺寸 300mm×500mm，弯矩作用主要沿长边方向，在短边两侧各配筋 5Φ25，如图 4-11（a）所示。在基础施工时，钢筋工认为设计不满足受力需要，应在长边多放钢筋，误将两排 5Φ25 的钢筋放置在长边，而两短边只有 3Φ25，如图 4-11（b）所示。基础浇筑完毕，混凝土达到一定强度后绑扎柱子钢筋，这时发现基础钢筋与柱子钢筋对不上，这时才发现钢筋放错了。

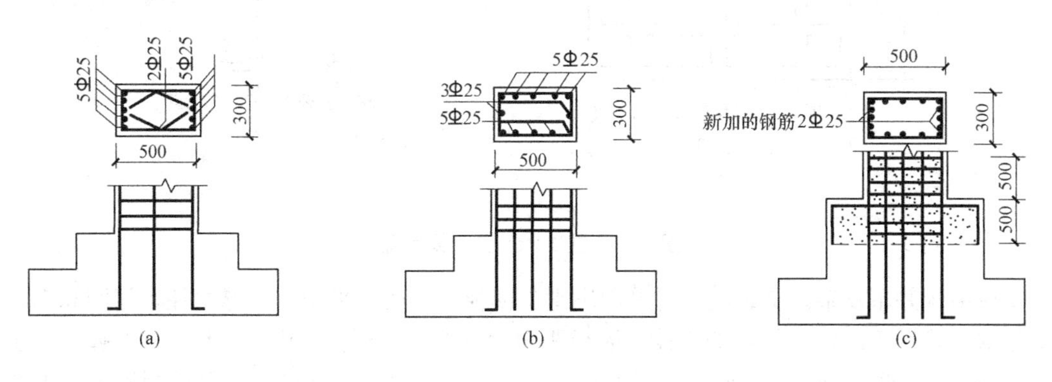

图 4-11 框架柱基础

2. 事故处理

经研究，处理方法如下：

(1) 在柱子的短边各补上 2 Φ 25 插筋。为保证插筋的锚固，在两短边各加 3 Φ 25 横向钢筋并将插筋与原 3 Φ 25 钢筋焊成一整体，如图 4-11 (c) 所示。

(2) 将台阶加高 500mm，采用高一强度等级的混凝土浇筑。在浇筑新混凝土时，将原基础面凿毛，清洗干净，用水润湿，并在新台阶的面层加铺 ϕ6@ 200 钢筋网一层。

(3) 原设计柱底箍筋加密区为 300mm 高，现增加至 500mm 高，如图 4-11 (c) 所示。

4.2.2.3 由模板引起的事故

【案例 4-11】 因支模的大头柱强度不足引起倒塌

1. 事故概况

广东省某加油站的一个油亭，为单层钢筋混凝土结构，由 4 根钢筋混凝土柱支承一反井字梁屋盖，共有 10 根交叉大梁。平面尺寸为 14m×14m，面积 196m²，支撑屋盖的柱子高 6.8m，柱间距双向均为 9m（图 4-12a）。在浇筑屋面混凝土时突造成 5 人死亡，1 人重伤，3 人轻伤的重大事故。

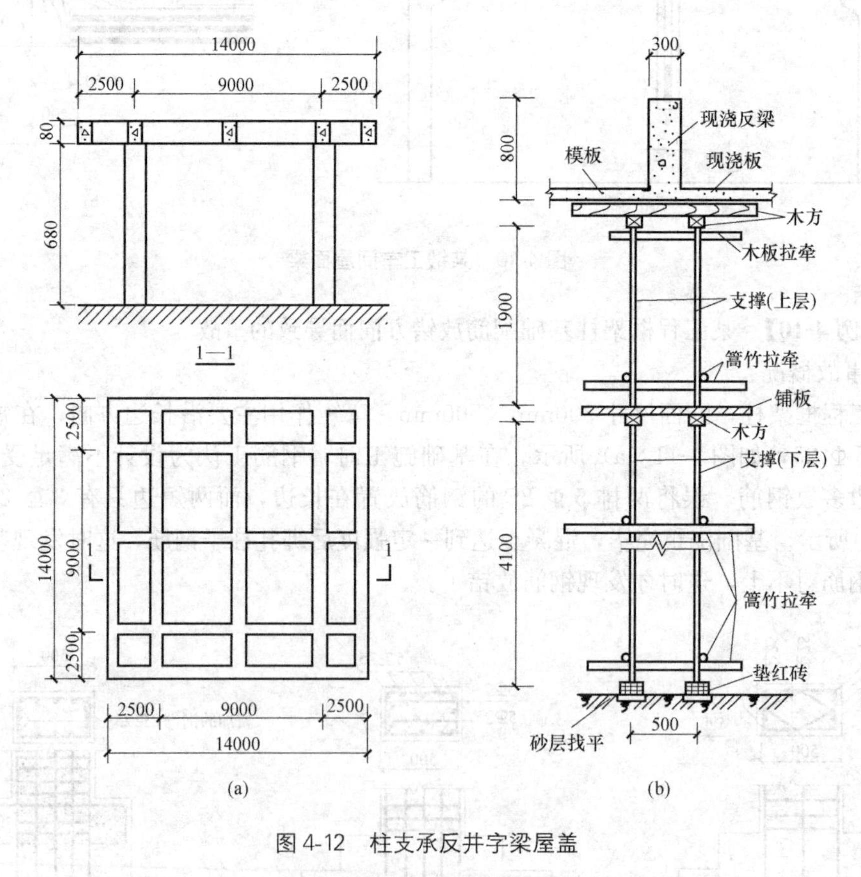

图 4-12 柱支承反井字梁屋盖

该结构并不复杂。浇筑屋盖时采用满堂支模板。梁底部采用大头撑立柱，间距 0.5m。平板部分采用 1m×1m 间距的支撑。因板距地面 6.8m，支撑采用杂圆木，但不够长，于是采用双层支模，在 4.1m 处设一层铺板，再在其上支第一层支撑，直至梁板底部，如图 4-12 (b) 所示。

2. 事故分析

事故原因为模板的支承强度不够，模板整体也不稳定。原支撑未经计算，事故后复核计算，发现模板的支承强度不够，模板整体也不稳定，从而造成倒塌。杂圆木较细，最小直径仅为35mm，平均只有57mm，而且不直，多有弯曲，最大的弯曲可达300mm，最小的弯曲也有20mm，平均为96mm。施工操作时，上、下层支撑只用一个钉子连接，在不够高的立柱下部用红砖垫起，一般为3～5皮砖，最多达7皮砖。支撑下部的土基也未认真夯实，受压后有下沉现象。这样的支撑很难保证均匀受力。立柱之间用20mm粗的篙竹牵拉，绑扎不够牢固，根本起不到稳定支撑的作用。

经计算：支撑计算高度为4.1m，采用平均直径57mm计，其长细比为

$$\lambda=\frac{l_0}{r}=\frac{l_0}{d/4}=\frac{4100}{57/4}=287$$

超过了支撑受压木柱要求$\lambda=150\sim200$的要求。

再进行强度验算，新浇混凝土、木模、施工机械自重及施工荷载对每一根立柱的压力产生的应力约$20N/mm^2$，而杂木的设计强度为$11\sim13N/mm^2$，不足以抵抗施工时产生的应力，再考虑到各柱受力不均匀，个别柱的应力还会更高一些，由此可见发生事故是必然的。

由本案例事故可见，在施工中要进行模板设计，以保证有足够的强度。支撑立柱要选择平直木料，支撑间应为有效支承，长细比不能超过规定，以保证施工的安全。

【案例4-12】 拆模过早引起倒塌

1. 事故概况

某轻工厂的二层现浇框架结构，预制钢筋混凝土楼板。施工单位在浇筑完首层钢筋混凝土框架及吊装完一层楼板后，继续施工第二层。在开始吊装第二层预制板时，为加快施工进度，将第一层的大梁下的立柱及模板拆除，以便在底层同时进行内装修，结果在吊装二层预制板将近完成时，发生倒塌事故。

2. 事故分析

经调查分析，倒塌的主要原因是底层大梁立柱及模板拆除过早。在吊装二层预制板时，梁的养护只有3d，强度还很低，不能形成整体框架传力，因而二层框架及预制板的重量及施工荷载由二层大梁的立柱直接传给首层大梁，而这时首层大梁的强度尚未完全达到设计的强度。首层大梁因承受不了上部荷载而倒塌。

从本案例事故可以看出拆除模板的时间应按施工规程要求进行，必要时（尤其是要求提前拆除模板时）应进行验算。

4.2.3 结构使用、改建不当引起的事故

结构由于使用不当或任意改建而引起的事故也经常发生。其主要原因有以下几种：

（1）使用中任意加大荷载。如民用住宅改为办公用房，安装了原设计未考虑的大型设备，荷载过大引起楼板断裂；原设计为静力车间，后安装动力机械，设备振动过大引起房屋过大变形；民用住宅阳台堆放过重过多杂物引起阳台开裂甚至倾覆等。

（2）工业厂房屋面积灰过厚。对水泥、冶金等粉尘较大的厂房、仓库，即使在设计中考虑了屋面的积灰荷载，在正常使用时也应及时清除。但由于管理不善，未及时扫灰，致使屋面积灰过厚造成屋架损坏甚至倒塌；有些厂房屋面漏水管堵塞，造成过深积水，引起

檐沟板破坏。

(3) 加层不当。近来，因经济发展，旧房加层很普遍，但有些单位未对原有房屋进行认真验算，就盲目加层，由此造成的事故时有发生。

(4) 维修改造不当。有的使用单位任意在结构上开洞，为了扩大使用面积和得到大空间而任意拆除柱、墙，结果承重体系破坏，引发事故；有些房屋本为轻型屋面，但使用者为了保温、隔热，新增保温、防水层，结果使屋架变形过大，严重时造成屋塌房毁。

【案例 4-13】 百货大楼使用及改建不当引起倒塌

1. 事故概况

某市百货大楼，由两幢对称的大楼并排组成，地下四层，地上五层，中间在三层处有一走廊将两楼连接起来，建筑面积共计 7.4 万 m^2；钢筋混凝土柱、无梁楼盖。该大楼从交付使用到倒塌仅有四年多时间。在四年中曾多次改建。某日傍晚，百货大楼正值营业高峰时间，大楼突然坍塌，地下室煤气管道破裂，引起大火，最终造成近 450 人死亡，近千人受伤的特大事故。

从倒塌的现场看，混凝土质量不是很高，而且一塌到底。事故发生后，组成了专门的事故委员会，对事故责任予以鉴定。

2. 事故分析

(1) 从设计上看，安全度留得不够。每根柱子的设计要求承载力应达 4.5t（相当于 45kN），实际复核其承载力没有安全富裕度。原设计为梁柱组成的框架结构与现浇钢筋混凝土楼板。为提高土地利用率，施工时将地上四层改为地上五层，并将有梁楼盖体系改为无梁楼盖，以争取室内较大空间。改为无梁楼盖时，虽然增加了板厚，但整体刚度不如有梁体系，且柱头冲切强度比设计要求的强度还略低一些。这为事故发生埋下了隐患。

(2) 从施工上看，从倒塌现场检测情况看，混凝土中水泥用量偏小，强度达不到设计强度，施工过程中，建筑材料供应紧张，施工单位偷工减料，把本来设计安全度不足的结构推向了更危险的边缘。

(3) 从使用过程看，原设计楼面荷载为 200kg/m^2（2kN/m^2），实际上由于货物堆积，柜台布置过密，加上增加了不少附属设备，购物人群拥挤，致使实际使用荷载已近 4kN/m^2。为了满足整个建筑的供水、空调要求，在楼顶又增加了两个各重 6.7t（约 67kN）的冷却水塔，致使结构荷载一超再超。在最后一次改建装修中在柱头焊接附件，使柱子承载力进一步削弱，终于造成了惨剧。

尽管此楼设计不足，施工质量差，使用改建又极不妥当，但事故发生前仍有一些预兆，说明结构还有一定的延性。如能及时组织人员疏散，还有可能避免大量人员伤亡。事故发生当天上午 9 时 30 分左右，一层一家餐馆发现有一块天花板掉了下来，并有 2m 见方的一块地板（也是地下室的顶板）塌了下去。中午，另外两家餐馆见大量流水从天花板上哗哗下流，当即报告大楼负责人。负责人为了不影响营业，断然认为没有大问题。直到下午 6 点左右，事故发生前，仍陆续有地板下陷，这本来是事故发生的最后警告，如及时发布警报，让人员撤离，则大楼虽然会倒塌，但千余人的生命还可以保全。但业主利令智昏，明知危险，仍未采取措施，终使惨剧发生。

4.3 混凝土构件的加固方法

钢筋混凝土结构是建筑工程中大量应用的结构类型。由于各种因素的影响，会产生种种质量缺陷或损坏，钢筋混凝土出现质量问题后，除了倒塌断裂事故必须重新制作构件外，大多情况下都可以用加固的办法来处理。而对于每一项需加固的工程来说，又都有其不同的要求。具体选择哪种加固技术，应按彼此适应的原则做决定。下面介绍几种常用的加固方法。

4.3.1 增大截面加固法

增大截面加固是指在原受弯构件的上面或下面浇一层新的混凝土并补加相应的钢筋，以提高原构件承载能力。它是工程中常用的一种加固方法。这种加固方法的技术关键是：新旧混凝土必须粘结可靠，新浇筑的混凝土必须密实。增大截面法有单面增大、双面增大、四面增大等三种情况。补浇的混凝土处在受拉区时，对补加的钢筋起到粘结和保护作用；补浇的混凝土处在受压区时，增加了构件的有效高度，从而提高了构件的抗弯、抗剪承载力，并增强了构件的刚度。因此，其加固效果是很显著的。但其缺点是结构易产生刚度不均匀，施工难度大。

【案例 4-14】 某现浇混凝土多层框架梁板结构，原设计底层为车库，二楼以上为办公室，楼面活荷载 2000N/m^2。后将二楼改作仓库，楼面活荷载变为 4000N/m^2。经复核，该结构二层楼面板承载力不够，考虑采用补浇混凝土层增加楼面板截面面积的加固方案。原楼面板采用 C20 混凝土，HPB300 级钢筋，板厚 70mm，面层厚 20mm，水泥砂浆抹面。结构尺寸及板内配筋如图 4-13 所示。

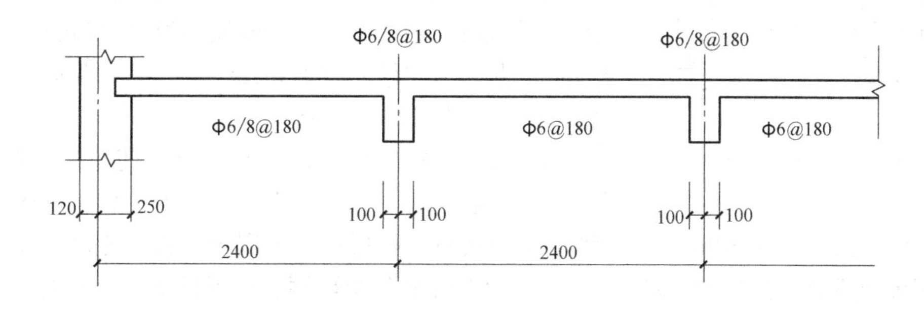

图 4-13 楼板原配筋图

加固方法：采用在原楼面板上补浇 50mm 混凝土层的加固方案，施工时原板面不凿毛，不清洗。其加固效果如图 4-14 所示。

4.3.2 置换混凝土加固法

置换混凝土加固法适用于承重构件受压区混凝土强度偏低或有严重缺陷的局部加固。采用置换混凝土加固法加固梁式构件时，应对原构件加以有效的支顶；当采用置换混凝土加固法加固柱、墙等构件时，应对原结构、构件在施工全过程中的承载状态进行验算、观

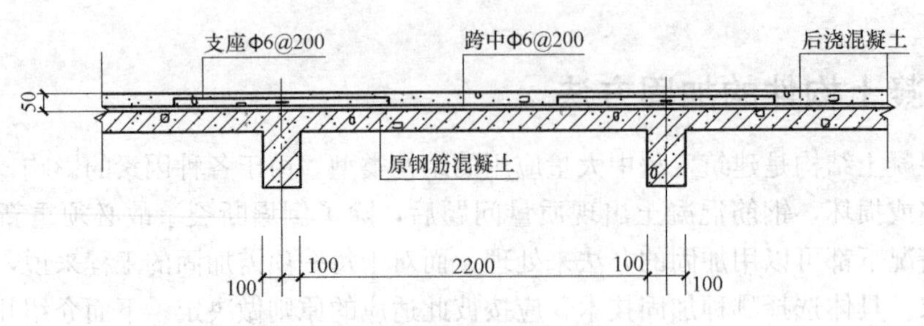

图 4-14 增大楼板截面加固法示意图

测和控制，置换界面处的混凝土不应出现拉应力，若控制有困难，应采取支顶等措施进行卸荷。

采用置换混凝土加固法加固混凝土结构构件时，其非置换部分的原构件混凝土强度等级，按现场检测结果不应低于该混凝土结构建造时规定的强度等级。当混凝土结构构件置换部分的界面处理及其施工质量符合规范的要求时，其结合面可按整体工作计算。

4.3.3 预应力加固法

预应力加固是采用外加预应力钢拉杆（主要包括水平拉杆、下撑式拉杆和组合式拉杆三种）或撑杆对结构进行加固。该法适用于要求提高承载力、刚度和抗裂性及加固后占空间小的混凝土承重结构，这种方法具有施工简便和不影响结构使用空间等特点，其最大优点是便于使有较大跨度和较大荷载且已出现较大变形（挠度）的钢筋混凝土梁或桁架恢复承载能力。但此法不宜用于处在高温环境下的混凝土结构，也不适用于混凝土收缩徐变大的混凝土结构。

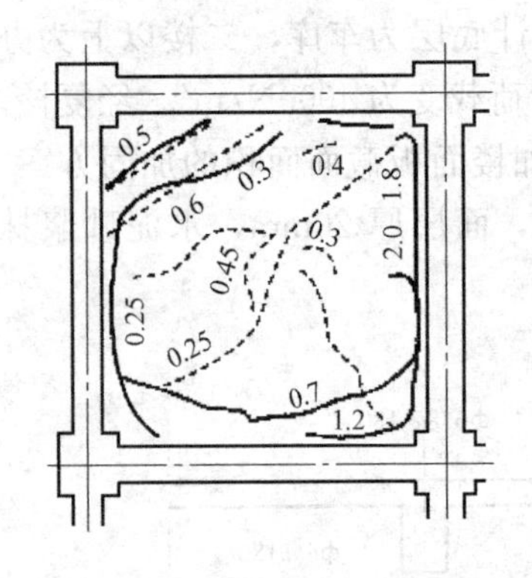

图 4-15 楼板裂缝示意图

【案例 4-15】 日本神奈川县某综合医院的诊疗大楼为四层钢筋混凝土结构。大楼的现浇楼板厚 135mm，板由大梁支托，板的平面尺寸为 5.5m×5.8m。罩面砂浆层厚 30mm，表面贴有 P 型瓷砖。

该楼经 20 多年使用后，由于用途变更，需要改造。改造前对楼板进行了调查，发现楼板裂缝较多（图 4-15），挠度较大（最大处达 30mm），这种情况遍及每个楼层。其原因为：板的厚度较小，混凝土强度等级不足（只达设计强度 80%），以及部分负弯矩钢筋位置偏下。经分析比较后决定采用张拉钢索施工法对楼板进行加固。

该楼板的加固工艺为：

（1）根据加固要求确定预应力筋的面积及其布置（图 4-16）。该楼板双向都采用 2m 的 ϕ15.2 钢索。

（2）在预应力筋弯折点处的原板上钻约 45°的斜孔，并沿预应力筋方向凿出狭槽。

（3）放置预应力钢索。为防止钢索在交叉点处相互摩擦损伤，在交叉点插入了厚度为 30mm 的硬质橡胶垫。图 4-17 为交叉钢索穿过楼板的情况。

（4）在狭槽内浇捣高强细石混凝土。由于采用的是无粘结钢索，故混凝土不会将钢索粘结在楼板上。

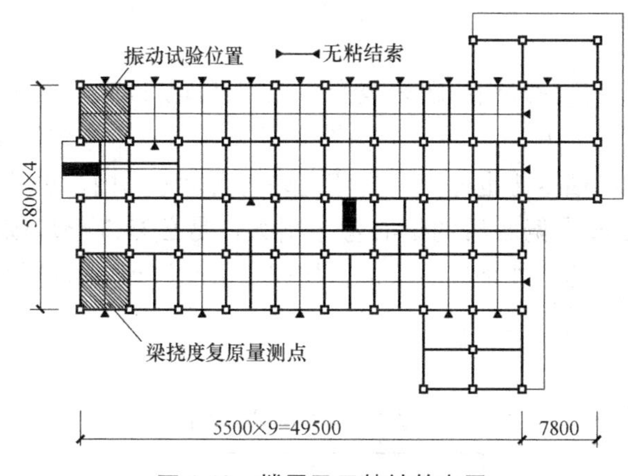

图 4-16 楼层及无粘结筋布置

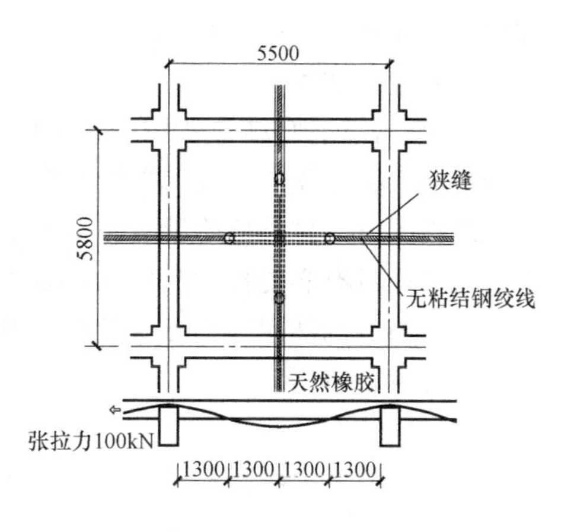

图 4-17 交叉钢索穿过楼板示意图

(5) 待新混凝土抗压强度达 20MPa 后，使用专用千斤顶进行张拉。在长边方向（约 50m）采用两端张拉，在短边方向（约 23m）采用一端张拉。张拉达到要求后，立即进行锚固（图 4-18）。

为了验证该加固方法的可靠性，分别对两块板进行静载和动载试验。结果表明，采用此法可使加固板中心挠度恢复 2.6mm，板的承载力、使用阶段的性能以及振动性能均得到了较大改善。

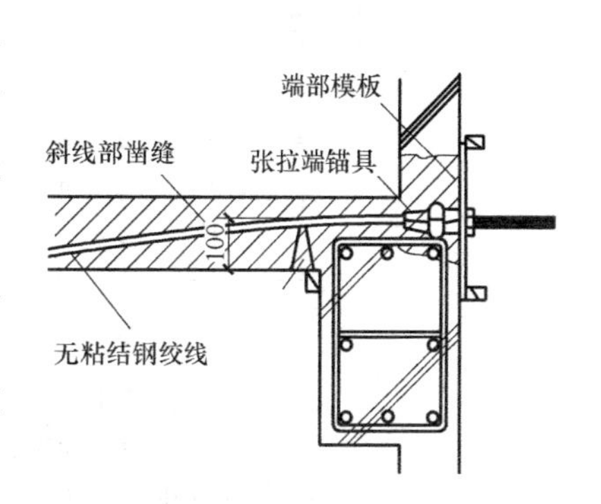

图 4-18 预应力钢索锚固

4.3.4 改变受力体系加固法

改变受力体系加固是彻底改变结构内力的计算图形，即在梁的跨中增设支点、增设托梁（架）或将多跨简支梁变为连续梁等。改变结构的受力体系，能大幅度地降低计算弯矩，提高结构构件的承载力，达到加强原结构的目的。这是一种有效的加固方法，但一般要涉及建筑平面和使用功能的改变。

【案例 4-16】 某车间原有柱网为 6m×6m，最大使用空间为 36m^2，为了满足大空间的使用要求，拔除中间一根承重柱，即可达到 12m×12m，即 144m^2 的使用空间，足以满足新的使用要求，但这要涉及以下结构加固的内容。本案例采用拔柱换梁的传统办法。

(1) 梁加固

6m 跨度的梁换成 12m 跨度的梁以后，可以考虑利用原梁进行加固，加固方法可以选择经典的放大断面加固法，也可选择粘贴碳纤维布加固法或粘钢加固法。但传统的放大断面法不仅施工难度大，而且扩大空间以后，原有的建筑物层高和净空本来已不足，还要增大梁的高度，占用有限的净空，显然是不可取的。若采用粘钢加固法与粘贴碳纤维布加固法，不加大梁的断面，不占用净空，不影响使用。但梁的高度不增加，而跨度增加 1 倍，因此梁的高跨比则减少一半。例如，原有梁高为 600mm，高跨比为 1/10，拔掉柱以后，则高跨比为 1/20，显然，梁的刚度不足。无论碳纤维布和钢板能提供多大的抗拉能力，梁的变形（挠度）都不会得以减少，粘贴面的剪应力和正应力必然大幅度增加。此外，粘贴工艺能否满足安全要求，也是一个值得关注的问题。因此，采用体外预应力法对梁进行加固，是比较安全可靠的。

（2）柱身加固

中央立柱抽掉以后，四根角柱的承重（负荷）面积仍未改变，无需进行加固，但四根中间柱的负荷面积从 $18m^2$ 增大到了 $27m^2$，且从小偏心压弯构件变成了大偏心压弯构件。在一般情况下，柱的负荷量增加 1/3 以后，轴压比也许尚在规范允许的安全范围内，也就是柱身断面没有必要扩大。但从小偏心变成大偏心后的偏心弯矩增大，是必然进行加固的。如果与梁的加固进行统一考虑，用统一的体外预应力法进行加固，可能收到很好的效果，如图 4-19 所示。

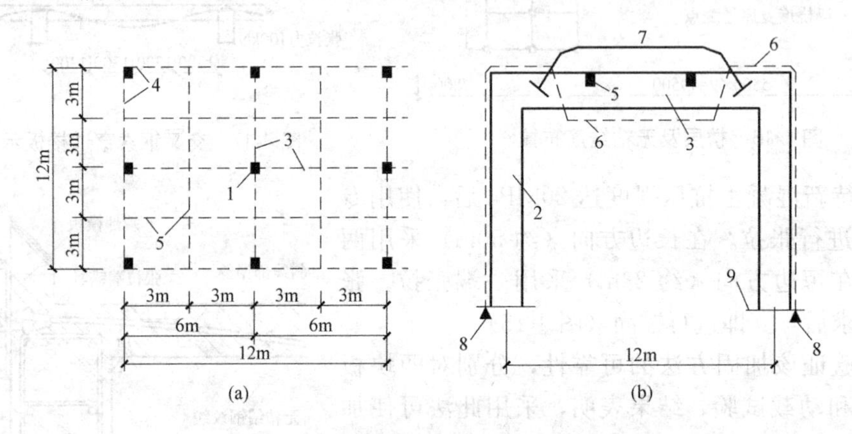

图 4-19 主框架梁、柱进行体外预应力加固

（a）抽柱加固结构平面；（b）体外预应力加固梁、柱

1—被抽掉的中央立柱；2—中柱；3—被加固的主框架梁；4—原有框架梁；5—原有次梁；6—预应力索；7—双向张拉齿板；8—预应力锚座；9—被加固柱基

（3）加固程序

① 先在梁底增设支撑，妥善卸除荷载。

② 加固各中间柱基，再截除中央立柱。

③ 建立柱脚固定端锚板和梁端双向张拉齿板。

④ 在齿板处进行预应力布索与张拉。

⑤ 卸除梁下临时支撑。

⑥ 完成预应力索的保护和外饰工作。

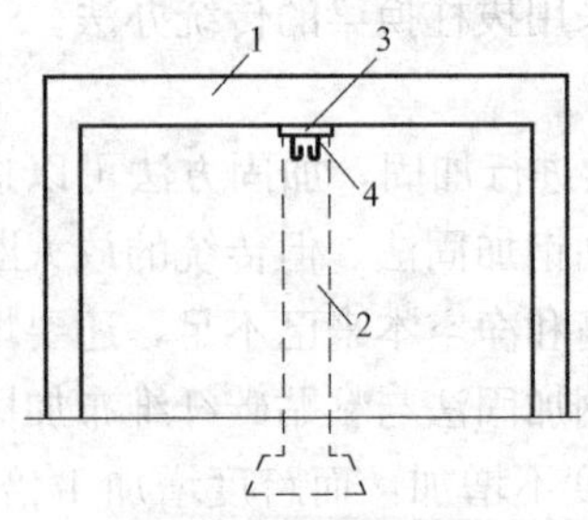

图 4-20 梁底增柱技术

1—原有梁柱；2—新增柱；3—梁底预垫支座铁板（用结构胶固定）；4—柱顶预埋支座铁板（锚爪固定）

（4）梁底增柱技术

如果原有梁的损坏程度严重、挠度太大，或因上部使用条件改变，荷载量增加，要求提高梁的支承能力，在使用条件允许的情况下，也可以考虑在梁下跨中增加支承柱，支座可以是弹性的，也可以是刚性的，涉及的加固内容包括以下几方面：

① 新增柱设计：新增柱的断面、配筋及基础设计，由计算决定。

② 支座条件保证：新增柱的弹性支承或刚性支承条件保证，由构造措施提供。鉴于新增柱的基础在承受荷载以

后难免会下沉，新增柱的混凝土或砌筑砂浆在终凝固结以后难免会沉实下缩，因此，如何保证柱顶与梁底的严密接触，以满足弹性支座与刚性支座的技术要求，是一个技术课题。最简便的方法是在梁底粘贴支座铁板一块，并在柱顶预埋支座铁板一块，于两块支座铁板之间夹垫铁楔子，待柱顶支座铁板沉落稳定后，将铁楔子楔紧，如图 4-20 所示。

4.3.5 粘贴钢板加固法

粘贴钢板加固法，是指用胶粘剂把钢板粘贴在构件外部的一种加固方法。常用的胶粘剂是在环氧树脂中加入适量的固化剂、增韧剂、增塑剂配成所谓的“结构胶”。

近年来，粘贴钢板加固法在加固、修复结构工程中的应用发展较快，趋于成熟。美国已制定了建筑结构胶的施工规范，日本有建筑胶粘剂质量标准，我国也已将此法收入《混凝土结构加固技术规范》中。

粘贴钢板加固法能够受到工程技术人员的兴趣和重视，是因为它有传统的加固方法不可取代的优点，如图 4-21 所示。

（1）胶粘剂硬化时间快，工期短。因此，构件加固时不必停产或少停产。

（2）工艺简单，施工方便，可以不动火，能解决防火要求高的车间构件的加固问题。

（3）胶粘剂的粘结强度高于混凝土、石材等，可以使加固体与原构件形成一个良好的整体，受力均匀，不会在混凝土中产生应力集中现象。

（4）粘贴钢板所占的空间小，几乎不增加被加固构件的断面尺寸和重量，不影响房屋的使用净空，不改变构件的外形。

【案例 4-17】 鞍钢中板厂 25t、50t 重级工作制吊车梁，分 A、B 列，全长 185m，因使用年久，损坏严重，需进行加固，经检查发现：吊车梁的碳化深度达 10～60mm，侧面密布 50 余条宽 0.5～10mm、长 150～1200mm 的裂缝（裂纹）。有 4 处梁底保护层剥落，主筋锈蚀，以致锈断。有 17 处面积为 50～600cm^2、高 10～150mm 的空鼓。

（1）加固方法及工艺

经论证，决定采用粘贴钢板法对吊车梁进行承载力加固，并用环氧树脂灌注法修补其裂缝。具体做法是：对有锈断钢筋的梁粘贴厚 2～3mm、宽 800mm、长 6600mm（或 3000mm）的 A_3 钢板。在钢板端点靠支座处绕贴 4 层宽 900mm 的环氧玻璃钢，以加强钢板端部并提高斜截面承载力。

加固工艺为：混凝土凿毛⟶用钢刷对外露的钢筋除锈⟶压缩空气消除表面浮灰⟶涂刷 YJ -302 混凝土界面处理剂⟶压抹 M25 高强快硬砂浆⟶养护至 $f_c \geqslant 10$MPa 时，用丙酮擦抹表面⟶在混凝土上及已处理过的钢板上，同时涂刷结构胶⟶粘贴钢板并紧固⟶固化 16h 后再按要求绕贴 4 层环氧玻璃钢⟶固化 48h ⟶交付使用。

（2）加固效果验证

为了确保加固效果，在加固前制作了 5 根模拟加固梁以便试验。对其中 4 根梁的底部贴厚 12mm、长 1.86m 的钢板，端部贴绕两层环氧玻璃丝布。试验时，对其中 1 根梁进行疲劳试验（400 万次）和静载试验，其余梁直接做静载试验。试验结果，前者的承载力较非加固梁提高 2.15 倍，后者的承载力提高 1.24～3.7 倍。

此工程加固后经 3 年多时间的使用，一切正常。

【案例 4-18】 某商住楼，主体结构完工后，发现五、六层柱出现裂缝。经当地质检站检测，混凝土实际强度只达到13N/mm²，达不到原设计C20的要求，需要加固。

事故分析：用混凝土的实际强度进行结构验算，柱承载力不足，必须进行加固处理。经研究决定采用粘贴钢板加固的方法进行加固。

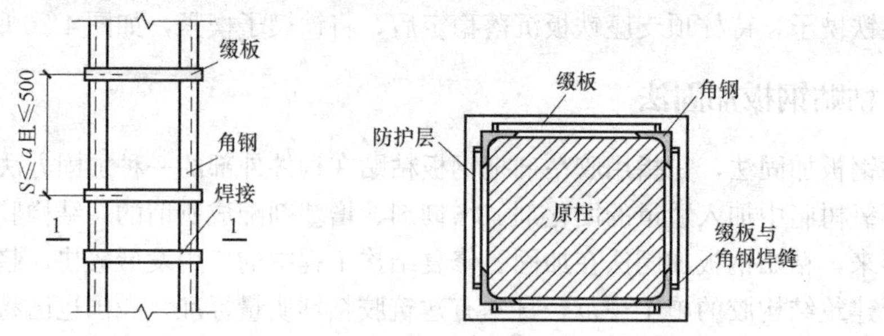

图4-21　柱粘贴钢板加固法示意图

4.3.6　碳纤维加固法

碳纤维（Carbon Fiber Reinforced Polymer，CFRP）加固法是把碳纤维用树脂系粘贴剂浸渍后叠合在混凝土构件受力部位，使之与基体合为一体，从而提高结构构件的承载力、减少构件的变形和控制结构裂缝扩大的一种加固方法。碳纤维加固是一项新型、高效的结构加固修补技术，这种方法具有高效、高强、施工方便、适用范围广等优点。但其缺点是造价较高，脆性破坏的危险性更大。

施工工艺：外贴CFRP加固是一种新型技术，而外贴CFRP加固时的施工质量对加固效果有很大影响。根据试验及工程应用，总结出以下施工要点，可供参考。外贴CFRP加固混凝土结构的施工流程为：基面处理⟶基面清洗⟶涂刷底胶⟶粘贴面修补⟶粘贴CFRP⟶养护⟶外表防护处理。

（1）基面处理

① 对混凝土粘贴面的劣化层（如浮浆风化层等）用砂轮认真清除和打磨。

② 基面凸出部分要磨平，转角部位要做倒角处理。

③ 强度等级较低和质量较差的混凝土应凿掉，并用不低于原混凝土强度等级的环氧砂浆修补。

④ 裂缝部分要注入环氧树脂修补。

（2）基面清洗

① 用钢丝刷刷去表面的松散浮渣。

② 用压缩空气除去表面粉尘。

③ 用丙酮或无水酒精擦拭表面，也可用清水冲洗，但必须待其充分干燥后再进行下道工序。

（3）涂刷底胶

① 按比例将底胶（FP-NS）的主剂和硬化剂放入容器内，用低速旋转的方法搅拌均匀。一次调合量应在可使用时间内用完，超过可使用时间不能使用。

② 用滚筒或刷子均匀涂抹，特别是冬季，胶的粘度较高，不能涂得太厚。

③ 底胶硬化后，若表面有凸起部分，用磨光机或砂纸打磨平整。

④ 待底胶指触干燥后，进入第二道工序。

（4）粘贴面修补

对粘贴面上的凹入部位，用环氧腻子（FE-Z或FE-B）修补，以保证粘贴面平整，确保加固效果。待环氧腻子指触干燥后，进入下一道工序。

（5）粘贴CFRP

① CFRP的下料长度，应在现场根据施工经验和作业空间确定，若需接长，接头的长度应根据具体情况而定，一般不得低于15cm。

② CFRP的下料数量以当天的用量为准。

③ 粘贴CFRP时须保证CFRP和混凝土面的粘贴密实，以免影响加固效果。

④ CFRP粘贴后，为保证树脂的充分渗浸，应至少放置30min以上，此期间若发生浮起、错位等现象，需进行处理。

⑤ CFRP粘贴后，再在CFRP的外表面涂刷一层FR-E3P树脂。

⑥ 粘贴2层以上CPRP时，重复以上工序。

（6）养护

CFRP粘贴后，宜用聚乙烯板等进行养护（但不要与施工面接触），用板养护应在24h以上。为保证达到设计强度，平均气温约10℃时养护2周左右，平均气温约20℃时养护1周左右。

（7）表面防护处理

为保证胶的耐久性、耐火性等性能，可在表面涂抹砂浆或采取其他措施。

（8）其他注意事项

① 气温低于5℃时，宜停止施工。

② 雨天和可能结露时应停止施工。

③ 当各种胶附在皮肤上时，用肥皂水冲洗，若进入眼内要立即用水冲洗或接受治疗。

④ 现场需做好防火等安全消防措施。

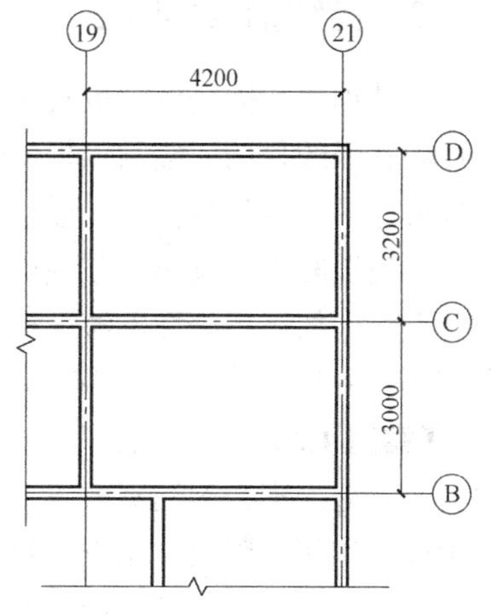

图4-22 住宅楼平面图

【案例4-19】 某住宅楼底部（一层）为框架结构，楼板现浇，上部五层为砖混结构，楼板为预制空心板。需加固房间平面如图4-22所示。原设计⑲、㉑轴方向的梁（墙）为承重构件，由于当地没有跨度为4.2m长的空心板，故施工单位擅自将空心板旋转90°放置，即将空心板搁置在Ⓑ、Ⓒ、Ⓓ轴线上，导致这些轴线上的梁（墙）由非承重构件变为承重构件，故需进行加固。

考虑到该楼即将交付使用，为减少对原有结构的影响及加固施工方便和加固后结构安全等，决定用粘贴CFRP的方法进行加固，负弯矩处用粘钢加固。各梁的加固情况见表4-1。

各梁的加固情况 **表4-1**

梁号	原有配筋(跨中)	跨中设计弯矩(kN·m)	加固方案	加固后承载力(kN·m)
Ⓑ轴	2Φ18、2Φ16	136.7	梁底贴1层CFRP	162.2
Ⓒ轴	6Φ22	309.4	梁底贴3层CFRP,梁端各用3条CFRP锚固	408.6
Ⓓ轴	4Φ22	228.1	梁底贴2层CFRP,梁端各用2条CFRP锚固	325.4

以Ⓒ轴线梁为例，CFRP 的加固方式如图 4-23 所示。

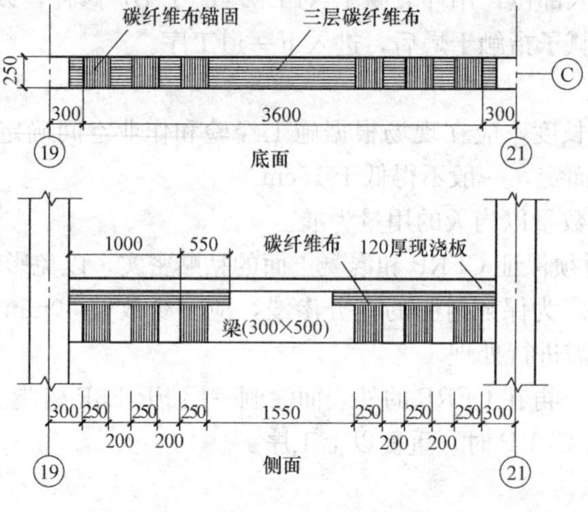

图 4-23 加固部分平面示意图

4.3.7 锚结钢板加固法

锚结钢板加固是将钢板甚至其他钢件（如槽钢、角钢等）锚结于混凝土构件上，以达到加固补强的目的。锚结钢板的优点是可以充分发挥钢材的延性性能，锚结速度快，锚结构件可立即承受外力作用。锚结钢板可以厚一点，甚至用型钢，这样可大幅度提高构件承载力。当混凝土孔洞多，破损面大而不能采用粘贴钢板时，用锚结钢板效果更好。但也有其缺点，即加固后表面不够平整美观，对钢筋密集区锚栓困难，钢材孔径位置加工精度要求较高，并且锚栓对原构件有局部损伤，处理不当会起反作用。

【案例 4-20】 辽宁省某地一幢四层办公楼，使用一年后，发现顶层主梁与次梁普遍出现斜裂缝，多数裂缝宽大于 0.3mm，最宽处达 1.5mm，裂缝绝大部分位于靠支座处和集中荷载作用点附近。据查这批梁是在冬季施工的，混凝土配料和搅拌质量较差，成型后又受冻害。原设计强度等级为 C20，两年半后测定实际强度接近 15N/mm²。

原因分析：梁产生裂缝的主要原因是混凝土强度低，抗剪能力不足。经研究决定采用结构胶粘贴钢箍板（粘贴钢板加固法）来提高次梁的抗剪能力；采用结构胶粘贴 U 形钢箍板，并锚固 U 形开口部位的方法来提高主梁的抗剪能力，如图 4-24 所示。

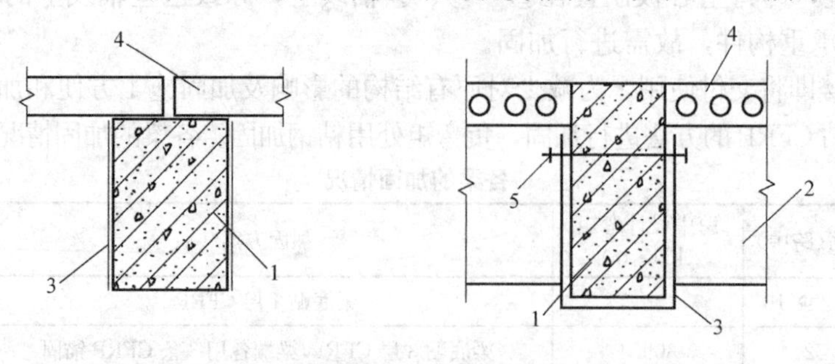

图 4-24 梁加固示意图

1—主梁；2—次梁；3—钢箍板；4—楼板；5—锚固螺栓

钢箍板、U形钢箍板厚1.3mm，宽100mm，间距250mm。

4.3.8　增补钢筋或钢板加固法

增补钢筋或钢板加固是将钢筋或钢板、型钢焊接于原构件的主筋上，适用于整体构件的加固。通常做法是：将混凝土保护层凿开，使主筋外露，用直径大于20mm的短筋把新增加的钢筋、钢板与原构件主筋焊接在一起；然后用混凝土或砂浆将钢筋包裹住。因焊接时钢筋受热，形成焊接应力，施工中应注意增加临时支撑，并设计好施焊顺序。目前这种方法常与增大截面法结合使用。

4.3.9　其他加固方法

除上述常用加固方法外，还有加强整体刚度法、玻璃钢板加固法、增加受力构件加固法、喷射混凝土加固法等。

【案例4-21】　某楼建筑面积5700m^2，五层框架结构，地下室层高4m，面积逾800m^2。该工程采用商品混凝土浇筑，地下室墙板混凝土的设计强度等级C30，抗渗等级S6。地下室墙体模板拆除后，发现该墙体存在多处麻面、蜂窝、露筋，靠近下部止水带施工缝处内外两侧存在多处孔深为60mm、40mm的孔洞。经现场详细检测，该墙板混凝土质量缺陷可分为3类：

（1）轻微缺陷：地下室窗下多处露筋，内墙局部蜂窝、麻面。

（2）一般缺陷：外墙内侧孔洞、露筋。

（3）严重缺陷：外墙施工缝多处水平状露筋、孔洞。

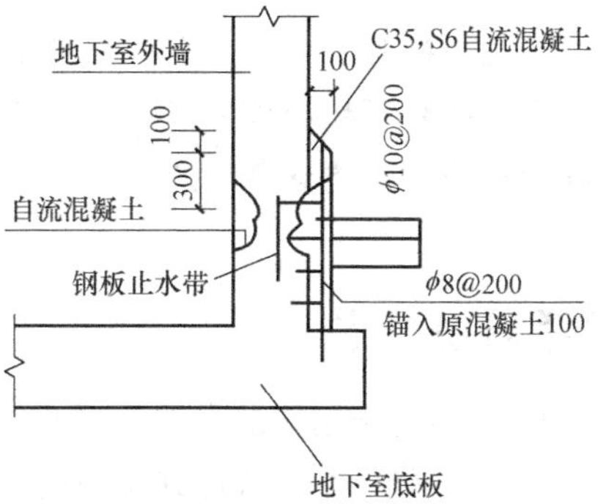

处理意见（图4-25）：

（1）对地下室内墙局部蜂窝、麻面的处理措施：将蜂窝、麻面凿净，新旧混凝土结合面凿毛，清除浮浆，用压力水冲洗干净，采用高标号水泥砂浆分层抹压至表面平齐。

图4-25　地下室加固示意图

（2）地下室窗下露筋的处理措施：将已浇筑的混凝土表面凿去浮浆，用清水冲洗干净，两侧同时支模，再用比原强度（C30）等级高一级（C35）的细石混凝土（掺膨胀剂）浇平并振捣密实。

（3）对地下室外墙内侧露筋、孔洞的处理措施：将混凝土表面凿毛，个别有锈点的钢筋用钢丝刷除锈干净，用压力水冲洗干净，支护模板，浇灌BY-40型自流混凝土。自流混凝土渗透性能好，能充分渗入到混凝土孔隙中与老混凝土紧密结合，无收缩，起到良好的防渗效果；且采用强度更高的混凝土，能够起到较好的结构补强作用。

（4）对外墙施工缝处水平状露筋、孔洞的处理措施：

① 疏松混凝土凿除、凿毛、压力水清洗。

② 墙面、底板植筋（深度不小于100mm）。

③ 支模浇S6，C35自流混凝土。

④ 新增混凝土100mm厚，覆盖洞口每边不小于300mm。

本章小结

本章主要介绍了混凝土结构裂缝的原因、混凝土结构表层缺陷的形式、裂缝及表层缺陷的修补；举例说明由设计失误引起的事故、施工不当引起的事故、结构使用改建不当引起的事故；混凝土构件的主要加固方法，并举例说明。

钢筋混凝土结构子分部工程，是由模板、钢筋、混凝土、预应力等分项工程组成。主要对在分项工程施工过程中造成混凝土结构工程质量事故的原因及处理方法作了具体分析。

模板工程，主要分析了梁、板、柱基础、楼梯、墙体等基本构件在模板施工中常见的质量事故、主要原因与处理方法。要认识在模板工程施工中由于小的失误或错误，也会酿成重大的工程质量事故。

钢筋工程，主要介绍了钢筋材质达不到标准或设计要求、钢筋配筋量不足、钢筋偏位、钢筋裂纹和脆断等质量事故产生的原因及处理的方法，并通过实例充分地印证这些质量事故。

混凝土工程，主要介绍了混凝土强度不足、混凝土裂缝、结构或构件错位变形、混凝土外观质量差等质量事故产生的原因及处理的方法。重点对混凝土裂缝产生的原因及处理方法做了分析。

预应力混凝土工程，主要分析了预应力筋和锚夹具事故、预应力构件裂缝变形事故、预应力筋张拉事故和构件制作质量事故产生的原因及处理方法。重点分析了预应力筋张拉事故和构件制作质量事故产生的原因及处理方法。

思考与练习题

4-1 混凝土结构的裂缝有哪些类型？形成的主要原因是什么？

4-2 混凝土结构表层缺损有哪些类型？形成的主要原因是什么？

4-3 混凝土结构常见的质量事故有哪些？主要表现是什么 ？

4-4 管理造成的混凝土结构工程事故的主要原因有哪些？

4-5 设计造成的混凝土结构工程事故的主要原因有哪些？

4-6 施工造成的混凝土结构工程事故的主要原因有哪些？

4-7 使用不当造成的混凝土结构工程事故的主要原因有哪些？

4-8 常用的混凝土构件质量事故加固方法有哪些？

4-9 为什么钢筋混凝土结构是带裂缝工作的？为什么钢筋混凝土构件的裂缝宽度可以控制在0.3mm以内？

4-10 对于钢筋混凝土梁的裂缝宽度，分别说明在什么范围居于正常、轻微缺陷、危及承载力缺陷、临近破坏、破坏状态。

4-11 对于一个单跨五榀钢筋混凝土框架结构，分别说明在什么情况下发生：①某个构件截面的破坏；②某个构件的破坏；③该结构局部倒塌；④该结构整体倒塌。

4-12 为什么当钢筋混凝土梁出现斜裂缝，认为该梁处于临近破坏状态，十分危险；

而当砖墙上出现斜裂缝，却认为该墙未临近破坏？

4-13 为什么当钢筋混凝土梁中部出现由底向上发展，宽度在允许范围内的竖裂缝，认为该梁仍可承受荷载；而当砖墙出现竖向贯通的裂缝，却认为该墙已临近破坏，十分危险？

4-14 试总结钢筋混凝土工程因施工因素可能出现哪些缺陷？你认为其中最严重的是什么问题？

4-15 试总结钢筋混凝土工程因设计因素可能出现哪些缺陷？你认为其中最严重的是什么问题？

4-16 钢筋混凝土工程在使用期间应注意哪些问题？

4-17 高性能混凝土对原材料有哪些特殊要求？

4-18 高性能混凝土配合比如何确定？其配合比设计的基本要求是什么？

4-19 高性能混凝土施工和养护要注意哪些问题？

4-20 预应力钢筋混凝土工程中对预应力钢筋质量有何要求？

4-21 预应力钢筋在张拉前、张拉中和张拉后有哪些质量控制措施？

4-22 预应力钢筋在张拉或放张时对混凝土的强度有何要求？

第5章 钢结构工程质量事故分析与处理

本章要点及学习目标

本章要点：

本章主要介绍了钢结构的缺陷、钢结构常见的质量事故及其原因分析、钢结构的加固方法等。

学习目标：

1. 熟悉钢结构可能存在的缺陷及其影响因素。
2. 掌握常见钢结构事故破坏形式、特点及产生原因。
3. 掌握常见钢结构事故加固方法。

钢结构与混凝土结构相比，具有强度高、自重轻、塑性和韧性好、抗震性能优越、工业装配化程度高、综合经济效益显著、造型美观以及绿色建筑等众多优点，深受广大建筑师和结构工程师的青睐。钢结构被广泛用于各类建筑中，既可用于民用建筑、公共建筑、工业厂房、桥梁结构，又可用于特种构筑物（塔桅、储藏库、管道支架等）。

在钢结构的应用取得巨大成就的同时，各类钢结构事故频繁发生，造成了巨大的经济损失和人员伤亡。在此形势下，认真分析钢结构事故产生的原因，总结教训，并提出对各种问题的预防及处理方法，以防患于未然是十分必要的。

5.1 钢结构的缺陷

5.1.1 钢材的性能及可能的缺陷

1. 钢材的化学成分

钢材的种类很多，建筑结构用钢材需要具有较高强度，较好的塑性、韧性，足够的变形能力，以及适应冷热加工和焊接的性能。对于建筑钢结构，我国现行的《钢结构设计规范》推荐采用碳素结构钢中的Q235钢及低合金高强度钢中Q345、Q390、Q420钢等。

钢是含碳量小于2%的铁碳合金，含碳量大于2%时则为铸铁。结构用钢的基本元素是铁（Fe），约占99%，此外还有碳（C）、硅（Si）、锰（Mn）等元素，以及硫（S）、磷（P）、氧（O）、氮（N）等有害元素，它们在冶炼中不易除尽，碳和其他元素总量不超过1%，但对钢材力学性能有决定性影响。在低合金钢中还掺入总量不到5%的合金元素，如铜（Cu）、钒（V）、钛（Ti）、铌（Nb）等，以改善其性能。各种元素的含量及对钢材性能的影响见表 5-1。

所含元素对钢材性能的影响 **表 5-1**

序号	元素名称	要求含量	对钢材性能影响
1	碳(C)	≤0.22%	含碳量的提高，钢材屈服点和抗拉强度逐渐提高，但塑性和韧性，特别是负温冲击韧性下降。同时，钢材的可焊性、耐腐蚀性、疲劳强度和冷弯性能也都明显劣化，并增加了低温脆断的可能性
2	锰(Mn)	0.3%～0.8%(碳素钢) 1.2%～1.6%(16Mn,15MnV)	锰是有益合金元素，属于弱脱氧剂。适量的锰可以有效地提高钢材强度，消除硫、氧对钢材的热脆影响，改善钢材的热加工性能，并能改善钢材的冷脆倾向，同时又不显著降低钢材的塑性和冲击韧性
3	硅(Si)	≤0.3%(Q235) ≤0.6%(16Mn,15MnV)	硅是有益元素，一般作为脱氧剂加入钢中。硅可以使钢材强度提高，而对塑性、冲击韧性、冷弯性能及可焊性均无明显不良影响。但硅的含量过高，则会降低钢材的塑性、冲击韧性、抗锈性和可焊性
4	硫(S)	≤0.035%～0.05%	硫是有害元素，易于生成硫化铁散布在纯铁体晶类中，在热加工时，硫化铁熔化使钢材变脆并产生裂纹。硫还能降低钢材的塑性、冲击韧性、疲劳强度、可焊性和抗锈蚀能力等
5	磷(P)	≤0.035%～0.045%	磷是有害元素，磷使钢材的强度和抗锈蚀能力提高，但降低了钢材的塑性、冲击韧性、冷弯性能和可焊性，特别是在低温时能使钢材变脆
6	氧(O)	≤0.05%	氧使钢中的晶粒粗细不匀，而氧化铁又会形成杂质混在钢内，降低钢的机械性能，在轧制时易产生裂纹。氧的有害作用如同硫且较之更甚
7	氮(N)	≤0.008%	氮使钢中的晶粒粗细不匀，氮和磷作用类似，使钢材发生冷脆
8	氢(H)		氢分子的聚集压力很大，会使钢材开裂，是造成钢中白点(发裂)的主要原因，并且在低温下易使钢变脆，即“氢脆现象”
9	钒(V)	0.04%～0.12%(15MnV)	钒是有益元素，能使钢材的晶粒细化，提高钢材强度和抗锈蚀能力，同时又保持良好的塑性和韧性，但有时有硬化作用
10	铜(Cu)	≤0.15%～0.25%(15MnV)	铜在碳素结构钢中属于杂质成分。它可以显著改善钢材的抗锈蚀能力，也可以提高钢材的强度，但对可焊性有不利影响

2. 钢材的物理力学性能

(1) 屈服强度和抗拉强度。钢材拉伸的应力-应变是确定钢材强度指标的依据，通过钢材的应力-应变曲线，可知屈服强度是衡量钢材的承载能力和确定钢材强度设计值的重要指标，抗拉强度是钢材破坏前所能承受的最大应力。

(2) 冷弯性能。冷弯性能是指钢材在常温下加工产生塑性变形时，对发生裂缝的抵抗能力。钢材的冷弯性能是通过冷弯试验测定，即通过冷弯冲头加压，当试件弯曲至 180°时，检查试件弯曲部分的外面、里面和侧面，如果没有裂纹、断裂或分层，即认为试件冷弯性能合格。冷弯试验一方面可以检验钢材能否适应在构件制作加工中的冷作工艺，另一方面还可以暴露钢材的内部缺陷（如颗粒组织、结晶情况、夹杂物分布、夹层、内部微孔等），并可进一步鉴定钢材的塑性和可焊性。

（3）冲击韧性。钢材在塑性变形和断裂过程中吸收能量的能力。钢材的冲击韧性不但与钢材的质量、试件缺口状况和加载速度有关，而且受温度，特别是负温的影响较大。当温度低于某一负温，冲击韧性将急剧降低。因此对于在低温下易发生脆性破坏的结构构件，其钢材必须有常温和低温下冲击韧性的保证。

（4）可焊性。钢材的可焊性可分为施工上的可焊性和使用上的可焊性两种。施工上的可焊性是指焊缝金属产生裂纹的敏感性和由于焊接加热的影响，近缝区母材的淬硬和产生裂纹的敏感性以及焊接后的热影响区的大小。可焊性好指在一定的焊接工艺条件下，焊缝金属和近缝区钢材均不产生裂纹。使用上的可焊性则指焊接接头和焊缝的缺口韧性和热影响区的延伸性。要求焊接结构在施焊后的力学性能不低于母材的力学性能。钢材的可焊性可通过化学成分鉴定法或工艺试验法来确定。

（5）疲劳性能。钢材的疲劳是指其在循环应力多次反复作用下，裂纹生成、扩展以致断裂破坏的现象。钢材疲劳破坏时，截面上的应力低于钢材的抗拉强度设计值，钢材在疲劳破坏之前，并不出现明显的变形和局部收缩，它和脆性断裂一样，发生突发破坏。疲劳破坏是钢材内部及其外表总有杂质和损伤存在，在反复荷载作用下，这些薄弱点形成应力集中，开始产生塑性变形，继而应变硬化，在该处首先发生微观裂纹；在反复应力作用下，使微观裂纹逐渐扩大连通，形成宏观裂纹；宏观裂纹发展、失稳扩展，最后导致断裂。

钢材的疲劳破坏除了与钢材的质量、应力集中、残余应力和焊接缺陷等因素有关外，主要取决于荷载的循环次数和循环应力特征。

（6）温度的影响。在正常温度范围内，当温度升高时，钢材强度和弹性模量基本不变，塑性的变化也不大；当温度超过85℃且在200℃以下范围时，随着温度继续升高，钢材各项性能指标的变化总趋势是抗拉强度、屈服点及弹性模量均减小，塑性、韧性上升。但在250℃左右时，钢材的抗拉强度反而提高到高于常温下的值，而塑性和冲击韧性下降，脆性增加，此现象称为“蓝脆现象”，此时钢材表面氧化膜呈现蓝色。为了防止钢材出现热裂纹，应避免在蓝脆温度范围内进行热加工。当温度超过300℃以后，钢材屈服点和极限强度显著下降，塑性变形能力迅速上升。达到600℃时，钢材进入热塑性状态，强度几乎等于零，失去承载能力。

在低于常温的负温范围内，钢材性能变化的总趋势是：随着温度降低，钢材的强度略有提高，而塑性和冲击韧性显著下降，脆性增加。特别是当温度下降到某一数值时，钢材的冲击韧性突然急剧下降，试件发生脆性破坏，这种现象称为“低温冷脆”现象。

（7）腐蚀。钢材的腐蚀分为大气腐蚀、介质腐蚀和应力腐蚀。根据国外挂片试验结果，不刷涂层的两面外露钢材在大气中的腐蚀速度约为8～17年1mm。

钢材的介质腐蚀主要发生在化学车间、储罐、储槽、海洋结构等一些和腐蚀性介质接触的钢结构中，腐蚀速度和防腐措施取决于腐蚀性介质的作用情况。

钢材的应力腐蚀是指其在腐蚀性介质侵蚀和静应力长期作用下的材质脆化现象，如海洋钢结构在海水和静应力长期作用下的“静疲劳”。

（8）钢材硬化。钢材的硬化有两种基本情况：时效硬化和冷作硬化。

时效硬化是指轧制形成的钢材随着时间的增加，强度逐渐提高，塑性、韧性降低，脆性增加。这是由于纯铁体的结晶粒内常留有一些数量极少的碳和氮的固溶物质，它们在结晶粒中的存在是不稳定的，随着时间的增加，这些固溶物质逐渐从结晶粒中析出，并形成自由的碳化物和氮化物微粒，散布在纯铁体晶粒的滑移面上，起着阻碍滑移的强化作用，从而约束纯铁体发展塑性变形，使钢材强度提高、塑性降低，特别是冲击韧性大大降低，钢材变脆。

冷作硬化是指钢材在常温下加工过程中引起强度提高，同时塑性、韧性降低的现象。钢材的冷加工过程通常有两种基本情况：一是作用于钢材上的应力超过屈服点而小于极限强度，此时只产生永久变形而不破坏钢材的连续性，如辊、压、折、冷拉、冷弯、冷轧、矫正等；二是作用于钢材上的应力超过极限强度，从而使钢材产生断裂，部分材料脱离主体，如机械剪切、刨、钻、冲切等。这两种情况都必然产生很大的塑性变形，会使钢材内部发生冷作硬化现象。

3. 钢材的缺陷

钢材的质量主要取决于冶炼、浇铸和轧制过程中的质量控制。如果某些环节出现问题，如碳等微量元素不合理、有害元素和杂质含量过高、钢锭冷却温度和时间控制不当、轧制温度和工艺控制不严等，将会使钢材质量下降并含有缺陷。常见的钢材缺陷见表5-2。

钢材常见的缺陷 **表 5-2**

缺陷名称	形成原因和特征	修复方法
发裂	主要是由热变形过程中(轧制或锻造)钢内有气泡及非金属夹杂物引起的。而钢材内部的发裂还可能由于钢锭浇铸冷却时的晶面收缩与轴向V形偏析所致。发裂经常呈现在轧件的纵长方向,纹如发丝,极易用锉刀锉掉,分布在钢材的表面和内部,一般纹长20～30mm以下,有时达到100～150mm	发裂最好由冶金工艺解决
夹层	钢锭在轧制时,由于温度不高和压下量不够,钢锭中的气泡(有时气泡内还有杂质)没有焊接起来,它们就被压扁并延伸很长,这样就形成了钢材中的夹层。产生夹层的主要原因有:钢锭内有非金属杂质氢气的析出,含锰量太大(>1.3%),偏析严重,钢锭微孔未完全切除或凝固时部分金属流失等	避免钢材夹层必须在冶炼过程中消除气泡,轧制过程中温度适当、压下比正确
微孔	微孔是由于轧制钢材之前没有将钢锭头部的空腔切除干净	轧制前将钢锭头部的空腔切除干净即可避免
白点	钢材的白点是因含氢量太大和组织内应力太大相互影响而形成的,它使钢材质地变松、变脆,丧失韧性,产生破裂	在炼钢时,避免氢气进入钢水中,且使钢锭均匀退火,轧前合理加热,轧后缓慢冷却
内部破损	轧制钢材过程中,若其塑性较低,或轧制时压下量过小,特别是上下压辊的压力曲线不"相交",则内外层的延伸量不等,引起钢材的内部破裂	可以用合适的轧制压缩比(钢锭直径与钢坯直径之比)来补救
氧化铁皮	轧制或已轧制完的金属表面的金属氧化物及其在轧制产品表面留下的凹坑等表面缺陷。多出现在厚度较薄的轧材	
斑疤	一种表面粗糙的缺陷,可能产生在各种轧材、型钢及钢板的表面,其宽和长可达几毫米,深度0.01～1.0mm不等,斑疤会使薄板成型时的冲压性能变坏,甚至产生裂纹和破裂。对镀锡或镀锌板材,斑疤将消耗更多的有色金属且使该处镀层脱落或生锈	

续表

缺陷名称	形成原因和特征	修复方法
夹渣、夹砂	由金属表面上的非金属夹杂物与各种耐火材料引起的，如夹渣就是在金属表面分布很密且呈圆形的小夹杂物（又称麻点），一般出现在厚钢板或中厚钢板上，其深度约为1～3mm	
划痕	划痕一般产生在钢板的下表面上，主要是由轧钢设备的某些零件摩擦所致，其尺寸宽深可见，约1～2mm，长度从几毫米到几米不等，有时可能贯穿轧件的全长	
切痕	切痕是薄板表面上常见的折叠得比较好的形似接缝的折皱，在屋面板与薄铁板的表面上尤为常见。切痕有时是顺轧制方向，也有与轧制方向呈某一角度的，也有垂直于轧制方向的。如果将形成切痕的折皱展平，则钢板易在该处裂开	
过热	过热是指钢材加热到上临界点AC3后还继续升高温度时，其机械性能变差，如抗拉强度，特别是冲击韧性显著降低的现象，它是由于钢材晶粒在经过上临界点AC3后开始胀大所引起的	可用退火的方法使过热金属的结晶粒变细，恢复其机械性能
过烧	当金属的加热温度很高时，钢内杂质集中的晶粒边界开始氧化和部分熔化时发生过烧现象。由于熔化的结晶，晶粒边界周围形成一层很小的非金属薄膜将晶粒隔开。因此过烧的金属经不起变形，在轧制或锻造过程中易产生裂纹和龟裂，有时甚至裂成碎块	过烧的金属为废品，只能回炉重炼，因为这种金属不论用什么加热处理方法都不能挽回
脱碳	脱碳是指加热时金属表面氧化后，表面的含碳量比金属内层低的现象。某些优质高碳钢、合金钢及低碳钢有此缺陷，有时中碳钢也有此缺陷。钢材脱碳后淬火将使强度、硬度及耐磨性都降低	
机械性能不合格	钢材的机械性能一般要求抗拉强度、屈服强度、伸长率等指标得到保证，有时再加上冷弯性能，用在动力荷载和低温时还须要求冲击韧性	大部分指标不合格，只能报废；若个别达不到要求，可作等外品处理
化学成分不合格或严重偏析	将引起钢材可焊性下降，甚至无法焊接；机械性能也不好	太差只好报废，稍差的也可作等外品处理

从表中可以看出，钢材的缺陷很多，其中最为严重的是钢材中的各类裂纹。所以有必要讨论裂纹形成的主要原因，以便在设计、施工或冶炼、轧制、锻压时加以防范和避免。钢材中裂纹产生的原因可归纳为如下几类：

（1）由于某种应力作用而引起的开裂，主要是指钢锭冷却时不均匀收缩时产生的裂纹，以及钢构件加工制作工艺，如冷加工、热处理、焊接等所引起的裂纹。

（2）由于钢中所含某一化学元素超过最大允许含量，对钢的组织结构、工艺性能或机械性能产生不良影响，从而导致其在加工或使用时开裂。如氢带来钢中的“白点”，硫使钢在热加工时发生“热脆”，磷使钢材产生“冷脆”等。

（3）由于其他缺陷如气泡或收缩等产生的内部裂纹。

（4）由于熔炼与浇铸过程中非金属夹杂物进入钢液内。

（5）溶解在钢中的气体与非金属夹杂物在锻轧加工时所形成的细小裂纹。

（6）钢材折叠而形成的裂纹。

（7）钢材长期处于高温和压力下，由于碳氢的腐蚀使表面开裂。

（8）钢材突然遭到高频弹性波冲击时产生的振动裂纹。

5.1.2 钢结构加工制作中可能存在的缺陷

钢结构的加工制作全过程是由一系列工序组成的，钢结构的缺陷也就可能产生于各工种加工工艺中。

1. 钢构件的加工制作及其可能产生的缺陷

钢构件的加工制作过程一般为：钢材和型钢的鉴定试验→钢材的矫正（常温机械矫正或加工后矫正）→钢材表面清洗和除锈→放样和画线→构件切割→孔的加工→构件的冷热弯曲加工等。

构件加工制作可能产生各种缺陷，归纳起来主要有：

（1）选用钢材的性能不合格；

（2）矫正时引起的冷热硬化；

（3）放样尺寸和孔中心的偏差；

（4）切割边未作加工或加工未达到要求；

（5）孔径误差；

（6）冲孔未作加工，存在硬化区和微裂纹；

（7）构件的冷热加工引起的钢材硬化和微裂纹；

（8）构件的热加工引起的残余应力等。

2. 钢结构的焊接及其可能产生的缺陷

焊接工艺给钢结构带来的缺陷主要有：

（1）热影响区母材的塑性、韧性降低；钢材硬化、变脆和开裂；

（2）焊接残余应力和残余应变；

（3）焊接带来的应力集中等；

（4）各种焊接缺陷，如裂纹、焊瘤、烧穿、弧坑、气孔、夹渣、咬边、未熔合、未焊透等，以及焊缝尺寸不符合要求、焊缝成形不良等。

3. 钢结构的铆钉连接及其可能产生的缺陷

铆钉连接是将一端带有预制钉头的铆钉经加热后插入连接构件的钉孔中，再用铆钉枪将另一端打铆成钉，使连接达到紧固。铆钉连接有热铆和冷铆两种方法。铆钉连接可靠，塑性和韧性较好，曾在相当长时期内在钢结构连接中占主要地位，但由于劳动强度高，噪声污染大和耗钢量多的缺点，20 世纪 20 年代后逐步被焊接连接所取代。20 世纪 40 年代末由于焊接冷脆破坏事故多次出现，一度曾认为铆钉的疲劳性能优于焊接。此后由于焊接质量的提高和高强度螺栓连接的出现，铆钉在工程上的运用也越来越少了。

铆钉连接给钢结构带来的缺陷主要有：

（1）铆钉孔引起构件截面削弱；

（2）铆合质量差，铆钉松动；

（3）铆合温度过高，引起局部钢材硬化；

（4）板件间紧密度不够等。

4. 钢结构的螺栓连接及其可能产生的缺陷

螺栓连接包括普通螺栓连接和高强度螺栓连接两大类。

普通螺栓根据产品质量和加工要求分为 A、B、C 三级。A 级和 B 级为精制螺栓，螺栓的性能有5.6级和8.8级；C级为粗制螺栓，螺栓的性能有4.6级和4.8级。A级和B级精制螺栓是由毛坯在车床上经过切削加工精制而成，其表面光滑，尺寸精确，螺栓杆直径和螺栓孔径相同，对孔质量要求高。由于精制螺栓有较高的精度，因而受剪性能好，但制作和安装复杂，价格较高，已很少在钢结构中采用。C级螺栓由未经加工的圆钢压制而成，由于螺栓表面粗糙，螺栓杆与孔径之间有较大的空隙，受剪力作用时，将会产生较大的剪切滑移，连接变形大。但C级螺栓安装方便，且能有效传递拉力，因此，可用于沿螺栓杆轴方向受拉的连接中，以及次要结构的抗剪连接或安装时的临时固定。

高强度螺栓是继铆钉连接之后发展起来的一种钢结构连接形式，已成为当今钢结构连接的主要手段之一。高强度螺栓一般采用45号钢、40B钢和20MnTiB钢加工而成，经热处理后，螺栓抗拉强度应分别不低于800N/mm^{2}和1000N/mm^2，即前者的性能等级为8.8级，后者的性能等级为10.9级。高强度螺栓连接有两种类型：一种是只依靠层间的摩擦阻力传力，并以剪力不超过接触面摩擦力为设计准则，称为摩擦型连接；另一种允许接触面滑移，以连接达到破坏的极限承载力作为设计准则，称为承压型连接。摩擦型连接的剪切变形小，弹性性能好，施工较简单，可拆卸，耐疲劳，特别适用于承受动力荷载的结构。承压型连接的承载力高于摩擦型，连接紧凑，但剪切变形比摩擦型大，所以只适用于承受静力荷载或间接承受动力荷载的结构中。

螺栓连接工艺给钢结构带来的主要缺陷有：

（1）螺栓孔引起构件截面削弱；

（2）普通螺栓连接在长期动荷载作用下的螺栓松动；

（3）高强度螺栓连接预应力松弛引起的滑移变形；

（4）螺栓及其附件钢材质量不符合设计要求。

5. 钢结构的防护涂层缺陷及其处理

所有钢结构在投入使用之前必须进行防腐处理。目前我国钢结构最主要的防腐措施是在其表面覆盖油漆类涂料，形成保护涂层。只有对一些特殊的钢结构，比如输电塔及在较强腐蚀性介质下工作的容器，才采用镀锌、喷铝等方法处理其表面。

涂层的缺陷多种多样，产生的原因各不相同，表5-3列举了各种缺陷产生的原因及其处理方法。

涂层缺陷及其处理方法　　**表5-3**

涂层缺陷	产生原因	处理方法
显刷纹	涂料的流动性(展性)不足 油性调和漆容易发生	使用高级刷子 少用合成树脂
流挂	涂层厚 稀释过分或使用缓干稀释剂过多	涂层不要太厚 稀释剂使用要适当
皱纹	厚涂层表面干燥时易发生 下层涂层未干而紧接涂上层涂料	涂层不要太厚 下层涂层干燥后再涂上层涂料
失光(变白)	涂装后气温很快下降 大气中的水分凝聚于涂层表面上 冬季日落时涂刷易发生	使用缓干稀释剂 温度高时不要涂装 以傍晚时用手指触摸已干燥为准施工
不沾	被涂面上油性成分多,有水分	清扫被涂面并用力涂刷

续表

涂层缺陷	产生原因	处理方法
透色(咬色)	下层涂料中颜料析出 在未干的涂层上涂上层涂料溶剂不合适 下层涂料是沥青系列涂料	使用不会离析的颜料 下层涂层干燥后再涂 涂一层银色涂料后再重新涂装
颜色不匀	混合不充分 溶剂过多 两种颜料粒子分散性能不同的颜料混合	充分搅拌 不要涂太厚和流挂,不要加入太多的溶剂 注意涂料的配合
光泽不良	基底吸收的多 涂层薄 发生失光的情况	重新涂装 使用规定的涂料用量
回粘	使用焦油涂料	应使用上等胶粘剂的涂料
剥离	涂料系列不同 涂层厚时产生大片剥离	使用质量相同的涂料系统 注意基底的清除,以便可重叠涂装
变色褪色	颜料的种类问题 受硫化氢气体的侵蚀 浅颜色中褪色的情况多	选择好的颜料 根据所接触的侵蚀性气体来选择颜料 浅颜色时,要专门选择耐久性好的颜料
起泡	水分侵入涂层,使水溶性物质熔化且膨胀 涂层下生锈,使涂层膨胀凸起	注意基底的清除
粉化	受到热、紫外线和风雨侵蚀,涂层老化而从表面粉化	选择耐粉化的涂料
龟裂	涂层随时间逐渐失去柔软性,表面收缩 涂层下层软,上层硬	下层涂层充分干燥后再涂上层涂料 上、下层涂层硬度相适应
不盖底	涂料稀释过度,透过上层涂层可见下层颜色	不要稀释过度

5.1.3 钢结构的运输、安装和使用维护中可能存在的缺陷

钢结构的运输、安装和使用维护过程中可能遇到的缺陷有：

(1) 运输过程中引起结构或其构件产生的较大变形和损伤；

(2) 吊装过程中引起结构或其构件的较大变形和局部失稳；

(3) 安装过程中没有足够的临时支撑或锚固，导致结构或其构件产生较大的变形、丧失稳定性，甚至倾覆；

(4) 施工连接（焊缝、螺栓连接）的质量不满足设计要求；

(5) 使用期间由于地基不均匀沉降等原因造成的结构损坏；

(6) 没有定期维护使结构出现较严重腐蚀，影响结构的可靠性能。

5.2 钢结构的质量事故及其原因分析

钢结构的事故按破坏形式大致可分为：钢结构强度和刚度的失效、钢结构的失稳、钢结构的疲劳、钢结构的脆性断裂、钢结构的腐蚀等。钢结构的各种破坏形式是相互联系和相互影响的，在一个事故实例中有可能发现几种形式的破坏，而且导致各种形式破坏的原

因也具有一定的共性。

5.2.1 钢结构承载力和刚度的失效

1. 钢结构的承载力失效

钢结构承载力失效是指正常使用状态下结构构件或连接因材料强度不足而导致破坏。其主要原因为：

(1) 钢材的强度指标不合格。在钢结构设计中有屈服强度和抗拉强度两个强度指标。另外，当结构构件承受较大剪力或扭矩时，抗剪强度也是一个重要指标。

(2) 连接强度不满足要求。焊接连接件的强度取决于焊接材料强度及其与母材的匹配、焊接工艺、焊缝质量和缺陷及其检查和控制、焊接对母材热影响区强度的影响等。螺栓连接的强度取决于螺栓及其附件材料的质量，热处理效果、螺栓连接的施工技术工艺的控制，特别是高强度螺栓预应力和摩擦面的处理、螺栓孔引起被连接构件截面的削弱和应力集中等。

(3) 使用荷载和条件的改变。包括计算荷载的超载、部分构件退出工作引起其他构件荷载增加、意外冲击荷载、温度荷载、基础不均匀沉降引起的附加荷载、结构加固过程中引起计算简图的改变等。

2. 钢结构刚度失效

钢结构刚度失效指产生影响其继续承载或正常使用的塑性变形或振动。其主要原因为：

(1) 结构支撑体系不够。支撑体系是保证结构整体刚度的重要组成部分。它不仅对抵制水平荷载和地震作用有利，而且直接影响结构正常使用。

(2) 结构或构件的刚度不满足设计要求。如轴心受压构件不满足允许长细比要求；受弯构件不满足允许挠度要求，压弯构件不满足长细比的要求等。

【案例 5-1】 某轻型钢结构，跨度 12m，柱距 6m，全长 78m，焊接格构钢柱柱顶标高 6m，半敞开式围护结构，屋面是波形石棉瓦，屋面支撑布置。在厂房两端第一个柱间各设置一道上弦横向水平支撑，无垂直支撑，并以檩条代替水平系杆。屋架上弦为组合式三角形斜梁，屋架下弦是直径 32mm 的圆钢用拉钩连接，设计要求圆钢拉钩在下弦拉紧之后电焊。

该厂房原设计为材料备品仓库，建成 5 年以后作为水泥厂破碎机房兼散状材料库，又过 3 年后屋面结构全部倒塌，80%的柱受到不同程度的破坏。据记载事故发生当天，室外气温−4℃，无风，连续 6 个小时中雪。

原因分析：厂房使用用途的改变是发生事故的主要原因。该厂房设计为材料备品库，后改为水泥厂破碎机房，由于厂房的使用条件改变，屋面的计算荷载发生改变。原厂房不考虑积灰荷载，其屋面总荷载为 876N/m^2，下弦拉杆承受的拉力 94.8kN，采用直径为 32mm 的圆钢，应力值为 117.8MPa。当该房屋改为水泥厂破碎机房，则应考虑积灰荷载，屋面总荷载为 1626 N/m^2，下弦杆的拉应力值为 218.4MPa，超过了容许应力值的 28.5%。因此，在改变厂房使用条件的情况下，未进行必要的荷载校核，也没有采取相应的加固措施，是房屋倒塌的直接因素。

【案例 5-2】 上海某车间为纵横跨运输设置了四个悬挑吊车梁，其中三个轨高为 8m，另一个轨高为10m，这些悬挑的钢吊车梁均为铆钉结构。

建成后在空载下进行试车时，发现各横跨的空载吊车一旦驶到悬挑吊车梁的外端车挡处，该悬挑梁立即上下抖动，左右摇晃，不敢满载试车，验收工作只好暂停。检查该挑梁施工质量都属正常，会同设计院研究发现，该梁的下翼缘宽比上翼缘宽要小得多，且从跨内到悬臂端全长的翼缘截面相同。同时厂方反映悬挑梁端的挠度过大。

原因分析：复核发现吊车梁下翼缘在悬挑段支承处的平面外的长细比不够，因为当吊车驶到悬挑端时，该支承处下翼缘受压。若按压杆考虑，就不可与其跨中的受拉下翼缘采用同样宽的断面，此外该外悬挑部分的计算长度 L 应远大于其构造长度4500mm。因该支承节点不能达到完全固接，即使把它视作一端嵌固，一端悬臂，至少按 $2L$ 考虑，如果嵌固条件不足则按 $3L$ 考虑比较稳妥。若按 $3L$ 核算，则挑梁下翼缘出平面的长细比为300，若按 $2L$ 核算，长细比为200，这与《钢结构设计规范》规定的主要受压构件的长细比小于120相距甚远。故吊车空载开到悬臂端时，该挑梁就剧烈抖动，不能正常工作。

5.2.2　钢结构的失稳

钢结构构件由于材料强度高，所用截面相对较小，也就容易产生失稳。钢结构失稳主要发生在其最基本的轴心受压构件、压弯构件和受弯构件，因此在钢结构设计中保证其构件不丧失稳定性极为重要。钢结构构件的失稳分为两类：整体失稳和局部失稳。

1. 影响钢结构构件整体稳定的主要原因

（1）构件设计的整体稳定不满足。影响整体稳定的主要参数为长细比，应注意截面两个主轴方向的计算长度可能有所不同，以及构件两端实际支承情况与采用的理想支承情况间的差别。

（2）构件的各类初始缺陷。在构件的稳定性分析中，各类初始缺陷对其承载力的影响比较显著。这些初始缺陷主要包括初弯曲、初偏心、热轧和冷加工产生的残余应力和残余变形、焊接残余应力和残余变形等。

（3）施工临时支撑体系不够。在结构的安装过程中，由于结构并未完全形成一个设计要求的受力整体或其整体刚度较弱，因而需要设置一些临时支撑体系来维持结构或构件的整体稳定。若临时支撑体系不完善，轻则会使部分构件丧失整体稳定，重则造成整个结构的倒塌或倾覆。

（4）构件受力条件的改变。钢结构使用荷载和使用条件的改变，如超载、节点的破坏、温度的变化、基础的不均匀沉降、意外的冲击荷载、结构加固过程中计算简图的改变等，引起受压构件应力增加，或使受拉构件转变为受压构件，从而导致构件整体失稳。

2. 影响钢结构构件局部失稳的主要原因

（1）构件局部稳定不满足。钢结构构件设计，特别是组合截面构件的设计中，当规范规定的板件局部稳定的要求不满足时，如工形、槽形等截面的翼缘的宽厚比和腹板的高厚比大于限值时，易发生局部失稳。而对其腹板从节约钢材的角度出发，应尽量取薄一点，并通过设置加劲肋的方法加强其局部稳定。

（2）局部受力部位加劲肋构造措施不合理。在构件的局部受力部位，如支座、较大集中荷载作用点，没有设支承加劲肋，使外力直接传给较薄的腹板而产生局部失稳。构件运输单元的两端以及较长构件的中间如没有设置横隔，很难保证截面的几何形状不变且易丧失局部稳定性。

(3) 吊装时吊点位置选择不当。在吊装过程中，由于吊点位置选择不当，会造成构件局部较大的压应力，从而导致局部失稳。所以在设计钢结构时，应详细说明正确的起吊方法和吊点位置。

【案例 5-3】 1907 年，在加拿大境内首次建造跨越魁北克河的三跨悬臂桥，该桥的两个边跨各长 152.4m，中跨长 548.46m，中跨包括了由两个边跨各悬伸出的长度为 714.45m 的杆系结构，在架桥过程中，悬伸出的由四部分分肢组成的格构式组合截面的下弦压杆，因新设置的角钢缀条过于柔弱，四个角钢缀条总的截面积只占构件全截面面积的 1.1%。因此缀条不能有效地将四部分分肢组成具有足够抗弯刚度的受压弦杆，组装好的钢桥在合龙之前，挠度的发展已无法控制，分肢屈曲在先，随之弦杆整体失稳。9000t 重的钢桥全部坠入河中。

5.2.3 构件的疲劳破坏

钢结构的疲劳破坏往往是其在循环应力反复作用下发生的。钢结构的疲劳分析中，习惯把循环次数 $N<10^5$ 称为低周疲劳，而把 $N>10^5$ 称为高周疲劳。经常承受动力荷载的钢结构，如吊车梁、桥梁等在其工作期限内所经历的循环应力次数远超过 10^5 级。如果钢结构构件的实际循环应力特征和实际循环次数超过设计时所采用的参数，就很可能发生疲劳破坏。

此外，钢结构疲劳破坏的影响因素还有：

(1) 所用钢材的抗疲劳性能差；

(2) 结构或构件中的较大应力集中，《钢结构设计规范》中有关疲劳计算的 8 类结构形式或多或少都含有一定程度的应力集中；

(3) 钢结构或构件加工制作缺陷，其中裂纹型缺陷，如焊缝及其热影响区的细裂纹、冲孔或剪切边硬化区的微裂纹等，对钢材的疲劳强度的影响比较大。另外钢材的冷热加工、焊接工艺所产生的残余应力和残余变形等对钢材的疲劳强度也产生较大的影响。

【案例 5-4】 美国肯帕体育馆建于 1974 年，承重结构为三个立体钢框架，屋盖钢桁架悬挂在立体框架梁上，每个悬挂节点用 4 个 A496 高强度螺栓连接，如图 5-1 所示。1979 年 6 月 4 日晚，高强度螺栓断裂，屋盖中心部分突然塌落。

调查表明，屋盖倒塌的主要原因是高强度螺栓长期在风荷载作用下发生疲劳破坏。

设计时，悬挂节点按静载条件设计，设计恒载 1.27kN/m^2，活载 1.22kN/m^2，每个螺栓设计承受的拉力为 238.1kN，而每个螺栓的设计承载力为 362.8kN，破坏荷载为 725.6kN。当屋盖荷载达到破坏荷载时，每个螺栓实际受力为 136～181kN。因此，按静载条件设计，高强度螺栓不会发生破坏。

但实际上，在风荷载作用下，屋盖钢桁架与立体框架梁间产生相对移动，使吊管式悬挂节点连接中产生弯矩，从而使高强度螺栓承受了反复荷载。而高强度螺栓受拉疲劳强度仅为其初始最大承载力的 20%，对 A496 高强度螺栓的试验表明，在松紧 5 次后，其强度仅为原有承载力的 1/3。另外，螺栓在安装时没有拧紧，连接件中各钢板没有紧密接触，加速了螺栓的破坏。

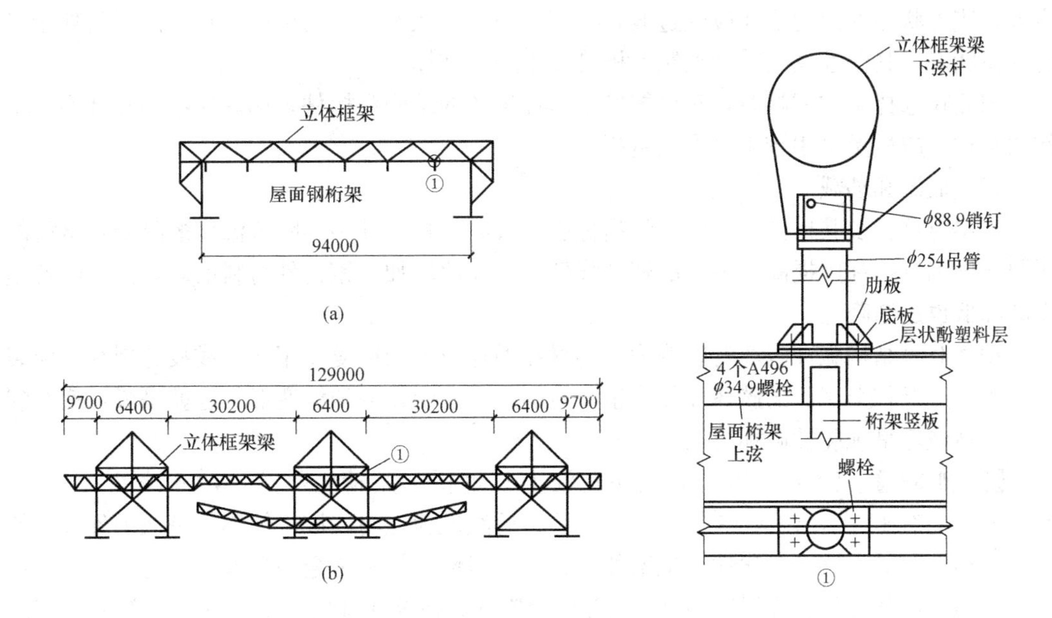

图 5-1 美国肯帕体育馆屋盖结构

该事故吸取的教训是：在某些情况下不能将风荷载只看成静荷载设计。同时，对承受由风荷载产生的动荷载作用的纯拉螺栓，设计时必须考虑螺栓可能存在的疲劳。

5.2.4 钢结构的脆性断裂

钢结构的脆性破坏是其极限状态中最危险的破坏形式之一。它的发生往往很突然，没有明显的塑性变形，而破坏时构件的名义应力很低，一般低于钢材的抗拉强度设计值，有时只有钢材屈服强度的 0.2 倍。影响钢结构脆性破坏的因素很多，归纳起来主要有：

（1）所用钢材的抗脆断性能差

钢材的塑性、韧性以及对裂纹的敏感性等都将影响其抗脆断裂的性能，其中冲击韧性起着决定作用。选择钢材时，应根据钢材类型和工作环境使其在不同温度条件下保证冲击韧性。低合金钢材的抗脆断性能比普通碳素钢优越；普通碳素钢系列中，镇静钢、半镇静钢和沸腾钢的抗脆断性能依次降低。

（2）构件的加工制作缺陷

这类缺陷主要包括：结构构造和工艺缺陷、焊接残余应力和残余变形、焊缝及其热影响区的裂纹、冷作与变形硬化及其裂纹、构件的热应力等。这些缺陷将严重影响构件局部的塑性和韧性，限制其塑性变形，从而导致结构的脆性断裂。

（3）构件的应力集中和应力状态

构件的高应力集中会使构件在局部产生复杂应力状态，如三向或双向受拉、平面应变状态等。这些复杂的应力状态，严重影响构件局部的塑性和韧性，限制其塑性变形，从而提高了构件产生脆性断裂的可能性。

（4）构件的尺寸

这里的构件的尺寸主要是指构件板材的厚度。较薄的构件一般呈现平面应力状态，而在平面应力状态下，除非应力集中系数特别高，一般不会发生脆性破坏。随着构件的厚度增大，应力状态逐渐向平面应变过渡，而在平面应变状态下，构件应力集中区材料处于三向受拉状态，其塑性发展受到限制，极易发生脆性破坏。

因此在选择结构钢材时，对可能发生脆性破坏的结构和构件，如焊接结构和低温下工作的结构，应尽量采用较小厚度的钢板。

(5) 低温和动载

低温对钢材及其构件的主要力学指标有较大的影响。其中，随着温度的降低，钢材的屈服强度和抗拉强度提高，钢材的塑性降低，屈强比增加。钢构件材料的破坏强度随着温度的降低也逐渐降低。

动载对钢结构脆性破坏的影响为：钢材在循环应力的反复作用下生成疲劳裂纹，而裂纹的扩展直至整个截面的破坏往往是很突然的，没有明显的塑性变形。也就是说，疲劳裂纹的扩展破坏呈现脆性破坏特征。

【案例 5-5】 哈尔滨的滨洲线松花江上某钢桥采用铆接结构，77m 跨的有 8 孔，33.5m 跨的有 11 孔。建成 13 年后发现裂纹。后经试验证明，该桥使用的是从国外进口的马丁炉钢，脱氧不够。氧化铁及硫增加了钢材的脆性，特别是金相颗粒不均匀，所以不适合低温加工，其冷脆临界温度为 0℃。母材冷弯试验在 90℃时已开裂，到 180℃时已有断裂发生，且钢材边缘发现夹层。裂纹大部分在钢板的边缘或铆钉孔周围，呈辐射状。

1950 年检查发现各桥端节点有裂缝，大都在铆钉孔处，于是进行缝端钻孔以阻止裂缝发展，并且继续观察使用。1962 年把主跨 8 孔 77m 跨的大钢桥全部换下，其余 11 孔 33.5m 跨的钢桥至 1970 年才换下。复查换下的这 11 孔钢桥，共计裂纹两千多条，其中最大者长 110mm，宽 0.1～0.2mm，大于 50mm 长的裂纹有 150 多处。

该事故的原因是：这批钢材冷脆临界温度为 0℃，而使用时最低气温为－40℃，这是造成裂缝的主要原因，当时得出 4 点结论。

(1) 该桥的实际负荷不大；

(2) 大部分裂纹不在受力处；

(3) 钢材的金相分析表明材质不均匀；

(4) 各部分构件受力情况较好，所以钢桥可继续使用。

该事故吸取的教训是：钢结构的脆性断裂受钢材的材质、连接方式影响很大，特别是在低温地区设计钢结构时，必须考虑低温的影响。在进行防止脆断的设计时必须考虑以下因素：材料、材料韧性、结构最低工作温度、应力集中状况、钢材缺陷和结构的使用情况等。

5.2.5 钢结构的腐蚀破坏

普通钢材的抗腐蚀能力比较差，全世界每年约有年产量 30%～40%的钢铁因腐蚀而失效，除废料回收外，净损失约为 10%。钢结构腐蚀结果不单是经济上和资源上的损失，腐蚀使钢结构杆件净截面减损，降低了结构承载能力和可靠度，同时腐蚀形成的“锈坑”使钢结构产生脆性破坏的可能性增大，尤其是抗冷脆性能下降。

一般来说，钢结构下列部位容易发生锈蚀：

(1) 埋入地下的地面附近部位，如柱脚；

(2) 可能存积水或遭受水蒸气侵蚀部位；

（3）经常干湿交替又未包混凝土的构件；

（4）易积灰且湿度大的构件部位；

（5）组合截面净空小于 12mm，难于涂刷油漆的部位；

（6）屋盖结构、柱与屋架节点、吊车梁与柱节点部位等。

过去用油漆等涂料来保护钢结构，后来也有以镀锌、喷铝等方法来抵抗腐蚀。这种消极地把钢材与大气隔绝的方法不仅增加成本和保养费用，而且效果也很不理想。近年来人们寻求一种积极的提高钢材本身抗腐蚀性能的方法。在低碳钢冶炼时加入适量的磷、铜和镍等合金元素，使之和钢材表面外的大气化合成致密的防锈层，起隔离大气的覆盖层作用，而且不易老化和脱落。这是目前国外金属抗腐蚀研究的发展趋势。

【案例 5-6】 上海市某研究所食堂为直径 17.5m 的圆形砖墙上扶壁柱承重的单层建筑。檐口总高度为 6.4m，屋盖采用 17.5m 直径的悬索结构，如图 5-2 所示。悬索由 90 根直径为 7.5mm 的钢铰索组成，预制钢筋混凝土异形板搭接于钢铰索上，板缝内浇筑混凝土，屋面铺油毡防水层，板底平顶粉刷。使用 20 年后的某天，屋盖突然整体塌落。经检查，90 根钢铰索全部沿周边折断，门窗大部分被振裂，但周围砖墙和圈梁均无塌陷损坏。

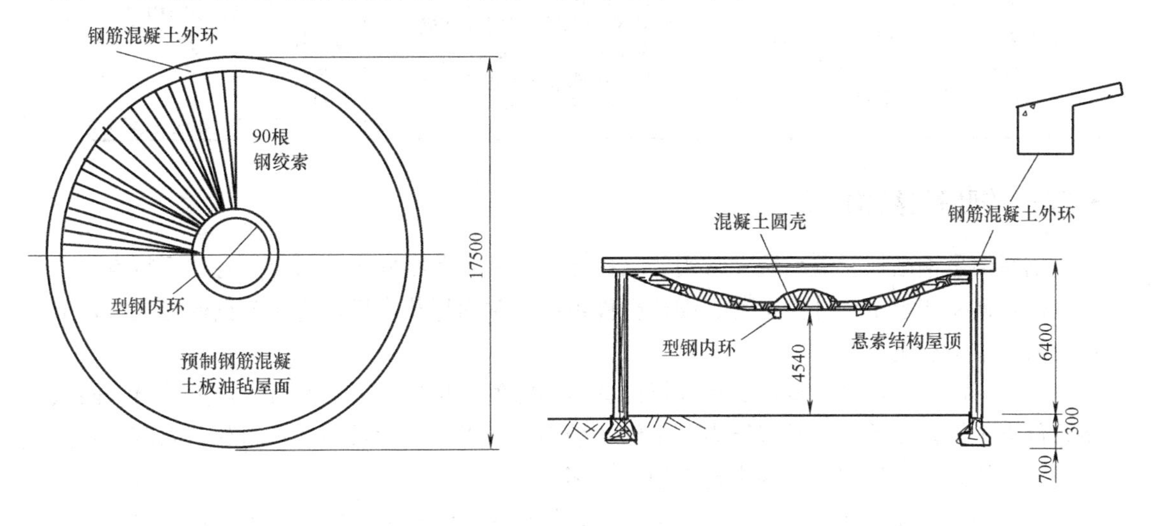

图 5-2 屋盖平、剖面示意图

该事故的原因是：该工程原为探索大跨度悬索结构屋盖的技术应用的实验性建筑，在改为食堂之前，一直进行观察。改为食堂后，建筑物使用情况正常，曾因油毡铺贴问题导致屋面局部渗漏而做过一般性修补。悬索部分因被油毡面层和平顶粉刷所掩蔽，未能发现其锈蚀情况，塌落前未见任何异常迹象。

事故分析认为，屋盖的塌落主要与钢铰索的锈蚀有关，钢铰索的锈蚀原因主要有两点：一是屋面渗水，二是食堂的水蒸气上升，上部通风不良加剧了钢铰索的大气电化腐蚀和某些化学腐蚀。由于长时间腐蚀，钢筋断面减小，承载力降低，当超过极限承载能力后断裂。至于均沿周边断裂，则与周边夹头夹持、钢索处于复杂应力状态（拉应力、剪应力共同存在）有关。

该事故吸取的教训是：应加强钢索的防锈保护，可从材料构造等方面着手；设计合理的夹头方向，夹头方向应使钢索处于有利的受力状态；实验性建筑应保持长时间观察，以免发生类似事故。

5.3 钢结构质量事故的实例分析

钢结构的质量事故是由于其本身存在着缺陷并在其他因素作用下发展而形成的。从这种意义上说，钢结构产生缺陷和出现事故的原因大体是相同的，缺陷往往是事故的前兆。钢结构工程事故原因可按三个阶段进行划分，见表5-4。

钢结构工程事故原因阶段分类 **表5-4**

设计阶段	制作和安装阶段	使用维护阶段
1. 结构设计方案不合理 2. 计算简图不当 3. 结构计算错误 4. 对结构荷载和受力情况估计不足 5. 材料选择不合适(性能要求不满足) 6. 结构节点不完整 7. 未考虑施工和使用阶段工艺特点 8. 防腐蚀、高温和冷脆措施不足 9. 没有按结构设计规程执行	1. 没有按图纸要求制作 2. 制作尺寸偏差，质量低劣 3. 制作用材和防腐蚀措施不适当 4. 安装施工程序不正确，操作错误 5. 支撑和结构刚度不足 6. 安装偏差引起变形 7. 安装连接不正确，质量差 8. 吊装、定位和矫正方法不正确 9. 制作和安装设备工具不完善 10. 制作和安装检测制度不严格 11. 缺乏熟练技术人员	1. 违反使用规定(超载、乱开洞) 2. 建筑物地基下沉 3. 使用条件恶化，材性改变(老化、腐蚀、高温、低温、疲劳等) 4. 采用了不恰当方法改造和加固 5. 操作不当，使结构构件损伤或破坏，不及时维修 6. 结构定期检查制度没有执行 7. 特殊作用，如地震、辐射等

5.3.1 钢屋架结构事故

钢屋架是钢结构屋盖系统最常用的结构形式。钢屋盖结构屋盖系统具有如下特点：

(1) 钢屋架承重构件由壁薄、细长杆件组成，截面形状多样，连接节点构造复杂，节点应力集中又有偏心。

(2) 钢屋架结构的计算荷载和计算简图与实际值较接近，屋架经常在接近计算极限状态条件下工作，屋盖系统承载能力安全储备最小，所以屋盖承重构件对超载、温度和腐蚀作用十分敏感，容易因偶然因素而失稳或破坏。

(3) 制造、安装和使用中出现各种缺陷，使钢屋架结构成为钢结构中破坏最严重的构件之一，损坏事故较多。

(4) 设计中多采用标准图集，设计人员往往忽略结构本身计算，特别是荷载和建筑构造与标准图集所规定的不符合时。

1. 钢屋架事故类型

(1) 屋架倒塌。

(2) 桁架杆件断裂（包括与节点板连接断开）。

(3) 屋架挠曲超标准。

(4) 杆件弯曲（上弦出现较少，因其断面较大且有屋面板、支撑连接）。

(5) 屋架支撑屈曲。

2. 钢屋架事故原因

屋盖中屋架和托架是主要构件，其薄弱环节是长细比大的受压腹杆、屋架与柱连接节点、屋架节点板、端部受拉斜撑和天窗斜撑。钢屋架事故的具体原因分析如下：

(1) 设计方面原因

1) 结构设计方案不合理或计算简图不符合实际。

2) 结构构件和连接计算错误。

3) 对结构荷载和受力情况估计不足。

4) 材料选择不当或材料性能不满足实际使用要求。

5) 结构节点构造不合理。

6) 防腐蚀、高温和冷脆措施不足。

7) 设计图纸出错等。

(2) 制作和安装中的原因

1) 构件几何尺寸超过允许偏差，由于矫正不够、焊接变形、运输安装中受弯，使杆件有初弯曲，引起杆件内力变化。

2) 屋架或托架节点构造处理不当，形成应力集中；檩条错位或节点偏心。

3) 腹杆端部与弦杆距离不符合要求，使节点板工作恶化出现裂缝。

4) 桁架杆件尤其是受压杆件漏放连接垫板，造成节点板工作恶化出现裂缝。

5) 桁架拼接节点质量低劣，焊缝不足，安装焊缝不符合质量要求。

6) 任意改变钢材要求，使用强度低的钢材或减小杆件设计截面。

7) 桁架支座固定不正确，与计算简图不符，引起杆件附加应力。

8) 违反屋面板安装顺序，屋面板搁置面积不够、漏焊。

9) 忽视屋盖支撑系统作用，支撑薄弱，有的支撑弯曲。

10) 屋面施工违反设计要求，任意增加面层厚度使屋盖重量增加。

(3) 使用中的原因

1) 屋面超载，尤其是某些工厂不定期清扫屋面积灰，使屋面超载，发生事故。

2) 改变结构的使用功能，而没有对结构进行鉴定复核，造成荷载明显增加。

3) 未经设计而悬挂管道、提升重物等，固定在非节点处，引起杆受力变化。

4) 使用过程中高温、低温和腐蚀作用影响屋架承载能力。

5) 重级工作制吊车运行频繁，对屋架的周期性作用造成屋架损伤破坏。

6) 使用中切割或去掉屋架中杆件，使局部杆件应力急剧变化。

7) 结构出现损伤和破坏而没有进行加固和修复等。

钢屋架的事故往往不是上述所列单一原因引起的，而是众多原因综合影响所致，这些原因牵涉结构的设计、加工制作、安装、使用和管理各个环节。

【案例 5-7】 某厂铸造车间，厂房总长 83m，分三期建成。第一期工程共 15 间，开间 3.3m。钢筋混凝土吊车梁，三铰拱式轻钢屋架。屋面为轻钢檩条，上铺木望板，挂水泥瓦。屋架下弦标高 10.5m，砖墙承重。第二期工程为由原四间向东接建 8 个开间，开间尺寸 4m，屋架下弦标高 8.25m，其余同第一期工程。第 2 年开始在室内增建两排钢筋混凝土柱，横向柱距 16.5m，纵向柱距与厂房开间相同。南排柱紧靠厂房南墙，柱顶为现浇钢筋混凝土吊车梁，设 3t 和 5t 吊车各一台。第 3 年建成投入使用。厂房的平、剖面示意如图 5-3 所示。该工程均未经设计单位设计，未考虑抗震设计。

建成后的第 2 年，厂房里工人们正在浇注铁水，突然有一根屋架上弦支撑的圆钢掉下来，接着发现屋架下弦严重下垂，从室外看屋盖上弦三角形直线变为“人字”形。屋顶开始掉灰尘，紧接着整个屋盖23榀三铰拱式轻钢屋架全部塌落，顶部部分墙体倒塌。幸运的是车间人员发现险情后，迅速撤出，只有3人受轻伤，未造成更大的伤亡。

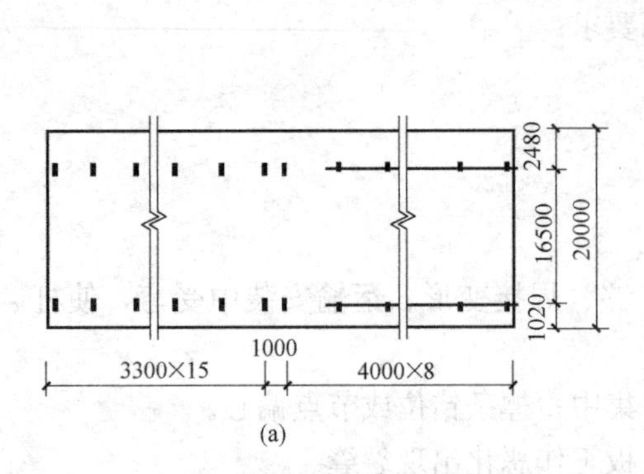

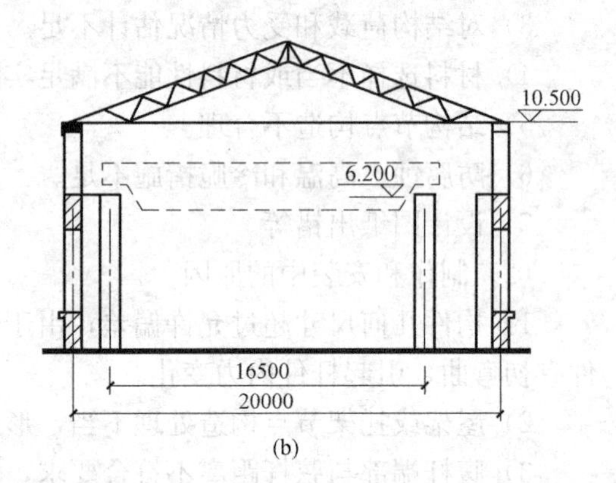

图5-3 厂房平面及剖面示意

1. 事故原因分析

（1）屋架选型不当

该厂房为热加工车间，20m跨，内设吊车2台，处于7度地震区。厂房跨度大，有振动荷载，并且处于高温工作环境中。对于这种情况，屋盖结构本来应适当加强，但设计中却选用了单榀和整体刚度都很差的三铰拱轻钢屋架。

（2）屋架上弦斜梁不满足整体稳定性要求

屋架上弦斜梁采用空间桁架式结构，三角形组合截面，上弦为双角钢，下弦为单根圆钢。《钢结构设计规范》GB 50017—2003中规定："三铰拱屋架的三角形截面组合斜梁，为了满足整体稳定性的要求，其截面高度与斜梁长度的比值不得小于1/18"。实际工程中，一般选用1/15左右。而本工程斜梁高跨比只有1/21.6，不能满足整体稳定性要求。

（3）屋架斜梁上、下弦杆强度不足

屋架斜梁上弦采用2∟50×5角钢，下弦采用1根直径20圆钢。经复算，在正常荷载作用下，上弦压应力为183.1MPa，下弦拉应力达363.5MPa，均大于Ⅰ级钢的允许应力170MPa。

（4）不应采用砖墙承重方案

第一期工程屋架下弦标高10.5m，这样高的厂房，采用带壁垛砖墙承重是不安全的。对于此类建筑，应采取钢筋混凝土柱。

（5）未做抗震设计

该工程位于7度地震区，而设计中未考虑抗震设防。

综上所述，这次严重的房屋倒塌事故，是结构设计失误造成的。由于屋架选型不当，并且上弦斜梁稳定性、强度均不满足要求，加之厂房过高而采用砖墙承重方案，因而屋架上弦斜梁严重下垂直至失稳造成屋盖塌落，并将部分墙体拉倒。据厂方反映，很早以前屋面就有下垂现象，严重处达10cm之多，即房屋结构从一开始就因设计错误而先天不足。天长日久积灰增多，雨、雪又使屋面荷载增大，以及吊车振动（倒塌时5t吊车正在运行）等，都是事故的诱发因素。而事故的根本原因是结构设计的问题。

2. 应吸取的教训

结构设计时，对方案的研究和主要受力构件的选型应十分谨慎。对有振动荷载或跨度大于 18m 的建筑不要选用轻钢屋架。凡柱高在 9 m 或 9m 以上时，不论房屋跨度大小和承重大小均不得采用砖排架承重方案。对柱高在 9m 以上已建成的砖柱承重房屋，应组织检查、鉴定，结合抗震要求采取加固措施。

严防在施工和使用中超载，严禁随意在屋架上增加荷载。对积灰较多的厂房，除设计时必须按规定考虑积灰荷载外，使用中应指定专人负责，定期进行清扫，以防给屋架增加负担。

5.3.2 钢网架结构事故

网架结构（含网壳结构）以其适用性、美观性、可靠性、安全性和经济性而受到国内外建筑界的极大重视和推广使用。网架结构在我国的应用在规模上和数量上都居世界首位。随着网架结构大量应用的同时，也发生了一些工程事故。

网架工程事故产生的原因总体来说分设计失误、制作中的失误和拼装、吊装中的失误三类，在每一类中又有诸多影响因素。

1. 设计失误

（1）荷载低算或漏算，荷载组合不当。

（2）力学模型、计算简图与实际不符。

（3）结构形式或结构体系选择不合理。

（4）计算方法或计算条件运用不正确。

（5）材料（包括钢材、焊条等）选择不合理。

（6）杆件截面匹配不合理，下料尺寸计算不正确。

（7）节点形式及构造错误。

（8）设计中未考虑吊装荷载。

（9）设计图纸要求不严格等。

2. 制作中的失误

（1）材料验收及管理混乱。

（2）杆件下料尺寸不准确。

（3）焊接空心球节点质量或焊接施工质量不满足要求。

（4）螺栓球节点质量或施工质量不满足要求。

（5）焊接板节点和支座节点施工质量不满足要求。

（6）焊接质量得不到保证，存在各种焊接缺陷。

3. 拼装和吊装中的失误

（1）胎具或拼装平台不合规格，导致网架单元体偏差和整体积累误差。

（2）有偏差的杆件、单元体或整体网架强行就位或安装，导致杆件弯曲或次应力。

（3）焊接工艺或顺序错误，造成杆件或整体网架变形或残余应力。

（4）同一节点杆件的焊接顺序或方法错误，导致杆件汇交积累误差。

（5）施工方案选择不合理或不正确。

（6）对施工阶段的吊点反力、杆件应力、变形的验算和监测不到位。

(7) 下部支承的柱子或圈梁的位置、尺寸和标高偏差较大。

(8) 采用多台起重机或扒杆吊装时，同步协调较差，造成部分杆件弯曲。

当然网架工程事故的发生，可能是上述某一种因素引起的，也可能多种因素共同导致的。

【案例 5-8】 某通信楼工程网架为焊接空心球节点棋盘形四角锥网架，平面尺寸13.2m×17.99m，网格数5×7，网格尺寸2.64 m×2.57 m，网架高1.0m，支承方式为上弦周边支承，如图5-4所示。

该网架用假拟弯矩法进行内力分析，取上弦均布荷载为3kN/m^2；杆件及空心球节点的材料均采用Ⅰ级钢（Q235）。网架上弦为ϕ73×4钢管，下弦为ϕ89×4.5，腹杆为ϕ38×3，空心球节点规格为ϕ200×6。图纸注明网架杆件与节点的连接焊缝为贴角焊缝，焊缝厚7.5mm，焊条规定为T42型。

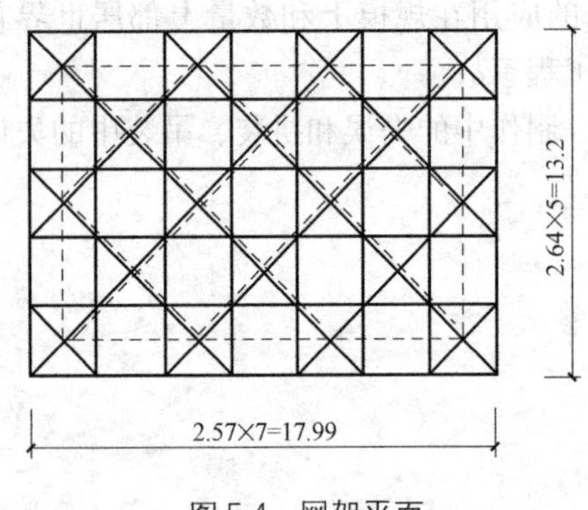

图5-4　网架平面

网架制作于1987年5月，历时15d，5月27日用塔吊整体吊装平移就位，同年9月铺设钢筋混凝土屋面板（共35块），在铺完29块后。因中部6块板尺寸有误，需重新预制，故铺屋面板工程拖至1988年4月15日完成。6月2～4日进行屋面保温层、找平层施工，同时网架下弦架设吊顶龙骨，6月5～7日连降中雨、大雨。7日晨网架塌落，伴有巨响。网架由短跨一端塌下，另端尚挂在圈梁上。从破坏现场看，网架上下弦变形不凸出，但因腹杆弯折，上下弦叠合在一起，腹杆大量出现S形弯曲；杆件与空心球节点连接焊缝破坏形式是在焊缝热影响区钢管被拉断，或因焊缝未焊透、母材未熔合使钢管由焊缝中拔出。

1. 事故原因分析

(1) 设计原因

网架的计算有误，整个网架的全部杆件包括上弦、下弦和腹杆的截面面积均不足。致使在网架屋面施工过程中，实际荷载仅为设计荷载的2/3时，网架就破坏了。网架的塌落是受压腹杆失稳造成的，当受压腹杆失稳退出工作后，整个网架迅速失稳而塌落。

网架倒塌时的实际荷载（屋面荷载为2kN/m^{2}左右），以空间桁架位移法进行内力分析表明，下弦杆最大轴向拉力为105kN，最大拉应力为87.9MPa；上弦杆最大轴向压力为110.6kN、相应压应力为114.1MPa（以$l_0=0.9\times2.57=2.31$m，$\lambda=231/2.99=77.3$，$\varphi=0.73$计算得到）；受拉腹杆最大轴向拉力53.4kN、最大拉应力161.8MPa。它们都未超过其承载力，相应应力仍处于允许范围。

受压腹杆在网架倒塌时的最大轴向压力为53.4kN、相应压应力为385.3MPa（以$l_0=0.75\times2.096=1.57$m，$\lambda=157/1.24=126.6$，$\varphi=0.42$计算得到），此值大于$2[\sigma]$。再用欧拉公式计算受压腹杆的临界荷载为24.05kN＜53.4kN。

(2) 施工原因

网架的焊缝质量问题，从破坏现场发现，钢管与空心球的连接焊缝破坏有多处未焊透或母材未熔合，使钢管由焊缝中拔出。这种焊缝本应是对接焊缝，成V形坡口焊接。虽然施工图中不正确地选用了贴角焊缝，但是，对贴角焊缝母材未熔也是不允许的。

网架上弦节点上为形成排水坡而设置的小立柱，本是中间高两边低，而施工中竟做成中间低两边高，致使屋面积水，发现问题后，不返工重做，反而将中间保温层加厚用以形成排水坡，既浪费材料又增加厂房屋面荷载。

网架支柱的预埋件不按图纸设计位置设置，预埋钢板下的锚固钢筋竟错误地置于圈梁保护层内，塌落时锚固钢筋自保护层中剥落。

2. 应吸取的教训

近几年来网架结构在国内推广，有些人盲目认为网架是高次超静定结构，安全度高，忽视其受力的复杂性，致使各地不断出现网架质量事故。网架结构的设计人员必须掌握网架结构的设计理论，精心进行结构计算（不能不考虑设计条件盲目套用其他网架）；网架结构的焊接质量要求较严，一般建筑施工队伍中的焊工，应进行专业培训持合格证后方能参加网架的焊接工作。

5.3.3 轻钢结构事故

轻型房屋钢结构的种类很多，主要包括：焊接门式刚架体系、冷弯薄壁型钢结构体系、多层框架结构体系、薄壁拱形屋面体系和部分空间张拉结构体系等。门式刚架轻型钢结构是单层工业厂房中一种常见的结构形式，近年来，随着我国经济建设的迅速发展，由于生产的需要，这类结构以用钢量少、重量轻、造价低、适用范围广等优点而得到广泛的应用。门式刚架结构在广泛应用的同时，事故也频繁发生，例如1992年湛江市的特大台风出现过一大批轻钢厂房倒塌或被风掀起的事故；1998年浙江省经历了少有的一场大雪，在杭州、萧山、绍兴等地发生了一批轻钢厂房倒塌的事故。发生这一系列事故的主要原因为：我国相关的规范及质量验收体系尚不健全，设计单位对轻钢结构的设计并不熟悉，很大一部分工程的设计均由承包施工单位完成，而承包施工单位从自身的经济利益出发片面追求低用钢量，使得工程的安全度降低；门式刚架设计中普遍存在着一系列不符合设计规范和规程的技术错误，如计算简图的选取与实际情况不符、支撑系统的设置不符合规范要求、构造不符合规范要求和加工制作方面的缺陷等。

【案例 5-9】 某单层轻钢厂房，建筑面积6000m^2，门式刚架结构，跨度18m，共2跨，有13开间，柱距7m，柱顶标高7.5m，刚架梁柱采用变截面焊接H型钢，檩条、墙梁采用C型钢，纵向系杆为圆钢管。2009年3月，在施工过程中，发生倒塌事故，现场厂房倒塌如图5-5所示，柱脚锚栓破坏如图5-6所示。

1. 原因分析：施工人员在施工过程中严重违反施工流程，厂房在未形成空间稳定结构前，已经将纵向系杆安装到位。为了赶进度，在未安装风揽前将钢梁安装完，又接着进行檩条的安装，经过一夜大风后，门式刚架结构平面外失稳，各单榀结构在纵向系杆连接作用下，全部同向倒塌。结构倒塌的同时，将基础的铰接锚栓拉断或弯曲，大部分构件变形破坏，损失严重。

2. 教训总结：此事故主要是设计不当和施工、管理不善造成。有关单位应认真吸取教训，严格按建设程序办事，要加强设计管理，加强设计审核力度，提高设计质量。施工单位要建立健全质量管理保证体系，严把质量安全关，严格按照各项规范和设计要求施工，以避免类似事故发生。

图 5-5 厂房倒塌

图 5-6 柱脚锚栓破坏

5.4 钢结构的加固

钢结构存在着严重缺陷和损伤或改变使用条件，经检查和验算结构的强度、刚度及稳定性不能满足要求时，则应对钢结构进行加固或修复。

1. 钢结构的加固

引起加固的原因一般有下列几种：

（1）由于设计考虑不周或设计错误，以及由于施工质量事故造成的各种缺陷。如桁架节点板设计时未考虑施工拼装误差，造成侧焊缝长度不足；由于设计漏算荷载；制作中桁架杆件不汇交于一点所产生的附加弯矩引起杆件强度不足；焊缝厚度不够等。

（2）使用的钢材质量不符合要求。

（3）工艺操作的改变引起建筑结构的布置和受力状况发生变化，原有结构不能适应。

（4）荷载的增加（如屋面增设保温层、厂房内吊车起重量加大、无吊车厂房增设吊车、屋面积灰等）。

（5）使用过程中的磨损，严重锈蚀和生产事故造成的损害。

（6）由于地基基础的下沉，引起结构变形和损伤。

（7）意外损害，如地震作用引起的损坏。

2. 钢结构的修复

当结构物的使用条件不变，仅仅由于遭受意外事故，或使用不当使结构损坏而需要恢复结构的功能，称为结构的修复。

修复工作包括：

（1）钢材和构件裂纹的修复。

（2）构件与连接损伤和缺陷修复。

（3）结构变形的修复等。

进行结构修复工作前，根据结构构件的重要性和受力状况，应对不作处理的各种缺陷规定许可的限制值。

5.4.1 钢结构加固的基本要求

1. 钢结构加固的一般规定

(1) 钢结构的加固应根据可靠性鉴定所评定的可靠性等级和结论进行。经鉴定评定其承载能力（包括强度、稳定性、疲劳等)、变形、几何偏差等，不满足或严重不满足现行《钢结构设计规范》的规定时，则必须进行加固方可继续使用。

(2) 加固后钢结构的安全等级应根据结构破坏后果的严重程度、结构的重要性（等级）和加固后建筑物功能是否改变、结构使用年限确定。

(3) 钢结构加固设计应与实际施工方法紧密结合，并应采取有效措施保证新增截面、构件和部件与原结构连接可靠，形成整体共同工作。

(4) 对于高温、腐蚀、冷脆、振动、地基不均匀沉降等原因造成的结构损坏，提出其相应的处理对策后再进行加固。

(5) 对于可能出现倾斜、失稳或倒塌等不安全因素的钢结构，在加固之前，应采取相应的临时安全措施，以防止事故的发生。

(6) 在加固施工过程中，若发现原结构或相关工程隐蔽部位有未预计损伤或严重缺陷时，应立即停止施工，会同加固设计者采取有效措施后方能继续施工。

(7) 钢结构的加固设计应综合考虑其经济效益。应不损伤原结构，避免不必要的拆除或更换。

2. 钢结构加固的计算原则

(1) 在钢结构加固前应对其作用荷载进行实地调查，其荷载取值应符合下列规定：

1) 根据使用的实际情况，对符合现行国家规范《建筑结构荷载规范》GB 50009—2012 的荷载，应按此规定取值。

2) 对不符合《建筑结构荷载规范》GB 50009—2012 规定或未作规定的永久荷载，可根据实际情况进行抽样实测确定。抽样数不得少于 5 个，取其平均值并乘以 1.2 的系数。

(2) 加固钢结构可根据下列原则进行结构承载力和正常使用极限状态的验算：

1) 结构计算简图，应根据结构上的实际荷载、构件的支承情况、边界条件、受力状况和传力途径等确定，并应适当考虑结构实际工作中的有利因素，如结构的空间作用、新结构与原结构的共同工作等。

2) 结构的验算截面，应考虑结构的损伤、缺陷、裂缝和锈蚀等不利影响，按结构的实际有效截面进行验算。计算中尚应考虑加固部分与原构件协同工作的程度、加固部分可能的应变滞后情况（即新材料的应变值小于原构件的应变值）等，对其总的承载力予以适当折减。

3) 在对结构承载能力进行验算时，应充分考虑结构实际工作中的荷载偏心、结构变形和局部损伤、施工偏差以及温度作用等不利因素使结构产生的附加内力。

4) 如加固后使结构重量增加或改变原结构传力路径时，除应验算上部结构的承载能力外，尚应对建筑物的基础进行验算。

5) 对于焊接结构，加固时原有构件或连接的强度设计值应小于 $(0.6\sim0.8)f$；不得考虑加固构件的塑性变形发展。当现有结构的强度设计值大于 $0.8f$ 时，则不得在负荷状态下进行加固。

(3) 结构加固中常用的计算公式如下，遇到其他情况时，可根据上述加固计算的基本原则，参照现行《钢结构设计规范》的有关条件进行计算。

1）卸荷下的补强加固

在原位置上使构件完全卸荷，或将构件拆下进行补强加固时，构件承载能力按补强或加固后的截面进行计算。其计算方法与新结构相同。

2）在负荷状态下补强或加固时，应先根据加固时的实际荷载设计值，按强度和稳定验算原构件承载力，仅当承载力富余20％或以上时，才允许在负荷状态下进行加固。加固计算分别按下列两种情况进行：

第一种情况：补强加固后，对承受静荷载（或间接承受动荷载），且整体和局部稳定有可靠保证的构件，可按原有构件和加固零部件之间产生塑性内力重分布的原则进行计算。其广义表达式可写成：

$$S/a \leqslant kf\phi \quad (5\text{-}1)$$

式中 S——考虑荷载分项系数后的荷载效应；

a——加固后构件截面的几何特性；

ϕ——加固后按整个截面计算的构件稳定系数，当强度计算时，$\phi=1$；

f——钢材的强度设计值；

k——加固折减系数。

第二种情况：补强加固后，对直接承受动荷载，或不符合式（5-1）中要求的构件，应按弹性阶段进行计算，其广义表达式为：

$$S_1/a_1+\Delta s/a \leqslant f\phi \quad (5\text{-}2)$$

式中 S_1——加固时，作用在原有结构上实际荷载所产生的荷载效应设计值；

a_1——加固时，原有构件的截面几何特性；

Δs——加固后增加的荷载效应，考虑荷载分项系数；

a——加固后构件整个截面的几何特性；

ϕ——加固后按整个截面计算的构件稳定系数，当强度计算时，$\phi=1$。

5.4.2 钢结构的加固方法

1. 结构的卸荷方法

结构的卸荷方法要求传力明确、措施合理、确保安全。

(1) 梁式结构，例如工业厂房的屋架可用在下弦增设临时支柱（图5-7a），或组成撑杆式结构（图5-7b）的方法来卸荷。由于屋架从两个支点变为多个支点，所以需进行验算，特别应注意应力符合改变的杆件。当个别杆件（如中间斜杆）由于临时支点反力的作用，其承载能力不能满足要求时，应在卸荷之前予以加固。验算时可将临时支座的反力作为外力作用在屋架上，然后对屋架进行内力分析。临时支座反力可近似地按支座的负荷面积求得，并在施工时通过千斤顶的读数加以控制，使其符合计算中采用的数值。临时支承节点处的局部受力情况也应进行核算，该处的构造处理应注意不要妨碍加固施工。施工时尚应根据下弦支撑的布置情况，采取临时措施防止支承点在平面外失稳。

(2) 托架的卸荷可以采用屋架卸荷的方法，也可利用吊车梁作为支点使托架卸荷。当吊车梁制动系统中辅助桁架的强度较大时，可在其上设临时支座来支托托架。利用杠杆原理，以吊车梁作为支点，外加配重使托架卸荷的方法也是一种可取的方法，如图5-8所

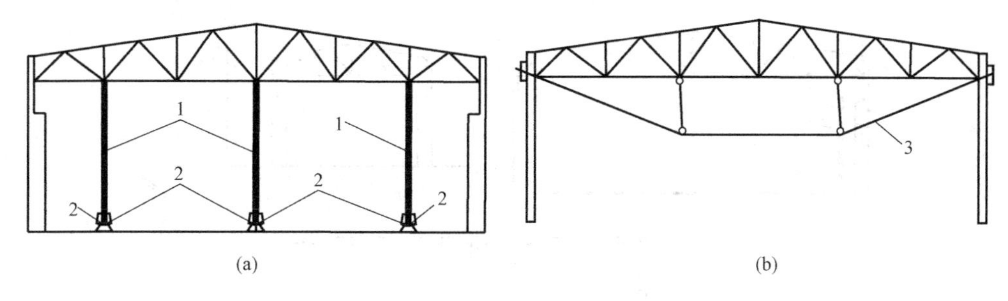

图 5-7 屋架卸载示意图
(a) 用临时支柱卸载；(b) 用撑杆式构架卸载
1—临时支柱；2—千斤顶；3—拉杆

示。通过控制吊重 Q，可以较精确地计算出托架卸荷的数量。利用吊车梁和辅助桁架卸荷时，应验算其强度。尤其应注意当利用杠杆原理卸荷时，作为支点的吊车梁所受的荷载除外加吊重 Q 外，尚应叠加上托架被卸掉的荷载。

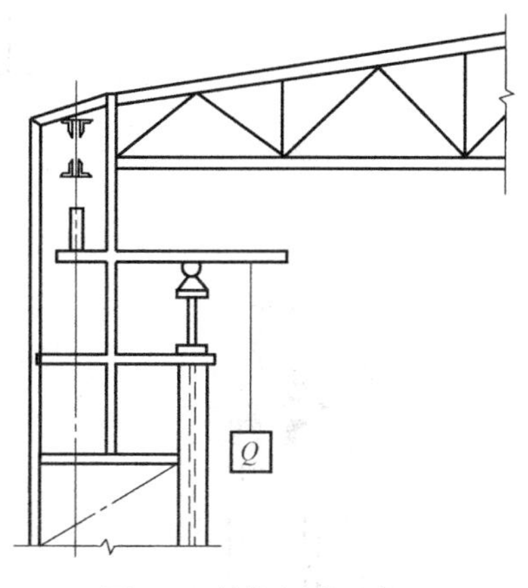

图 5-8 托架卸载示意图

(3) 柱子

一般采用设置临时支柱卸去屋架和吊车梁的荷载，如图 5-9 (a) 所示。临时支柱也可立于厂房外面，这样可以不影响厂房内的生产，如图 5-9 (b) 所示。当仅需加固上段柱时，也可利用吊车桥架支托屋架使上段柱卸荷，如图 5-9 (c) 所示。

当下段柱需要加固甚至截断拆换时，一般采用托梁换柱的方法，如图 5-10 所示。采用托梁换柱的方法时应对两侧相邻柱进行承载力验算。当需要加固柱子基础时，可采用托柱换基的方法。

(4) 因工作平台高度不高，一般采用临时支柱进行卸荷。

2. 改变结构计算简图加固法

改变结构计算简图的加固方法是指采用改变荷载分布状况、传力路径、支座或节点性质，增设附加杆件和支撑，施加预应力，考虑空间协同工作等措施对结构进行加固的方法。

采用改变结构计算简图的加固方法时，除应对被直接加固结构进行承载能力和正常使用极限状态的计算外，尚应对相关结构进行必要的补充验算，并采取切实可行的合理的构造措施，保证其安全。同时设计应与施工紧密配合，且未经设计许可不得擅自修改设计规定的施工方法和程序。另外应在加固设计中规定调整内力（应力）或规定位移（应变）的数值和允许偏差及其检测位置和检验方法。

改变结构计算简图的加固方法，一般可通过以下几种途径实现：增加结构或构件的刚度；改变受弯构件截面内力；改变桁架杆件内力；与其他结构共同工作形成混合结构，以改善受力情况。

(1) 增加结构或构件的刚度

1) 增加屋盖支撑以加强结构的空间刚度，或考虑围护结构的空间作用，以使结构可以按空间结构进行验算，挖掘结构潜力，如图 5-11 所示。

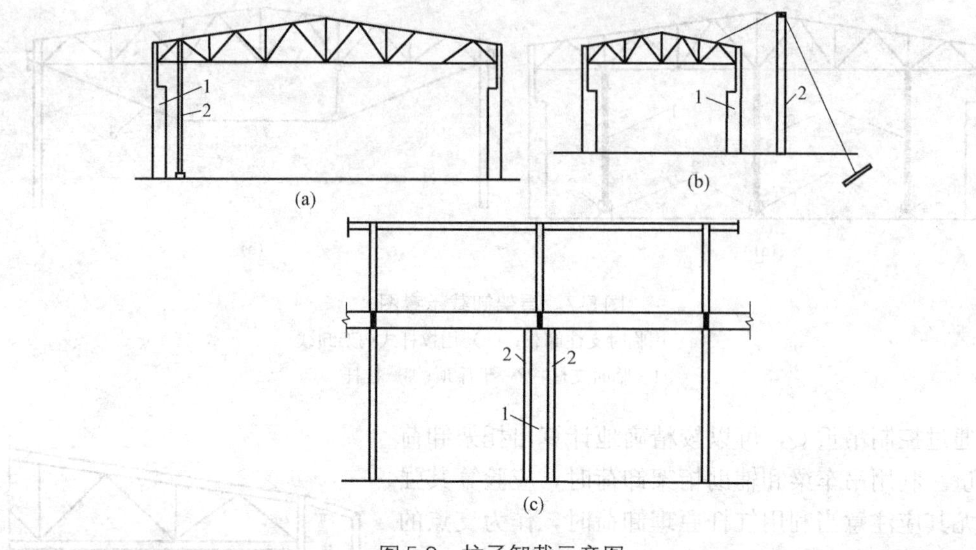

图 5-9　柱子卸载示意图

1—被加固柱；2—临时支柱

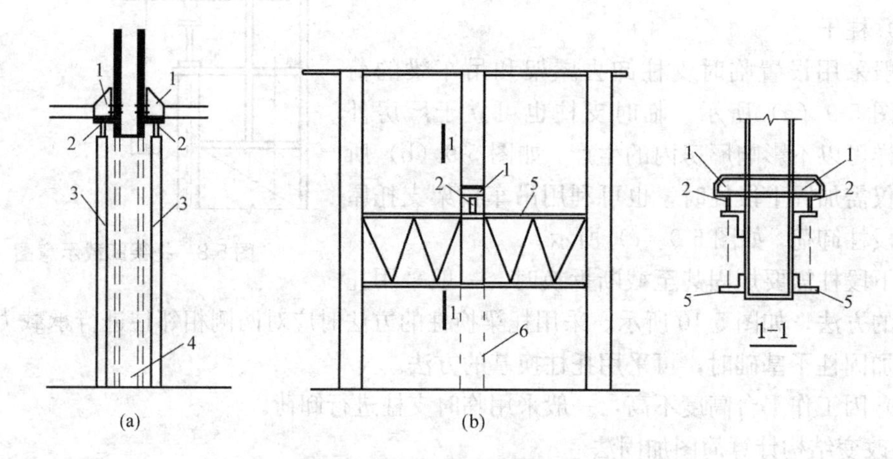

图 5-10　下部柱的加固及截断拆除

（a）下部柱加固；（b）下部柱截断拆除

1—牛腿；2—千斤顶；3—临时支柱；4—柱子被加固部分；
5—永久性特制桁架；6—柱子被拆除部分

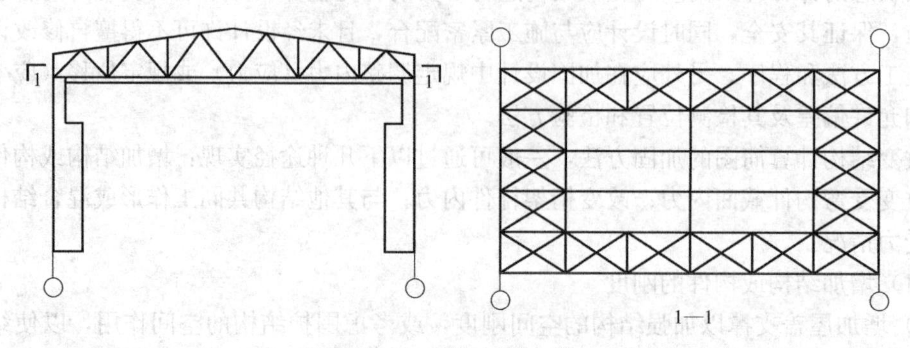

图 5-11　增设屋盖支撑

2）增设支撑以增加刚度，或调整结构的自振频率等以提高结构承载力和改善结构的动力特性，如图 5-12 所示。

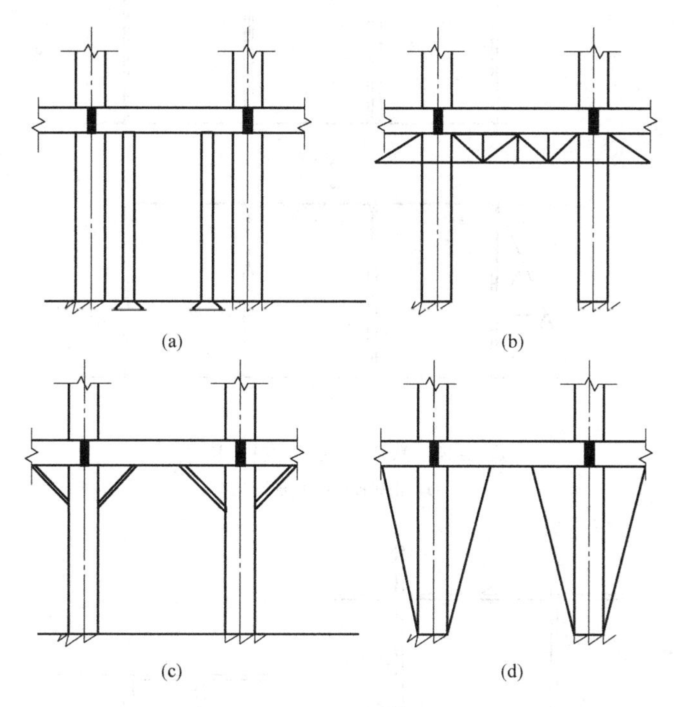

图 5-12 增设支撑构件

（a）增设梁支柱；（b）增设梁撑杆；（c）增设加角撑；（d）梁下加斜立柱

3）增设支撑或辅助构件以减小构件的长细比以增强构件刚度，提高其稳定，如图5-13所示。

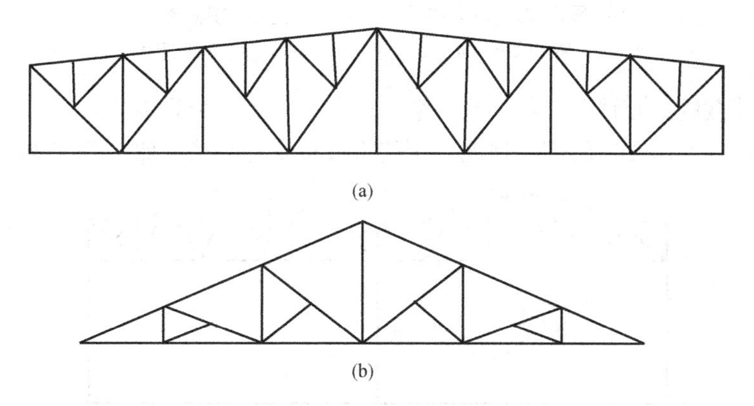

图 5-13 加固杆件提高稳定性

（a）上弦加固（平面内稳定性）；（b）斜腹杆加固（平面内稳定性）

4）在平面框架中集中加强某一列柱的刚度，以承受大部分水平剪力，以减轻其他柱列的负荷，如图 5-14 所示。

5）在塔架等结构中设置拉杆或拉索以加强结构的刚度，减小振动，如图 5-15 所示。

（2）改变构件的弯矩图形

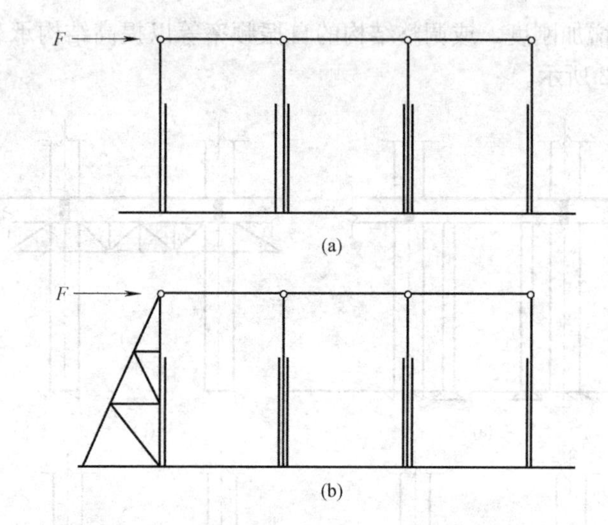

图 5-14 集中加强一列柱的刚度

（a）加固前；（b）加固后

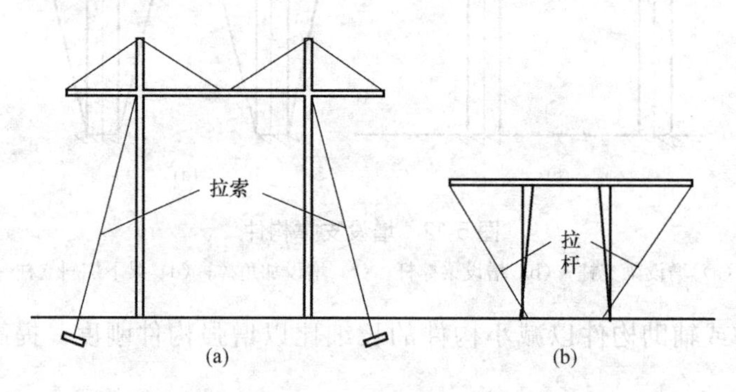

图 5-15 设置拉索、拉杆，加强结构刚度

（a）加强输电线支架的刚度；（b）减少悬臂端的颤动

1）变更荷载的分布情况，例如将一个集中荷载分为几个集中荷载。

2）变更构件端部支座的固定情况，例如将铰接变为刚接，如图 5-16 所示。

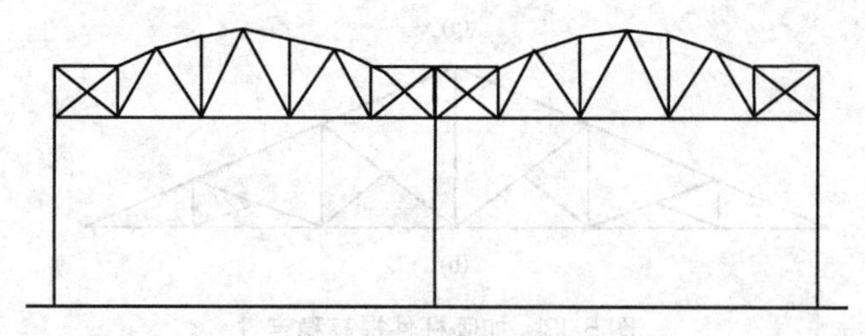

图 5-16 支座由铰接变为刚接

3）增设中间支座，或将两简支构件的端部连接起来使之成为连续结构，如图 5-17 所示。

4）调整连续结构的支座位置，改变连续结构的跨度。

5）将构件改变成撑杆式结构，如图 5-18 所示。

6）施加预应力，如图 5-19 所示。

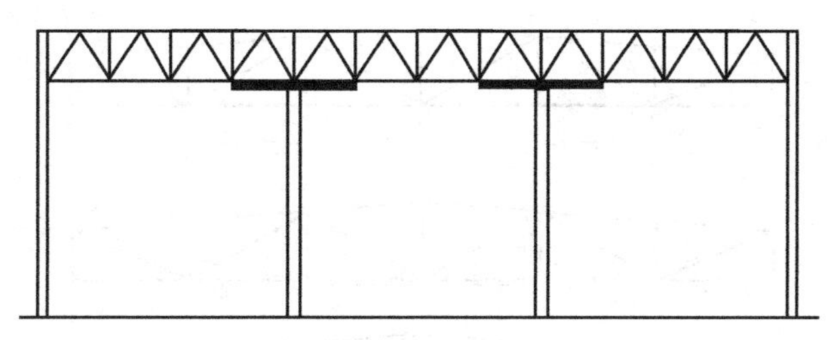

图 5-17　增设中间支座

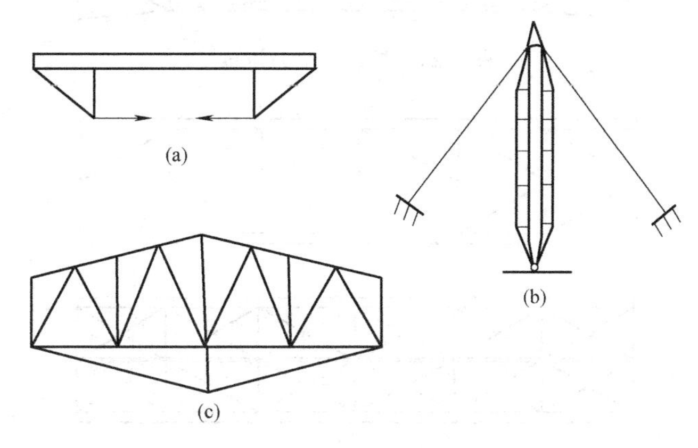

图 5-18　改造成撑杆式结构

（a）简支梁下设撑杆；（b）立柱横向设撑杆；（c）屋架下设撑杆

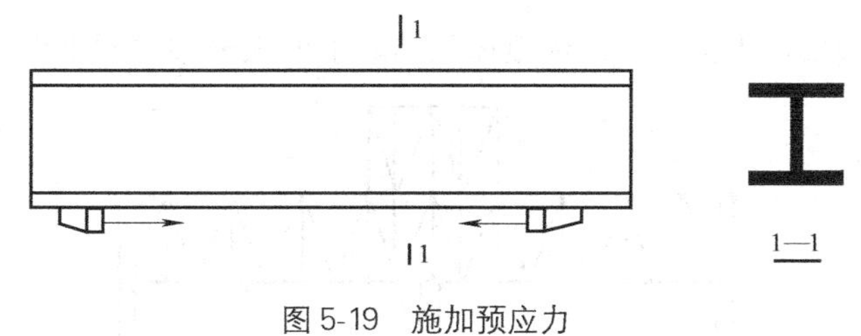

图 5-19　施加预应力

（3）改变桁架杆件的内力

1）增设撑杆，将桁架变为撑杆式构架，如图 5-20 所示。

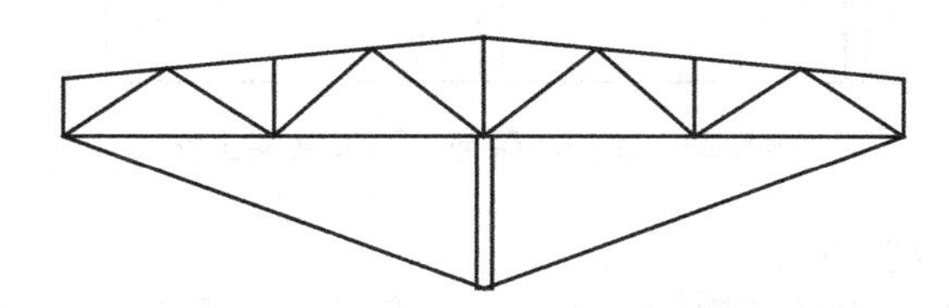

图 5-20　桁架变成撑杆式结构

2）加设预应力拉杆，如图 5-21 所示。

3）将静定桁架变为超静定桁架，如图 5-22 所示。

（4）与其他结构共同工作形成混合结构，以改善受力情况

1）增加传递剪力的零件，使钢梁和其上的钢筋混凝土平台板共同工作形成组合梁结构。

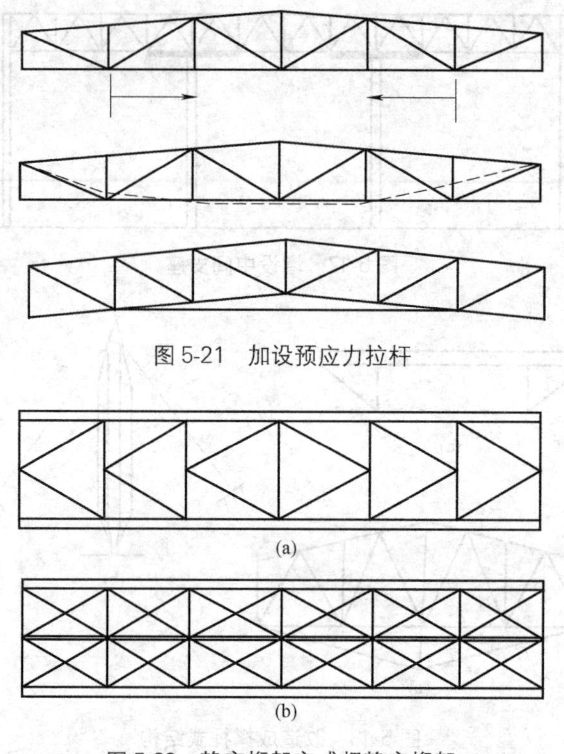

图 5-21　加设预应力拉杆

图 5-22　静定桁架变成超静定桁架

（a）加固前；（b）加固后

2）加强节点和增加支撑，可以使钢屋架与其上的天窗架共同工作，如图 5-23 所示。

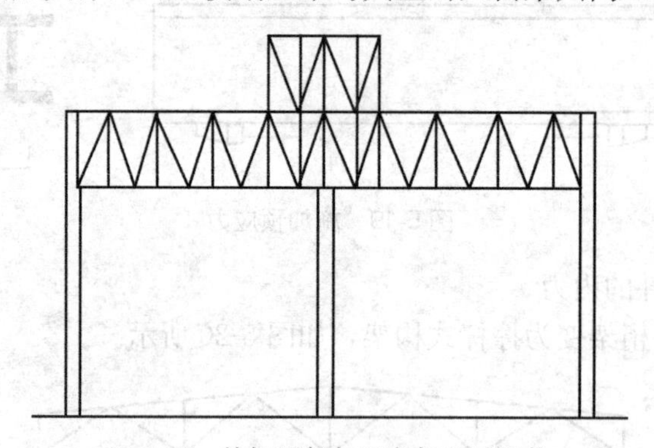

图 5-23　使钢屋架与天窗架共同工作

3. 加大构件截面的加固

采用加大构件截面的方法加固钢结构时，会对结构基本单元——构件甚至结构的受力工作性能产生较大的影响，因而应根据构件缺陷、损伤状况、加固要求考虑施工可能，经过设计选择最有利的截面形式。同时加固可能是在负荷、部分卸荷或全部卸荷状况下进行，加固前后结构几何特性和受力状况会有很大不同，因而需要根据结构加固期间及前后，分阶段考虑结构的截面几何特性、损伤状况、支承条件和作用其上的荷载及其不利组合，确定计算简图，进行受力分析，以期找出结构的可能最不利受力，设计截面加固，以确保安全可靠。对于超静定结构尚应考虑因截面加大、构件刚度改变使体系内力重分布的可能。

采用该方法时，应注意如下事项：

(1) 注意加固时的净空限制，要使补强零件不与其他杆件或构件相碰。

(2) 采用的补强方法应能适应原有构件的几何形状或已发生的变形情况，以利于施工。

(3) 应尽量减少补强施工工作量。不论原有结构是铆接结构或是焊接结构，只要其钢材具有良好的可焊性，根据具体情况可能采用焊接方法补强。当采用焊接补强时，应尽量减少焊接工作量和注意合理的焊接顺序，以降低焊接应力，并尽量避免仰焊。对铆接结构应以少动原有铆钉为基本原则。

(4) 应尽可能使被补强构件的重心轴位置不变，以减少偏心所产生的弯矩。当偏心较大时，应按压弯或拉弯构件复核补强后的截面。

(5) 补强方法应考虑补强后的构件便于油漆和维护，避免形成易于积聚灰尘的坑槽而引起锈蚀。

(6) 焊接补强时应采取措施尽量减小焊接变形。

(7) 当受压构件或受弯构件的受压翼缘破损或变形严重时，为避免矫正变形或拆除受损部分，可在杆件周围包以钢筋混凝土，形成劲性钢筋混凝土的组合结构。为保证二者共同工作，应在外包钢筋混凝土部位焊接能传递剪力的零件。

本章小结

本章首先介绍了钢结构的缺陷，包括钢材的性能及可能的缺陷，钢结构加工制作中可能存在的缺陷，以及钢结构的运输、安装和使用维护中可能存在的缺陷。重点从钢结构承载力和刚度的失效、钢结构的失稳、构件的疲劳破坏、钢结构的脆性断裂和钢结构的腐蚀破坏等方面，对钢结构的质量事故及其原因进行分析。在分析中结合钢屋架结构事故、钢网架结构事故、轻钢结构事故的实例。钢结构的加固部分简述了钢结构加固的基本要求以及钢结构的加固方法。

思考与练习题

5-1 钢材的缺陷有哪些，其对钢材有怎样的影响？

5-2 钢结构在运输、安装和使用维护中可能存在哪些缺陷？

5-3 钢结构事故破坏形式有哪些？

5-4 简述钢网架事故的原因。

5-5 引起钢结构需要加固的原因有哪些？

5-6 简述钢结构的加固方法。

5-7 某厂房主体结构为单跨门式刚架，柱脚铰接，独立混凝土柱基，钢柱与基础之间采用 4 个 M20 柱脚螺栓连接，材质为 Q235 钢。在安装施工过程中，主体结构突然发生倒塌，钢构件发生不同程度的扭曲，柱脚螺栓全部被压曲或断裂，屋面檩条、水平支撑与刚架的连接螺栓也有断裂现象。原因分析：主体结构设计满足要求，从现场情况看来，柱脚底板与混凝土基础之间存在 80mm 的空隙，在主体结构安装过程中未及时采取相应措施。在施工阶段组合荷载作用下，柱脚螺栓很可能首先发生压弯破坏，导致刚架发生平面内整体倾斜，又因刚架间支撑体系尚未全部安装到位，从而引发倒塌。对此倒塌事故可以采取什么预防措施？

5-8　有一个工字形截面实腹式柱，原设计荷载为轴向压力设计值 2000kN，跨中有一水平集中荷载设计值 300kN，钢材为 Q235 钢。现使用条件改变，增加了轴心压力设计值 800kN，因此需要加固柱子截面。对此工字形截面实腹式柱应如何加固？

5-9　焊接结构的碳含量为什么要严格控制？

5-10　为什么承重结构采用的钢材应确保硫、磷含量合格？

5-11　轧制对钢材性能的改善程度是有方向性的，沿轧制方向、横方向、厚度方向的力学性能有何区别？

5-12　对于重要结构，应采用厚度方向性能钢板（抗层状撕裂钢板），为什么？

5-13　为什么应力集中会使钢材变脆？

5-14　为什么普通钢结构构件不利用应变硬化提高钢材强度？

5-15　焊接残余应力对构件的刚度有较大的影响，为什么？

5-16　为什么不同连接副之间的螺栓、螺母和垫圈不能随意交换使用？

5-17　高强度螺栓孔不应采用气割扩孔，扩孔数量应征得设计单位同意，扩孔后的孔径不应超过 1.2d，为什么？

5-18　网架结构的实测挠度为什么会比理论计算值大？规范是如何考虑这个问题的？

5-19　以网架设计为例，应如何避免因压杆失稳的“脆性”破坏？

5-20　影响钢结构脆性断裂的因素主要有哪些？防止脆断的措施有哪些？

5-21　钢结构产生应力腐蚀开裂的三个基本条件是什么？

第6章　砌体结构工程质量事故分析与处理

本章要点及学习目标

本章要点：

本章重点分析了砖砌体产生裂缝的主要原因，分析了砌体强度、刚度和稳定性不足质量事故种类、原因和常用处理方法，还分析了砌体局部损伤或倒塌事故原因及处理方法；对混凝土砌块（混凝土小型空心砌块和加气混凝土砌块）砌体工程事故也进行了分析。

学习目标：

掌握砖砌体工程常见质量事故（砌体裂缝；砌体强度、刚度和稳定性不足；砌体局部损伤或倒塌等）种类、原因分析和处理方法。理解混凝土砌块砌体工程容易产生的“热、裂、漏”质量缺陷原因，会处理相关工程事故。学习本章要结合工程实例的分析，达到融会贯通。

6.1　砌体裂缝

结构裂缝是建筑物裂损、变位、坍塌事故发生发展过程中的最初阶段，也是必经阶段。因此，结构裂缝事故实际上也包括了所有其他事故在内，只是在这一事故发生发展的初级阶段，事故症状还不显著，事故原因还不明晰，而且导致结构裂缝的原因可能比较复杂，对事故原因的认定可能存在较多的争议，需要做的理论分析与研究工作要更多一些。重点要进行结构裂缝机理探索和事故风险评估。本节列举的结构裂缝事故为常见的多发事故。

砌体中常见裂缝有4类，分别是竖向裂缝、水平裂缝、斜裂缝（正八字形、倒八字形等）和不规则裂缝，其中前3类裂缝最常见，原因也较复杂，温度应力、地基问题、结构超载都可能造成这些裂缝。

6.1.1　砌体裂缝主要原因

1. 温度变形

（1）因日照及气温变化，不同材料及不同结构部位的变形不一致，同时又存在较大的约束。如平顶砖混结构顶层砖墙因日照及气温变化和两种材料的温度线膨胀系数不同，常造成屋盖与砖墙变形不一致而产生裂缝，位置多在两端顶层墙体上。

（2）温度或环境温度温差太大。如房屋长度太长，又不设置伸缩缝，造成贯穿房屋全高的竖向裂缝，位置常在纵墙中部。

（3）砖墙温度变形受地基约束。如北方地区施工期不采暖，砖墙收缩受到地基约束而造成窗台及其以下砌体中产生斜向或竖向裂缝。

（4）砌体中的混凝土收缩（温度与干缩）较大。如较长的现浇雨篷梁两端墙面产生的斜裂缝。

2. 地基不均匀沉降

（1）地基沉降差较大。如长高比较大的砖混结构房屋中，中部地基沉降大于两端时产生八字形裂缝；地基两端沉降大于中间时，产生倒八字形裂缝；地基突变，一端沉降较大时，产生竖向裂缝。

（2）地基局部塌陷。如位于防空洞、古井上的砌体，因地基局部塌陷而裂缝。

（3）地基冻胀。如北方地区房屋基础埋深不足，地基土又具有冻胀性，导致砌体裂缝。

（4）地基浸水。如填土地基或湿陷性黄土地基局部浸水后产生不均匀沉降使纵墙开裂。

（5）地下水位降低。如地下水位较高的软土地基，因人工降低地下水位引起附加沉降导致砌体开裂。

（6）相邻建筑物影响。如原有建筑物附近新建高大建筑物，造成原有建筑产生附加沉降而形成裂缝。

3. 结构荷载过大或砌体截面过小

（1）受压、受弯、受剪、受拉强度不足。如中心受压砖柱的竖向裂缝；砖砌平拱受弯强度不足产生竖向或斜向裂缝；挡土墙抗剪强度不足而产生水平裂缝；砖砌水池池壁沿灰缝的裂缝。

（2）局部承压强度不足。如大梁或梁垫下的斜向或竖向裂缝。

4. 设计构造不当

（1）沉降缝设置不当。如沉降缝位置不在沉降差最大处；沉降缝太窄，高层房屋沉降变形后，低层房屋随之下沉，砌体受挤压而开裂。

（2）建筑结构整体性差。如混合结构建筑中，楼梯间砖墙的钢筋混凝土圈梁不闭合而引起的裂缝。

（3）墙内留洞。如住宅内外墙交接处留烟囱孔影响内外墙连接，使用后因温度变化而开裂。

（4）不同结构混合使用，又无适当措施。如钢筋混凝土墙梁挠度过大引起墙体裂缝。

（5）新旧建筑连接不当。如原有建筑扩建时，基础分离而新旧砖墙砌成整体，使结合处产生墙体裂缝。

（6）留大窗洞的墙体构造不当。如大窗台墙下，上宽下窄的竖向裂缝。

5. 材料质量不良

（1）砂浆体积不稳定。如水泥安全性不合格，用含硫量超标的硫铁矿渣代替砂造成砂浆开裂。

（2）砖体积不稳定。如使用出厂不久的灰砂砖砌墙，因收缩不一致较易引起裂缝。

6. 施工质量低劣

（1）组砌方法不合理，漏放构造钢筋。如内外墙不同时砌筑，又不留踏步式接槎，或不放拉结钢筋，导致内外墙连接处产生通长竖向裂缝。

（2）砌体用断砖，墙中通缝、重缝较多。如某单层厂房围护外墙因集中使用断砖而裂缝。

（3）留洞或留槽不当。如某办公楼在500mm宽窗间墙留脚手眼，导致砌体开裂缝。

7. 地震和工程振动

(1) 地震。如多层砖混结构在强烈地震作用下产生的斜向或交叉裂缝。

(2) 无下弦人字木屋架。如顶层人字木无下弦屋架，在地震时产生水平推力，顶部墙体出现纵向水平裂缝，顶层墙角在地震时出现角部V形裂缝。

(3) 不均匀震陷。如楼盖有圈梁，地震时一侧震陷较大，窗间墙出现斜裂缝。

(4) 机械振动。如某工程附近爆破所造成的裂缝。

综上所述，设计不当、材料不良、施工低劣和地震及机械振动造成的裂缝比较容易观察和判别。砌体最常见的裂缝原因是温度变形和地基不均匀沉降引起的，但也有因荷载过大或截面过小导致的裂缝，其危害性较严重。

6.1.2 常见裂缝处理的具体原则

砌体裂缝中最常见的3种裂缝是温度裂缝、沉降裂缝和荷载裂缝，处理这3种裂缝时，可以参照以下原则：

1. 温度裂缝

一般不影响结构安全。经过一段时间观测，等到裂缝最宽的时间后，通常采用封闭保护或局部修复方法处理，有的还需要改变热工构造，以防再开裂。

2. 沉降裂缝

绝大多数裂缝不会严重恶化而危害结构安全。通过沉降和裂缝观测，对那些沉降逐步减少的裂缝，待地基基本稳定后，作逐步修复或封闭堵塞处理；如地基变形长期不稳定，可能影响建筑物正常使用时，应先加固地基，再处理裂缝。

3. 荷载裂缝

因承载力或稳定性不足或危及结构物安全的裂缝，应及时采取卸荷或加固补强等方法处理，对那些可能导致结构垮塌的裂缝应立即采取应急防护措施。

6.1.3 砌体裂缝常用处理方法

1. 填缝封闭

常用材料有水泥砂浆、树脂砂浆等。这类硬质填缝材料极限拉伸率很低，如砌体尚未稳定，修补后可能再次开裂。

2. 表面覆盖

对建筑物正常使用无明显影响的裂缝，为了美观的目的，可以采用表面覆盖装饰材料，而不封堵裂缝。

3. 加筋锚固

砖墙两面开裂时，需在两侧每隔5皮砖剔凿一道长1m（裂缝两侧各0.5m）、深50mm的砖缝，埋入ϕ6钢筋一根，端部弯成直钩嵌入砖墙竖缝，然后用强度等级为M10的水泥砂浆嵌填严实，如图6-1所示，施工时要注意以下3点：

① 两面不要剔同一条缝，最好隔两皮砖。

② 先处理好一面，并等砂浆有一定强度后再施工另一面。

③ 修补前剔开的砖缝要充分浇水湿润，修补后必须浇水养护。

4. 灌浆。其包括重力灌浆和压力灌浆两种，由于灌浆材料强度都大于砌体强度，因

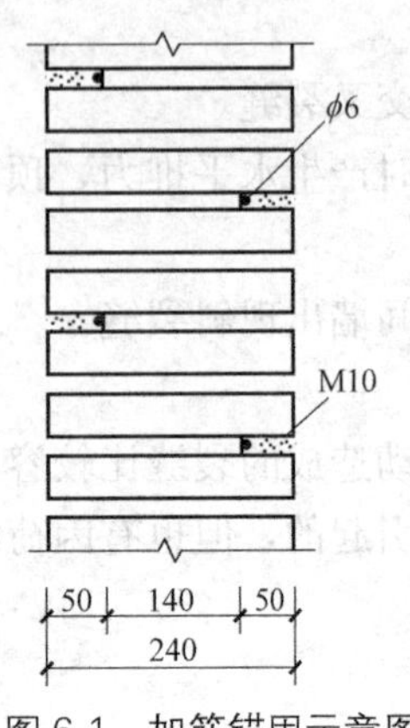

图 6-1　加筋锚固示意图

此只要灌浆方法和措施适当，经水泥灌浆修补的砌体强度都能满足要求，而且具有修补质量可靠，价格较低，材料来源广和施工方便等优点。

5. 钢筋水泥夹板墙。墙面裂缝较多，而且裂缝贯穿墙厚时，常在墙体两面增加钢筋（或小型钢）网，并用穿墙筋拉结固定后，两面涂抹或喷涂水泥砂浆进行加固。

6. 外包加固。常用来加固柱，一般有外包角钢和外包钢筋混凝土两类。

7. 加钢筋混凝土构造柱。常用于加强内外墙联系或提高墙身的承载能力或刚度（图 6-2）。

图 6-2　构造柱的设置

（a）内外墙处构造柱；（b）转角处构造柱

8. 整体加固。当裂缝较宽且墙身变形明显，或内外墙拉结不良时，仅用封堵或灌浆等措施难以取得理想的效果，这时常加设钢拉杆，有时还设置封闭交圈的钢筋混凝土或钢腰箍进行整体加固。例如内外墙连接处脱开裂缝和横墙产生的八字形裂缝，可采用如图 6-3 所示方法处理。

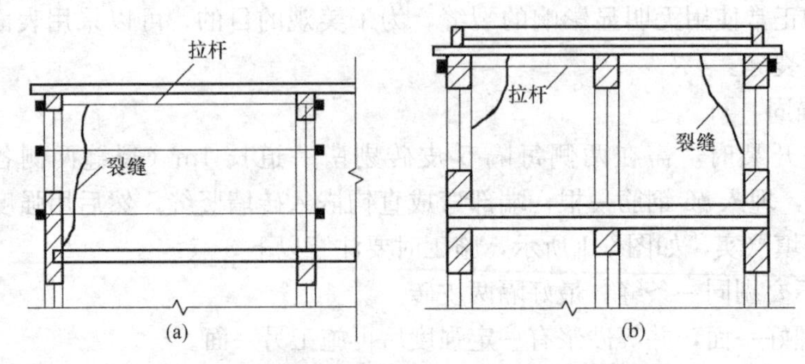

图 6-3　整体加固法示意图

（a）内外墙连接处脱离；（b）横墙上有八字形裂缝

9. 变换结构类型。当承载力不足导致砌体裂缝时，常采用这类方法处理。最常见的是柱承重改为加砌一道墙变为墙承重，或用钢筋混凝土代替砌体等。

10. 将裂缝转为伸缩缝。在外墙上出现随环境温度而周期性变化，且较宽的裂缝时，封堵效果往往不佳，有时可将裂缝边缘修直后，作为伸缩缝处理。

11. 其他方法。若因梁下未设混凝土垫块，导致砌体局部承压强度不足而裂缝，可采用后加垫块的方法处理。对裂缝较严重的砌体，有时还可采用局部拆除重砌等。

6.1.4 砌体裂缝案例分析

【案例 6-1】 某职工宿舍为 3 层砖混结构，纵墙承重。楼面为钢筋混凝土预制板，支承在现浇钢筋混凝土横梁上。承重墙厚为 240mm，强度等级为 M7.5。工程 6 月初开工，7 月中旬开始砌墙，9 月份第一层楼砖墙砌完，10 月份接着施工第二层，12 月份屋面施工完毕。当三楼砖墙未砌完，屋面尚未开始施工，横隔墙也未砌筑时，在底层内纵墙（走道墙）上，发现裂缝若干条。裂缝的形式上大下小，始于横梁支座处，并略呈垂直状向下，一直延伸至离地坪面约 1m 处为止，长达 2m 多。裂缝宽度最大为 1～1.5mm。同样外纵墙的梁支座下面也发现一些形式相似的裂缝，但不明显，如图 6-4 所示。

原因分析：本工程设计套用标准图，砌筑砂浆原设计为 M2.5 混合砂浆，但实际使用的是石灰砂浆。按照当时的设计规范进行验算，施工中砖石砌体抗压强度仅达原设计的 50％左右。由于取消了原设计的梁垫，因而造成砌体局部承压能力下降了 60％左右。此外，砌筑质量低劣，如灰缝过厚，且不均匀，灰浆不饱满，组砌质量差，横平竖直不符合要求等。当砌体负荷后，灰缝产生过大的压缩变形，也促使墙面裂缝扩张。

处理方法：发现裂缝后，即刻暂缓施工上层的楼层及屋面。经观察与分析，裂缝不致造成建筑物倒塌，故未采用临时支撑等应急措施。但该裂缝的产生是由于承载能力不足，因此必须加固处理。方法是用混凝土扩大原基础，然后紧贴原砖墙增砌扶壁柱，并在柱上现浇混凝土梁垫。经处理后继续施工，房屋交工使用一年后再检查，未见新的裂缝和其他问题。

砖混结构存在的最大问题是温差应力引起的结构裂缝，以下列举的温差裂缝的 6 个案例很有代表性，可供研究参考。

【案例 6-2】 外廊式办公楼裂缝事故

（1）工程概况

该办公楼为 3 层砖混结构（图 6-5），素混凝土条形基础，硬黏土天然地基，承载力在 150kPa 以上，建筑平面为 3.8m 开间，50m 进深，建筑物外廊长度为 11×3.8＝41.8m，建筑物全长为 16×3.8＝60.8m，未设伸缩缝。

（2）裂缝情况

裂缝情况如图 6-5 所示。1 号垂直裂缝在办公楼建成后一年出现，从檐口贯通到 2 层窗台，宽度不大。受冬季低温影响，该裂缝显著扩大，宽达 10mm，并继续向下延伸，直至底层窗台以后即稳定。使用 20 年后才进行嵌缝修补并做内、外墙面抹灰，迄今裂缝未重现。2 号裂缝与 1 号裂缝同时出现，但不严重。6 号裂缝与 7 号裂缝完全对称，建成后

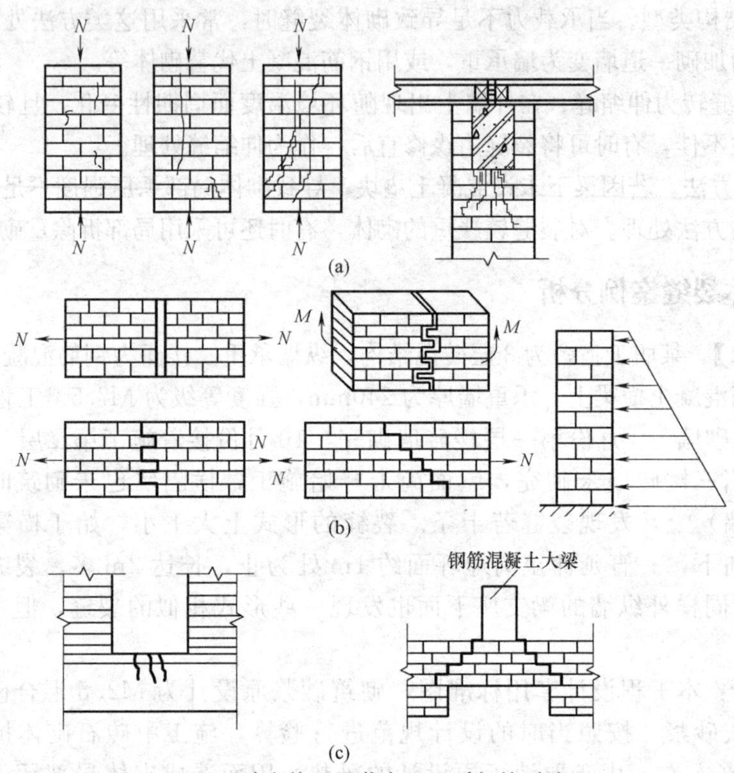

图 6-4　砖砌体因承载力不足引起的裂缝

(a) 砖砌体具部受压承载力不足；(b) 砖砌体受拉、受弯或受剪承载力不足；(c) 梁下砖砌体过梁承载力不足

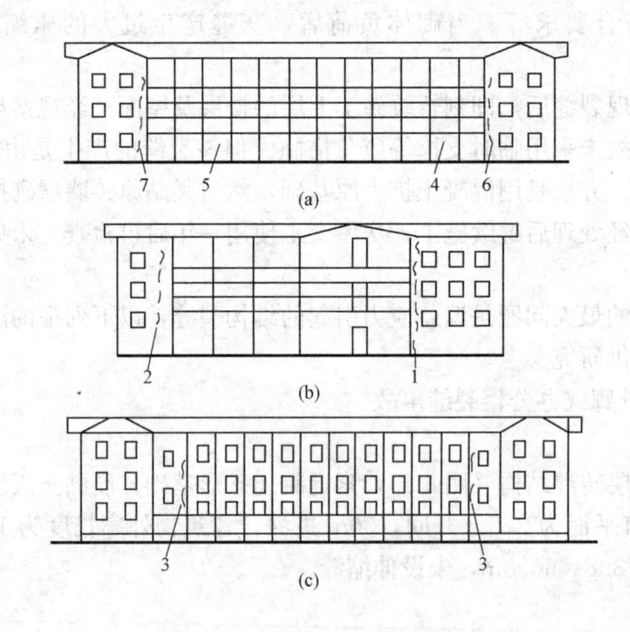

图 6-5　办公楼

(a) 北立面；(b) 西立面；(c) 南立面

即出现，至今无大变化。3 号裂缝出现在两个楼梯间的南墙面窗口的两侧，呈枣核形，枣核状裂缝部位、走向和大小一致。4 号及 5 号裂缝建成后即出现，缝宽达 5mm，但只局限

于素混凝土条形基础的勒脚部分，该处裂缝用低稠度水泥砂浆嵌补以后即稳定。

【案例 6-3】 外廊式门诊楼裂缝

（1）工程概况

该门诊楼为 11 个开间不等的单面外廊式两层砖混结构，中部外廊 9 个开间，廊道长约 36.0m，建筑物全长约 44.0m，中间未设伸缩缝，如图 6-6 所示。地基可靠，施工质量较差。

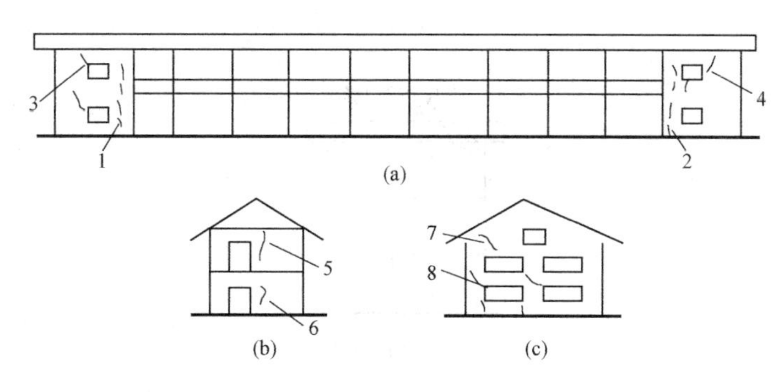

图 6-6 门诊楼

（a）北立面；（b）横剖面；（c）西立面

（2）裂缝情况

该建筑建成后不到半年就发现外墙垂直裂缝（见图 6-6 中的 1、2 号裂缝）、倒八字形裂缝（见图 6-6 中的 3、4 号裂缝）与内墙垂直裂缝（见图 6-6 中的 5、6 号裂缝）、倒八字形裂缝（见图 6-6 中的 7、8 号裂缝）等。所有裂缝都在建筑物北侧外廊附近的内、外墙面上，东西对称分布。南墙面未见裂缝。由于施工质量差，1、2 号裂缝宽已达 20mm。20 年未做处理，裂缝基本保持稳定。

【案例 6-4】 内廊式教学楼裂缝

（1）工程概况

该教学楼为 3 层砖混结构（图 6-7），地基可靠，经过沉降观测未出现沉降不均现象。

（2）裂缝规律

其裂缝规律为：顶层内、外纵墙两肩普遍出现正八字形裂缝，一般内纵墙比外纵墙严重，西端比东端严重。横墙（包括山墙）两肩不同程度出现正八字形裂缝。沿顶层门窗出现的垂直裂缝在施工过程中最先出现，但极细，只有仔细观察才能辨认，并未扩大。两端八字形裂缝出现之后，垂直裂缝甚至“消失”。顶层内纵墙中段接近屋顶板处出现水平裂缝，使屋顶板有鼓起趋势。

【案例 6-5】 各种不同屋面形式的住宅楼裂缝

某区域内几十栋砖混结构 3 层住宅楼可分为三种类型：第一类是现浇钢筋混凝土圈梁带挑檐，预应力空心板炉渣保温平顶屋面；第二类是现浇钢筋混凝土圈梁带檐沟，预应力槽瓦屋面；第三类是现浇圈梁，预应力槽瓦自由落水屋面。其中以第一类房屋裂缝最为严重，顶层内外纵、横墙的两肩普遍出现正八字形裂缝，而且在伸缩缝间距仅 22m 的情况下也不例外；第二类房屋则以横隔墙两肩正八字形裂缝最为突出，其中建筑物中段南侧尤甚；第三类房屋裂缝很少。有时，在同一结构类型、同一施工地段、同样的施工条件下，

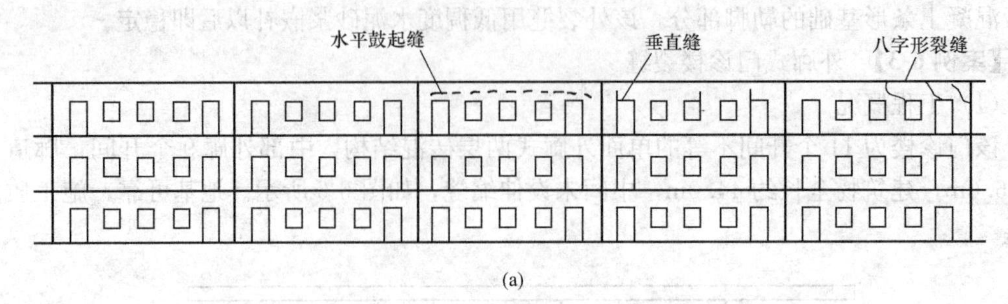

(a)

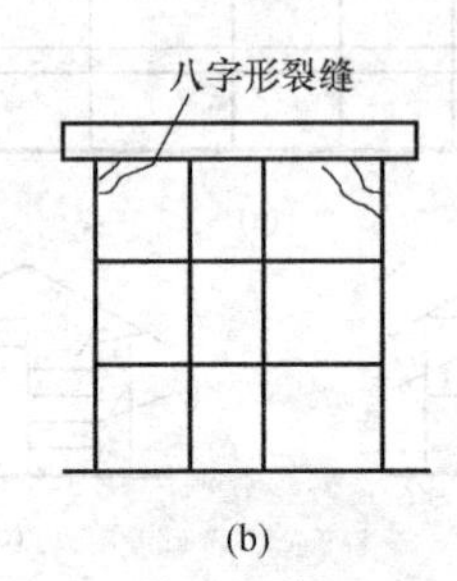

(b)

图 6-7 教学楼
(a) 纵剖面；(b) 横剖面

裂缝出现的情况也不尽相同。

【案例 6-6】 剂量室裂缝

本建筑坐落在一东西走向的山谷底部，山谷口迂回曲折，通风不良，冬寒夏热。平顶屋面浇筑不久即在外廊两端墙面上出现倒八字形裂缝，一年后又出现正八字形裂缝，形成了 X 形交叉裂缝，如图 6-8 所示。

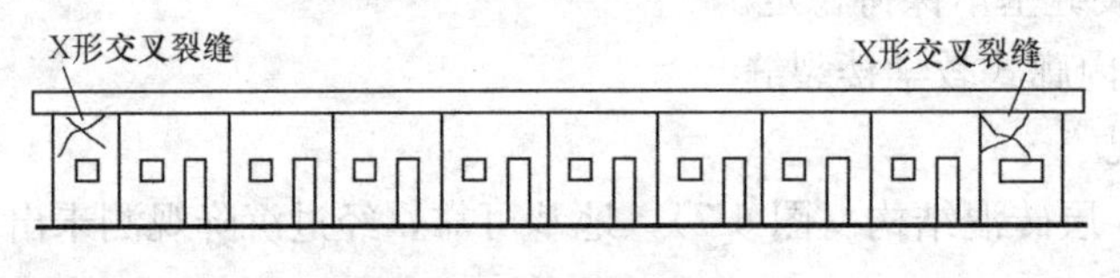

图 6-8 剂量室

【案例 6-7】 绞车房裂缝

用同一图纸建造的绞车房共两座，地基均为风化岩。2 号绞车房的其中一墙角两面墙体上出现严重的八字形斜裂缝，另一墙角则沿门过梁出现水平剪切缝。1 号绞车房没有产生任何裂缝。其原因是屋顶施工季节不同。

6.1.5 砖混结构裂缝定性分析及防治措施

上述工程竣工前后均进行过沉降观测，排除了基础下沉的因素，所有裂缝皆可确认为温差裂缝。

(1) 正八字形裂缝

正八字形裂缝多发生于顶层内外纵、横墙两肩，属冷缩裂缝。裂缝分布可以用弹性理论平面问题求解，墙体内主拉应力也可近似地用材料力学方法求解，画出主拉应力轨迹予以表示，如图 6-9 所示，图中 σ_x 为屋顶板冷缩引起墙内产生的水平冷缩应力，σ_y 为屋顶板和墙体自重产生的垂直应力，σ_0 为水平应力与垂直应力合成的主拉应力，正八字形裂缝即为主拉应力裂缝，与主拉应力方向正交。由于在冬季，内墙面温度比外墙面温度高，与屋顶板之间的温差幅度大，所以内墙面上的正八字形裂缝比外墙上的正八字形裂缝要严重得多。

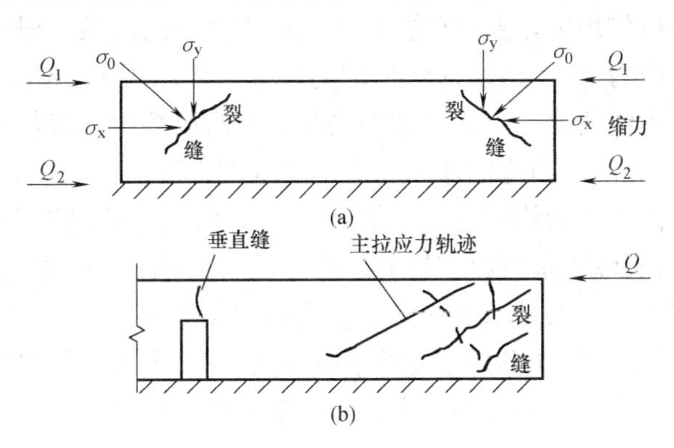

图 6-9 正八字形裂缝或倾斜缝形成原因

（2）倒八字形裂缝

1）内、外纵横墙上的倒八字形裂缝（图 6-10）系热胀作用造成。轴心受拉只能产生水平拉应力 σ_x，会在墙顶产生早期垂直裂缝。但当墙体上、下边缘所受的张拉力 Q_1 与 Q_2 不相等时，则墙顶受偏心拉应力 σ_x，与垂直压应力 σ_y，组合成的主拉应力超过允许强度时，就形成倒八字形裂缝。

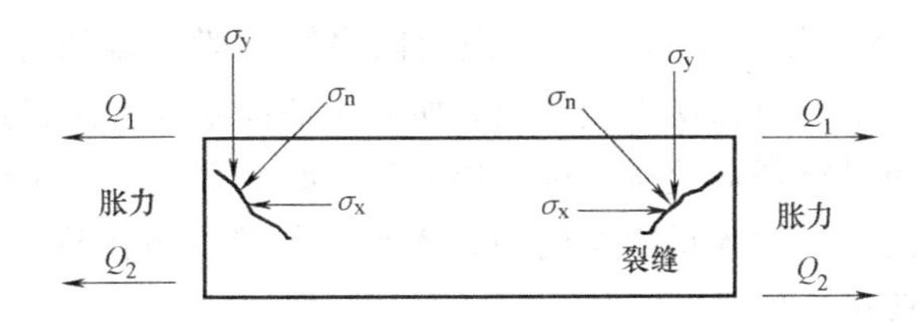

图 6-10 倒八字形裂缝形成原因

2）外廊梁板或过梁两端的倒八字形裂缝（图 6-11）系梁板的冷缩（热胀）作用在两端墙体内产生水平拉（推）应力 σ_x 而造成的。当梁头的嵌固情况较差（图 6-11a）时，σ_x 在梁头墙体内分布不均，近似偏心受力，水平约束力 σ_x 与支座反力 σ_y 组合的主拉应力超过允许值时，就会形成倒八字形裂缝。这种情况多见于顶层檐口的外廊梁头（图 6-11b）。

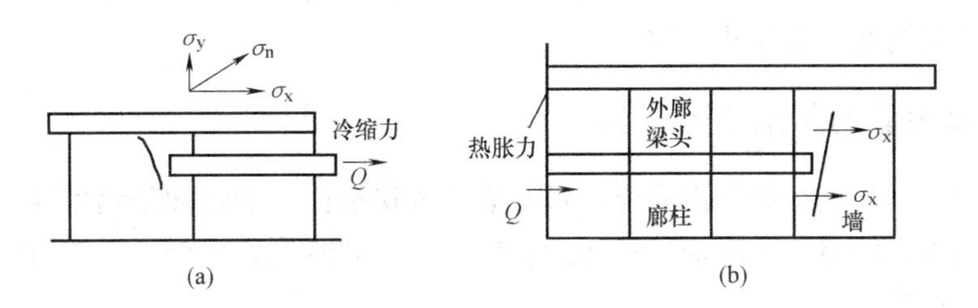

图 6-11 梁头冷缩缝形成原因

(3) 垂直裂缝

1) 图 6-7 (a) 中顶层内、外纵墙上沿门窗口出现的垂直裂缝。由于温度上升，墙体的线胀系数 a_b一般仅为混凝土线胀系数 a_c 的一半左右，这样墙体内必然受到钢筋混凝土顶（底）板传来的张拉作用力，并在门窗口出现应力集中的现象。根据理论分析，门窗洞口处的应力高于平均应力 3～4 倍，这就是该类裂缝首先出现的原因。随着温度的继续上升，开裂后的各段墙体继续伸胀，使裂缝趋向闭合，所以缝隙一般都很小。

2) 外廊梁板或过梁两端因冷缩作用而产生的垂直张拉裂缝（图 6-6a）。在梁头嵌固情况良好时，两端墙体内产生的均匀冷缩应力 σ_x 偏大，将墙体拉出垂直裂缝。

3) 楼板错层处板头墙体垂直冷缩裂缝。由于板头嵌固良好，楼板收缩后墙体内只受均匀且较大的冷缩应力 σ_x，被拉成枣核形垂直裂缝（图 6-5c）。

4) 垂直剪切裂缝。外廊式办公楼裂缝事故（图 6-5）中的 1 号裂缝系因朝北外廊的冷缩，在西墙面 1 号裂缝处形成强大的剪力，导致垂直剪切裂缝。

(4) 水平裂缝

1) 水平包角缝。水平包角缝多产生于建筑物四角的顶层圈梁以下。由于冷缩作用，钢筋混凝土顶板、底板向墙体施加了不等的冷缩力，墙体内除产生水平轴向压力外，还产生偏心弯矩，这个偏心弯矩使墙板有上翘变形趋势，这就是产生水平包角缝的原因，尤其在墙体与顶板间粘着力差（多因在圈梁或顶板混凝土浇筑前墙顶清扫不干净，或扰动了下卧砖层）的情况下，更容易导致水平包角缝。该缝一旦产生，热胀冷缩作用便得到了一定程度的缓解，产生八字形缝的机率就减小了。

2) 水平鼓起缝。水平鼓起缝多产生于顶层内纵墙中段的墙顶与屋面板接触面附近，使顶板有鼓起的趋势。由于热胀使顶板伸长，所以给墙体施加了预张拉力。当纵墙上门窗洞口不多，墙体砌筑质量较高，抗拉、抗剪能力较强时，两端正八字形裂缝和中段垂直裂缝出现较晚，墙体中段顶部的水平缝先出现。水平鼓起缝一旦出现，约束作用部分解除，八字形裂缝和垂直短缝很少出现。

3) 水平剪切缝。梁板的热胀或冷缩力传给独立砖柱或窗间墙时，就会形成水平剪切缝。屋顶梁板纵向热胀，有爬行迹象，沿横墙顶支座处形成通长水平剪切缝。

(5) X 形交叉裂缝

一般说来，正（倒）八字形裂缝形成后，倒（正）八字形缝出现的机率就会减小，故这类裂缝一般不多见，缝宽也不大，但它对墙体承载能力有较大的削弱，容易伴生其他破坏性裂缝，应引起重视。

温差裂缝固然与建筑物的平面组合、体型布局、结构尺寸、材料性能、施工质量等多种因素有关，但最主要的因素是温差变化，可以通过理论计算来掌握墙体各个部位的温度应力，从而找到防止裂缝出现的途径。

6.1.6 温差裂缝的防治措施

(1) 多数文献建议在钢筋混凝土顶板与墙体的接触面上加垫油毡隔离层。这样温差裂缝虽然可以减少，但将大大削弱建筑物的整体性与空间刚度，降低抗地震与抗不均匀沉降的能力，得不偿失。

(2) 限制伸缩缝间距是当前通用的办法。从理论上说，只要单位长度胀缩量值不大于允许极限变形，温度应力不大于砌体允许抗拉（剪）强度值，建筑物长度就可不受限制，裂缝也不会出现。用控制建筑物长度或伸缩缝间距来防止裂缝产生并无意义。苏联A. A. E氏教授提出控制建筑物底层剪切角$\left(\gamma=\frac{k_1 a\Delta tl}{2h}\right)$不大于$0.5\times10^{-3}\sim0.75\times10^{-3}$的用意是防止裂缝出现。按层高$h$为3m，建筑物刚度特征系数$k_1$取0.3（A. A. E氏观察$k_1$在0.3～0.4之间），温差$\Delta t$假定为40℃，则$\gamma=0.5\times10^{-3}\sim0.75\times10^{-3}$，相当于控制建筑物长度不大于50～75m，这同样与控制温差裂缝无关。当然，对于体型复杂和地基沉降不均匀的建筑物，伸缩缝间距或沉降缝间距还是必须控制的。

(3) 改进组砌形式，提高砂浆标号，注意砌体养护，严禁违章接槎，是提高砌体抗拉、抗剪强度的有效措施，也是防治温差裂缝的可靠方法。

(4) 选择适当的施工温度，可缩小计算温差。根据实测，华东山区的最高气温为39.5℃，对应的混凝土屋顶表面温度达57.6℃，炉渣保温层的隔热效能系数取0.8，则顶层板最高计算温度达46℃，而该地区极限最低气温为−9.8℃，计算温差如此之大，显然难以避免温差裂缝产生。但如能注意选择屋顶混凝土的施工温度，或在施工中采取适当保温或降温措施，就可大大缩小温差幅度。

(5) 温差裂缝一旦出现，便释放能量，应力松弛，故残留变形一般不大，只需做一般修补即可。

温差裂缝是可以防治的，但宜确切鉴别温差裂缝与地基沉降裂缝及荷载变形裂缝的差异，注意温差裂缝的存在会削弱结构负荷能力，并采取措施防止其他裂缝伴生。

6.2 砌体强度、刚度和稳定性不足

6.2.1 事故种类及原因分析

1. 砌体强度不足

砌体强度不足，有的变形，有的开裂，严重的甚至倒塌。对待强度不足的事故，需要特别重视没有明显外部缺陷的隐患性事故。

原因分析：

(1) 设计截面太小，承载力不够。

(2) 水、电、暖、卫和设备留洞留槽削弱墙截面太多。

(3) 材料质量不合格，如砌体用砖和砂浆强度等级不符合设计要求，采用不符合标准的水泥和掺和料等。

(4) 施工质量差，砂浆饱满度严重不足，施工时砖没有浸水，引起灰缝强度不足等。

2. 砌体稳定性不足（砌体变形、错位）

这类事故是指墙或柱的高厚比过大，或施工原因导致结构在施工阶段或使用阶段失稳变形。

原因分析：

(1) 砌体墙高厚比过大导致使用阶段失稳变形。

(2) 施工质量问题，如墙体出现竖向偏斜，使用后受力而增加变形，甚至错动。

(3) 施工顺序不当，如纵横墙不同时咬槎砌筑，导致新砌墙体变形失稳。

(4) 施工工艺不当，如灰砂砖砌筑时浇水，导致砌筑时失稳。

3. 房屋整体刚度不足

原因分析：

(1) 设计构造不良。

(2) 选用的计算方案欠妥。

(3) 门窗洞对墙面削弱过大等。

6.2.2　常用处理方法的选择

这类事故可能危及施工或使用阶段的安全，因此应认真分析处理，常用方法有以下几种：

(1) 应急措施或临时加固

对那些强度或稳定性不足可能导致倒塌的建筑物，应及时支撑，防止事故恶化。如临时加固有危险，则不要冒险作业，应画出安全线，严禁无关人员进入，防止不必要的伤亡。

(2) 校正砌体变形

可采用支撑顶压或用钢丝、钢筋校正砌体变形后，再加固处理。

(3) 封堵孔洞

由墙身留洞过大造成的事故可采用仔细封堵孔洞，恢复墙整体性的处理措施，也可在孔洞处增加钢筋混凝土框加强。

(4) 增设壁柱

有明设和暗设两类，壁柱材料可用同类砌体、钢筋混凝土或钢结构（图 6-12）。

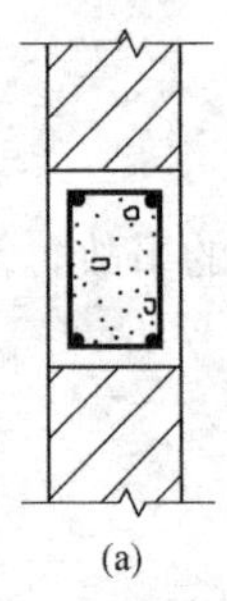

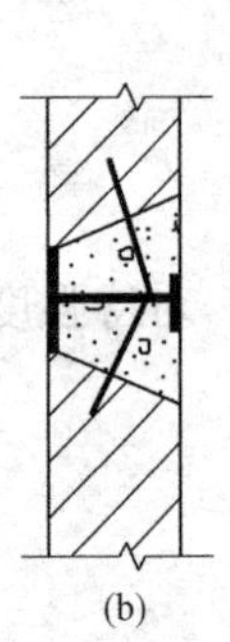

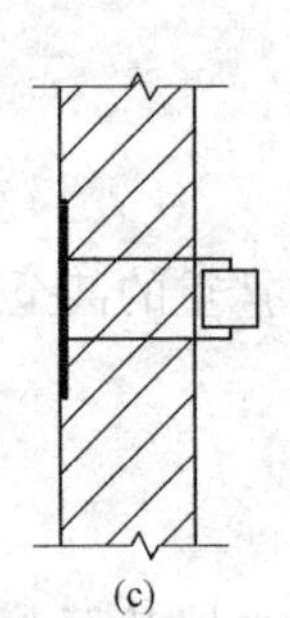

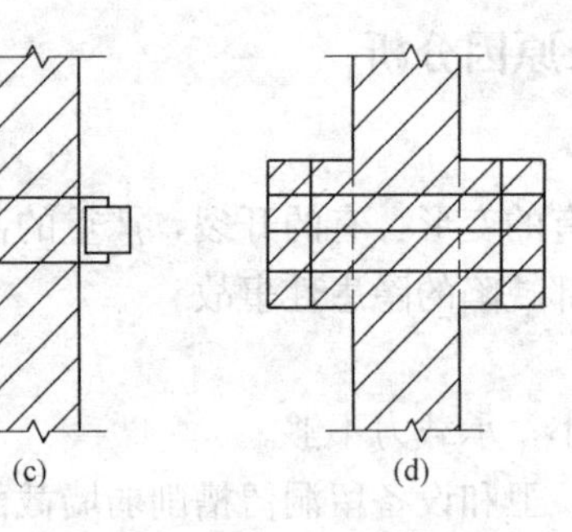

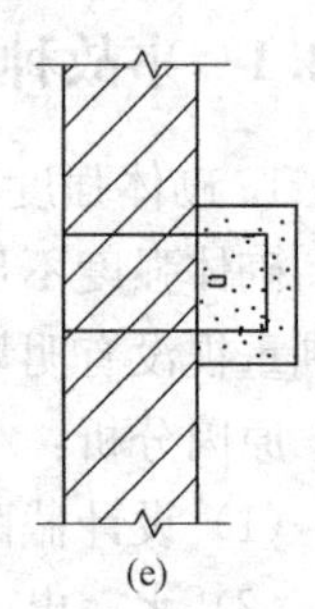

图 6-12　增设壁柱构造示意图

（a）钢筋混凝土暗柱加强；（b）钢暗柱加固，并用圆钢插入砖缝加强连接；（c）明设空心方钢柱加固，用扁钢锚固在砖墙中；（d）增砌砖壁柱，内配钢丝网；（e）明设钢筋混凝土柱加固

(5) 加大砌体截面

用相同材料加大砖柱截面，有时也加配钢筋。

(6) 外包钢筋混凝土或钢

常用于柱子加固。

(7) 改变结构方案

如增加横墙，变弹性方案为刚性方案；柱承重改为墙承重；山墙增设抗风圈梁（墙不长时）等。

（8）增设卸荷结构

采用钢筋或型钢，在被加固构件体外增设预应力拉杆或撑杆，通过施加预应力，使体外拉杆或撑杆与被加固件共同受力，克服被加固构件的应力超前现象，改变原有截面的受力特征，提高加固后体系的承载能力和刚度，如梁、墙、柱增设预应力补强撑杆（图 6-13）。

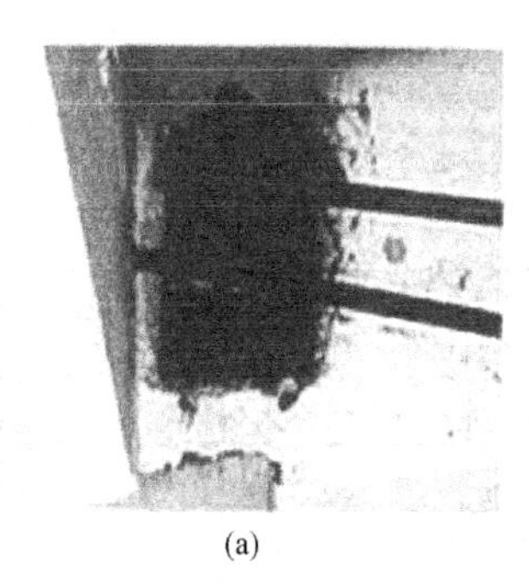
(a)

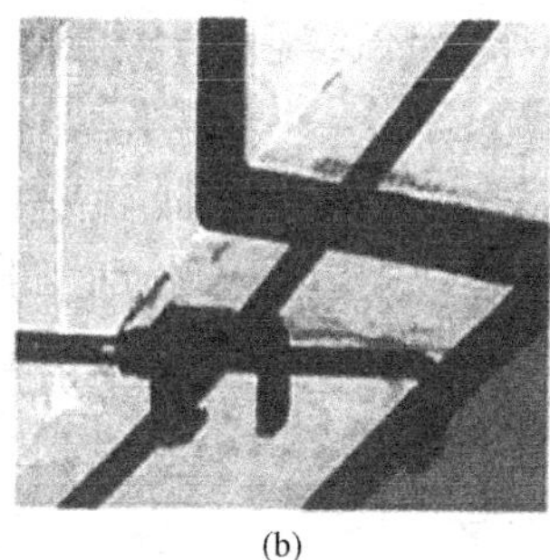
(b)

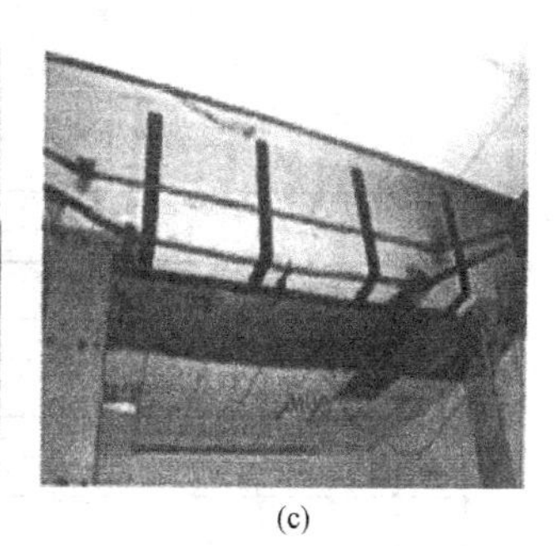
(c)

图 6-13　梁预应力补强撑杆加固

（a）预应力筋梁端头锚固；（b）预应力钢筋水平收紧；（c）预应力拉杆工程施工结束

（9）预应力锚杆加固

如重力式挡土墙预应力锚杆加固，提高抗倾覆与抗滑能力。

（10）局部拆除重做

用于柱子强度、刚度严重不足时。

6.2.3　案例分析

【案例 6-8】 某企业新建一车间，砌体结构，3 层，高 12m，建筑面积 1500m^2。第1～2层为生产用房，1 层通开，多孔预制板架设在 10m 跨度的钢筋混凝土梁上。当施工到第 2 层时，应业主要求增加了 1 层，并把原设计的硬山搁檩、挂瓦屋面改成现浇混凝土平顶屋面。竣工不久，突然倒塌，造成重大倒塌事故。

原因分析：

（1）经试压检测，砖与砂浆的强度分别低于 MU10、M5 的 40%，大大降低砌体强度，水泥混合砂浆虽用机械搅拌，但搅拌时间少于 2min。

（2）改变屋面结构，增加了屋面荷载。

（3）将 2 层改为 3 层，增加了底层砖壁柱竖向荷载。

（4）改变了砖墙壁柱的截面，使砌体受压面积减小（图 6-14）。

【案例 6-9】 某幢四层混合结构，底层为商店，层高 4.2m，2～4 层为小开间办公室，层高 3.3m，采用内框架结构体系，局部平面示意图如图 6-15 所示。房屋施工到 4 层时，在柱梁等结构尚未安装前，发现底层Ⓐ轴线的窗间墙碎裂，砖皮脱落。每个窗间墙竖向裂缝 3～5 道，缝宽 1～5mm，裂缝最长达 1.7m（窗间墙高 2.7m）。

窗间墙截面过小，验算结果表明，实际承载能力仅达到规范规定值的 50%左右。而且底层窗间墙宽度仅为 900mm，违反了《建筑抗震设计规范》关于 7 度区承重窗间墙宽

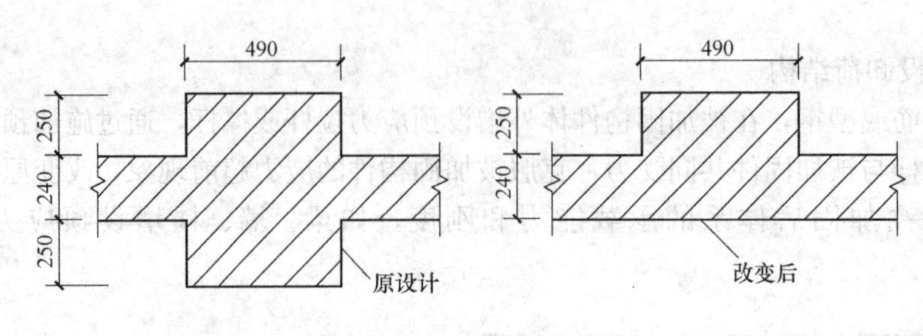

图 6-14　砖墙壁柱截面图

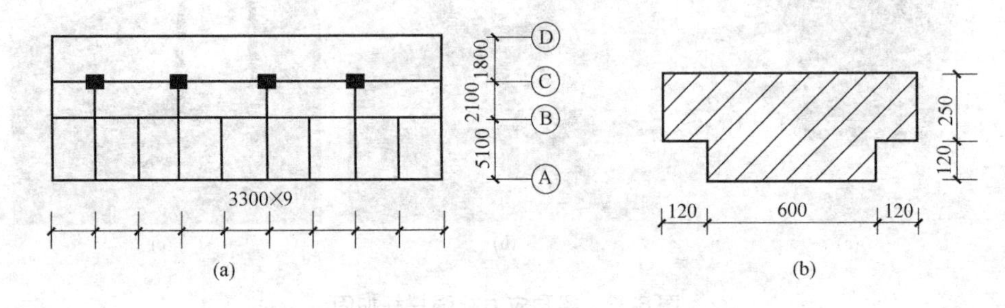

图 6-15　局部平面示意图

（a）二层平面图；（b）底层Ⓐ轴线窗间墙截面

不宜小于 1000mm 的规定。

在 1、2 层窗间墙内侧设钢柱，并外包钢筋混凝土加固（图 6-16），钢柱顶住梁，并支撑在加固后的基础上（图 6-17）。外包钢筋混凝土从基础面起连续做至 3 层楼面处。

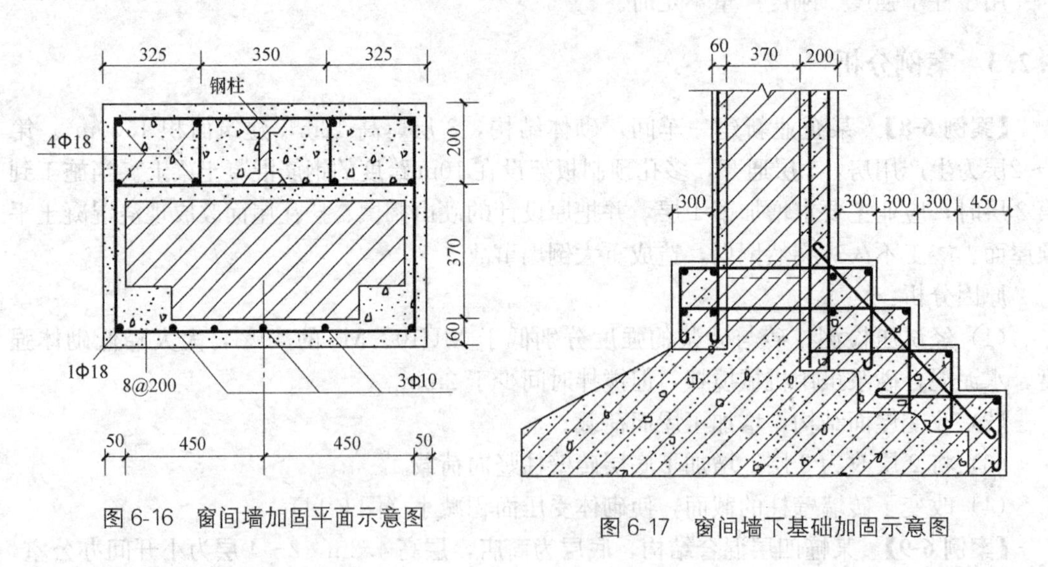

图 6-16　窗间墙加固平面示意图

图 6-17　窗间墙下基础加固示意图

6.3　砌体局部损伤或倒塌

砌体结构局部损伤或倒塌最多的是柱、墙工程。本节仅阐述柱、墙破坏而引起的局部损伤或倒塌的处理。

6.3.1 原因分析

1. 设计构造方案或计算简图错误

如单层房屋长度虽不大，但一端无横墙时，仍按刚性方案计算，必然导致倒塌；又如跨度较大的大梁（>14m）搁置在窗间墙上，大梁和梁垫现浇成整体，墙梁连接点仍按铰接方案设计计算，也可导致倒塌。

2. 砌体设计强度不足

不少柱、墙倒塌是由于没有经过设计计算而造成的。事后验算，其安全度都达不到设计规范的规定。此外计算错误也时有发生。

3. 乱改设计

如任意削减砌体截面尺寸导致承载力不足或高厚比超过规范规定而失稳倒塌；又如改预制梁为现浇梁，梁下的墙由原来的非承重墙变为承重墙而倒塌。

4. 施工期失稳

如灰砂砖含水率过高，砂浆太稀，砌筑中失稳倒塌；砌筑工艺不当，又无足够的拉结力，砌筑中也易倒塌。

5. 材料质量差

砖强度不足或用碎砖砌筑，砂浆实际强度低下等原因均可能引起倒塌。

6. 施工工艺错误或施工质量低劣

如墙轴线错位后处理不当；砌体变形后用撬棍校直；配筋砌体中漏放钢筋；柱、墙由于施工或使用中的碰撞冲击而掉角、留洞或留槽不当（如在500mm宽窗间墙留脚手眼，而导致砌体开裂）；冬季采用冻结法施工，解冻期无适当措施，导致砌体墙倒塌。

7. 旧房加层

不经论证就在原有建筑上加层，导致墙柱破坏而倒塌。

6.3.2 处理方法

仅因施工错误而造成的局部倒塌事故，一般采用按原设计重建的方法处理。但是不少倒塌事故均与设计与施工两方面的原因有关，这类事故均需重新设计后，严格按照施工规范的要求重建。

6.3.3 案例分析

【案例 6-10】

1. 工程概况

某教学楼为5～6层混合结构，钢筋混凝土楼盖和层盖，其平面布置如图6-18所示。整个建筑在平面上分为7段，图中所示的乙、丁段相同，地面以上5层，局部有地下室，乙段的平面如图6-19所示。

该工程在施工装修阶段时，乙段除楼梯间等4小间外突然全部倒塌，与乙段结构完全相同的丁段没有倒塌。

2. 原因分析

局部倒塌的原因很复杂，主要有以下几个方面。

(1) 地基不均匀沉陷产生较大的附加应力

倒塌部分是一个跨度 27m 长的空旷房屋，在地下局部布置了平面不规整的地下室（图 6-20）。在有地下室和无地下室的基础交接处沉降差大，导致窗间墙上较早出现且集中的贯通裂缝（图 6-21），由此导致房屋倒塌。

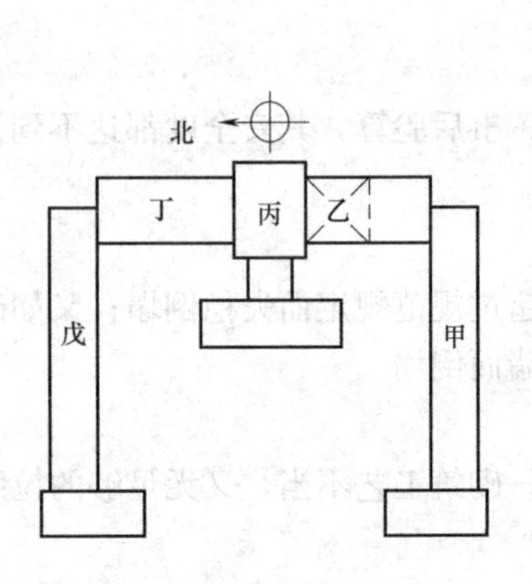

图 6-18 教学楼平面组成示意图

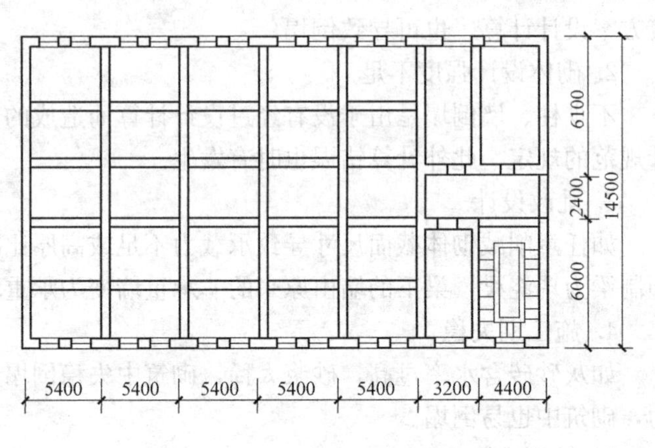

图 6-19 乙段平面图

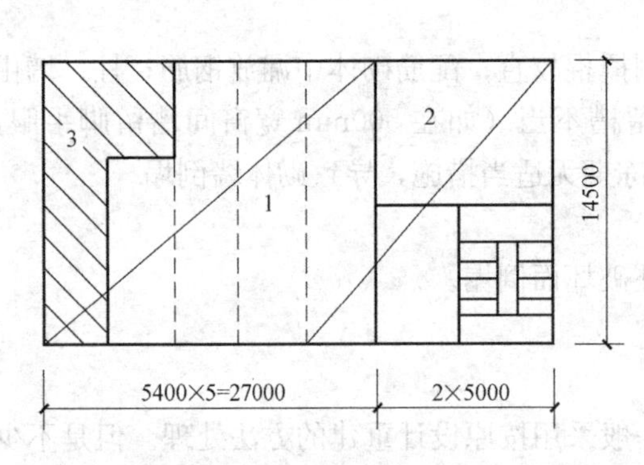

图 6-20 乙段底层以下平面

1—倒塌部分；2—未倒塌部分；3—无地下室部分

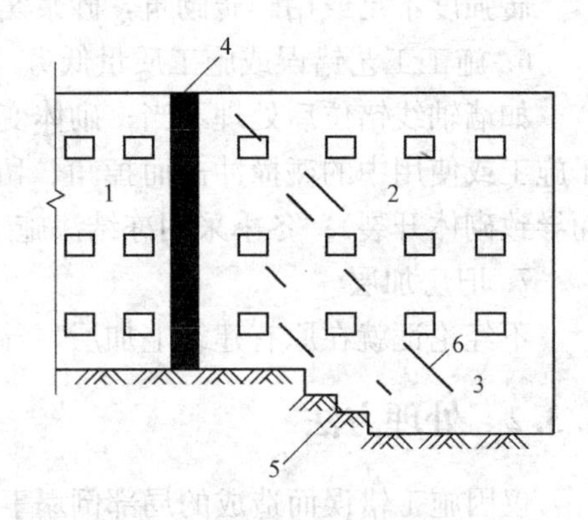

图 6-21 局部立面图

1—丙段；2—乙段；3—地下室墙；4—沉降缝；5—灰土台阶；6—墙面裂缝

(2) 选择结构计算简图不当

原设计大梁与墙连接节点按铰接考虑。由于 1200mm×300mm 的现浇大梁支承在砖墙的全部厚度上，梁垫长为窗间墙宽，即 2m，与梁一起现浇，即梁垫高 1.2m。这种连接节点已接近刚接。清华大学曾做试验，测得在这种构造条件下窗间墙上端截面的弯矩，比铰接计算所得的弯矩大 8 倍。用实际产生的弯矩和轴向力验算窗间墙，其承载能力严重不足，这是倒塌的主要原因。

(3) 结构材料使用不当

原设计要求底层和二层的砖强度等级为 MU10，因现场砖强度达不到要求，而将乙段和丁段梁下窗间墙全改为钢筋混凝土芯的组合柱，其截面如图 6-22 所示。这种构造方法使较高强度的钢筋混凝土在偏心受压的窗间墙中不能充分发挥作用。

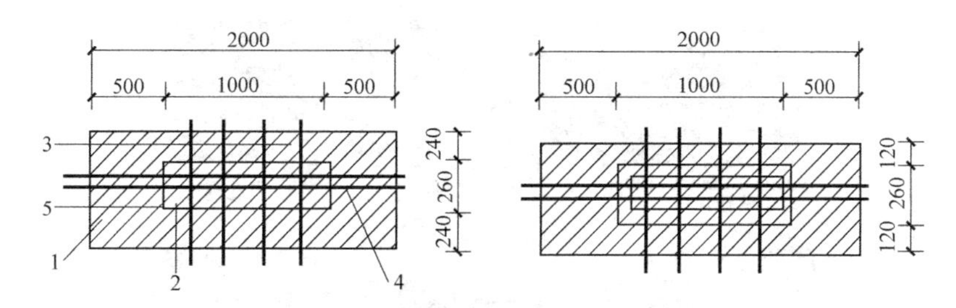

图 6-22 钢筋混凝土组合砖柱示意图

1—窗间墙；2—混凝土芯；3—ϕ4 拉筋，每 10 皮砖布一层；4—6ϕ10；5—ϕ6@300

二层的混凝土芯外砖厚仅 120mm，混凝土振捣成形时砌体容易变形，不能充分捣实而造成混凝土质量较差。

3. 处理方法

（1）局部倒塌的乙段改变结构方案。用两跨钢筋混凝土框架代替已倒塌部分的砖混结构重新建造。

（2）将存在隐患的丁段进行加固处理。贴着窗间墙增设钢筋混凝土柱，并在每根大梁中增设一根钢筋混凝土柱，以减小窗间墙的荷载。

6.4 混凝土砌块砌体工程

砌体工程的墙体材料的用量几乎占整个房屋建筑总重量的 50%左右。长期以来，房屋建筑的墙体砌筑一直使用普通烧结砖，既破坏了良田又耗用了大量的能源。发展混凝土空心砌块不仅是取代普通烧结砖，更重要的是保护环境，节约资源、能源，满足建筑结构体系的发展需要（包括抗震以及多功能的需要）。当前，新型墙体材料正朝着大型化、轻质化、节能化、利废化、复合化、装饰化以及集约化等方面发展。

砌块外形多为直角六面体，砌块系列中主规格的长度、宽度或高度有一项或一项以上分别大于 360mm、240mm 或 115 mm。系列中主规格的高度大于 115 mm 而又小于 380mm 的砌块称为小砌块，系列中主规格高度为 380～980mm 的砌块称为中砌块，系列中主规格的高度大于 980mm 的砌块称为大砌块，目前，我国中小型砌块使用较多。砌块按其空心率大小分为空心砌块和实心砌块两种，空心率小于 25%或无孔洞的砌块称为实心砌块，空心率大于或等于 25%的砌块为空心砌块。按制作原材料可分为混凝土砌块和粉煤灰砌块等。按用途来可分为外墙和内墙小砌块。按受力情况可分为承重和非承重两大类。

6.4.1 混凝土小型空心砌块砌体工程

混凝土砌块是以水泥为胶结材料，以砂、石或炉渣、煤矸石为骨料，经加水搅拌、成形、养护而成的块体材料，通常为减轻自重，多制成空心小型砌块，最小壁肋厚度为 30mm，主规格为 390mm×190mm×190mm，如图 6-23 所示。

混凝土小型空心砌块砌筑的墙体，容易出现的质量缺陷是“热、裂、漏”。

1. 热的原因分析

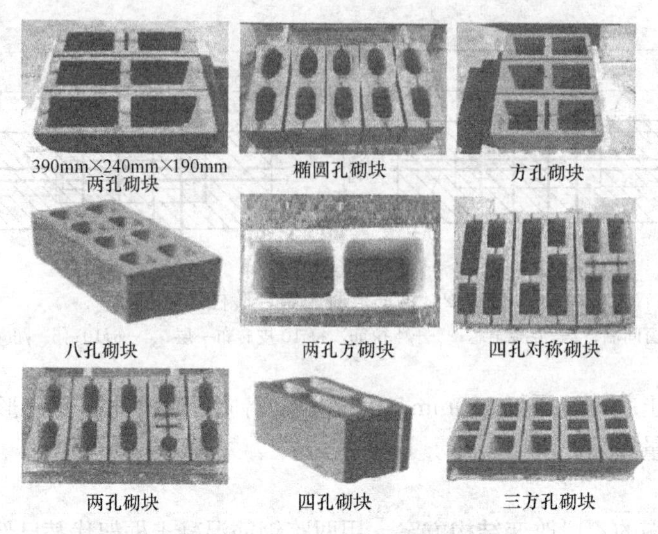

图 6-23 混凝土小型空心砌块

（1）混凝土砌块保温、隔热性能差，这是混凝土本身传热系数高所致。

（2）砌块使用了单排孔的规格品种，使起保温隔热作用的空气层厚 130mm，没有充分发挥空气具有的保温隔热作用。

（3）单排孔通孔砌块墙体，上下砌块仅靠壁面粘结，上下通孔，产生空气对流，热辐射大。

（4）外墙内外侧没有采取保温隔热措施。

2. 裂的原因分析

混凝土小型砌块墙体，产生的裂缝如沉降裂缝、温差裂缝、收缩裂缝，其部位及原因与砖砌体结构大致相同。现根据砌块本身的特性及其他方面进行分析。

（1）砌块本身变形特征引起墙体裂缝。混凝土小型砌块受温度、湿度变化影响比普通烧结砖大，存在着明显膨胀、干燥收缩的变形特征。如采用养护龄期不足 28d 的砌块砌筑墙体，砌块还没有完成自身的收缩变形，且自身制作产生的应力还没有消除，变形仍在继续，势必造成墙体开裂。

① 砌块墙体对温度特别敏感，线膨胀系数为 1.0×10^{-5}，是普通烧结砖的 2 倍，空心砌块壁薄，抗拉力较低，当胀缩拉应力大于砌体自身抗拉强度时，产生裂缝。

② 砌块干燥稳定期一般要一年，第一个月仅能完成其收缩率的 30%～40%，砌块墙体与框架梁、柱连接处也会因收缩率不一致，产生裂缝。

（2）构造不合理造成墙体裂缝。

① 砌块墙、柱高厚比，砌块墙体伸缩缝的间距等超过了规范规定的限值。

② 砌体与框架、柱连接缝处没有采取铺设钢筋网片等防裂技术措施。

③ 没有针对砌体的受剪、受拉、受弯的特性，提高砌筑砂浆的粘结强度。

（3）施工质量的影响。

① 使用了龄期不足、潮湿的砌块。

② 砌块的搭接长度不够（小于 90mm）或通缝。

③ 砌筑砂浆强度低，灰缝不饱满。

④ 预制门窗过梁直接安放在非承重砌块上，未设置梁垫或钢筋混凝土构造柱，造成砌体局部受压，使墙体出现裂缝。

⑤ 采用砌块和普通烧结砖混合砌筑。

3. 漏的原因分析

(1) 砌块本身面积小，单排孔砌块的外壁为30～35mm，上下砌块结合面约47%的相互结合面。

(2) 水平灰缝不饱满，低于净面积90%，留下渗漏通道。

(3) 砌筑顶端竖缝铺灰方法不正确，先放砌块后灌浆，或竖缝灰浆不饱满，低于净面积80%。

(4) 外墙未做防水处理。

6.4.2 加气混凝土砌块砌体工程

加气混凝土砌块是以钙质材料（水泥或石灰）、硅质材料（砂或粉煤灰）为基料，加入发气剂（铝粉），经搅拌、发气、成形、切割、蒸养等工艺制成的多孔（孔隙达70%～80%）轻质块体材料。

常用规格为600mm×240mm×200mm，如图6-24所示。

加气混凝土砌块砌筑的墙体，容易出现的质量问题是墙身开裂和墙面抹灰层空裂。

1. 加气混凝土砌块墙身开裂原因分析

造成加气混凝土砌块墙身开裂的因素大致可分为以下三个方面。

图6-24 加气混凝土砌块

(1) 材质方面

轻质砌块容重轻，收缩率比普通烧结砖大，随着含水量的降低，材料会产生较大的干缩变形，容易引起不同程度的裂缝；砌块受潮后出现二次收缩，干缩后的材料受潮后会发生膨胀，脱水后会再发生干缩变形，引起墙体发生裂缝；砌块砖体的抗拉及抗剪切强度较差，只有普通烧结砖的50%；砌块质量不稳定。由于砌块自身的缺陷，引起一些裂缝或房屋内外纵墙中间对称分布的倒八字形裂缝，建筑底部一～二层窗台边出现斜裂缝或竖向裂缝，屋顶圈梁下出现水平缝和水平包角裂缝，在大片墙面上出现的底部重上部较轻的竖向裂缝等。

(2) 设计方面

1) 设计者重视强度设计而忽略抗裂构造措施。

2) 设计者对新材料砌块应用不熟悉。设计单位对新材料砌块的性能和新标准的应用尚在认识探索之中，因此或多或少存在设计缺陷。

① 非承重混凝土砌块墙是后砌填充围护结构。当墙体的尺寸与砌块规格不配时，难以用砌块完全填满，造成砌体与混凝土框架结构的梁板柱连接部位孔隙过大，容易开裂。

② 门窗洞及预留洞边等部位是应力集中区，未采取有效的拉结加强措施时，会由于撞击震动而开裂。

③ 墙厚过小及砌筑砂浆强度过低，使墙体刚度不足也容易开裂。

④ 墙面开洞安装管线或吊挂重物均引起墙体变形开裂。

⑤ 与水接触面未考虑防排水及泛水和滴水等构造措施使墙体渗漏，致使砌块含水率过高，收缩变形引起墙体开裂。

（3）施工方面

施工单位缺少相关的培训和实践；施工方法、工具、砂浆等都沿用了普通烧结砖的做法；对砌筑高度、湿度控制缺乏经验，加上施工过程中水平灰缝、竖向灰缝不饱满，减弱了墙体受拉受剪的能力，以及工人砌筑水平不稳定导致墙体出现裂缝。

2. 加气混凝土砌块墙面抹灰层空裂的原因分析

造成加气混凝土砌块墙面抹灰层空裂的原因主要有以下几个方面。

（1）抹灰砂浆自身收缩引起开裂。抹灰砂浆收缩主要包括化学收缩、干燥收缩、自收缩、温度收缩及塑性收缩。这些收缩将在抹灰砂浆中产生拉应力，当拉应力超过抹灰砂浆的抗拉强度时，就会出现裂缝。

（2）抹灰砂浆保水性不能满足工艺要求，加之混凝土的吸水要求引起开裂。施工中，砂浆中产生析水和泌水，使砂浆与砌体基层之间粘结不牢，并且由于失水而影响砂浆正常凝结和硬化，降低砂浆强度。加气混凝土是高分散多孔结构，气孔大部分是“墨水瓶”结构，只有少部分是毛细孔，毛细管作用较差，吸水多，吸水导湿缓慢。

因此，当新抹灰砂浆上墙后，如果保水性不好，水分散失太快，造成砂浆强度不高，粘结力下降以及收缩太快，尤其是砂浆与加气混凝土粘结面，当砂浆层的强度不能抵抗收缩力时开裂。同样，由于这时砂浆层与加气混凝土墙面的粘结力也还未达到足以抵抗由于收缩而造成的砂浆层在加气混凝土墙面上的滑动，因而会发生空鼓。

（3）抹灰砂浆与加气混凝土墙面导热系数、线膨胀系数相差过大引起开裂。加气混凝土的导热系数为0.081～0.29W/(m・K)，线膨胀系数为8×10^{-6}mm/(m・℃)。普通抹灰砂浆的导热系数为0.3W/(m・K)，线膨胀系数为10^{-10}mm/(m・℃)。由于这种差异引起的温度应力会使加气混凝土墙面抹灰层在1～2年之后出现大面积开裂及脱落。

（4）抹灰砂浆与加气混凝土的线收缩相差过大引起开裂。加气混凝土的线收缩为0.8mm/m左右，普通抹灰砂浆的线收缩在0.03mm/m左右。当加气混凝土的收缩应力超过制品抗拉强度或砌体粘结度时，砌块本身或墙体接缝处就会出现裂缝。同时，由于抹灰层和加气混凝土基层水分不能同步蒸发，使得抹灰层干燥收缩应力过大，而使抹灰面层开裂和空鼓。

（5）抹灰砂浆和加气混凝土的强度相差较大引起开裂。加气混凝土的抗压强度一般在5MPa左右，抗折强度在0.5MPa左右，弹性模量在2.3×10^{3}MPa左右，是一种弹塑性材料，适应变形的能力较强。而普通抹灰砂浆的强度一般在几十兆帕以上，弹性模量一般为2.3×10^{4}MPa左右，其适应变形的能力较弱。所以当加气混凝土与普通抹灰砂浆受湿度、温度影响时会引起变形不协调，导致抹灰层空鼓、掉皮及开裂。同时，在相同荷载作用下，加气混凝土的变形量较大，而抹灰砂浆的变形量较小，也会在应力集中处产生空鼓及裂纹。

（6）形成空裂的其他原因：砌筑砂浆不配套；加气混凝土砌块本身质量因素的影响；施工操作因素的影响；设计因素的影响。

6.4.3 案例分析

【案例 6-11】 某写字楼工程，8 层框架结构，建筑面积 4100m^2。外墙围护全部采用混凝土空心小型砌块砌筑，交付使用后，出现“热、裂、漏”质量缺陷。

原因分析：

（1）外墙围护结构没有采用三排孔砌块，难以降低热辐射影响。

（2）使用了部分没有达到养护期的砌块，露天存放在施工现场，被雨淋。

（3）没有选用专用砂浆——混凝土小型空心砌块砌筑砂浆，砌筑砂浆强度低于砌块强度等级。

（4）没有采取反砌法，砌体砂浆硬化后，因墙面不平整，锤击或挠动砌块。

（5）有的部位漏设水平拉结筋，有的部位虽设置了拉结筋，墙体高 3.0m，仅设一道拉结筋，达不到增强砌体抗拉强度的目的。

（6）外贴饰面砖打底灰没有采用防水砂浆。

【案例 6-12】 某教学楼工程，5 层框架结构。内外填充墙均采用加气混凝土砌块砌筑。交付使用不到一个月，出现墙体开裂和墙面抹灰层空裂现象。

原因分析：

（1）为赶施工进度，采用了部分未到养护龄期的砌块，其收缩率较大。

（2）砌块运到工地现场后，未按规定堆放，淋雨后含水量增大。

（3）砌块与混凝土梁柱相接处未按规定设置钢丝网。

（4）墙体砌筑高度未按规定执行，一次性砌筑的墙体高度超过了规定要求，使得墙体自身压缩增大。

（5）墙体粉刷之前，未按要求对墙面进行处理，降低砂浆与墙体的粘结力。

本章小结

本章分析砌体裂缝的主要原因、常见裂缝处理原则、砌体裂缝常用处理方法；结合砌体裂缝案例介绍了砖混结构裂缝定性分析及防治措施，重点阐述温差裂缝的防治措施。

针对砌体强度、刚度和稳定性不足，砌体局部损伤或倒塌，介绍了事故种类及原因、常用处理方法及工程案例分析等。最后对混凝土小型空心砌块砌体工程和加气混凝土砌块砌体工程案例进行了分析。

思考与练习题

6-1 如何进行砖墙墙体砌筑时的构造控制？

6-2 砌体工程质量控制要点有哪些？

6-3 影响砖砌体裂缝的主要原因有哪些？

6-4 举例说明从裂缝出现的位置、出现的时间、裂缝的形态、裂缝的发展，分析裂缝产生的原因。

6-5 影响小型砌块砌体工程的质量缺陷的主要原因是什么？

6-6　某教学楼为5层砖混结构，总长75m，砖墙承重，钢筋混凝土平屋面，无隔热层。房屋竣工使用后，顶层纵横墙出现明显的八字形裂缝，房屋中部附近出现了竖向裂缝。你认为是哪种原因造成的，采用哪种处理方法比较恰当，如何处理？

6-7　某学校办公楼为4层砖混结构，外墙厚370mm，内墙厚240mm，楼板为钢筋混凝土预制圆孔板。该工程由某建筑设计院设计，某建筑公司承建，预制构件由某预制构件厂提供。该工程设计、施工、监理、供应商严格遵守规范标准，确保中间产品和单位工程产品质量。在使用过程中，该校将3层部分教室改作档案室，堆积大量档案资料，使荷载增加，结果三层楼板出现明显裂缝，该工程此时未过保修期。

问题：

(1) 该质量问题的原因是什么？

(2) 对该质量问题可采取哪些处理方案？

6-8　试述砌体结构的特点和砌体构件的破坏特征之间的联系。

6-9　区别砌体结构的粘结和钢筋混凝土结构的粘结之间的异同（粘结力形成、粘结对构件受力的作用、粘结破坏机理等）。

6-10　为什么砌体结构裂缝宽度的控制要比钢筋混凝土结构宽松一些？

6-11　试述下列砌筑时的质量要求，说明其理由。

(1) 为什么水平砂浆缝不能过薄或过厚？

(2) 为什么不能用干砖砌筑，也不能用被雨水淋透的砖砌筑？

(3) 为什么不能有通缝，更不能采用包心砌法？

(4) 为什么不能在砂浆中任意加水，更不能用隔夜砂浆？

(5) 为什么不能用直槎连接先后砌筑的墙体，更不能在纵横墙交接处采用直槎？

6-12　试述下列砌筑做法在工程质量方面的差异，说明其理由。

(1) 水平砂浆缝的质量要求比竖向砂浆缝严。

(2) 在上部结构墙体中采用混合砂浆比采用水泥砂浆好，而在基础墙体中则反之。

(3) 瓦工每天砌筑的墙体高度不超过1.2 m，比不超过1.8 m更好。

(4) 在承重墙砌筑中采用满丁满条砌法，比三顺一丁砌法更好。

6-13　试述下列砌筑做法的坏处。

(1) 同一楼层采用不同强度等级的砂浆。

(2) 钢筋混凝土圈梁沿某一水平高程上不闭合，也没有搭接。

6-14　施工完成以后的受压柱体（中心受压或较小偏压）有可能发生哪些危及承载力的缺陷？

6-15　施工完成后的受压墙体有可能发生哪些不危及承载力的缺陷？哪些危及承载力的缺陷？

6-16　区别砌体构件在中心受压、小偏心受压、大偏心受压和局部受压状态下破坏时的裂缝表现。

6-17　区别无筋砖柱、网状配筋柱、纵向配筋柱、组合砖柱破坏时的裂缝特征。

6-18　区别砖墙受压承载力不足、丧失稳定和耐久性差三种缺陷的表现状态。

6-19　区别因地基发生过大不均匀沉降、温差变化过大、房屋过长未设温度伸缩缝三种情况在墙体上形成裂缝的特征。

6-20 砖混房屋中钢筋混凝土圈梁的作用有哪些？试依其重要性排列。圈梁在施工中应注意哪些质量问题？

6-21 试述砌体结构中钢筋混凝土构造柱的作用。构造柱在施工中应注意哪些质量问题？

6-22 试述下列混凝土梁梁端支承构造做法的优缺点。

(1) 预制混凝土垫块；

(2) 混凝土梁梁端放大；

(3) 混凝土梁支承在圈梁上；

(4) 不设梁垫，仅在梁下砌体中设钢筋网片。

6-23 试述下列砌体结构的布置容易发生的质量问题。

(1) 内框架结构；

(2) 大跨度梁（如 9m 以上跨度）简支支承在砖墙上，且支承长度较长。

第7章　道路与桥梁工程质量事故分析与处理

本章要点及学习目标

本章要点：

本章阐述了道路（路基、路面）工程、桥梁（上部和下部结构）工程常见质量缺陷与事故，结合实际工程质量事故案例，分析质量事故原因、预防及常用处理措施。

学习目标：

1. 掌握路基、路面工程质量事故种类、发生的原因和预防及处理措施。
2. 掌握桥梁工程质量事故种类、发生的原因和预防及处理措施。

7.1　道路工程

交通设施建设关系国计民生，是影响经济与社会发展、提高人民生活水平的关键所在。我国的道路建设取得了巨大成就，我国高速公路通车里程达13.13km，居世界第一。然而，施工过程中的道路工程质量事故和使用过程中的病害屡见不鲜，为交通安全埋下了安全隐患，危害了人民的生命财产安全。

公路主要由路基、路面、桥梁、涵洞、隧道、渡口、防护及支撑工程、附属设施等组成。路基是道路的主体和路面的基础，承受着本身的岩土自重和路面重力，以及由路面传递而来的行车荷载，同时承受气候变化和各种自然和非自然灾害的侵蚀和影响。因此，路基应具有合理的断面形式和尺寸，足够的强度、整体稳定性、水温稳定性。

路面是铺筑在路基上与车轮直接接触的结构层，一般由面层、基层、底基层与垫层组成。路面直接承受行车荷载的垂直力、水平力，以及车身后所产生的真空吸力的反复作用，同时受到降雨和气温变化的不利影响，是最直接地反映路面使用性能的层次。因此，面层应具有足够的结构强度、刚度和稳定性，并且耐磨、不透水，其表面还应具有良好的抗滑性和平整度。道路等级越高、设计车速越大，对路面抗滑性、平整度的要求越高。

路基路面是公路养护的重点内容和部位，统计表明，路基路面病害的处理约占养护费用的80%以上。路基的病害有路基沉陷、路基滑移、边坡滑塌、剥落碎落和崩塌等。常见的路面病害有裂缝、坑槽、车辙、松散、沉陷、桥头涵顶跳车、表面破损等。

7.1.1　路基工程

路基是按照路线位置修筑的带状构筑物，承受由路面传递而来的荷载，且长期处于大自然环境中，受自然环境影响很大。所以，要求路基具有足够的强度、稳定性和耐久性。

路基和路面相辅相成。路基是路面的基础，提高路基的强度与稳定性，可以适当减薄路面厚度、降低造价、减少路面工程的质量事故；而路面的存在又保护了路基，使之避免了直接经受车辆和自然因素的破坏作用。

路基工程与桥涵工程之间相互影响、相互作用。桥头引道路基与桥位选择和桥孔设计关系密切，桥头引道路基和桥台如果发生不均匀沉陷，极易导致桥头跳车。处在河滩的桥头引道路基，容易产生冲刷破坏，还应进行稳定性设计与验算。路基与涵洞等结构物的衔接非常重要，这些结构物背后的回填土质量直接影响其稳定性和使用寿命。

一条公路长达数十公里甚至数百公里，工程数量大，沿线遇到的土壤、水文、气候等环境条件会有显著差别，因此，质量问题或事故较多，成因错综复杂。进行路基设计、施工、养护时，需深入调查公路沿线的自然条件，掌握有关自然因素的变化规律及人为因素的影响，采取有效的防治措施，确保路基工程质量，减小事故与病害发生。

路基裸露在自然环境中，在自重、行车荷载和各种自然因素的作用下，路基的各个部位会产生变形。路基的变形分为可恢复的变形和不可恢复变形，不可恢复变形将引起路基标高和边坡坡度、形状的改变，严重时造成土体位移，危及路基的整体性和稳定性，造成路基各种破坏。

（1）路基沉陷

路基沉陷指路基在垂直方向产生较大的沉落，从而引起局部路段的破坏。路基沉陷有两种形式：一种是路堤本身的压缩沉降；二是由于路基下部天然地面承载能力不足，在路基自重的作用下引起沉陷或向两侧挤出而造成的下沉。

路基的沉缩是因路基填料选择不当，填筑方法不合理，压实度不足，在路基堤身内部形成过湿的夹层等因素，在荷载和水温综合作用之下，引起路基沉缩，如图 7-1（a）所示。地基的沉陷是指原天然地面有软土、泥沼或不密实的松土存在，承载能力极低，路基修筑前未经处理，在路基自重作用下，地基下沉或向两侧挤出，引起路基下陷，如图 7-1（b）所示。

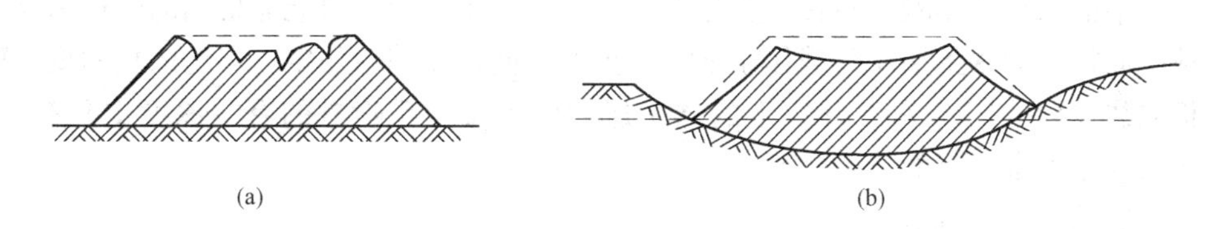

图 7-1 路基沉陷

（a）路基沉缩；（b）地基沉陷

路基沉陷问题在高速公路上非常多见，路基沉陷会直接导致路面的沉陷、裂缝、桥头跳车等问题。某高速公路位于丘陵地区，由于未进行原地基处理以及压实度不够，通车一年后，仅在中央分隔带的一侧就有 105 处用沥青混凝土找平的路面沉陷，每处长 5～10m。实际上，几乎每条高速公路都有一些路堤沉陷问题，只是程度轻重不一。而路基沉陷最突出的表现是高填方路基沉陷、不良地质路段（如软土地基）的沉陷以及二者的综合作用（如软土地基上的高填方），本节通过探讨这两个方面来认识和理解路基沉陷的根本原因和防治措施。

（2）软土地基沉陷

软土在我国滨海平原、河口三角洲、湖盆地周围及山涧谷地均有广泛分布，具有含水量大、透水性差、压缩性高、抗剪强度低、承载能力低的特性。我国高速公路的软土地段，特别是极软土及软土层较厚路段常产生路基沉陷和桥头跳车问题，个别软土地段构造物的沉降量可超过1m，甚至1.5m以上。

在软土地基上筑路必须进行地基处理，对软土路基沉陷的加固处理措施包括浅层处置，铺砂（砾）垫层、土工合成材料，袋装砂井，塑料排水板，做砂桩、碎石桩、加固土桩，预压法等。针对不同情况的软土地基，许多高速公路在设计和施工时，都采用了相应的加固处理措施，花费了大量资金，期望在路面建成通车后软土地基不会产生过多的工后沉降，但实践表明，多条高速公路都没有达到预期的技术效果，关键问题在于以下两点：

1）采取处理措施到铺筑路面前容许软土地基固结沉降的时间太短。公路工程中除采用粉喷桩、搅拌桩、石灰粉煤灰桩和碎石桩等桩基处理措施外，通常都采用袋装砂井或塑料排水板与砂垫层和加载预压相结合的排水固结法处理措施，即使是打穿软土层的排水固结法，也需要较长时间才能使地基完全固结。而高速公路由于施工期较短，往往不得不在地基继续明显沉降的情况下铺筑路面，导致工后沉降量增大。

沪嘉高速公路1988年10月底通车，实现了我国大陆高速公路零的突破。通车后软土地基继续沉降，沥青面层也不断下沉变形，特别是桥头沉陷尤为显著，仅通车4～5个月，桥头沉陷就达7～8cm。曾先后4次用沥青混凝土找平较大沉陷，每次花费800万～900万元人民币，个别地方仍在继续沉降，直到1996年，软土地基才稳定下来。

足够长的加载预压时间是软土地基固结稳定的重要条件，德国和日本的软土地基上，在5年内不铺筑正规路面，5年后软土地基基本达到稳定时，才铺筑正规路面。加载预压时间愈长，工后沉降变形就愈小，因此，需要提前铺筑软土地基上的路基，留出足够的加载或超载预压时间。

2）造成软土地基大量沉陷的另一个重要原因在于袋装砂井、塑料排水板或桩体没有打穿软土层，致使井底、排水板下端、桩尖下部仍有厚度不一的软土层，排水固结不能使此软土层中的水尽快排除，各种桩实际上是悬浮在软土层中，只能靠桩周的摩擦力支撑上部荷载。而桩下的软土层在荷载作用下需要更长时间才能固结稳定。当前的技术要将塑料排水板或袋装砂井打入深25m以上的软土层比较困难，粉喷桩的有效深度也只有15m，这是防治软土地基下沉的技术障碍。

（3）高填方路基沉陷

在水稻田或长年积水地带，用细粒土填筑的路堤高度在6m以上，其他地带填土或填石路堤高度在20 m以上（填砂、砾路堤在12m以上）时称为高填路堤。我国平原地区，几乎每条高速公路都有6m以上的较高填土和10 m以上的高填土，在山岭重丘区甚至达到20～30m。高填路堤完工通车后，随着时间的延长和汽车重复荷载的作用，常出现路基的整体下沉或局部沉降，特别是在填挖方过渡段和路桥过渡段，路基下沉尤为突出。高填路堤下沉的表现形式有路基纵横向开裂、路基整体下沉或局部沉降、路基滑动或者山坡塌陷，每种形式都不同程度地影响了道路的正常使用，危害极大。

1）高填土下沉的原因

① 工程地质与地形的影响。当工程地质条件不良，原地面比较软弱，特别是在泥沼地段、流砂、垃圾以及其他劣质土地段填筑路堤，若填筑前未经换土或很好压实，则填筑完成后，原地面土易产生压缩下沉或挤压位移；当路堤穿过沟谷时，沟谷中心往往填土高

度最大，向两端逐渐减低，在路堤横断面上，往往迎水面填土高度小于背水面，也会由于填土高度不同而产生不均匀下沉。

② 水文与气候的影响。降雨量过大、洪水猛烈、干旱、冰冻、积雪或温差过大等，都可能使高填路堤产生不均匀下沉。

③ 路堤填料不当。若填料中混入了种植土、腐殖土或泥沼土等劣质土，或土中含有未经打碎的大块土或冻土块，或者填石路堤石料规格不一、性质不匀或就地爆破堆积，乱石中空隙很大，在一定期限内（例如经过一个雨季）可能发生局部的明显下沉。

④ 设计方面的原因。按照《公路路基设计规范》JTG D30—2015，应对高填路堤进行稳定性验算等特殊设计，且施工工艺、填料应作特别要求说明，如果仅按一般路基设计，在施工中或完工后，高填路堤将会有较大的整体下沉或局部沉陷。

⑤ 施工方面的原因。包括填筑顺序不当，未分层填筑，填筑厚度不合要求。路基压实不足，在填挖交界处没有挖台阶，导致交界处发生不均匀沉降。台后高填土下沉的主要原因是柔性的填土与刚性构造物在强度、稳定性方面差异较大，加之填土压实不够所致；如果施工过程中未注意排水，出现路基积水甚至形成水囊，晴天施工时未排除积水就继续填筑，也容易造成高填土下沉。

⑥ 固结沉降时间不足。高填方路基的自然沉降是不可避免的现象，根据湘耒高速公路K45＋400～K46＋650段18m填方高度的沉降观测，路基的沉降速率在路基填筑完初始阶段（2～3月）较大，之后沉降速率趋缓，约6个月之后路基趋于稳定，但仍有极小沉降，每月1～2mm，最终达到稳定。如果在沉降没有趋于稳定之前就进行路面施工，必然引起工后较大沉降。

2）预防及处理措施

高填土下沉的预防必须从引起高填土下沉的原因出发，从设计、施工方面加以预防和控制。在设计方面，按照规范要求进行边坡稳定性验算，确定合理的断面形式；高填方材料宜优先采用强度高、水稳性好的材料，或采用轻质材料，受水淹、浸的部分，应采用水稳性和透水性均很好的材料作为填料；在施工方面，应考虑高填方路基早开工，避免填筑速度过快，路面基层施工尽量安排晚开工，以便高填方路堤有充分的沉降时间。施工时正确选用压实机械，严格分层铺筑，控制分层厚度，并充分压实。控制路基填料的含水量，做好排水设计，及时排除流向路基的地面水或处理好地下水。在软弱地基上进行高填方路基施工时，除对软土地基进行处理外，原地面以上1～2m高度范围内不得填筑细粒土，应填筑硬质石料，并用小碎石、石屑等材料嵌缝、整平、压实。

对高填路堤已经产生的严重病害，必须采取行之有效的处理办法，使路基处于良好的技术状态。处理措施一般有换填土复填法、固化剂法、粉喷桩法、灌浆法和铺设玻璃纤维土工格栅法。

（4）路基翻浆

潮湿地段的路基在冰冻过程中，土中的水分不断地向上移动聚集，引起路基冰胀。春融时，路基湿软，强度急剧降低，加上行车荷载的作用，使路面发生裂缝、鼓包、冒浆、车辙等现象，称为翻浆。

根据翻浆高峰时期路面变形破坏程度，将翻浆现象分为以下三类：

① 轻型。路面龟裂、湿润，车辆行驶时有轻微弹簧感。

② 中型。路面松散，大片裂纹，局部鼓包，车辙较浅。

③ 重型。路面严重变形，翻浆冒泥，车辙很深。

1）翻浆产生的原因及影响因素

翻浆现象主要发生在我国北方地区及南方季节性冰冻地区。当大气温度降至负温度时，土中温度也随之降低，土孔隙内的自由水在0℃时首先结冰，形成冰晶体。当温度继续下降时，冰晶体附近在土基外围吸附的薄膜水，受冰的结晶力的作用，移动到冰晶体上面冻结。土粒上的水膜变薄，破坏了原来吸附平衡状态，上面的分子引力有剩余，就要吸引下面水膜较厚的土粒水分子。同时，当水膜变薄时，薄膜水内的离子浓度增加，产生渗透压力差，在土粒分子吸引力及渗透压力差共同作用下，薄膜水就从水膜较厚处向水膜较薄处移动，并逐层向下传递。在温度0～－5℃的条件下，当未冻区有充分的水源供给时，水分发生连续移动，使路基上部的含水量大大增加。春融期间，由于土基含水过多且无法下渗，土体强度急剧降低，再加上行车动荷载的反复作用，路面就发生翻浆现象。

从宏观的角度来讲，翻浆的出现与当地的气候、水文、土质有着密切的关系，而且往往与冬季冻胀问题伴随形成。行车荷载、气候变化、温度升降是翻浆形成的外因，从客观角度来讲改变外因是不可行的，但外因通过内因（土质和水）而起作用，通过一些必要的工程手段，改变路基土质或地下水的分布，使翻浆的内因条件不成立，翻浆就不能形成，从而达到治理的目的。

2）翻浆的治理措施

处治翻浆应坚持“截、降、引、切、换、补”六字方针，“截”断地表、地下水的来源，“降”低地下水位的高度，将路基内水源“引”排出路基外，“切”断毛细水的上升，“换”填路基不良土质，改善路面设计，来弥“补”路基强度不足，具体可选用下列方法处治。

① 抬高路基。抬高路基是一种效果显著、简便易行的常用措施。增加路基边缘至地下水或地面水位之间的距离，可使路基上部土层保持干燥，在冻结中不致因过分聚冰而失去稳定。适用于翻浆段长、地表或地下水不易排出路基范围之外、路基填筑材料取运方便的路段。

② 换填土。当抬高路基有困难时，可选择适当的路基填料改变一定范围内的路基土质。将翻浆路段的不良土质挖出，换填40～100cm厚的砂性土，压实后重铺路面，此法适用于翻浆较严重路段。

③ 完善路基排水。尽量做到“路面不停水，地面不积水”，使桥涵、边沟、截水沟、排水沟、急流槽、盲沟等设施，有机地组成完善的排水系统。这是预防和处理地面水类和地下水类翻浆的首要措施。

④ 铺设透水性隔离层。透水性隔离层设在路基中一定深度处，防止水分因毛细现象进入上部路基，从而保持上部土基干燥，防止翻浆发生，透水性隔离层采用碎石、砾石、粗砂或炉渣等做成，其厚度一般为10～20cm。

⑤ 改善路面结构层。在潮湿路段增设透水性垫层或石灰土垫层。透水性材料宜选用碎石、砂砾石，厚度一般为20～30cm。在路基挖方路段，对于较轻微土体类翻浆，采用原路基土体内加入一定剂量的石灰，设置为石灰土垫层，石灰土属多孔性材料，可改善土基水稳状况，同时垫层起到承重和防治翻浆的双重作用，使路基土体得以加固。石灰土垫

层适用于路基挖方地段，且水文地质较差，路床土质为黏性土和粉性土的情况。

(5) 路基滑塌

路基边坡滑塌是最常见的路基病害，根据边坡土质类别、破坏原因和规模的不同，可分为溜方与滑坡两种情况。

溜方由少量土体沿土质边坡向下移动而形成，通常指边坡上表面薄层土体下溜。其主要是由于流动水冲刷边坡或施工不当而引起的，如图 7-2 (a)、(b) 所示。

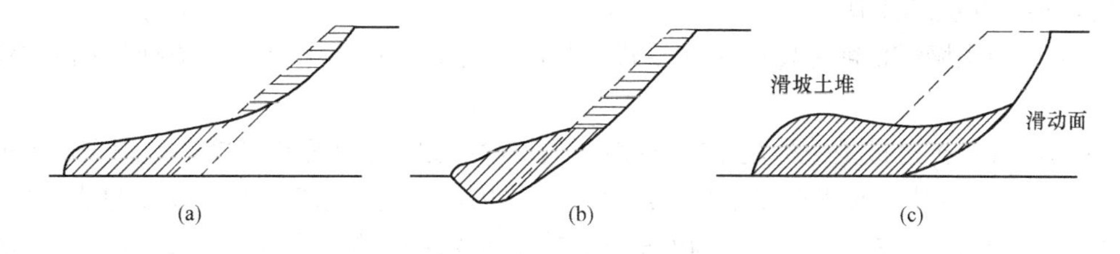

图 7-2 路基边坡破坏

(a)、(b) 溜方；(c) 滑坡

滑坡指部分土体在重力作用下沿某一滑动面滑动，主要是由于土体的稳定性不足所引起的，如图 7-2 (c) 所示。路堤边坡过陡，或边坡坡脚被冲刷淘空，或填土层次安排不当是路堤边坡滑坡的主要原因。路堑边坡滑坡的主要原因是边坡高度和坡度与天然岩土层次的性质不相适应。黏性土层和蓄水的砂石层交替分层蕴藏，特别是有倾向于路堑方向的斜坡层理存在时，就容易造成滑动。发育完整的滑坡，一般要有以下几个要素：滑坡体、滑动面、滑动带、滑动床、滑动周界、滑坡壁、剪出口、滑坡台阶、滑坡舌、滑坡洼地以及滑坡裂缝。图 7-3 为滑坡形态要素分布示意图。

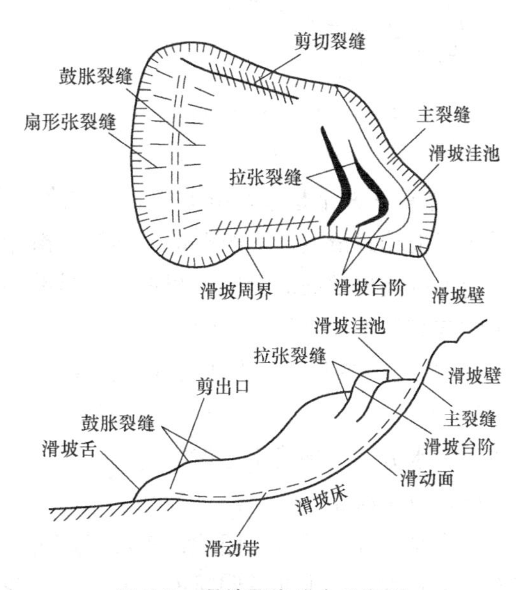

图 7-3 滑坡要素分布示意图

滑坡是山区公路的主要病害之一。滑坡常使交通中断，影响公路的正常运输。大规模的滑坡，可堵塞河道、摧毁公路、破坏厂矿、掩埋村庄，对山区建设的交通设施危害极大。引起滑坡的主要因素在于地质和水，因此，防治滑坡应以排水疏导为主，还应有必要的支挡结构物，主要防治措施如下：

1) 排水疏导。地面水必须通过截水沟与排水沟排至路基之外，不得大量进入滑坡体。所以，对于已经发生或容易发生滑坍的路段，排水系统不完善的，必须增设必要的截水沟和排水沟，把滑坡体以外的地面水引向桥涵或河沟。对滑坡体应经常检查，尤其在雨期，如有损坏应及时处治。

2) 支挡。在坡脚修建挡土墙，对滑坡体能起支撑作用，但应与排水、减重等措施配合。支挡工程分如下几类：

① 抗滑垛。一般用于滑体不大，自然坡度平缓，滑动面位于路基附近或坡脚下部较浅处的滑坡。主要是依靠片石垛的自重，增加抗滑力的一种简易抗滑措施。片石垛可用片石干砌或石笼堆成，图 7-4 为干砌片石抗滑垛。

② 抗滑挡土墙。在滑坡下部修建抗滑挡土墙，是整治滑坡常用的有效措施之一。对于大型滑坡，抗滑挡土墙常作为排水、减重等综合措施的一部分；对中、小型滑坡，其常与支撑渗沟联合使用。其优点是山体破坏少，稳定滑坡收效快。抗滑挡土墙一般多采用重力结构，其尺寸应经计算确定。

③ 锚杆挡土墙。目前主要采用柱板式、竖向预应力锚杆挡土墙以及锚杆加固来整治滑坡。

④ 抗滑桩。抗滑桩是一种用桩的支撑作用稳定滑坡的有效抗滑措施，如图 7-5 所示。一般适用于非塑性体层和中厚度滑坡前缘，以及使用重力式支撑建筑物圬工量过大、施工困难的地方。抗滑桩按制作材料分为混凝土桩、钢筋混凝土桩；按施工方法分为打入法、钻孔法、挖孔法等。

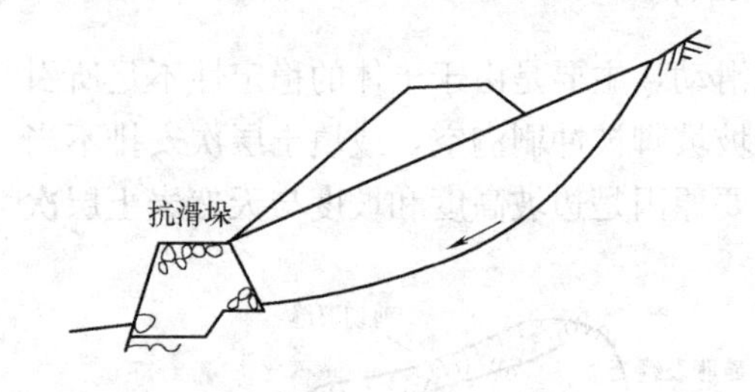

图 7-4　干砌片石抗滑垛

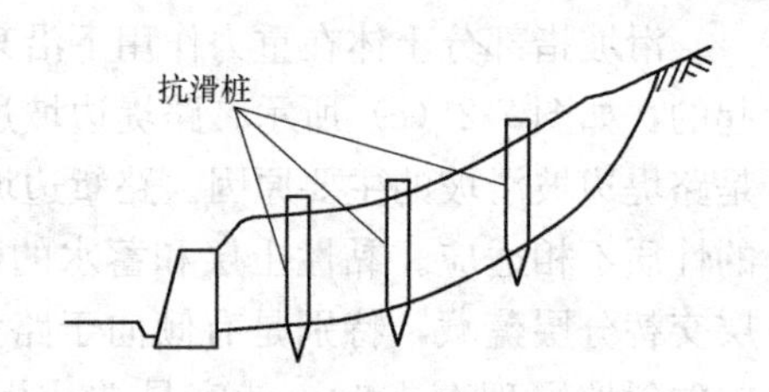

图 7-5　抗滑桩示意图

3）减重。减重是指在滑坡体后缘挖除一定数量滑坡体面，使滑坡稳定下来。这种措施适用于推动式滑坡，一般滑动面不深，滑床上陡下缓，滑坡后壁或两侧有岩层外露或土体稳定不可能再发展的滑坡。减重主要是减小滑体的下滑力，不能改变其下滑趋势，所以减重常与其他整治措施配合使用。

4）改线。在采用上述办法难以奏效或很不经济时，应进行局部改线，避开危险地段。

5）种植。滑坡区应种植草皮或灌木覆盖，因植物根系既可固结土壤，防止水土流失，吸收大量水分，起到稳定边坡的作用。

（6）桥头跳车

桥头跳车在高等级公路建设中已经成为一个非常突出的问题，有的高速公路通车一年甚至几个月就会产生非常明显的桥头跳车现象，沪嘉高速仅通车 4～5 个月，桥头沉陷就达 7～8cm。跳车不仅会影响行车的舒适和安全，还对桥梁产生很大的冲击力。

1）原因分析

① 桥台及台后填方路基的沉降差异。桥台和台后填方是两个性质不同的结构体，虽然桥台作用在地基上的压力大于台后填方，但由于桥台地基进行加固处理，一般不发生竖向沉降变形，而台后填方的地基由于未进行处理，其竖向沉降变形远大于桥台下的地基变形，桥台及台后填方地基的受力与沉降变形不一致反映到上部路面，就出现了桥台和台后填方路段的沉降差异。

② 台后填料受渗水侵蚀引起变形。桥台一般由圬工砌体和钢筋混凝土砌筑，在桥台和台后填方衔接处一般设置成锥形护坡的形式，水流易沿路面锥坡体（锥坡体的压实度较难达到要求）下渗，下渗水对桥台一般不产生破坏作用，但是对土类填料易产生侵蚀和软化，特别当台后填料不当、压实度不够时，更易产生侵蚀和软化，从而导致填方强度降低，发生变形。另外，如果台后填土排水设施不当，使地下水不能及时排出，就会软化路基并加速路基的变形。特别是软土、湿陷性黄土等特殊路基地段，浸水造成路基沉降的可能性更大。

③ 台后压实不足。靠近桥台处填方体的压实度很难达到设计规范要求，这也是一直困扰设计和施工的难点。目前，主要采用强夯、人工夯实、填筑砂料等方法。对于轻型桥台，重型压路机靠近桥台进行压实，但振动压路机可能破坏桥台结构；对于U形桥台，重型压路机难以靠近，从而使靠近桥台部位的填方土体不易达到设计的压实度要求，造成桥台与台后填方沉降差异。此外，如果工期安排不当，台背回填时间太迟，造成台后填料固结时间短，工后沉降大，就会引起在台背与路堤衔接处的不均匀沉陷。

④ 桥台伸缩缝破损导致桥头跳车。桥梁伸缩缝在选型和施工时考虑不周和处理不当，易产生跳车现象。

2）预防及处理措施

桥头跳车产生的根本原因是构造物与两端接线路堤间存在沉降差，因此应从设计、施工、管理养护等方面采取综合治理措施以减少其沉降差。

① 地基加固处理。

② 桥头设置过渡段。考虑桥台与台背路面在结构、材料、刚柔、胀缩等方面存在的差异，为了在其纵向、横向都能平顺逐渐过渡，可采取以下措施：

a. 设置枕梁和搭板。设置桥头搭板的目的是将桥面与路面间的沉降差分散至搭板的两端，从而减小两者之间的沉降差。

b. 设置变厚式埋板。对沥青混凝土路面，在桥台连接处增设变厚式水泥混凝土埋板；对水泥混凝土路面，则将连接处的路面板改为变厚式水泥混凝土埋板。

c. 铺设预制水泥混凝土块、条石、半刚性过渡层及沥青过渡等路面类型过渡。

③ 设置柔性桥台。土工织物加筋柔性桥台工程，可增大桥台相对刚度，减小桥台整体沉降，降低台背与桥台之间的差异沉降。

④ 正确选择台背填料。

⑤ 严格按照台背填方碾压方法进行压实。

⑥ 设置完善的排水设施。

⑦ 注重桥头路面的接缝和伸缩缝的处理。

7.1.2 路面工程

路面是在路基顶面用各种混合料铺筑而成的层状结构物，包括面层、基层（底基层）和垫层，路面工程的质量问题与这些结构层的功能要求、材料性能、施工工艺关系密切。

路面各结构层具有不同的功能要求。面层应具备较高的强度，抗变形能力，较好的水稳定性和温度稳定性，其表面还应有良好的抗滑性和平整度；作为路面结构中的承重层，基层应具有足够的强度和刚度，并具有良好的扩散应力的能力。基层遭受大气因素的影响虽然比面层小，但是仍然有可能经受地下水和通过面层渗入雨水的浸湿，所以，基层结构应具有足够的水稳定性。基层表面虽不直接供车辆行驶，但仍然要求有较好的平整度，这是保证面层平整性的基本条件。垫层介于土基与基层之间，主要功能是改善土基的湿度和温度状况，以保证面层和基层的强度、刚度和稳定性不受土基水稳状况变化所造成的不良影响。只有各结构层满足不同的功能要求，才能确保路面功能的正常发挥。

路面所用材料种类较多，材料组成和性能各异。结构层材料性能不满足要求往往成为各种病害产生的诱因，因此，对材料的控制是减少路面质量问题的前提。

路面施工机械多种多样，工艺不一而足，能否严格按照科学要求施工是减少和避免质量问题的关键所在。

1. 路面基层（底基层）常见质量缺陷、事故分析及处理

路面的各结构层的病害最终会反映到路面表面。因此，在分析路面工程的质量缺陷和防治措施时，既要对各结构层特性有清楚的认识，又要考虑其相互影响，进行综合分析。

基层分为半刚性基层、刚性基层和柔性基层三种，其中半刚性基层因其强度高、稳定性好、抗冻性强而成为我国各级公路普遍采用的基层形式，本节重点分析半刚性基层的质量缺陷问题。

（1）基层强度不足和不均匀性问题

半刚性基层强度一般都较高，但当材料级配不好、施工不规范时强度就会大幅下降。基层强度没有达到要求，局部没有形成完好的整体，将会导致沥青路面产生网裂、形变等早期破坏。早期公路施工中，有用铧犁、平地机等路拌法铺筑的基层，容易造成基层拌合不均匀。某高速公路虽然采用了15cm沥青面层加20cm水泥稳定砾石，但由于水泥稳定砾石混合料不均匀性大，厚度变化大，有的厚度仅有15cm，强度无法保证，通车2年后就发生网裂、沉陷、唧浆等病害，有的路段产生了$2m^2$的块状裂缝。1994年以后的高速公路，虽然采用厂拌法拌制基层混合料，但有的高速公路未按施工要求用摊铺机铺筑，而是用推土机和平地机摊铺，这样基层混合料避免不了离析，厚度和压实度不均匀，表面不平整，基层质量不均匀性大。基层强度不足与不均匀往往是伴随产生的，主要是由于施工不规范引起的，具体表现在以下几点：

① 原材料的质量不符合要求，如水泥或石灰等的品种及剂量、土的化学成分含量及土的物理组成不符合要求。

② 混合料的含水量和干密度未严格控制，不符合要求。

③ 混合料级配不合理。

④ 路拌法施工控制不严格，导致混合料拌合不均匀，水泥撒铺、加水拌合到压实的延迟时间过长。

⑤ 碾压机械配置不合理，未达到规定的压实度。

⑥ 添加剂种类（综合稳定土）不合适。

⑦ 养生条件差，养生不及时。

(2) 基层裂缝

基层裂缝是沥青路面反射裂缝、唧浆的诱因，必须引起重视，基层裂缝包括干缩裂缝和温缩裂缝两种。

① 干缩裂缝

稳定土材料在强度形成过程中，由于水分逐渐消耗以及蒸发，使原本较潮湿的达到密实状态的基层集料结构逐渐趋于干燥，导致体积发生收缩，收缩量偏大则会使基层出现较严重的拉裂现象直至产生裂缝（即干缩裂缝）。含有土量多或细集料较多的混合料产生的裂缝主要以干缩为主。

干缩裂缝产生的原因有：土的塑性指数较高；无机结合料含量太高；未严格控制含水量，石灰土拌合碾压时含水量可能大于最佳含水量；由于重黏土难以粉碎，其中掺杂大块土团，碾压成形后出现泥饼，形成龟裂；混合料级配不合理；基层上没有覆盖层保护而遭受阳光暴晒，不可避免地要产生干缩裂缝；基层未预先切缝。

针对以上原因，可采取选用塑性指数较低的土质，严格控制施工中的含水量，严格控制压实标准，控制结合料（水泥、石灰）用量，预先切缝，基层养生结束后立即铺筑沥青面层等方法预防干缩裂缝。

② 温缩裂缝

基层材料内部的不同矿物颗粒组成的固相、液相和气相在降温变化过程中相互作用，使基层材料产生体积收缩。收缩变形受到约束时，逐渐形成裂缝（即温缩裂缝）。对于含骨料较多的材料产生的裂缝主要是温度收缩裂缝。

温缩裂缝产生的原因在于含水量、集料或土含量不符合要求时，在温度的变化下产生裂缝，施工中如果基层上覆盖层较薄，经过冬季低温，很容易形成温缩裂缝。基层未预作切缝处理、基层平整度差也为温缩裂缝的产生提供了条件。减少温缩裂缝要从合理进行材料组成设计、减少材料中的温度梯度、调整施工季节、预先对基层作切缝、保证基层平整度等方面着手。

（3）基层抗冲刷能力不足

半刚性基层的抗冲刷性能是指成形的无机结合料结构层抗高速水流或挟砂水流冲刷、磨损的性能。基层抗冲刷能力不足将导致沥青路面唧泥、坑洞等病害，导致水泥路面产生板底脱空和唧浆现象。

当表面水进入路面结构层时，如果进入的水未能及时排出，而是滞留在面层与基层之间，就会导致基层局部潮湿甚至饱水。在行车载荷作用下，路面结构层内或基层材料中的自由水会产生相当大的水压力，这种有压力的水会冲刷基层材料的细料，一次冲刷的量是很小的，但在行车载荷的反复作用下，经过多次冲刷，就会积少成多，如果基层抗冲刷能力不足，就会形成细料浆，久而久之，在行车载荷作用下，细料浆被逐渐压挤出裂缝，从而形成唧泥现象。这种现象在沥青路面和水泥混凝土路面中普遍存在。

基层的冲刷程度与进入路面结构层的水量大小有关，进入的水愈多，冲刷程度愈大。冲刷程度还与基层材料本身有关，材料中含有细料越多，冲刷愈严重。要提高半刚性基层的抗冲刷性能，需从基层原材料、混合料的配合比和基层材料强度方面着手，严格控制基层材料中结合料的性质和含量及细料的含量。此外，设计路面结构时，应增设结构层内部排水系统，减少水的浸蚀。

2. 沥青路面常见质量缺陷、事故分析及处理

由于材料性能的差异，以及受设计和施工水平的影响，沥青路面常出现车辙、泛油、开裂、波浪、拥包、松散、坑槽等病害。这些病害的出现严重影响了行车速度、行车安

全，加大了汽车磨损，缩短了沥青路面的使用寿命。高速公路的早期破坏现象引起了人们的重视。我国20世纪80年代修建的高速公路，有的使用不到1年就开始大面积破坏，有的使用2～3年就开始明显破坏，这些早期破坏主要是指：开裂——冬季沥青路面的横向开裂；车辙——夏季高温期在重载车作用下形成的纵向永久性变形；水损害——雨季或春融季节出现的坑槽；路面的表面功能衰减——沥青路面由于泛油、石料磨光及路面破损引起的表面功能降低或丧失。

（1）车辙

车辙是高等级公路沥青路面的主要损坏类型之一。车辙一般是在温度较高的季节，沥青面层在车辆的反复碾压下产生剪切破坏，发生了永久变形和塑性流动而逐渐形成。车辙通常伴随着沥青面层压缩沉陷的同时，出现侧向隆起，二者结合起来构成车辙（图7-6）。典型的车辙表现为轮迹带均匀下陷，对纵向平整度无明显影响，但当车轮偏移时会引起行车晃动。当车辙达到一定深度时，横向排水不畅，辙槽内积水，极易发生汽车漂滑而导致交通事故。

对于柔性路面结构，沥青面层下的柔性基层、底基层和土基都可能由于受到超大应力（大于这些材料和路基土的抗剪切强度）作用而产生严重的车辙。对于半刚性基层沥青路面，如果半刚性基层质量不好，局部半刚性材料没有形成完整的整体，甚至是松散的，则其上的沥青面层会产生严重的辙槽，辙槽深度常超过30mm，如图7-7所示。

图7-6 行车道上的车辙

图7-7 某高速公路沥青路面上的车辙

影响沥青路面车辙的因素主要有集料、结合料、混合料类型、荷载、环境条件等。此外，压实方法会直接影响沥青混合料的内部结构，从而对车辙产生影响。除了沥青混凝土本身抗车辙能力差外，基层质量不好也是车辙产生的原因之一。基层开裂、不均匀、强度差时，其上的面层容易产生垂直形变，在荷载作用下逐渐下凹而产生车辙。从车辙发生处钻芯取样常发现其下的基层松散或不完整。

车辙主要发生在高温季节，根据形成的原因，车辙主要分为三种类型。

1）磨耗型车辙

磨耗型车辙是指在交通车辆轮胎磨耗和环境条件的综合作用下，路面磨损，面层内集料颗粒逐渐脱落；在冬季路面铺撒防滑料（如砂）时，磨耗型车辙会加速发展，如图7-8（a)所示。磨耗型车辙主要是由于大颗粒集料缺乏韧性、带突钉轮胎作用、集料级配空隙太大以及集料周围沥青膜厚度不足所致。可选用具有韧性和安定性好的集料，选用具有表面纹理粗糙的集料作为沥青混合料中的集料，使此类车辙得到减缓。

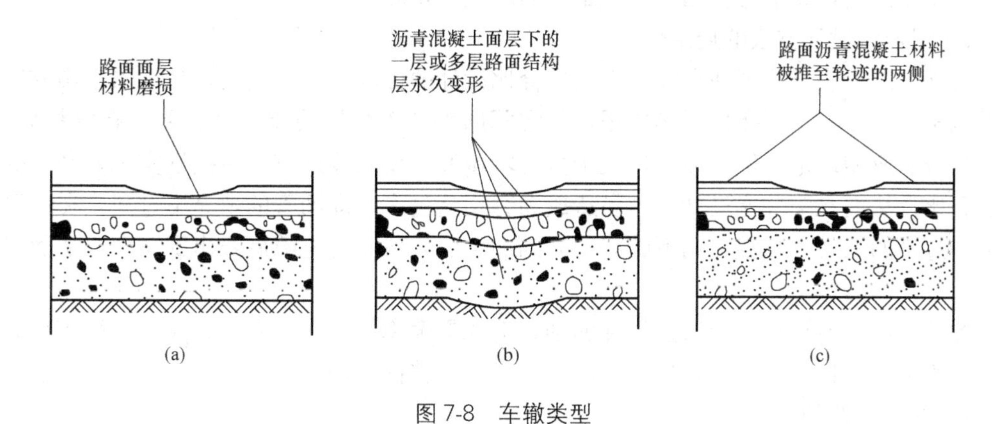

图 7-8 车辙类型

（a）磨耗型车辙；（b）结构车辙；（c）失稳型车辙

2）结构型车辙

这类车辙主要是基层等路面结构层或路基强度不足，在交通荷载反复作用下产生向下的永久变形，作用或反射于路面。此类车辙可通过材料（铺筑基层的材料要满足规范要求，且要含有较多的破碎颗粒、集料内必须含有较多矿粉）和施工方法（基层必须被充分压实以抵抗由于交通荷载作用而产生的附加压密）两方面来预防。有条件应尽量采用半刚性基层，如图 7-8（b）所示。

3）失稳型车辙

绝大多数此类车辙是由于在交通荷载产生的剪切应力的作用下，路面层材料失稳，凹陷和横向位移形成的，如图 7-8（c）所示。此类车辙的外观特点是沿车辙两侧可见混合料失稳横向蠕变位移形成的凸缘。一般出现在车辆轮迹的区域内，当经碾压的路面材料的强度不足以抵抗交通荷载作用于其上面的应力，特别是重载车辆高频率通过，路面反复承受高频重载时，极易产生此类车辙。此外，在高速公路的进、出口，收费站或一般公路的交叉路口等减速或缓行区，这类车辙也较为严重。这些地区车速较低，收通荷载对路面的作用时间较长，易于引起路面材料失稳，产生横向位移和永久变形。

（2）泛油

沥青从沥青混凝土层的内部和下部向上移动，使表面有过多沥青，这种现象称为泛油。

在高温季节，新铺沥青混凝上面层在大量行车，特别是在重型货车作用下进一步压密，易导致沥青混凝土内部过多的自由沥青向上移动，产生泛油现象。高温季节的雨水浸入沥青混凝土内部，如沥青与矿料的粘结力不足，沥青会从集料表面剥落并向上移动，产生更严重的泛油现象。

我国高速公路和一般公路的沥青路面都有轻重不一、比例不等的泛油现象。在绝大多数情况下，泛油仅发生在行车道上，而且是间断式的片状分布。连续式的泛油很少，超车道的泛油现象更少。泛油对道路的抗滑指标具有较大的影响，会大大降低路面的构造深度，使抗滑指标明显下降。

泛油病害产生的内因是设计和施工不当，而诱发的外因是高温、雨水的浸入以及载重货车的反复作用，其中沥青用量过大是泛油的最主要原因。

1）配合比设计方法的局限性

马歇尔设计法是我国沥青混合料的配合比设计的标准方法，然而，马歇尔击实方法不能模拟压路机和行车的搓揉压实作用，与实际路面的工程性质相关性较差。有资料显示，马歇尔击实成型确定的最佳油石比大于由旋转压实成型（成型方式更接近实际）确定的最佳油石比，从而在配合比设计中容易造成沥青用量过多，即沥青的填充率过高，在高温天气下，过量的沥青在高温作用下膨胀，充满沥青混合料中的空隙后溢出到路表，从而引起泛油。

此外，由于设计过程中所选级配偏细，造成空隙率过小，饱和度较大，在行车荷载和高温作用下，会造成沥青被挤出有限的空间，形成路面泛油。

2）施工工艺的影响

施工过程中如拌合设备本身的计量系统以及自动补偿系统的性能不佳等，可能造成出产的沥青混合料的沥青含量过大，也是造成泛油的原因。

3）路表水的影响

南方地区降雨量较大，路面积水一旦渗入路面结构中，在行车荷载的反复作用和动压水的冲刷下，集料表面的沥青膜剥落形成自由沥青，并在水的作用下被迫向上迁移，从而使面层上部泛油。

(3) 坑槽

坑槽是沥青路面各类破损中较常出现且危害性较大的一类破损，特别是在降雨后或在冬春季之交雪水的反复冻融后，会产生大量的坑槽破损。随车辆荷载的作用，其破损面会逐渐加大、加深，这将直接导致沥青路面的平整度降低。

按破损形式及成因，坑槽可分为表面层产生坑槽、表面层和中面层同时产生坑槽、底面层和基层间产生坑槽、刚性组合式路面“含桥面”上产生坑槽四类（图 7-9）；按坑槽破损的大小及严重程度分类，坑槽可分为轻微破损、中等破损、较严重破损和严重破损。

坑槽产生的原因有：

1）水损害引起坑槽破损

沥青路面形成坑槽的原因较多，而水损害是引起坑槽破损最根本的原因。由于连续降雨或路表有积水，会使沥青路面材料长时间被水浸泡；或水通过路表面的裂缝或表面材料空隙率较大的地方渗入路面结构层内，容易使沥青从粘附的集料表面剥离，在车辆荷载的反复作用下发生沥青路面坑槽破坏。

2）交通荷载造成坑槽破损扩展

交通荷载是使坑槽破损进一步扩展的重要原因。相关研究表明，当车速和坑槽宽一定时，车辆后轮行驶至坑槽底部附近时将产生较大的附加力，使坑槽进一步发展。

(4) 裂缝

裂缝是沥青路面早期破坏的最常见病害之一，它的危害在于从裂缝中不断渗入的水分使基层甚至路基强度降低，加速路面破坏。沥青路面上出现的裂缝，按其表现形式不同分

图 7-9　沥青路面坑槽类型

为横向裂缝（图 7-10）、纵向裂缝和网状裂缝（图 7-11）三种类型。

1）横向裂缝

横向裂缝是指垂直于行车方向的裂缝。按其成因不同，横向裂缝又可分为荷载型裂缝与非荷载型裂缝两大类。荷载型裂缝是由于路面结构设计不当或施工质量低劣，或者由于车辆严重超载，致使沥青面层或半刚性基层内产生的拉应力超过其疲劳强度而断裂。非荷载型裂缝是横向裂缝的主要形式，主要指沥青面层温缩裂缝。

图 7-10　路面横向裂缝

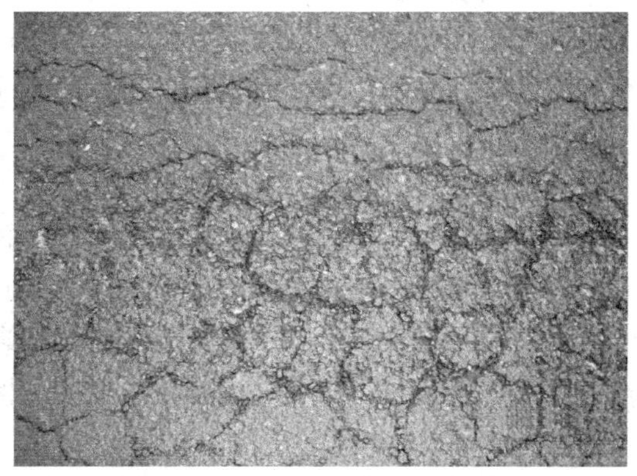

图 7-11　路面局部网状裂缝

2）纵向裂缝

纵向裂缝分为两种：第一种是沥青面层分幅摊铺在两幅接茬处未处理好，在车辆载荷与环境因素作用下逐渐开裂；第二种是由于路基压实度不均匀或由于路基边缘受水浸泡产生不均匀沉陷引起。

3）网状裂缝

一是路面结构中夹有柔软泥灰层，粒料层松动，水稳定性差，在荷载作用和雨水侵入下发生唧浆，产生龟裂，从而引起路面损害；二是沥青与沥青混合料质量差，沥青延度低，沥青混合料粘结性差，从而抗裂性差，加上水分渗入，造成路面龟裂，引起路面破坏。

(5) 唧浆

唧浆是路表水通过沥青面层空隙（或裂缝）渗入基层，使基层表面软化、膨胀，在车辆荷载的连续作用下，基层产生泥浆并通过面层空隙（或裂缝）喷射而出的现象(图7-12)。唧浆现象的产生，一方面带走了相当一部分路段细料，另一方面污染了沥青面层，降低了面层的自愈能力，还会进一步形成坑槽，加速路面的破坏。唧浆产生的原因有以下几方面：

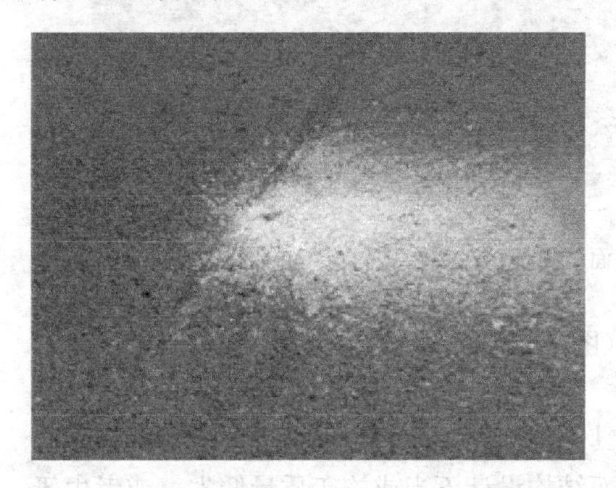

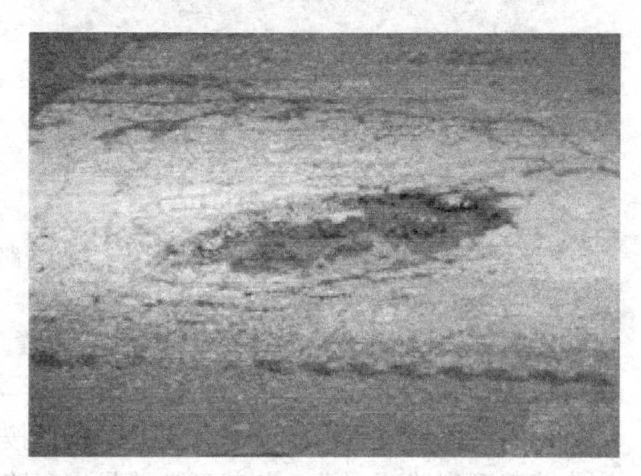

图7-12　道路唧浆现象

1）气候因素

唧浆病害易在雨期出现，与当地气候有关。雨期常会出现阴雨天气，气温下降幅度较大，空气潮湿，水分蒸发速度缓慢，雨水穿过沥青碎石面层渗入基层，使基层表面逐渐软化，在行车荷载作用下，基层形成泥浆并通过面层空隙喷射而出，即形成卿浆。初冬时节，由于昼夜温差大，此时若降雨（雪），也容易产生唧浆病害。

2）路面结构类型的影响

沥青混合料所用碎石级配的优劣，能体现沥青路面渗透能力的大小。碎石级配差，造成沥青混合料空隙率过大，雨水极易下渗到基层，经过行车作用，产生唧浆病害。

基层抗冲刷能力较差，雨水渗入后基层表面极易软化，极易产生唧浆病害。另外，唧浆与基层（面层）材料配合比和材料的物理性质有关。

3）路面排水的影响

由于路面排水设施不合理（如部分路段实施了拦水带），很多路段常易集水；有些浅挖路堑地段未设排水沟，形成了拦水土埝，致使路面排水不畅。实践证明，路缘石和拦水带都有聚集水的负面作用，雨后路面积水无法排除，只能挥发和下渗，路面边部在一段时期内处于饱水状态或严重潮湿状态，此时由于行车作用也易产生唧浆病害。

4）施工质量的影响

面层混合料在运输及摊铺过程中若出现离析现象，空隙率则会超过设计值，致使局部渗水量过大，导致基层受水浸泡后产生唧浆。封层的质量也很关键，沿用传统的单层式和撒布法施工乳化沥青砂（或石屑）下封层，不能保证封层厚度，加上在不封闭交通的状况下施工，若面层不能及时铺筑，封层很快就会被车辆或行人破坏。卸料汽车轮胎和摊铺机履带的行走，也易破坏封层，致使封层失去应有的作用。基层碎石混合料的不均匀性，也会造成唧浆病害。

5）超载运输影响

实测表明，在雨期，路面在超载车辆荷载作用下各层均处于极限甚至破坏的受拉状态，即层底处于开裂状态，这给水分加速下渗、泥浆形成及唧出创造了条件。

3. 水泥路面常见缺陷、事故分析及处理

水泥混凝土路面的病害大体分为结构性损坏和非结构性损坏。结构性损坏是指严重裂缝、沉陷、错台、碎裂、拱起等；非结构性损坏是指微裂缝、露石、麻面、剥落、磨光、接缝损坏、孔洞和坑槽等。水泥路面的病害还可归为4大类，即裂缝类、接缝类、变形类和松散类。其中裂缝类主要指纵向、横向、斜向裂缝；变形类主要指唧泥、错台、拱起；接缝类主要指纵缝、横缝的损坏；松散类主要指坑洞和层状剥落。本书主要讨论水泥路面的结构性损坏。

(1) 裂缝与断板

由纵向、横向、斜向裂缝发展而产生的已完全折断成两块以上的水泥混凝土路面板，称为断板。混凝土路面板浇筑完成后，未完全硬化和刚开放交通就出现的断板称为早期断板或施工断板。混凝土路面开放交通后出现的断板称为使用期断板或后期断板。

当温度应力与荷载应力超过混凝土的抗拉强度，水泥混凝土路面板就会产生裂缝并发展为板块断裂。这些裂缝和断裂，有的是由于混凝土的早期收缩产生的收缩应力而引起的横向裂缝；有的是由于板块尺寸过大所产生的温度翘曲应力超过了混凝土的抗弯拉强度而引起的横向裂缝；有的是由于地基的不均匀沉降或地基受侵蚀而使板底出现脱空后，致使应力增加而引起的纵向、横向或角隅断裂；有的是由于车辆荷载的多次重复作用，所产生的重复荷载应力超过了混凝土的疲劳强度而引起的纵向裂缝或横向裂缝。

导致水泥混凝土早期裂缝与断板主要有两方面原因：一方面是内因，即水泥混凝土本身的质量问题，如水泥安定性差、强度不足、集料（砂、碎石等）含泥量及有机质含量超标、单位水泥用量偏大、水灰比偏大、配合比不准确等；另一方面是外因，如基层标高失控和不平整、由于搅拌不足或过分、振捣不密实而导致的混凝土强度不足或不均匀、混凝土浇筑间断、养生不及时或养护方法不当、切缝不及时、新旧路接触部位处理不好、过早开放交通、地下隐蔽构造物修建存在隐患等。

(2) 唧泥和板底脱空

唧泥是指在车辆荷载作用下，基层中的细粒材料从接缝和裂缝处与水一同喷出，致使板体与基层逐步脱空，常在接缝或裂缝附近有污迹存在（图7-13）。脱空是指路面板与基层部分分离而产生空隙（图7-14）。

水泥混凝土路面在施工过程中，受温度和行车荷载的影响，水泥混凝土路面板底与基层之间出现微小空隙，即原始脱空区。由于硬化后的水泥板在环境温度的影响下产生很大的温度应力，为避免板的断裂或拱起，设置了纵缝和横缝。在自然环境下，正是由于纵缝、横缝的存在，大气降水沿缝隙下渗，并积滞在上述脱空区内。在重载车辆的作用下，移动荷载引起的动水压力使某些未经处治的细粒料和连接较弱的胶结料受到冲刷，并随着水的挤出而被带出。这些悬浮的液体就形成了唧泥现象。

图 7-13 道路唧泥现象

图 7-14 道路板底脱空

唧泥现象意味着基层受冲刷，细粒料被带出，进一步加剧板底脱空。脱空区扩大，使板的支承条件更为恶化，当板底脱空达到一定的规模时，路面板在外荷载作用下弯拉应力大大增加，从而导致路面板使用寿命大为缩短。板下脱空的存在是导致路面板产生早期纵向、横向或角隅断裂的重要因素。

水泥混凝土路面板下脱空的产生原因十分复杂，唧泥仅是其原因之一，它的产生还与重载、超载车辆，旧水泥混凝土路面加宽，基础与路堤不均匀沉降，冰冻作用的影响及近桥涵段填土压实不足等有关。

水泥混凝土路面板底脱空和唧泥现象可采取的预防和处理措施包括：填缝材料质量应符合要求以减少渗水和冲刷；基层应采用耐冲刷材料如水泥稳定粒料，基层表面应平整、坚实，不得用松散细集料整平；设计路面结构时，应增设结构层内部排水系统，减少水的侵蚀；采用硬路肩，防止细料从路肩渗入缝内，减少细料的移动、堆积；易产生不均匀沉降的地段，应进行加固，并宜采用较厚的半刚性基层（如 50cm 以上）。

7.2 桥梁工程

桥梁工程是交通工程的咽喉，是公路工程的重要组成部分，桥梁结构和构造的完整性将直接影响到公路交通运输的安全性和舒适性。近年来，桥梁事故频发，有的甚至为特大事故。这些事故的发生有外部原因，如汽车、火车、船舶的撞击，人群负荷超载等；也有施工、建设单位严重违反桥梁建设的法规标准而导致的质量事故；还有因设计、施工不当引起的技术事故。对于工程设计与施工人员来说，最应该警惕和重视的莫过于由于设计与施工中存在的问题而构成事故的潜在隐患。深刻反思导致工程事故背后的关键技术原因，预先判断潜在事故隐患，采取避免或减少事故发生的措施，是工程技术人员不可推卸的责任和义务。

桥梁的质量缺陷和事故可分为结构性和构造性两大类。前者指桥梁结构在受外界荷载的影响，使既有结构整体的承载能力下降或丧失，如桥梁裂缝、拱式桥梁的拱脚及拱顶的破损等；后者指桥梁在使用过程中部分构件功能丧失，使桥梁结构的行车舒适性有所下降，这类病害对整个桥梁结构的承载能力没有大的影响，但构造性病害如不能得到及时维修，发展下去也会造成结构性病害，此类病害包括伸缩装置失效、桥面铺装破损等。

7.2.1 桥梁下部结构常见质量缺陷和事故

桥梁墩台是下部结构的主体，墩台分为重力式和轻型墩台，前者由砖、石、混凝土等砌体砌筑而成，后者一般为钢筋混凝土结构。墩台病害的主要表现形式为混凝土剥落、露筋、砌体风化、灰缝脱落、裂缝、水平位移、倾斜、沉降等，其中裂缝是最常见的病害形式，其他现象最终的不利表现，也往往归结于出现不允许的裂缝。在船只和漂流物的撞击等突然外力作用下，墩台还会产生局部破坏。本书着重讨论墩台出现的裂缝、倾斜和滑移等问题。

1. 墩台裂缝

(1) 墩台裂缝的种类、原因和防范措施

裂缝将降低墩台的耐久性，当有特殊情况发生时，如撞船、流冰、地震、沉陷时，裂缝所在的薄弱环节将促使事故扩展，甚至导致破坏。桥梁墩台裂缝形成的原因与原材料性能、构件受力和变形、施工、环境因素相关，很多情况下并不是由单一原因引起，而是各种因素共同作用的结果。墩台常见裂缝形成的种类和原因可大体归结为以下几种：

1) 施工中产生的裂缝

① 收缩裂缝。施工操作或养护不当时，拆模后墩身混凝土表面常出现裂缝，这些裂缝以竖向裂缝为多。

② 温差裂缝。主要发生在大体积混凝土，由于混凝土的体积大，聚集的水化热大，在混凝土内外散热不均匀以及受到内外约束的情况时，混凝土内部会产生较大的温度应力，导致裂缝产生。

③ 模板变形导致的裂缝。在弹性支承的模板内浇筑混凝土，当底层混凝土初凝后，灌筑的混凝土重力常使模板变形，使初凝的底层混凝土受拉、受剪而产生裂缝。

④ 新、老混凝土接缝不良导致裂缝。

2) 营运中产生的裂缝

① 集中的承压应力会使顶帽上支承垫石四周产生辐射状的裂缝。

② 在水平力作用下，当墩身、台身有较大的扭曲和挠曲力矩时，如果配筋不足或接头不满足要求，难以承受剪力和扭转力矩，将不可避免地产生裂缝。特别是在地震中，墩身断裂的同时，常有在水平截面上旋转一个角度的现象，说明是偏心水平扭转的结果，在竖向地震作用下，会进一步加剧这种现象的发生。

③ 空心墩身积水或排架墩桩身填充不密实的位置，在冬季易产生裂缝。

④ 因受力变形、温度升降产生的局部拉应力，使墩身挖空部分的楣梁或拱圈下缘及截面转折角处出现相应的裂缝。

3) 不均匀沉陷过大产生的裂缝

地基过大的不均匀沉陷容易使墩台中间产生竖向裂缝，实体式墩台还会产生倾斜。柱式或框架式墩台由于受力面积小，在荷载和基础变位的双重影响下，易使盖梁或立柱产生裂缝。

(2) 墩台裂缝限值和修补

根据《公路桥涵养护规范》JTG H11—2004，当裂缝超过规范要求的数值时应进行修补以保证结构的耐久性，除依据上述规定外，若出现以下几种情况时，裂缝需修补。

① 发展的裂缝，宽度在6个月期间增大0.1mm上时。

② 裂缝宽虽未增大，但裂缝数量增多时。

③ 裂缝宽度在0.3mm以上时。

④ 裂缝宽度0.2mm左右，但认为结构产生危险时。

砖石砌体、混凝土及钢筋混凝土结构物裂缝的修补，主要目的是修复结构的整体性，保持结构的强度、刚度、耐久性、抗渗性及外形的美观。目前常用的方法主要有表面封闭修补法、压力灌浆修补法、表面粘贴玻璃布或钢板等材料。

2. 墩台倾斜、滑移

(1) 台背土压力引起桥台滑移或倾斜

在台背土压力的作用下，桥台向桥孔方向移动或倾斜，其原因为：台背土压力大于基底摩阻力，致使台身向桥孔方向移动，台背土压力较大，土压力合力位置较高，倾覆力矩较大，致使台身发生倾斜；未做支撑梁或未进行梁、板安装前，就先行回填台背。桥台向桥孔方向倾斜不仅引起桥台本身的破坏，还会使两岸边跨的梁端混凝土与台背挤压发生破碎、钢筋外露锈蚀、支座严重变形老化等质量问题，图7-15为国道G324某圆墩大桥由于桥台倾斜引起的T形梁与支座的破坏情况。

(2) 堆载引起桥梁墩台与基础的偏移

当桥梁结构主要穿越沟谷地形，有弃方的情况下，工程单位常将弃土堆于桥梁墩台周围。堆载对其周围的桥梁墩台与基础会产生两方面的影响：一是桩周堆填土在桩周产生负摩阻力，增加桩的竖向荷载以致产生不均匀沉降，二是桩周土发生水平向位移，引起桩的挠曲、水平变形过大，使桩身承受的弯矩大于设计弯矩，从而造成上部结构产生偏移甚至不能正常使用。

(3) 挖砂或冲刷造成墩台倾斜

图7-15 桥台混凝土破坏引起桥梁失稳

受长期的洪水冲刷、墩台前地基土层受河床淘挖、河道变迁、人工采砂等因素影响，容易引起地基或基础的不均匀沉降，还可能导致河床面降低，桩身外露，桩的自由长度增大，桥梁墩台的纵横向刚度降低，整体稳定性减弱，发生倾斜或滑移。

(4) 施工造成墩台倾斜

当墩台高度小于30m时，一般采用固定模板施工，当高度大于或等于30m时，通常采用滑动模板施工。滑模施工时，如果操作平台发生倾斜，很容易造成墩台的倾斜。

为防止桥台滑移和倾斜，应采取下列预防措施：

① 轻型桥台背后回填应在下部支撑梁完成及上部梁板安装完毕后再进行。

② 在地基承载力满足要求的情况下，加大基础及桥台的自重，提高基底摩阻力。

③ 设计时可考虑采用组合桥台（如基础下加桩），提高抗滑性。

④ 台背回填采用轻型材料（如粉煤灰），以减轻土压力。

⑤ 两端台后回填时应对称平衡进行，尽量不用大吨位振动压路机强振，以静压为主。

⑥ 台后增设挡土墙，减小桥台土压力。

⑦ 在安装完预制梁板后，或整个通道施工完毕后，再进行台背回填，以防止桥台发生倾斜。

7.2.2 桥梁上部结构常见质量缺陷和事故

裂缝是桥梁上部结构缺陷的集中表现，也是桥梁中最常见的病害，当裂缝超出限值，就会降低混凝土的耐久性，引起潜在的安全隐患。不论是房屋建筑还是桥梁，钢筋混凝土构件、砌体构件产生裂缝的机理、原因和表现形式基本上是相同的。以下主要讨论不同类型桥梁（从受力上分类）上部结构常见的质量缺陷和事故。

1. 梁式桥常见质量事故分析

（1）简支桥梁

钢筋混凝土简支梁上部结构常见的质量缺陷与建筑结构类似，主要是梁体裂缝。预应力混凝土简支梁不同于钢筋混凝土简支梁的常见质量缺陷有：

1）张拉锚具的锚下纵向裂缝，长度一般不超过梁高，主要为锚下局部应力集中产生的劈裂拉力所致。

2）沿预应力钢束的纵向裂缝，主要由于预应力钢束保护层过薄，钢束处局部应力过大产生劈裂或是混凝土保护层碳化后预应力筋生锈所致。

3）跨中挠曲过大，超过规范容许值，主要为施加预应力不足或预应力损失过大所致。

（2）连续体系梁桥

预应力混凝土连续体系梁桥跨越能力较大，大多采用箱形截面，这类桥梁主要包括连续梁桥和连续刚构桥，除了钢筋混凝土和预应力混凝土常见病害外，还有下列比较典型的病害。

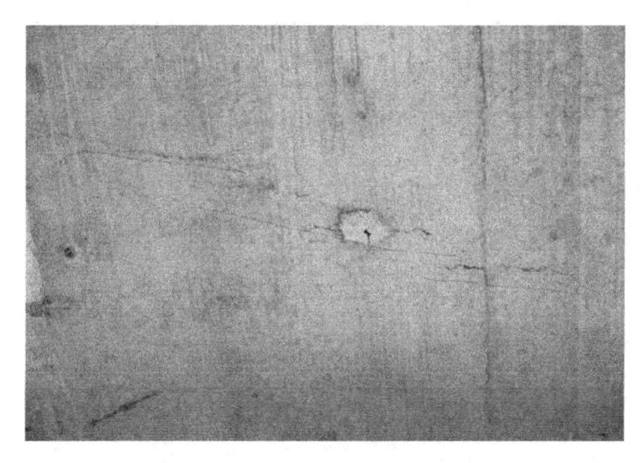

图 7-16 箱梁腹板斜裂缝

1）腹板斜裂缝

斜裂缝也称主拉应力裂缝，是由各种因素综合产生的实际主拉应力超过了混凝土抗拉强度而引起的，是预应力混凝土梁桥中出现最多的一种裂缝。斜裂缝一般发生在剪应力最大的支座附近，与梁轴线呈25°～50°，并随时间的推移，不断向受压区发展。裂缝数也会增加，裂缝区向跨中方向发展，箱内腹板斜裂缝往往比箱外腹板严重，如图 7-16 所示。斜裂缝产生的主要原因有：

① 主墩处取消弯起束。从 20 世纪 90 年代开始的一段时期内，在箱梁桥的设计中，较普遍地取消弯起束，而用纵向预应力和竖向预应力来克服主拉应力的设计方案。这种做法方便施工，可以减薄腹板的厚度。但竖向预应力筋长度短，预应力损失大，有效预应力难以控制，经过实践，带来的是斜裂缝大量出现的教训。

② 作为平面问题分析主拉应力，造成主拉应力不足。现行设计中通常仅从纵向和竖向二维来分析主拉应力，没有考虑横向的影响。箱梁中横向应力是不小的，由于箱底板的自重以及上翼缘的悬臂，腹板内侧受到横向拉应力，这就是箱内腹板斜裂缝比箱外腹板严重的原因。活荷载、温度梯度也会引起横向拉应力，此外，张拉底板束引起的径向力都会在某些范围内产生腹板竖向拉应力。不考虑横向应力的影响，必然使计算的主拉应力值偏小。

③ 腹板特别是根部区段腹板偏薄，配置普通钢筋偏少。

④ 施工操作不规范，有效预应力严重不足，有的竖向预应力筋甚至松动，根本没有张拉力。个别悬臂施工盲目抢时间，在混凝土初凝时间小于节段浇筑时间的情况下，既不对挂篮压重，又自内向外浇筑混凝土，导致挂篮下挠，节段界面上缘开裂。

2）纵向裂缝

纵向裂缝较多地出现在箱梁的顶板、底板上（图 7-17），有的纵向裂缝连续贯通较长，有的则不连续且较短。形成纵向裂缝的主要原因有：

① 径向力引起的裂缝。变高度预应力混凝土箱梁在竖直平面内具有一定的曲率，底板预应力束也按照这种曲率布置，纵向预应力张拉后产生了向弧心的径向力，当底板横向配筋不足，会在底板横向跨中下缘及横向两侧底板加腋开始的上缘，出现纵向裂缝。如果板保护层过薄，又未采取抵抗径向应力的措施（设间距适当的箍筋），或者预应力管道偏离设计位置，容易引起底板混凝土的崩裂。

② 顺桥向的纵向预应力过大。有的大跨径梁桥在设计中，把最小压力的储备留得过大。构件在承受轴向力时，轴向长度因弹性压缩而缩短，在其垂直方向由于材料的泊松比而产生拉应变，如果正应力储备过大，就会在其垂直方向产生过大的拉应变，在最薄弱的截面沿预应力管道的面上就可能出现纵向裂纹。

图 7-17　箱梁顶板纵向裂缝

③ 超载。横向弯矩主要受活荷载的影响，轴重超过规范时，很容易出现顶板下缘的纵向裂缝。

④ 温差应力估计过小。我国过去的桥梁设计规范对温差应力仅规定了翼缘与梁体的其他部位有 5℃的温差，这样的温差偏小，不安全。

⑤ 收缩引起的裂缝。双壁墩身建成后相当长时间，才建墩上梁的 0 号块。由于墩身横向收缩已大部分完成，而 0 号块横向收缩受到墩身约束，导致底板中部出现裂缝。在 0 号块建成后相当长时间，再建 1 号块，也会因收缩差而出现纵向裂缝。

⑥ 由于顶板较薄，要布置横向预应力束和普通钢筋，预应力筋的位置较难精确控制，

一旦偏差较大，易在顶板下缘出现纵向裂缝。

3）横向裂缝

横向裂缝（图 7-18）的形成原因除了纵向预应力不足等原因外，主要是施工不规范，常见以下两种情况：

① 在箱梁混凝土浇筑前支架采用全段预压，预压重量为箱梁自重的 120%。如果支架未按设计要求预压，浇筑混凝土过程中支架随着浇筑混凝土重量的增大发生不均匀下沉，造成箱梁在未张拉预应力前由于自重作用开裂。

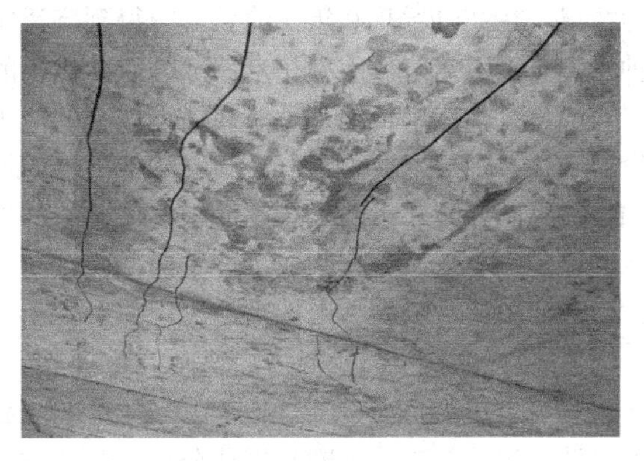

图 7-18 箱梁顶板横向裂缝

② 在悬臂平衡挂篮浇筑时，未对挂篮预压重就进行节段浇筑，箱梁浇筑的顺序由里向外，导致挂篮下挠，结果在与上一施工节段连接的工作缝处出现横向裂缝，虽张拉预应力束，裂缝却不可能闭合。

4）大跨径梁桥的垮中下挠

连续梁跨中下挠过大，往往伴随跨中梁底横向开裂，墩顶桥面开裂或腹板斜裂缝。黄石长江公路大桥路中下挠，最大已达到 33.5cm，相当于跨径的 1/729，同时出现大量的主拉应力斜裂缝与跨中区段垂直裂缝。虎门大桥辅航道桥跨中下挠已达 26cm，目前下挠仍在继续，远远超过原设计预留值 10cm，与此同时，跨中也存在一些垂直裂缝及主拉应力斜裂缝。

对混凝土徐变影响程度及其长期性严重估计不足是跨中下挠的重要原因。构件理论厚度越小，徐变系数越大，加载龄期越早，徐变系数越大。大跨径梁桥的恒荷载内力占有相当大的比重，为减轻自重，设计上一般采用薄壁箱梁，在施工上为赶工期，往往四五天或更早就施加预应力或加载，必然引起徐变系数的增大。此外，徐变计算限于恒荷载，有的桥梁上不分昼夜都有汽车，活荷载也会引起一定的徐变变形。

纵向预应力束的锈蚀和预应力损失也是跨中下挠不可忽视的原因。有些试验表明，预应力钢筋与管道壁之间摩擦引起的预应力损失，比设计采用值大很多，甚至差几倍。如果忽视这点，就无法在施工中进行调整，这样就会导致有效预应力不足，下挠增大。有些桥梁预应力管道的压浆，存在不饱满或者浆体离析的现象。浆体离析，往往使上凸的底板预应力束的跨中部分泡在水中，易锈蚀而减小有效面积，导致有效预应力不足。

此外，结构裂缝与挠度互为促进，梁体在下挠的同时开裂，不论是斜裂缝或是垂直裂缝，都会导致梁的刚度降低、挠度加大。

（3）悬臂体系梁桥

悬臂体系梁桥主要有悬臂梁桥和 T 型刚构桥，除了具有连续梁体系梁桥的病害外，对于带挂梁的悬臂梁桥和 T 型刚构桥，由于悬臂较长，如果设计或施工质量不高，特别是施工质量差，造成预应力损失大，悬臂抗弯刚度不足等，很容易出现牛腿下挠过大、牛腿局部开裂等病害。

2. 拱桥常见质量缺陷及事故分析

（1）双曲拱桥

钢筋混凝土双曲拱桥首创于1964年，这种桥型适应了无支架施工和无大型起吊机具的情况，在20世纪70年代前后，曾得到广泛应用。但由于设计中过分节省材料，使得这种桥型先天不足，目前有相当一部分双曲拱桥的技术状况已满足不了使用的要求，其中除了交通量大幅度增长和车辆荷载标准提高的原因外，许多双曲拱桥由于结构上不够完善，设计上达不到规范要求，以及施工质量不佳等原因，致使桥梁存在不同程度的质量问题，如拱波纵向开裂、拱肋破坏露筋、拱上建筑开裂及横系梁破坏等。这些病害影响了桥梁的承载能力，对安全行车构成了严重的威胁，甚至引发了桥梁坍塌的恶性事故。

双曲拱桥常见病害及产生的原因如下：

① 墩台位移引起拱圈的变形及严重开裂。大跨径双曲拱桥由于自重较大，其相应的水平推力也较大，当设计、施工不当或地基承载力较弱时，容易出现较大位移和沉降，导致拱肋下沉、开裂，拱圈与拱波分离，侧墙与拱肋分离、开裂，空腹小拱开裂或立柱严重裂缝等现象。

② 横向联系不足而引起失稳。当拱肋间无横向联系时，在集中荷载作用下，各个拱肋的变形在横桥方向是很不均匀的。由于横向联系的设立，使单片的拱肋在横向连成整体，形成一个拱形框架，从而大大加强了拱肋的横向刚度，保证了拱肋的横向稳定性。对于双曲拱桥，当横系梁发生破坏后，就无法有效地横向分布荷载，会引起拱肋的受力与变形不均匀，导致个别拱肋受力过大而破坏。同时，拱肋所产生的位移不同而使得横系梁的受力不再是单纯的受拉状态，而是拉、弯、扭、剪等受力状态共同存在，当作用较大的外荷载时，横系梁就会产生较大的剪切应力和剪切变形，导致横系梁在端部被剪坏。如此往复也就形成了恶性循环，使得横系梁与其他构件相互影响。

③ 拱圈截面不足或强度不够引起承载能力的降低。拱圈截面尺寸设计不足，特别是拱肋尺寸偏小时，往往会因拱肋截面应力过大而使拱圈过早开裂。由于拱圈刚度不足，变形较大，经常出现拱顶坍塌沉陷的现象。

④ 拱上填料排水不畅等原因引起的侧墙破坏。双曲拱桥侧墙发生鼓肚，一般是排水系统设计不好或运转不良，填土内聚积大量水分而造成膨胀，也可能是砌筑质量不佳引起的。

双曲拱桥常采用加大拱肋、加厚拱板、加强横向联系、调整拱轴线与压力线，使拱轴线与压力线趋于吻合以及减轻拱上建筑重量等措施来保证其正常运营。

（2）上承式钢筋混凝土板拱、肋拱、箱形拱桥

板拱、肋拱及箱拱主要是按主拱圈截面的形式分类的，这些拱桥跨径可小可大，小的几十米，大的如箱形肋拱可达420m，构造形式繁多，花样多变，但病害现象大致相同，主要包括以下几方面：

1）主拱圈的拱顶下缘及侧面横向裂缝和拱脚上缘及侧面的横向裂缝。主要是这两个截面的抗弯强度不足，具体原因较多，如尺寸偏小，配筋不足，拱轴线不合理、墩台不均匀沉降或向路堤方向滑动或转动，超重车影响，整体性差，施工质量差等引起。如果裂缝的上、下缘位置与上述相反，常为墩台向桥孔方向滑动或转动。

2）主拱圈（板拱圈）或腹拱圈出现纵向裂缝，常伴有墩台帽或帽梁纵向裂缝。如果裂缝大致居中，可能是墩台基础的上、下游不均匀沉降引起；如果只是边拱箱接缝处开

裂，一般是由于接缝的连接不好，整体性差，偏载作用下边拱箱受力变形较大引起的。

3）主拱圈局部出现混凝土碎裂、脱落等破坏现象。这种破坏一般出现在压应力较大的地方，如边角处、等截面拱圈的拱脚附近等。其原因主要为材料的抗压强度不够，引起劈裂或压碎，或者内部钢筋生锈膨胀所致。

4）主拱圈拱脚处的径向裂缝，主要是材料抗剪强度不足引起的。

5）拱上排架、梁、柱开裂，特别是短柱两端开裂，靠墩台或实腹段的腹拱圈的拱脚、拱顶开裂经侧墙到桥面，侧墙与拱圈连接处脱离及侧墙的其他裂缝。主要原因为短柱及腹拱圈未设铰，相应位置的侧墙及桥面未设变形缝，在主拱圈变形或墩台位移作用下拉裂。

6）桥面纵向裂缝，常伴有横向联系竖向开裂，特别是跨中横向联系开裂严重，说明桥梁的横向整体性差，荷载横向分布不好。

7）主拱圈采用分段预制拼装时，接缝处也可能出现裂缝。

8）拱肋采用钢管混凝土时，钢管表面可能会出现收缩状褶皱，或管内有空洞、离析，常由于钢管厚度不足，套箍作用部分散失，以及钢管格构布置不合理，管壁加劲肋不足等引起。

（3）中、下承式拱桥

中、下承式拱桥为肋桥拱，拱肋常为钢筋混凝土矩形、I形或箱形（后者较多），也常用钢管或钢管混凝土，或它们的组合体。除了有类似于上承式拱桥的病害外，还可能有如下病害：

1）吊杆锚头松脱、锈蚀或钢丝锈蚀、剪断。这种破坏常发生在桥面下的锚头及短吊杆的两端锚头。

2）吊杆横梁作为简支梁或双悬臂简支梁，跨中梁底可能会有竖向弯曲裂缝，靠吊点两侧的腹板上出现斜裂缝，此外吊点处的横梁顶面可能出现纵向裂缝。吊杆横梁间有纵梁的梁格系桥面，纵梁、横梁的节点附近以及拱肋与刚性系杆的节点附近也可能出现开裂现象。

3）系杆锚头的松动、锈蚀或钢丝锈蚀、断丝。刚性系杆因要承受轴向力及局部弯矩，类似于弹性支承的连续梁，也具有压弯或拉弯构件常见的病害。

（4）刚架拱桥

刚架拱桥由内弦杆、外弦杆、实腹段、拱腿、横向联系和桥面板等组成。刚架拱桥本身承载潜力偏低，与其他类型的桥梁相比，病害出现率高。正常情况下，大跨度钢架拱桥最常见的病害是弦杆和刚节点处的裂缝，只要有病害的刚架拱桥大多有这类裂缝，但对钢筋混凝土构件来说，只要裂缝宽度不超过容许值，也能正常使用。刚架拱桥常见病害有：

1）桥面板破坏

刚架拱桥的桥面板常用少筋肋腋板和微弯板两种，少筋肋腋板和微弯板不仅配筋少，厚度尺寸也偏小，在短期设计荷载下肯定没有问题，但长期超载较多的情况下，在肋腋板底常出现方向不太规则的裂缝，严重的会露筋、漏水。如果是微弯板则微弯板的加劲肋中部底面将有多条向上延伸的竖向裂缝，其中有的裂缝可延伸至板顶，造成板顶纵向开裂。

2）内弦杆、外弦杆及实腹段产生裂缝

弦杆及实腹段常采用矩形、工字形、箱形截面，外弦杆为受弯构件，内弦杆及实腹段为压弯（偏心受压）构件。一般拱片产生的裂缝，常出现在外弦杆上，其次是内弦杆和实腹段。外弦杆竖向裂缝和大、小节点两侧的斜裂缝是常见的，只是程度不同而已。对病害严重的刚架拱桥，外弦杆和实腹段跨中底部受拉区，内弦杆的裂缝较多、较宽，有的横向贯通，竖向也裂至顶部，特别是节点两侧的斜裂缝较宽，有的贯穿。

3）横向联系破坏

刚架拱桥的横向联系，在弦杆及实腹段约每3m一道，节点处得到加强，在拱腿及斜撑上，根据跨径大小，也有一至多道，一般情况下都比较完好。但整体性受损的刚架拱的实腹段及弦杆段的横隔板中部大多有上下贯通的竖向裂缝，挖空的横隔板比实心横隔板严重，特别是实腹段横隔板裂缝较多较宽，个别的几乎断裂成只有钢筋相连，拱腿及斜撑上的横向联系一般基本完好。而采用重力式墩台的刚架拱桥，横向联系很少有病害，说明刚度低的轻型拱桥不宜采用柔性墩。

4）主拱腿及次拱腿开裂

主拱腿和次拱腿为小偏心受压构件，在恒荷载及车辆作用下，一般不产生拉应力，其主要按构造配筋。但有的斜撑底部附近有较多由顶面而下的环形裂缝，有的开裂至截面高度一半左右。采用有限元计算分析可知，使用荷载下，构件不产生拉应力，但在墩、台不均匀沉降时，次拱腿底部的负弯矩就非常敏感，较小的不均匀下沉，在此处将产生较大的拉应力。实地观察也说明斜撑底部有裂缝出现，极可能是墩台有不均匀沉降造成的。此外，温度下降时也容易产生次拱腿底部的负弯矩。

（5）桁架拱桥

中等跨径以下的桁架拱一般采用钢筋混凝土，中等跨径以上的桁架拱或桁架组合拱桥一般采用预应力混凝土，常采用预制拼装施工。桁架拱桥的常见病害及产生原因有：

1）下弦杆拱脚处横向裂缝。主要原因是桥台、墩基础出现不均匀沉降，使拱脚处出现竖向剪切应力，导致拱脚下弦杆出现裂缝。

2）横系梁、横拉杆、横隔板竖向开裂。主要原因是由于桁架拱桥设计标准较低，横向联系较薄弱，造成桁架横向整体性差，横向联系刚度不足，尺寸偏小所致。

3）下弦杆及竖杆沿杆长方向出现多条裂缝或局部压碎，主要是杆件截面尺寸偏小。如果出现垂直于杆长方向的裂缝，说明杆件的长细比过大或桁架片变形较大引起较大偏心弯矩。

4）上弦杆及实腹段跨中附近底面及侧面开裂或下挠过大，这种病害表明杆件的有效预加应力不足或截面高度偏小，普通钢筋配置不足。

5）斜杆开裂，说明拉力过大，预加应力不足。

6）各杆件节点附近开裂，大多由于节点局部应力过大所致。如上弦杆端部节点裂缝主要原因是桥台、墩基础出现不均匀沉降，造成上弦杆端部凸杆与桥台、墩柱搭接扣死，使该节点出现竖向剪切应力，导致节点出现裂缝。

7）由于桁架拱采用预制拼装施工，接头较多，干接头可能因焊接质量或疲劳问题松脱，湿接头也可能因接头强度不足引起开裂。

8）桁架拱桥的桥面板一般用钢筋混凝土微弯板、钢筋混凝土或预应力混凝土矩形空心板或实心板。桁式组合拱桥的桥面板常用钢筋混凝土单向板或双向板，其病害与刚架拱桥类似。

7.2.3 桥梁事故预防及处理措施

1. 桥梁墩台

(1) 墩台混凝土所用的水泥、砂、石、水、外掺剂及混合材料的质量和规格，必须符合要求，按规定的配合比施工。

(2) 不得出现空洞和露筋现象。

(3) 墩台身、台帽或盖梁质量检测规定或允许偏差应符合《公路桥涵施工技术规范》JTG/TF 50—2011 的要求。

(4) 墩台身预制件必须经检验合格后，方可进行安装。预制节段胶结材料的性能、质量必须符合设计要求，接缝填充密实。墩台柱埋入基坑内的深度和砌块墩台埋置深度，必须符合设计规定。

(5) 墩台砌体材料、砌筑技术要求，应符合《公路桥涵施工技术规范》JTG/T F50—2011 的要求，位置及外形尺寸允许偏差应在规定范围内。

2. 钢筋混凝土和预应力混凝土梁式桥

(1) 悬臂浇筑梁桥

① 悬浇块件前，必须对桥墩根部（0 号块件）的高程、桥轴线作详细复核，符合设计要求后，方可进行悬浇。

② 悬臂浇筑预应力混凝土梁式桥，要有保证梁体施工稳定的措施。桥墩两侧梁段悬臂施工进度应对称、平衡，不平衡偏差不得超过设计要求值，以防产生过大的扭矩和力矩。

③ 悬臂浇筑段前端底板和桥面的标高，应根据挂篮前端的垂直变形及预拱度设置，施工过程中要对实际高程进行监测。

④ 梁段混凝土达到要求的强度后，方可进行预应力筋的张拉、压浆。预应力筋穿束、张拉和压浆应符合预应力混凝土工程的要求。

⑤ 连续梁的合龙顺序应按设计要求进行，设计无要求时，一般先边跨，后次中跨，再中跨。多跨一次合龙时，必须同时均衡对称地合龙。连续梁合龙段长度及体系转换应按设计规定，将两悬臂端的合龙口予以临时连接。

(2) 悬臂拼装梁桥

① 悬臂拼装前必须对桥墩根都（0 号块件）详细复核，要求同悬臂浇筑梁桥。

② 采用悬臂拼装法修建预应力连续梁或预应力悬臂梁桥时，应先将梁、墩临时锚固或在墩顶两侧设立临时支承，待全部块件安装完毕后，再撤除临时锚固或支承。

③ 采用悬臂吊机、缆索、浮吊悬拼安装时，应按施工荷载进行强度、刚度、稳定性验算。

④ 悬臂拼装接缝施工时，混凝土表面应尽量平整，梁段间胶结材料的性能、质量必须符合设计要求，接缝填充密实。

⑤ 块件拼装完毕（检查合格）后，方可张拉预应力束，每对块件拼装完毕并张拉后，应立即压浆封锚。当块件的预应力束按设计要求张拉完毕后，才能放松吊钩。

(3) 顶推安装

① 顶推施工时，台座和滑道组的中线必须在桥轴线或其延长线上。

② 导梁应在地面试装后，再在台座上安装，导梁与梁身必须牢固连接。

③ 千斤顶及其他顶推设备在施工前应仔细检查校正，多点顶推必须确保同步。

④ 顶推过程中，要设专人观测墩台沉降、墩台位移及梁的偏位、导梁和梁挠度等，提供观测数据。

⑤ 顶推及落梁程序正确。若梁体出现裂缝，应查明原因，在采取措施后，方可继续顶推。

⑥ 预应力混凝土桥顶推安装完成后的允许偏差可按照悬臂浇筑预应力混凝土梁式桥的规定执行。

（4）在支架上浇筑梁式桥

① 支架长度必须满足施工要求，支架应利用专用设备组拼，在施工时能确保质量和安全。

② 浇筑分段工作缝，必须设在弯矩零点附近。

③ 箱梁内、外模板在滑动就位时，模板平面尺寸、高程、预拱度的误差必须在容许范围内。

④ 在支架上现浇混凝土梁时，支架应稳定，强度、刚度的要求应符合规定，支架的弹性变形、非弹性变形及基础的允许下沉量应满足施工后梁体设计标高的要求。

⑤ 整体浇筑时应采取措施，防止梁体不均匀下沉产生裂缝，若地基下沉可能造成梁体混凝土产生裂缝时，应分段浇筑。

（5）梁桥浇筑质量或安装完成的质量标准、预制梁、板的允许偏差等，应符合《公路桥涵施工技术规范》JTG/T F 50—2011 的要求。

3. 拱桥

（1）浆砌块石及预制混凝土块拱圈

① 拱圈和拱上结构所用砌块的规格应符合设计规定，施工时应按设计留置施工预拱度。

② 砌筑拱圈前，应设计拱圈砌筑程序。砌筑时应在拱脚、拱顶两侧、分段点等部位临时设置空缝；小跨径拱圈不分段砌筑时，应在拱脚附近临时设置空缝，空缝的宽度、填塞应满足要求。

③ 拱圈封拱合龙时的温度、砂浆强度和封拱方法应符合设计规定，设计无规定时，封拱合龙宜在接近当地年平均温度或 5～15℃时进行。分段砌筑的拱圈封拱合龙应在填塞空缝的砂浆强度达到要求后进行。

④ 拱上结构的砌筑应在拱圈合龙砂浆达到相应要求后进行，一般应由拱脚至拱顶对称、均衡地砌筑。

（2）就地浇筑混凝土拱圈

① 在拱架上浇筑混凝土拱圈，应根据不同跨径选择不同浇筑程序。当跨径小于 16m 的拱圈或拱肋混凝土，应按拱圈全宽度从两端拱脚向拱顶对称地连续浇筑；跨径大于或等于 16m 的拱圈或拱肋，应沿拱跨方向对称于拱顶分段浇筑。大跨径拱圈（拱肋）宜采用分环（层）分段法浇筑，也可沿纵向分成若干条幅，中间条幅先行浇筑合龙，达到设计要求后，再按横向对称、分次的顺序浇筑合龙其他条幅。

② 封拱合龙温度应符合设计要求，如果设计无规定时，宜在接近当地年平均温度或

5～15℃时进行。

③ 大跨径劲性骨架混凝土拱圈（拱肋）浇筑前应进行加载程序设计，准确计算和分析钢骨架以及钢骨架与先期混凝土层联合结构的变形、应力和安全度，并在施工过程中进行监控。

(3) 装配式混凝土、钢筋混凝土拱圈

① 大、中跨径装配式箱形拱施工前，必须核对各种构件的预制、吊运堆放、安装、拱肋合龙及施工加载等各个阶段强度和稳定性的设计验算。

② 拱肋的合龙温度应符合设计规定，如果设计无规定，宜在气温接近年平均温度（一般在5～15℃）时进行，天气炎热时可在夜间洒水降温进行合龙。

③ 钢筋混凝土拱圈外形轮廓清晰顺直，表面平整，施工缝修饰光洁，不应有蜂窝、麻面，无表面受力裂缝或缝宽不应超过0.15mm。

④ 装配式拱桥接头垫塞楔形钢板均匀合理，应无因焊接或局部受力造成的混凝土开裂、缺损或露筋。

(4) 转体施工合龙段两侧高差必须在设计允许范围内，合龙段混凝土应平整密实，色泽一致，其强度应符合设计要求。

(5) 钢管混凝土拱桥管壁与混凝土结合紧密，钢管表面防护涂料和层数符合设计要求，线形圆顺，无弯折。

(6) 装配式桁架拱合龙段两侧高差应在设计允许范围内，节点应平整，接头两侧杆件无错台，上下弦杆线形顺畅，表面平整。

(7) 中、下承式拱桥吊杆安装应扭转，防护层完整，无破损。

(8) 拱桥的质量检查标准应符合《公路桥涵施工技术规范》JTG/T F50—2011的要求。

7.2.4 桥梁工程裂缝事故评估

桥梁工程在人们的生活和国家的经济命脉中都占着极其重要的地位，而桥梁工程的安全性与耐久性的现状却是极不容乐观，因此应该把桥梁工程事故作为重点来研究。这里只就桥梁工程事故的概况作综合性评估。

1. 墩台下沉或裂缝事故

(1) 墩台下沉

桥梁的功能特点是跨河过海，桥址处很难获得理想的工程地质条件。在极其复杂的工程地质条件和极其重大的动静荷载条件并举的情况下，墩台下沉也是情理中的事。著名的南京长江一桥墩台就曾经处于下沉状态之中，虽然情况并不严重，但每当乘车在桥面上跳跃式低速通过时，总有一种沉重的心理压力。桥梁墩台多用桩基承台。无论是摩擦端承桩，还是端承嵌岩桩；无论是一墩一桩，还是群桩承台，桩身下沉都是不可避免的事。值得警惕的是越是嵌岩桩，越具有更大的欺骗性，因此桥梁墩台的可靠性是不高的。墩台下沉引起的结构裂缝一般是纵向裂缝，例如，两柱墩台（刚架）下沉时，垂直裂缝一般产生在横梁上的正负弯矩最大点（指沉降不均引起的弯矩）。U形桥台沉降不均引起的垂直裂缝多产生在胸墙与背墙的交接界面上，上下贯通。单桩单柱桥墩出现沉降问题只产生倾斜，不产生裂缝。水平裂缝一般只出现在双柱（刚架）墩台的一条腿上，也就是下沉量较小的一条腿的靠近基础面附近。

（2）墩台裂缝

除了沉降引起的墩台裂缝外，常见的墩台裂缝还有以下几种情况。

1）墩帽垫石（支座）周边的放射型裂缝

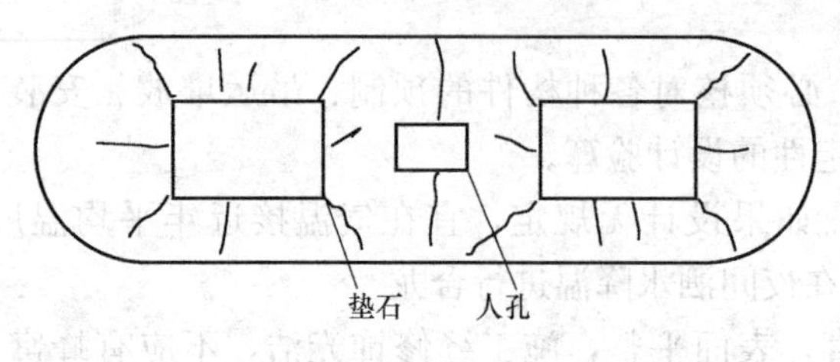

图 7-19 墩帽支座裂缝图

这是一种典型的剪胀（压剪型）裂缝。由于垫石承受了由梁端直接传来的强大的压力，就像混凝土试块在压力机强大的压力下，产生压缩变形，从而向侧面膨胀（无侧限变形），称为剪胀现象，剪胀现象沿垫石周边的下方产生剪胀张拉力，就形成了放射形分布的剪胀裂缝，如图 7-19 所示。

2）墩帽下边局部水平裂缝

由于压在墩帽垫石上的压力对于墩台来说是局部受力。局部应力的主流是压应力，但在局部压缩变形并进行扩散传递时，必然引起相邻区的剪胀变形，从而产生剪胀张拉力，形成了由垂直转向水平走向的斜裂缝，如图 7-20 所示。

3）墩台侧立面上的网状裂缝

水平与垂直双向交叉出现的细微网状裂缝危害性不大，也多见。这些网状裂缝形成的原因是混凝土表面失水干缩。裂缝位置在向阳面或迎风面的墩台顶部。

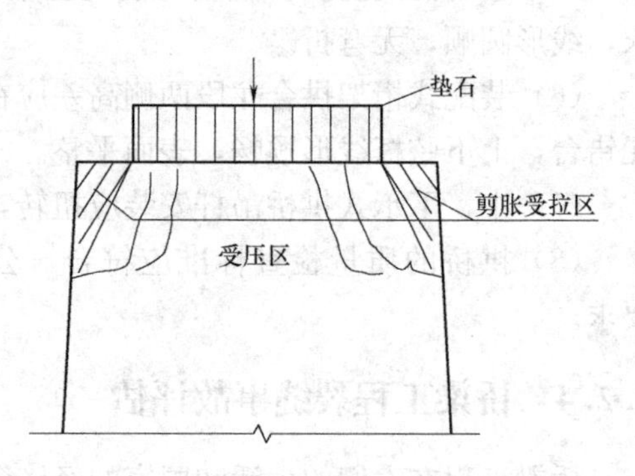

图 7-20 墩帽区的斜裂缝

2. 钢筋混凝土 T 形梁裂缝

我国 20m 以下跨度的铁路桥或公路桥多是钢筋混凝土 T 形梁桥。据调查，早期的 T 形梁桥裂缝现象比较普遍。显然对其安全性与耐久性构成了严重的威胁。T 形梁桥的裂缝分以下几种情况。

（1）跨中梁底微裂缝

跨中梁底微裂缝是由荷载引起的，也是不可避免的正常裂缝，对安全不构成危害，但裂缝宽度必须受到严格限制。

（2）腹板上枣核形裂缝

腹板上枣核形裂缝最密集、最普遍。原因是腹板上配筋量少，混凝土受到干缩和冷缩作用引起。

（3）近支座处倾斜裂缝

近支座处倾斜裂缝又称为主拉应力裂缝，由荷载产生，与梁断面的抗剪能力和箍筋或弯起钢筋的配置不够有关，发展得最早，发展速度最快，可形成剪切脆性破坏，危险性最大。

（4）梁底顺筋爆裂现象

梁底顺筋爆裂现象是由于钢筋锈蚀或钢筋横向位移挤压引起的，危险性很大。

（5）梁侧面网状裂缝

梁侧面网状裂缝是由于混凝土干缩和冷缩引起，多产生在迎风面和背阳面，这类裂缝出现的机率不高。

3. 大跨度预应力箱梁桥裂缝

改革开放以来修建的大跨度桥，除上海黄浦江上的芦浦大桥等少数几座预应力拱桥以外，几乎全是预应力箱梁桥。其包括预应力连续箱梁桥、预应力刚架箱梁桥、预应力斜拉桥、预应力悬索桥，跨度大到200m以上。其优点很多，但缺点也很突出。正如早期的钢筋混凝土T形梁桥一样，裂缝情况相当普遍，也相当严重。

（1）腹板跨中枣核形裂缝

这种裂缝比较密集出现在跨中附近的腹板上，多数为贯通性裂缝，在腹板的内、外两面均可见到，但以外面居多，可见度较高。少数枣核形裂缝只在腹板外表面或内表面能见到，内外裂缝不贯通。

（2）腹板近支座处的倾斜裂缝

这类裂缝的倾角一般在45°～60°之间，倾向有内倾（倾向跨中）与外倾（倾向支座）两种情况，倾向跨中的正八字形裂缝是在荷载作用下正常产生的主拉应力裂缝。倾向支座的倒八字形裂缝是由于底部预应力筋在近支座区没有及时向上抬升，近支座区梁底压应力超限引起。这类裂缝条数较少，但裂缝宽度较大，上下贯通，且属于危险性最大的脆性破坏裂缝。其产生原因是底板上的纵向预应力筋走向不符合要求，混凝土的主拉应力及干缩应力和冷缩应力都没有被抑制。

（3）底板上横向通长裂缝

这种裂缝呈等距离均匀分布在底板上，产生原因是底板上的横向预应力张拉力度不够，干缩应力和冷缩应力没有得到抑制。

（4）横隔板与纵梁腹板交接界面垂直裂缝

这种裂缝存在于多数梁板，产生原因是横隔板内的预应力度不够，板内的干缩与冷缩张拉应力没有得到抑制。

（5）顶板纵向通长裂缝或横向通长均布裂缝

这种裂缝相当普遍，某市高架桥上出现的顶板（桥面板）纵向裂缝长度竟在20m以上，最后扩展到30m以上长度，堪称世界工程史上裂缝长度之最。这样严重的裂缝现象，必须引起关注。

4. 典型案例

新颖的大型钢筋混凝土预应力箱梁桥近年来从严重的梁身裂缝现象发展到全部丧失承载力功能和使用功能，最后被迫拆毁重建的典型案例在世界桥梁史上并不多见，而2005年9月发生在湖北省钟祥市的汉江大桥损毁重建事故很有代表性。该桥为5孔、全长1584m、主跨430m的钢筋混凝土预应力箱形梁斜拉桥，于1993年底建成，验收时被评为质量优良，通车数年以后，才陆续出现梁身裂缝。最突出的是箱梁腹板上的跨中垂直裂缝和支座附近倾斜裂缝、箱梁底板上的横向通长贯穿裂缝、箱梁顶板上的纵横分散碎损裂缝和渗漏现象。随之出现的是钢筋锈蚀，混凝土爆裂，预应力钢绞线滑丝和断丝，预应力松弛，整体变形（挠度）剧增，承载能力锐减，险象毕露，最终被迫拆毁。结果，不仅经济损失惨重，所产生的社会影响和后果也是惊人的，我们可以从多方面吸取经验教训。

(1) 设计施工技术上的经验

其实在大型预应力钢筋混凝土箱形梁桥上出现腹板或顶、底板裂缝的现象已如上述，并不稀奇，不论国外还是国内，都有不少报道。在20世纪80年代末的国内，由于大型预应力箱梁桥的设计与施工经验还不多，在大吨位预应力张拉技术的某些环节上出现失误或失控的情节也是可以理解的。从裂缝事故发生发展的全过程来看，竣工验收时被评为质量优良，实际上也通过了验收过程中的常规质量检测和载荷试验等实质性的要求，还经过了几年的满负荷运行的考验，不论从表面上和实质上评估，该桥除了可能存在预应力工艺方面的隐患外，从工程地质到地基基础，到钢筋混凝土墩台与梁身工程的本体，并不存在明显的问题。所以当初被评为质量优良也是可以理解的，能够接受的。那么从设计与施工技术上来总结经验，认为只是没有持慎重态度，在工程交付使用以后没有进行持续的质量监控，没有对大桥实施现代化的实时跟踪监测和系统管理，从而没能及时发现问题，及时采取补救措施，而是完全采取了放任自流的态度，任凭裂缝现象从无到有、从小到大，恶性循环，最后发展到无可挽救的程度。

(2) 维修管理工作中的教训

从钟祥市汉江大桥损毁事故的全过程看，从1993年底以优良品质验收通车，到2001年发现桥体裂缝(应该指出，实际的裂缝出现时间应早于2001年)，到2004年才委托科研部门进行质量检测，此时裂缝现象已发展到极限，被定性为危桥。在最关键的最初10年的运行考验过程中，并未见到采取过实时观测与加固抢修工作。从技术方面分析，在很大程度上可以判断桥梁腹板和顶、底板裂缝主要是由于气温变化，热胀冷缩而引起，即使还存在一些先天不足，例如预应力度不够，或其他环节上出现的问题，只要能及时发现、及时抢救，是完全可以抑制裂缝的继续扩展，转危为安的。例如，采取局部的或全程的体外预应力技术就可以恢复固有的预应力，抑制裂缝发展，从而避免钢筋锈蚀、混凝土爆裂、变形剧增、承载力锐减等险情的出现。在这漫长的几年时间中，维修管理部门竟无动于衷，教训是沉痛的。

本章小结

本章介绍了路基、路面工程质量事故种类、发生的原因和预防及处理措施。路基的病害有路基沉陷、路基滑移、边坡滑塌、剥落碎落和崩塌等。路面常见病害有裂缝、坑槽、车辙、松散、沉陷、桥头涵顶跳车、表面破损等。路面面层应具有足够的结构强度、刚度和稳定性，且耐磨、不透水，其表面还应具有良好的抗滑性和平整度。道路等级越高、设计车速越大，对路面抗滑性、平整度的要求越高。

本章还阐述了桥梁工程质量事故种类、发生的原因和预防及处理措施。桥梁的质量缺陷和事故可分为结构性和构造性两大类。前者指桥梁结构在受外界荷载的影响，使既有结构整体的承载能力下降或丧失，如梁桥裂缝、拱式桥梁的拱脚及拱顶的破损等；后者指桥梁在使用过程中部分构件功能丧失，使桥梁结构的行车舒适性有所下降，这类病害对整个桥梁结构的承载能力没有大的影响，但构造性病害如不能得到及时维修，发展下去也会形成结构性病害，此类病害包括伸缩装置失效、桥面铺装破损等。

思考与练习题

7-1 路基沉陷原因、预防及处理措施分别是什么?

7-2 路基翻浆有哪几种类型?其是如何产生的?如何防治?

7-3 路基滑坡主要原因及防治措施有哪些?

7-4 桥头跳车产生的原因是什么?如何防止桥头跳车?

7-5 沥青路面的破坏类型有哪些?

7-6 沥青路面车辙如何分类?影响因素有哪些?

7-7 简述路面坑槽类型和产生的原因。

7-8 沥青路面裂缝产生的原因及防治措施有哪些?

7-9 沥青路面拌合、运输、摊铺、碾压应注意哪些技术要点?

7-10 水泥混凝土面板折断、开裂和板底脱空产生的原因及防治措施是什么?

7-11 桥梁墩台裂缝产生原因和种类有哪些?

7-12 桥梁墩台倾斜、滑移主要原因是什么?有哪些防治措施?

7-13 预应力混凝土箱梁纵向裂缝、腹板斜裂缝以及出现跨中下挠产生的原因分别是什么?

7-14 板拱、肋拱及箱型拱的主要质量缺陷和产生的原因分别是什么?

7-15 钢架拱桥、桁架拱桥常见的病害分别有哪些?

第 8 章　防水工程质量缺陷分析与处理

本章要点及学习目标

本章要点：

本章主要阐述了屋（楼）面防水工程、地下防水工程质量缺陷的分类，结合工程实例，分析质量缺陷原因及常用处理方法。

学习目标：

1. 理解屋面防水工程、地下防水工程质量缺陷的分类。
2. 会分析影响防水工程质量缺陷的原因。
3. 掌握各类防水工程质量缺陷处理方法。

8.1　屋（楼）面防水工程

建筑防水工程是保证建筑物及构筑物的结构不受水的侵袭，内部空间不受水危害的一项分部工程。它涉及屋面、地下室、厕浴间、墙体等多部位。它不仅受外界气候和环境的影响，还与地基不均匀沉降和主体结构的变位密切相关。

建筑防水工程可按设防部位、设防材料性能和设防材料品种分类。按设防部位不同可分为：屋面防水、地下室防水、厕浴间防水和外墙防水。按防水材料性能不同可分为：柔性防水、刚性防水。按设防材料品种不同可分为：卷材防水、涂膜防水、密封材料防水、混凝土防水、砂浆防水、粉状憎水防水、渗透剂防水。

屋面是建筑物中经受雨水最直接、受水面积最大的部分，屋面渗漏是最常见、最突出且直接影响人们生产生活质量的缺陷。屋面防水工程的做法有卷材屋面防水、涂膜屋面防水、刚性屋面防水。

8.1.1　卷材防水屋面

卷材防水屋面是目前我国钢筋混凝土屋面防水的主要做法，适合于各种防水等级的屋面防水。它一般由结构层、找平层、隔汽层、保温找坡层、找平层、防水层、保护层组成。它常见的缺陷有卷材屋面开裂、起鼓、节点处理不规范等。

1. 卷材开裂

（1）原因分析

1）有规则裂缝：主要是由于温度变化引起板端角变或地基不均匀沉降造成的；此外，还与卷材质量有关。这种裂缝多数发生在延伸率较低的沥青防水卷材中。

2）无规则裂缝：主要是由水泥砂浆找平层未设置分格缝或分格缝位置不当引起找平层不规则开裂，此时找平层的裂缝，与卷材开裂的位置、大小相对应。另外，如找平层强度不够、防水材料质量低劣，也会引起无规则裂缝。

(2) 处理方法

卷材屋面开裂后的处理方法：对于基层未开裂的无规则裂缝（老化龟裂除外），一般在开裂处补贴卷材即可。而对于有规则的裂缝，由于它在屋面完工后的若干年内正处于发生和发展阶段，只有逐年处理方能收效。

1）用盖缝条补缝：盖缝条可用卷材或镀锌铁皮制成，如图 8-1 所示。补缝时按图 8-2 所示修补范围清理屋面，在裂缝处先嵌入防水油膏。卷材盖缝条应用相应的密封材料粘贴，周边要压实刮平。镀锌铁皮盖缝条应用钉子钉在找平层上，间距 200mm 左右，两边再附贴一层宽 200mm 的卷材条。用盖缝条补缝，能适应屋面基层的伸缩变形，避免防水层再被拉裂，但盖缝条易被踩坏，故不适用于积灰严重、扫灰频繁的屋面。

2）用防水油膏补缝：补缝用的油膏，目前采用的有聚氯乙烯胶泥和焦油麻丝两种。用聚氯乙烯胶泥时，应先切除裂缝两边宽 50mm 的卷材和找平层，保证做到深度为 30mm，然后清理基层，热灌胶泥至高出屋面 5mm 以上。用焦油麻丝嵌缝时，先清理裂缝两边宽各 50mm，再灌上油膏即可。油膏配合比（重量比）为焦油∶麻丝∶滑石粉＝100∶15∶60。

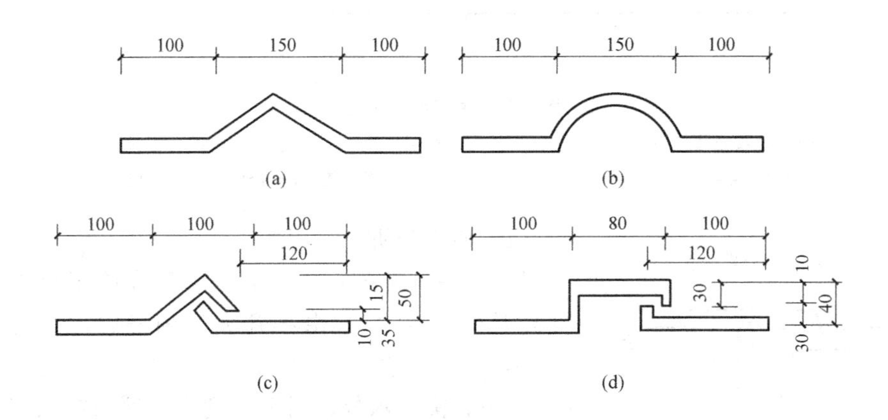

图 8-1 盖缝条

(a)、(b) 卷材盖缝条剖面；(c)、(d) 镀锌铁皮盖缝条剖面

(3) 防治措施

1）有规则的裂缝

① 在应力集中、基层变形缝较大的部位（如屋面板拼缝处等），先干铺一层卷材条作为缓冲层，使卷材能适应基层伸缩的变化，如图 8-3 所示。

② 选用合格的、延伸率较大的高聚物改性沥青卷材或合成高分子防水卷材。

2）无规则裂缝

① 确保找平层的配比计量准确、搅拌均匀、振捣密实、压光与养护等的质量。

② 找平层宜留设分格缝，缝宽一般为 20mm，如为预制板，缝口设在预制板的拼缝处。采用水泥砂浆材料时，分格缝间距不宜大于 6m；采用沥青砂浆材料时，不宜大于 4m。分格缝处应设附加 200～300mm 宽的卷材，单边点贴覆盖。

2. 卷材鼓包（起鼓）

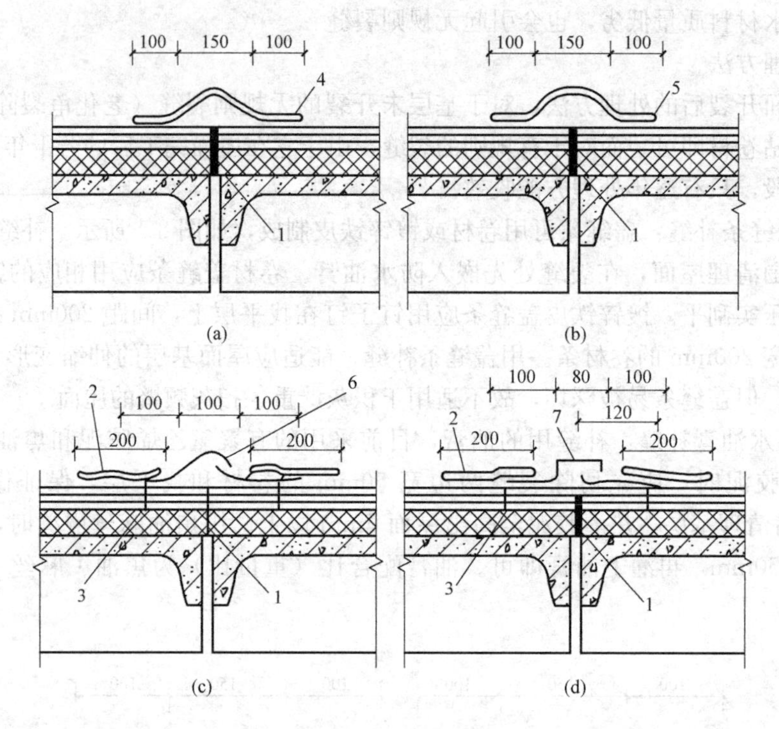

图8-2 用盖缝条补缝

1—嵌油膏或灌热沥青；2—卷材盖边；3—钉子；4—三角形卷材盖缝条上作保护层；
5—圆弧形盖缝条上作保护层；6—三角形镀锌铁皮盖缝条；7—企口形镀锌铁皮盖缝条

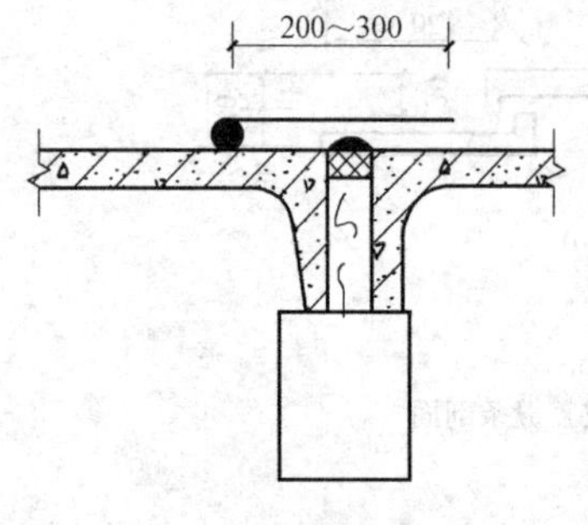

图8-3 屋面板板端缝空铺卷材条

(1) 原因分析

1) 第一种起鼓：卷材起鼓一般在施工后不久产生（在高温季节），鼓泡由小到大逐渐发展，小的直径约10mm，大的可达200～300mm。在卷材防水层中粘结不实的部位，窝有水分，当其受到太阳照射或人工热源影响后，内部体积膨胀，造成起鼓，形成大小不等的鼓泡。鼓泡内呈蜂窝状，内部有冷凝水珠。

2) 第二种起鼓：在卷材防水层施工中，由于铺贴时压实不紧，残留的空气未全部赶出而产生起鼓现象。

3) 第三种起鼓：合成高分子防水卷材施工时，胶粘剂未充分干燥就急于铺贴卷材，溶剂残留在卷材内部，当溶剂挥发时就产生了起鼓现象。

4) 第四种起鼓：屋面保温、找坡层材料含水率过大，产生水气引起卷材起鼓。

(2) 处理方法

屋面卷材起鼓后的处理方法如下：

1) 100mm以下的鼓包，可采用抽气灌油办法修补，即先在鼓包的两端用铁钻子钻眼，然后在鼓包中插入两个有孔眼的针管，一边抽气一边将粘合剂注入，注满后抽出针管压平卷材（压上数块砖块，几天后移去），将针眼涂上粘合剂封闭。

2）100～300mm 左右鼓包可采用“十字开刀法”进行修补，先如图 8-4（a）所示用刀将鼓包按十字形割开，撕开卷材，放出鼓包内的气体，用喷灯把卷材内部吹干。然后按如图 8-4（b）所示编号 1～4 号的顺序把旧卷材分片重新粘贴好，再新贴一块卷材 5（其边长比开刀范围大 50mm 以上），最后粘贴覆盖好卷材，四边搭接好，并重做保护层。

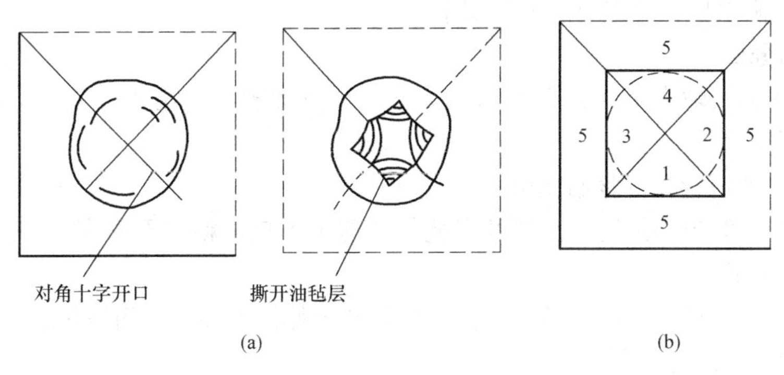

图 8-4 “十字开刀法”修补鼓包示意图

3）较大鼓包，则要采用割补方法，如图 8-5 所示。其基本原理类似“十字开刀法”，依次粘贴好旧卷材 1～4，上铺一层新卷材（四周与旧卷材搭接大于 50mm），再在上面粘贴一层新卷材（其边长比第一层新卷材大 100mm 以上），周边熨平压实。

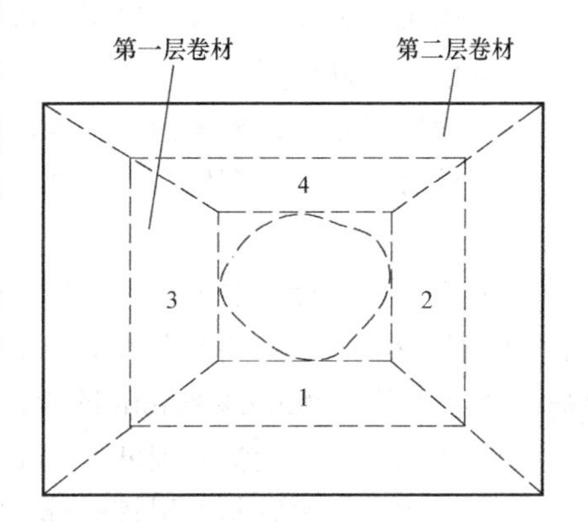

图 8-5 “割补法”修补鼓包示意图

4）当屋面起鼓过多，无采用“割补”方法处理的价值时，则需将卷材层全部铲除，采用新型防水材料重做防水层。

（3）防治措施

1）第一种起鼓

① 找平层平整、清洁、干燥，基层粘合剂应涂刷均匀，这是防止卷材起鼓的主要技术措施。

② 原材料在运输和贮存过程中，应避免水分浸入，尤其要防止卷材受潮。卷材铺贴应先高后低（同一施工面上应该先低后高）、先远后近，分区段流水施工，并注意掌握天气预报，连续作业，一气呵成。

③ 不得在雨天、大雾、大风天施工，防止基层受潮；当屋面基层干燥有困难，而又急需铺贴卷材时，可采用排汽屋面作法；但在外露单层的防水卷材中，则不宜采用。

2）第二种起鼓

① 基层应平整；沥青防水卷材施工前，应先将卷材表面清理干净；铺贴卷材时，基层粘合剂应涂刷均匀，并认真做好卷材压实工作，以增强卷材与基层的粘结力。

② 高聚物改性沥青防水卷材施工时，火焰加热要均匀、充分、适度；在铺贴时要趁热向前推滚，并用压辊滚压，排除卷材下面的残留空气，压好缝边。

3）第三种起鼓

合成高分子防水卷材采用冷粘法铺贴时，涂刷胶粘剂应做到均匀一致，待胶粘剂手感（指触）不粘结时，才能铺贴并压实卷材。特别要防止胶粘剂堆积过厚，干燥不足而造成卷材的起鼓。

4）第四种起鼓

设置排气道，在找平层分格缝交叉处做排气管道（管道出屋面 300mm，上面安防水帽），并按照出屋面管道做好节点处理。

3. 天沟、雨水口、管道出屋面处漏水

（1）原因分析

1）天沟纵向找坡太小（如小于 5‰），甚至有倒坡现象（雨水斗高于天沟面）；天沟堵塞，排水不畅。

2）雨水口的短管没有紧贴基层。

3）雨水口、管道四周防水涂层及嵌缝材料施工不良，粘贴不密实，密封不严，或附加防水层标准太低。

4）由于震动等种种原因，防水层及嵌缝材料延伸性不够好，而被拉裂或拉脱。

5）使用管理和维修不善。

（2）处理方法

1）将天沟处卷材掀开，凿掉天沟找坡层，拉线找坡，重抹 1∶2.5 水泥砂浆找平层，按照标准要求铺贴卷材。

2）铲除雨水口、出屋面管道的旧防水层，挖出旧嵌缝材料。

3）清理干净后，刮填嵌缝材料，表面做卷材附加层，之后做防水层。

（3）防治措施

1）天沟应按设计要求拉线找坡，纵向坡度不得小于 5‰，在水落口周围直径 500mm 范围内不应小于 5%，并应用防水涂料或密封材料涂封，其厚度不应小于 2mm。雨水口与基层接触处应留 20mm×20mm 凹槽，嵌填密封材料。

2）雨水口应比天沟周围低 20mm，安放时应紧贴于基层上，便于上部做附加防水层。

3）雨水口的短管与基层接触部位，除用密封材料封严外，还应按设计要求做卷材附加层。雨水口施工后应及时加设雨水罩予以保护，防止建筑垃圾及树叶等杂物堵塞。

4）管道四周嵌填密封材料，上部做附加防水层。

4. 檐口漏水

（1）原因分析

1）檐口泛水处卷材与基层粘结不牢；檐口处收头密封不严。

2）檐口砂浆未压住卷材，封口处卷材张口、檐口处砂浆开裂以及下口滴水线未做好。

（2）处理方法

1）清除原有的防水卷材及密封材料。

2）重铺防水卷材，用密封材料将卷材末端收头和搭接缝封闭严密，并在末端收头用防水砂浆（金属条）进行压缝处理。

3）重抹檐口水泥砂浆及滴水线。

（3）防治措施

1）铺贴泛水处的卷材应采取满粘法工艺，确保卷材与基层粘结牢固。如基层潮湿而又急需施工时，则宜用“热沥青粘起二至三遍”作法，及时将基层中多余潮气排除。

2）檐口（沟）处卷材密封固定的方法有：当为无组织排水檐口时，檐口 800mm 范围内卷材应采取满粘法，卷材收头应固定密封；当为砖砌女儿墙时，卷材收头可直接铺压在女儿墙的压顶下，压顶应做防水处理；也可在砖墙上留凹槽，卷材收头压入槽内固定密封，凹槽距基层最低高度不应小于 250mm，同时凹槽的上部应做防水处理。另一种是混凝土女儿墙，此时卷材收头可用金属压条钉压，并用密封材料封固。

5. 女儿墙推裂渗漏

（1）原因分析

1）找平层未与山墙留设伸缩缝，受温度影响产生水平推力，致使女儿墙向外位移出现裂缝，并导致渗漏。

2）女儿墙压顶用水泥砂浆抹面，由于温度差和干缩变形，使压顶出现横向裂缝（甚至是贯通裂缝），引起渗漏。

（2）处理方法

1）找平层与山墙未留设伸缩缝时，应沿女儿墙裂缝处将找平层切开宽度大于 20mm 的伸缩缝（缝深延至结构层表面），用密封材料填缝，上面用卷材修补裂缝，女儿墙外墙部位破损、脱落处，将其凿掉，按照原外墙装饰修补。

2）女儿墙压顶开裂，采用 SBS 改性沥青等防水卷材在压顶上铺贴一层，其宽度要大于压顶 50mm，接缝处用密封材料嵌缝严密。

（3）防治措施

1）找平层与女儿墙处应留设伸缩缝（缝深延至结构层），宽度大于 20mm，并用密封材料填缝。

2）为了避免压顶开裂，抹面用的水泥砂浆水灰比要小，卷材防水收头可直接铺压在压顶下，并在压顶上做防水处理。

6. 卷材防水层材料失效或大面积渗漏

（1）原因分析

1）材料质量低劣。

2）找平层强度不够或起砂现象严重，致使防水层与找平层剥离引起渗漏。

3）施工人员素质低，未按施工规范要求进行施工，造成防水层质量低劣引起渗漏。

4）成品保护不好，使防水层多处破损并未处理或处理不到位，引起渗漏。

（2）处理方法

这种情况应该将防水层清除（找平层有问题应该重做），重新选材，按照规范做防水层。

（3）防治措施

1）选择优质的防水材料。

2）保证找平层的强度、平整度且无起砂现象，按要求留设分格缝。

3）做好成品保护。

8.1.2 涂膜防水屋面常见质量缺陷及其处理

涂膜防水是指在基层上抹压或涂布具有防水能力的流态或半流态的物质，经过溶剂、水分蒸发固化或交链化学反应，形成具有一定弹性和一定厚度的无接缝的完整薄膜，使基层表面与水隔绝，起到防水密封作用。主要产品有沥青基防水涂料、高聚物改性沥青防水涂料、PVC 胶泥、合成高分子防水涂料等。

涂膜防水常见的质量缺陷有屋面渗漏，粘结不牢，防水层出现裂缝、脱皮、鼓泡，保护层脱落等缺陷。涂膜防水是新型防水材料，品种多，操作方法和使用条件各不相同，要谨慎使用，并不断总结施工经验，确保涂膜防水质量。涂膜防水缺陷的原因分析、处理方法、防治方法不再详细说明。

8.1.3 刚性防水屋面常见质量缺陷及其处理

与卷材防水和涂膜防水屋面相比，刚性防水屋面具有造价低、耐久性好、维修方便等优点，但自重大、施工周期长、对变形敏感，故它的裂渗程度较前二者严重，现在较少使用。刚性防水屋面有防水砂浆、防水混凝土、粉状憎水材料防水屋面等。它常见的缺陷有屋面开裂、构造节点处理不当而引起的屋面渗漏。本书主要介绍混凝土刚性防水屋面。

1. 屋面开裂引起渗漏

（1）原因分析

1）结构裂缝：通常发生在屋面板的接缝或大梁的位置上，一般宽度较大，并穿过防水层而上下贯通。因结构变形、基础不均匀沉降、混凝土收缩徐变等原因引起结构裂缝。

2）温度裂缝：温度裂缝一般都是有规则的、通长的，裂缝分布与间距比较均匀。温度裂缝是由于大气温度、太阳辐射、雨、雪以及热源作用等的影响形成的，在施工中温度分格缝设置不合理或处理不当，都会产生温度裂缝。

3）施工裂缝：施工裂缝通常是一些不规则的、长度不等的断续裂缝。混凝土配合比设计不当，施工时振捣不密实，压光不好以及早期干燥脱水、后期养护不当等，都会产生施工裂缝；也有一些是因水泥收缩而产生的龟裂。

（2）处理方法

对于稳定裂缝，可用环氧粘结剂、胶泥、砂浆进行修补，也可用预热熔化的聚氯乙烯油膏或薄质石油沥青涂料覆盖修补，裂缝较大时加贴玻璃丝布。对于不稳定裂缝，可沿裂缝涂刷石灰乳化沥青涂料。裂缝较大时，须将缝口凿成V字形，刷冷底子油，用沥青胶结材料做一布二油。

（3）防治措施

1）结构裂缝

① 细石混凝土刚性防水屋面应用于刚度较好稳定的结构层上，不得用于高温或有振动的建筑，也不适用于基础有较大不均匀下沉的建筑。

② 为减少结构变形对防水层的不利影响，在防水层下必须设置隔离层，可选用石灰黏土砂浆、石灰砂浆、纸筋麻刀灰或干铺细砂、卷材等材料。

2）温度裂缝

① 防水层必须设置分格缝。分格缝应设在装配式结构的板端、现浇整体结构的支座处、屋面转折（屋脊）处、混凝土施工缝及突出屋面构件交接部位。分格缝纵横间距不宜大于6m。

② 混凝土防水层厚度不宜小于40mm，内配$\phi 6$间距100～200mm的双向钢筋网片。钢筋网片宜放置在防水层的中间或偏上，并应在分格缝处断开。

3）施工裂缝

① 防水层混凝土水泥用量不应少于330kg/m^3，最好采用42.5以上等级的普通硅酸

盐水泥，水灰比不应大于 0.55，坍落度不宜大于 5cm，粗骨料最大粒径不应大于防水层厚度的 1/3，细骨料应用中砂或粗砂，灰砂比应为 1∶1～1∶2.5。

② 混凝土防水层的厚度应均匀一致，混凝土应采用机械搅拌、机械振捣，并认真做好压实、抹平工作，收水后应及时进行二次压光。

③ 应积极采用补偿收缩混凝土材料，但要准确控制膨胀剂掺量，确保满足各项施工技术要求。

④ 混凝土养护时间一般宜控制在 14d 以上，视水泥品种和气候条件而定。

2. 节点处理不当引起渗漏

（1）原因分析

1）女儿墙、天沟、雨水口、烟囱及各种突出屋面的接缝，因接缝混凝土（或砂浆）嵌填不严，形成缝隙而渗漏。

2）连接处所嵌填密封材料与混凝土粘结不良、嵌填不实或密封材料质量较差，尤其是粘结性、延伸性与抗老化能力等性能指标达不到规定指标。

（2）处理方法

将节点连接处的附加层及密封材料清除干净，重新嵌填密封材料，再做附加层。

（3）防治措施

1）女儿墙、天沟、水落口、烟囱及各种突出屋面的接缝或施工缝部位，除了做好接缝处理以外，还应在泛水处增加防水处理，如附加卷材或涂膜防水层。泛水处增加防水的高度，迎水面一般不宜小于 250mm，背水面不宜小于 200mm，烟囱或通气管处不宜小于 250mm。

2）进入工地的密封材料，应进行抽样检验，发现不合格的产品，坚决剔除不用。嵌填密封材料的连接处，无混凝土或灰浆残渣及垃圾等杂物，确保密封材料嵌填密实，伸缩自如，不渗不漏。

3. 防水层起砂起皮

防水砂浆、防水混凝土因配和比不适、振捣或碾压不密实，特别是不注意压实、压光和养护不良，引起起皮、起砂现象。其处理方法是：将表面凿毛，扫去浮灰杂质，刷素灰 108 胶浆，然后加抹厚 10mm 左右的 1∶1.5～1∶2 水泥砂浆（掺加 5%的 108 胶），并覆盖养护。

8.1.4 厕浴厨房间防水工程常见质量缺陷及其处理

厕浴厨房间设备多、管道多、阴阳转角多、施工工作面小，是用水最频繁的地方，同时也是最易出现渗漏的地方。经调查和施工现场观察，发现厕浴厨房间的渗漏主要发生在房间的四周、地漏周围、管道周围及部分房间中部。究其原因主要是：设计考虑不周，材料选择不佳，施工时结构层（找平层）处理得不好或防水层未做到位，管理使用的不当。现将其常见的质量缺陷及处理作如下介绍。

1. 地面汇水倒坡

（1）原因分析

地面偏高，集水汇水性差，表面层不平有积水，坡度不顺或排水不通畅或倒流水。

（2）处理方法

凿除面层，修复防水层，铺设面层（按照要求进行地面找坡），重新安装地漏，地漏接口处嵌填密封材。

（3）防治措施

1）地面坡度要求：距排水点最远距离的坡度控制在2%，且不大于30mm，坡向准确。

2）严格控制地漏标高，且低于地面标高5mm。

3）厕浴厨房间地面应比走廊及其他室内地面低20～30mm。

4）地漏处的汇水口应呈喇叭口形，集水汇水性好确保排水通畅。严禁地面有倒坡或积水现象。

2. 墙身返潮和地面渗漏

（1）原因分析

1）墙面防水层设计高度偏低，地面墙面转角处呈直角状。

2）地漏、墙角、管道、门口等处结合不严密，造成渗漏。

3）砌筑墙面的含碱性和酸性物质。

（2）处理方法

1）墙身返潮，应将损坏部位凿除并清理干净，用1∶2.5防水砂浆修补。

2）如果墙身和地面渗漏严重，需将面层和防水层全部凿除，重新做找平层、防水层、面层。

3）如有开裂现象，则应对裂缝进行增强防水处理。贴缝法：对微小的发丝裂缝，可刷防水涂料并加贴纤维材料或布条，做防水处理。填缝法：若较明显的裂缝，要进行扩缝处理，将缝扩展成15mm×15mm左右的V形槽，在清理干净后，刮填防水涂料或嵌缝材料。填缝加贴缝：除采用填缝法处理外，在缝表面再涂刷防水涂料，并粘贴纤维材料处理。也可不拆除饰面，直接在其表面刮涂透明或彩色聚氨酯防水涂料。

（3）防治措施

1）墙面上设有水器时，其防水高度为1500mm；淋浴处墙面防水高度应大于1800mm。

2）墙体根部与地面的转角处，其找平层应做成钝角。

3）预留洞口、孔洞、埋设的预埋件位置必须准确可靠。地漏、洞口、预埋件周边必须设有防渗漏的附加层防水措施。

4）防水层施工时，应保持基层干净、干燥，确保涂膜防水层与基层粘结牢固。

3. 地漏周边渗漏

（1）原因分析

承口杯与基体及排水管接口结合不严密，防水处理过于简陋，密封不严。

（2）处理方法

1）地漏口局部偏高，可剔除高出部分，重新做地漏，并注意与原防水层搭接好，地漏和翻口外沿嵌填密封材料并封闭严实。

2）地漏损坏，应重做地漏。

3）地漏周边与基体结合不严渗漏，在其周边剔凿出宽度和深度均不小于20mm的沟槽，清理干净，槽内嵌填密封材料，上面涂刷2遍合成高分子防水涂料。

（3）防治措施

1）安装地漏时，应严格控制标高，不可超高。

2）要以地漏为中心，向四周辐射找好坡度，坡向准确，确保地面排水迅速畅通。

3）安装地漏时，先将承口杯牢固地粘结在承重结构上，再将浸涂好防水涂料的胎体增强材料铺贴于承口杯内，随后仔细地再涂一遍防水涂料，然后用插口压紧，最后在其四周再满涂防水涂料1～2遍，待涂膜干燥后，把漏勺放入承插口内。

4）管口连接固定前，应进行测量，复核标高位置后，方可固定。

4. 立管四周渗漏

（1）原因分析

1）套管未设止水环。

2）立管与套管的周边采用普通水泥砂浆堵孔，立管与套管之间的环隙未填塞防水密封材料。

3）套管与地面相平，导致立管四周渗漏。

（2）处理方法

1）套管损坏应及时更换并封口，所设套管要高出地面大于20mm，并进行密封处理。

2）如果管道根部积水渗漏，应沿管根部剔凿出宽度和深度均不小于20mm的沟槽，清理干净，槽内嵌填密封材料，并在管道与地面交接部位涂刷管道高度及地面水平宽度不小于100mm，厚度不小于1mm无色或同原色的合成高分子防水涂料。

3）管道与楼地面间裂缝小于1mm，应将裂缝部位清理干净，绕管道及根部涂刷2遍合成高分子防水涂料，其涂刷高度和宽度不小于100mm，厚度不小于1mm。

（3）防治措施

1）穿楼板的立管应按规定预埋套管，并在套管的埋深处设置止水环。

2）套管、立管的四周边用微膨胀细石混凝土堵塞严密；立管与套管之间的缝隙应用密封材料填塞严密。

3）套管高度应比设计地面高出20mm以上；套管周边做同高度的细石混凝土防水保护墩。

8.2 地下防水工程

全地下室或半地下室的建筑工程、防护工程、隧道工程、人防地铁工程、水库、水池等一切有可能受到地下水影响的建筑物、构筑物都属于地下工程防水的范围。近几年来随着我国的交通、能源、水利、城市建设日益向地下空间纵深发展，地下工程渗漏问题及其危害性也愈来愈引起人们的注意。许多工程留下渗漏隐患，有的成为“地下水牢”，有的地下室室内潮湿，墙壁发霉变质，恶化了工作和生活环境，缩短了建筑物、构筑物的使用寿命。为了根治地下工程渗漏现象，住建部颁发了《地下工程防水技术规范》GB 50108—2008、《人民防空地下室设计规范》GB 50038—2005、《地下防水工程质量验收规范》GB 50208—2011等规范。为了更好治理地下防水工程渗漏问题，有必要将其质量缺陷及处理方法进行研究。

地下防水工程渗漏按照渗水量和渗水速率大小可分为慢渗、快渗、急流、高压急流四种情况；按照漏水形式可分为点渗漏、线渗漏、面渗漏三种。因此在地下防水工程渗漏处理时，要根据具体现象找出渗漏的位置、原因、程度，制定有针对性的处理方案。

8.2.1 渗漏检查的方法

（1）观察法：对于急流和高压急流现象，可直接观察到渗漏部位。

（2）撒干水泥法：对于慢渗的大面积渗漏，将渗漏处擦干，立即撒上一层薄干水泥，若出现湿点或湿线，即为渗漏部位。

（3）综合法：如果撒干水泥法不易发现渗漏时，用水泥胶浆（水泥∶水玻璃＝1∶1）在渗漏处均匀涂刷一薄层后，即在表面均匀撒一层干水泥，若出现湿点或湿线，即为渗漏部位。

8.2.2 确定渗漏处理方案、方法

（1）找出渗漏在结构方面（构件强度、刚度，裂缝稳定情况，地基沉降等）、材料方面（防水材料的质量）、施工方面（混凝土的浇捣、养护、施工缝的留设位置等）以及环境方面（地下水位升降）的原因，为制定处理渗漏方案提供依据。

（2）查找并切断水源，尽量使处理渗漏施工在无水状态下进行。

（3）按照现场实地勘察结果，选择合适的防水堵漏材料，确定采用堵、注、涂、抹等施工方法，达到治漏和防水的综合功能。

（4）堵漏时本着大漏变小漏，线漏变点漏，片漏变孔漏，使水汇集一点或数点，最后集中堵塞漏水点的原则。堵漏程序：先大漏后小漏，先高处后低处，先顶板及墙面后底板，灌注浆堵漏应由下而上进行。

8.2.3 地下防水工程常见的质量缺陷及其处理方法

1. 防水混凝土不密实渗漏

（1）原因分析

1）混凝土拌合物的和易性，直接影响均匀性和密实性。如混凝土和易性不好，将导致混凝土松散，粘结性不良，拌合物的粘聚力大，不易浇筑，并在浇筑过程中分层离析。

2）模板接缝拼装不严、钢筋过密、混凝土浇筑前离析、振捣不实或混凝土中掺有杂物，都会使混凝土产生蜂窝、孔洞、麻面，从而引起渗漏。

（2）处理方法（处理前，应先将基层松动不牢的石子凿掉，将表面凿毛，并将其清刷干净）

1）水泥砂浆抹面法：蜂窝、麻面不深，基层处理后，可用水泥素灰打底，用1∶2.5水泥砂浆（加适当的防水剂）找平、抹压密实。

2）直接堵塞法：根据漏水量大小，以漏点为圆心钻成直径10～30mm，深20～50mm的圆槽，槽壁必须与基面垂直，钻完后用水冲洗干净，随即用水泥胶浆捻成与槽直径接近的锥形体，待胶浆开始凝固时，迅速将胶浆用力堵塞于槽内，并向槽内四周挤压严密，使胶浆与槽壁紧密结合，持续挤压半分钟，经检查无渗漏后，再抹上防水层。此方法适用于水压不大时的漏水处理。

3）下管堵漏法：根据漏水处空鼓、坚硬程度，确定剔凿孔洞的大小和深度，在孔洞底部铺碎石一层。上面盖一层油毡或铁片，并将一胶管插入铁片至碎石内引走渗漏水，然后用水泥胶浆把孔洞一次灌满，待胶浆开始凝固时，立即用力沿孔洞四周将胶浆压实，使其表面略低于基面 10～20mm，经检验无渗漏后，抹上防水层待有一定强度时，拔出胶管，按照“直接堵塞法”将孔封闭。此方法适用于水压较大，漏水孔洞较大时的漏水处理。

4）木楔堵漏法：用水泥胶浆将一适当直径的铁管稳牢于漏水处已经剔好的孔洞内，铁管外端比基面低 20mm，管的四周用素灰和水泥砂浆抹好，待有一定强度时，将浸过沥青的木楔打入铁管内，并填入干硬性砂浆，表面再抹素灰及水泥砂浆（加适当防水剂）各一道，经 24 小时后，检查无渗漏，再做好防水层。此方法适用于水压很大时的漏水处理。

（3）防治措施

1）控制混凝土的和易性。这是保证混凝土密实性的重要条件，为此应合理选择原材料，将实验室混凝土配合比合理地换算成施工配合比，掌握好搅拌时间。

2）混凝土浇筑后表面应平整光滑，无蜂窝、孔洞、麻面等缺陷。为此模板要安设牢固，接缝拼装严密，防止漏浆；按照混凝土下料顺序与浇筑高度进行操作，防止混凝土产生离析；混凝土振捣时应分层进行，控制好每点振捣时间及有效振动范围；在钢筋密集处，宜改用同强度等级的细石混凝土材料，并认真振捣密实。

3）固定模板的螺栓或钢丝，不宜穿过防水混凝土结构，以免在混凝土内形成渗水通道。有条件时，应优先采用滑模施工。

4）如必须用对拉螺栓固定模板时，应在预埋套管或螺栓上加焊止水环，如图 8-6 所示。止水环直径及环数应符合设计规定。设计如无规定时，止水环直径一般为 80～100mm，数量应不少于 1 个。采用预埋套管加焊止水环时，止水环应满焊在止水套管上，拆模后将螺栓拔出，套管内用膨胀水泥砂浆封堵密实。采用对拉螺栓时，止水环与螺杆也应满焊严密，拆模后将露出防水混凝土的螺栓割断。

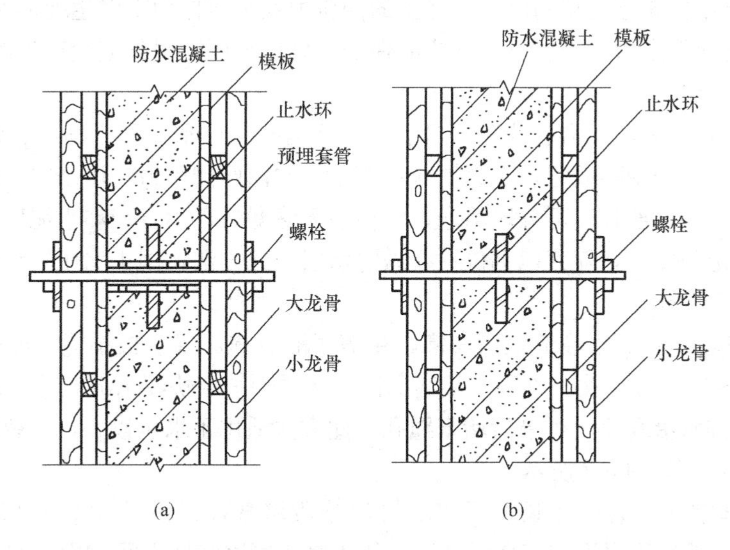

图 8-6 对拉螺栓防水处理

（a）预埋套管加焊止水环；（b）螺栓加焊止水环

2. 防水混凝土裂缝渗漏

混凝土表面由于自身原因或外部环境、施工因素等原因，产生裂缝，当裂缝贯穿于混凝土结构断面时，将影响结构强度以及防水、抗渗性能，并发生渗漏。

(1) 常见的混凝土裂缝及其特征

1) 塑性收缩裂缝：表面的细小裂缝，类似干燥的泥浆面。

2) 干缩裂缝：表面开裂，宽度较细，一般在 0.05～0.2mm 之间，其走向纵横交错，没有规律，形似龟纹。

3) 温度裂缝：由于产生原因不同，可能出现表层、深层或贯穿裂缝；表层裂缝的走向一般没有规律性，钢筋混凝土的深层或贯穿裂缝走向一般与主筋方向平行或接近平等；裂缝宽度大小不一，一般在 0.5mm 以下；裂缝宽度受温度影响大，热胀冷缩较明显。

4) 沉降裂缝：多属贯穿性裂缝，其走向与沉降情况有关。

5) 应力裂缝：裂缝走向与主筋方向接近垂直；裂缝宽度一般较大，且沿长度或深度方向有明显的变化。

6) 施工因素裂缝：大体积混凝土拆模过早时表面开裂；起吊或加载过早时发生的横向裂缝垂直于主筋；因采用滑模或拉模而引起的裂缝多产生于垂直模板移动的方向。

7) 化学作用裂缝：混凝土多为龟裂；钢筋混凝土因钢筋锈蚀引起膨胀的特征为顺筋开裂；混凝土材料中含有大量的碱，碱骨料反应是由水泥中的碱性氢氧化物与骨料中的硅质矿物形成碱-硅凝胶，使骨料界面发生蚀变，而凝胶吸水后，则导致水泥浆体膨胀、开裂和破坏。

(2) 原因分析

1) 施工时混凝土拌合不均匀、水泥品种选择不当或混用，产生裂缝。

2) 混凝土中碱含量过多。

3) 设计考虑不周。建筑物发生不均匀沉降，使混凝土墙、板断裂而出现渗漏。

4) 混凝土结构缺乏足够的刚度。在土的侧压力及水压作用下发生变形而出现裂缝。

5) 混凝土成形之后，养护不当、成品保护不到位等原因引起裂缝产生渗漏。

(3) 处理方法

1) 裂缝直接堵漏法：沿裂缝剔出八字形边坡沟槽，用水冲洗干净，将快硬水泥胶浆搓成条形，待胶浆开始凝固时，迅速填入沟槽中，并向两侧用力挤压密实，使水泥胶浆与槽壁紧密结合。如果缝长，可分段堵塞，经检验无渗漏后，用素灰和水泥砂浆将沟槽表面抹平，待有一定强度后，随其他部位一起做防水层。此方法适用于水压较小的混凝土裂缝渗漏，如图 8-7 所示。

2) 下线堵漏法：先沿裂缝剔凿凹槽，在槽底沿裂缝放置一根小绳，绳径视漏水量确定，绳长 200～300mm。按“裂缝直接堵漏法”在槽中填塞快硬水泥胶浆，堵塞后立即将小绳抽出，使漏水沿孔流出，最后堵塞绳孔。此方法适用于水压较大，但裂缝长度较短时的裂缝渗水处理，如图 8-8 所示。

3) 下钉堵漏法：裂缝较长，可按下钉法分段堵塞，每段长 100～150mm，中间留 20mm 的间隙，然后用水泥胶浆裹上圆钉，待胶浆快凝固时插入间隙中，并迅速把胶浆向钉子的四周空隙中压实，同时转动钉子，并立即拔出，使水顺钉孔流出，然后沿槽抹素灰和水泥砂浆，压实抹平，待凝固后封闭钉孔，如果水流较大时，可在孔中注入灌浆材料进行封孔。此方法适用于地下水较大且裂缝较长的渗水处理，如图 8-9 所示。

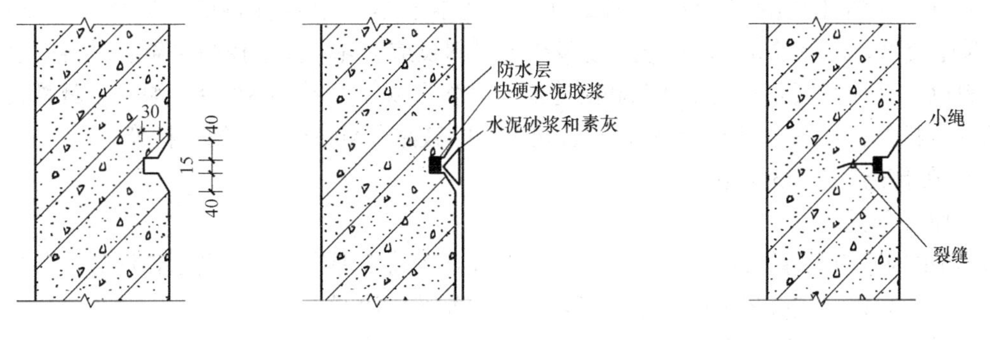

图 8-7 裂缝直接堵漏法

图 8-8 下线堵漏法

4）下半圆铁片法：先沿裂缝剔凿凹槽和边坡，尺寸视漏水大小而定，在沟槽底部每隔 500～1000mm，扣上一带有圆孔的半圆铁片，并把软管插入铁片上的圆孔中，然后按“裂缝直接堵漏法”分段堵塞，漏水由软管流出，检查裂缝无渗漏后，沿沟槽抹素灰、水泥砂浆各一道，再拔管堵孔。此方法适用于水压较大的裂缝急流漏水的处理，如图 8-10 所示。

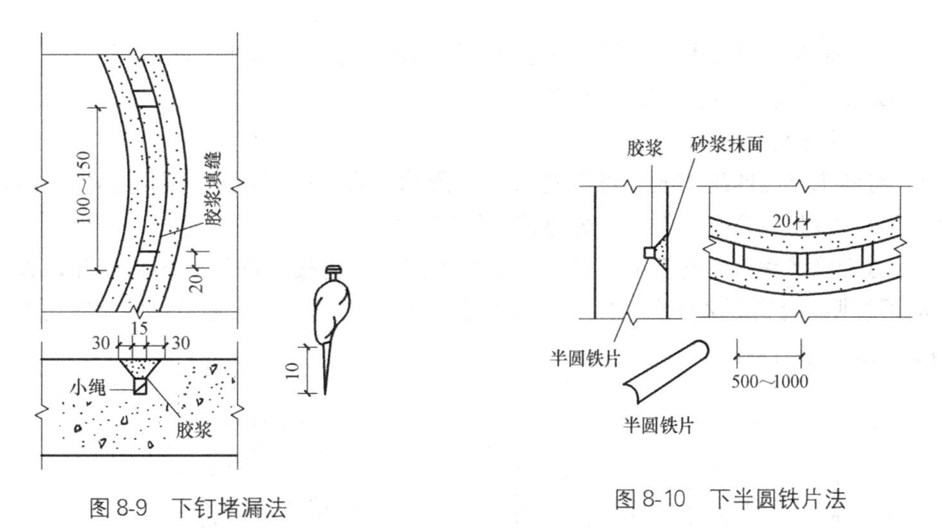

图 8-9 下钉堵漏法

图 8-10 下半圆铁片法

（4）防治措施

1）浇筑防水混凝土必须使用同一品种水泥，混凝土的配制、浇筑应按有关规定进行。

2）设计中应充分考虑地下水作用的最不利情况，即地下水、上层滞水、地表水和毛细管水对结构的作用，以及由于人为因素而引起的周围水文地质的变化，使结构具有足够的刚度。

3）根据结构的断面造型、荷载、埋深、基础的强弱以及使用要求等，合理设置变形缝。

4）严禁在松软土层、未经夯实回填土层以及沉降尚未稳定的加固地基上，浇筑钢筋混凝土底板。

5）模板应支撑牢固，确保足够的强度和刚度，并使地基和模具受力均匀，严防不均匀沉降而导致混凝土结构产生裂缝。

6）严禁采用安定性不合格的水泥，同时要防止碱骨料反应引起混凝土的开裂。据计算，每立方米混凝土中含碱量在1.8kg以下，基本上不发生碱骨料反应破坏；1.8～3.8kg时比较可疑，超过3.8kg时很容易发生碱骨料反应破坏。除了控制混凝土材料中水泥、骨料以及外加剂（尤其是早强剂和防冻剂）碱含量以外，还宜掺加降低混凝土碱骨料反应的沸石粉材料，如美国SP无机化学公司生产的微晶（Microlite）细骨料等。

3. 防水混凝土施工缝渗漏

（1）原因分析

1）采用构造施工缝（即企口缝），在施工时往往未将旧混凝土表面凿毛，浮渣、杂物不易清除干净，以及接缝界面处理不当等，这些都易造成渗漏。

2）采用止水钢板施工缝，极易与钢筋相碰，且不易将施工缝处垃圾清理干净，尤其在止水带下侧，常因混凝土疏松和积聚相当多的气泡，形成渗水通路。

3）采用膨胀止水条施工缝，常因以下问题而引起渗漏：

① 由于膨胀止水条没有经过缓膨胀处理，在实际操作时又难免不受雨淋或清洗水的浸泡，以致在浇捣新混凝土前就已经膨胀，从而达不到预期的防水效果。

② 施工缝表面不平整，致使膨胀止水条很难按设计位置粘贴或固定在旧混凝土基面上。

③ 膨胀条的截面过大，材料不够柔软，因而不能适应不太平整的基面。

④ 膨胀止水条搭接接头处理不当。

（2）处理方法

1）对尚未渗漏的施工缝，可沿缝剔成V形槽，将松散粗细骨料剔除，洗净后用水泥素浆打底，再以1∶2.5水泥砂浆分层抹平压实，如图8-11（a）所示。

2）对于已经渗漏的施工缝如水压较小时可按照“直接堵漏法”进行堵漏；如果水压较大时可按照“下线堵漏法”或“下钉堵漏法”进行堵漏；如果遇急流漏水时可按照“下半圆铁片法”进行堵漏。

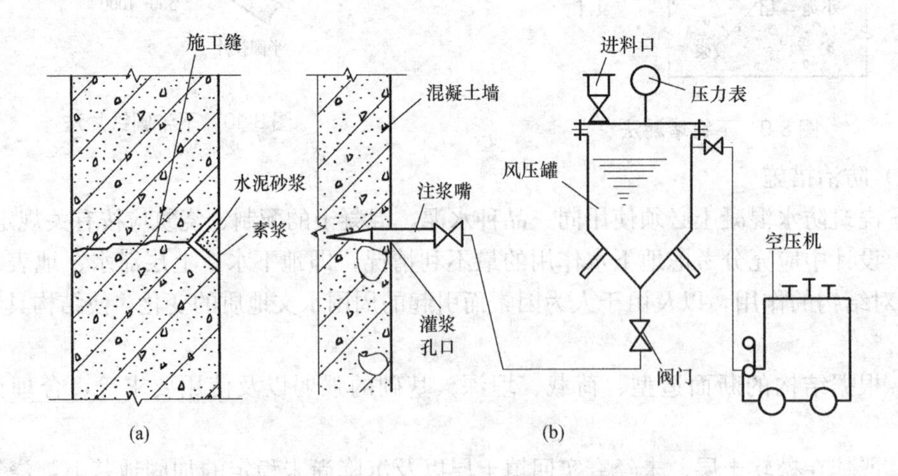

图8-11　混凝土施工缝处渗漏处理

（a）V形槽处理；（b）灌浆工艺示意图

3）当混凝土内部结构不密实，施工缝的新旧混凝土结合不严而出现较大渗漏时可用“氰凝灌浆堵漏法”处理，即用如图 8-11（b）所示灌浆工艺进行压力灌注氰凝浆液（压力大于地下水压力 0.05～0.10MPa），待灌实后用快硬水泥胶浆将灌浆口堵塞封闭。

（3）防治措施

1）在已硬化的旧混凝土表面上，应清除水泥薄膜和松动的骨料以及疏松的混凝土层，并充分湿润和冲洗干净，但在浇筑新混凝土时，在旧混凝土表面上不得积水。

2）在浇筑新混凝土前，施工缝处宜先刷素水泥浆一道，再铺与混凝土成分相同的水泥砂浆一层；并应细致捣实，确保新旧混凝土紧密结合。

3）止水钢板安装位置应准确。如与钢筋相碰，则应将钢筋移动；同时止水钢板还要与相邻钢筋焊接固定。

4）留设膨胀止水条的施工缝应表面平整，如局部达不到要求时，可用聚合物水泥砂浆予以填平。

5）膨胀止水条的截面应符合设计要求，并宜选用经过缓膨胀处理的膨胀止水条。

6）为了使膨胀止水条与混凝土表面粘贴密合，除了采用自粘贴固定外，尚宜在适当距离内用水泥钉予以加固。膨胀止水条接头尺寸不宜小于 50mm。

7）膨胀止水条在保管、运输过程中严禁受潮与浸水，在浇筑混凝土前应避免水的浸泡，以防发生预膨胀现象。

8）为防止绑扎钢筋时损坏膨胀止水条，应将固定止水条的工序放在浇筑混凝土前进行。

4. 预埋件部位渗漏

（1）原因分析

1）预埋件周围，浇筑混凝土较为困难，振捣不易密实。

2）预埋件表面有锈蚀层，使预埋件难与混凝土粘结严密。

3）暗设（暗配）管接头不严密或者用有缝管，致使地下水从缝隙中渗入管内，又由管内流出。

4）预埋件因外力作用，受振后产生松动，与混凝土间产生缝隙。

（2）处理方法

应根据具体情况与渗漏原因，有针对性地进行处理，一般方法有：

1）直接堵漏法。先沿预埋件周边剔凿出环形沟槽，将沟槽清洗干净，嵌填快硬水泥胶浆堵漏，然后再做好面层防水层，如图 8-12 所示。

2）预制块堵漏法。对于因受振动而渗漏的预埋件，处理时先将预埋件拆出，制成预制块，预制块应作防水处理。另外在基层上凿出坑槽，供埋设预制块用。埋设时，在坑槽中先填入水泥：砂＝1：1 和水：促凝剂＝1：1 的快硬水泥砂浆，再迅速将预制块填入，待砂浆具有一定强度后，周边用水泥砂浆填塞，并用素灰嵌实，然后在上面做防水层。预制构造可参见图 8-13。

3）灌浆堵漏法。如预埋件较密，且此部分混凝土不密实，则可先进行灌浆堵漏，待止水后再按上述 1）、2）的方法进行处理。

（3）防治措施

1）预埋件（铁件）表面必须加强除锈处理。

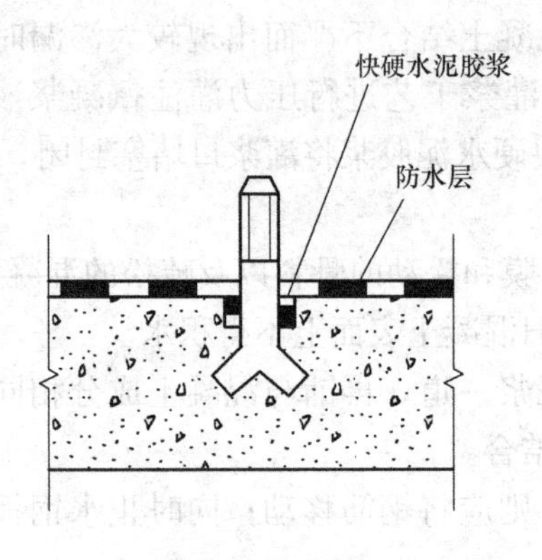

图 8-12 预埋件渗漏直接堵漏法

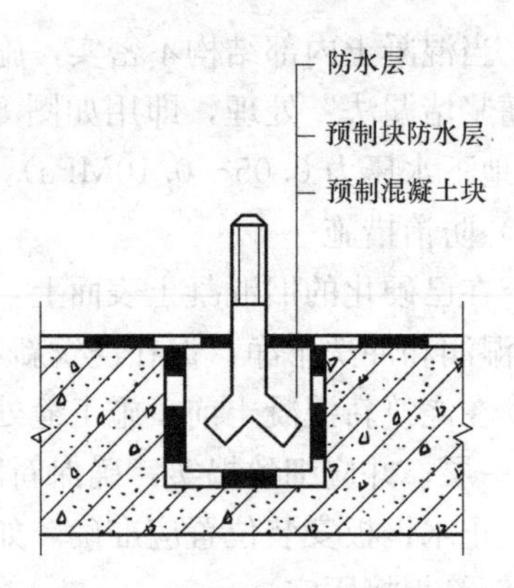

图 8-13 用预制块稳固预埋铁件

2）预埋件安装要严格控制标高和坐标点；必要时，预埋件部位的断面应适当加厚。

3）预埋件必须固定牢靠，并应在端头加焊止水钢板进行防水处理（图 8-14）。施工时，还要注意将预埋件及止水钢板周围的混凝土浇捣密实。

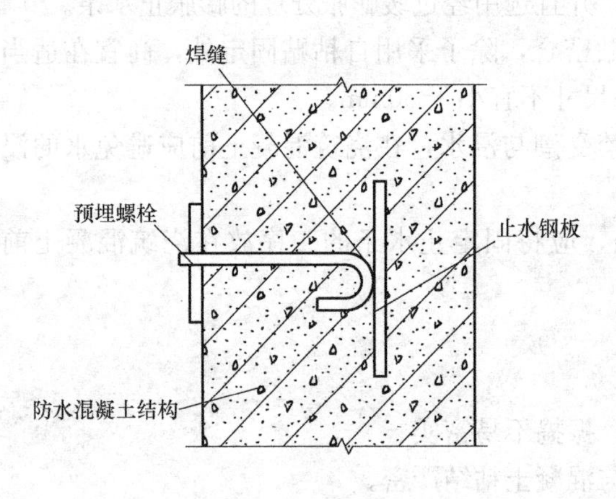

图 8-14 预埋铁件防水处理

4）在地下防水混凝土中，暗设管道必须保证接头严密，而管道必须采用无缝管，确保管内不进水。

5. 管道穿墙（地）部位渗漏

（1）原因分析

常温管道、热力管道以及电缆穿墙（地）时与混凝土脱离，产生裂缝导致渗漏。造成渗水的原因，除了与“预埋件部位渗漏”的相同原因外，还有一原因是对热力管道穿墙部位处理不当，致使管道在温差作用下，往复伸缩变形而与混凝土结构脱离，造成周边防水层破坏，产生裂缝而渗漏。

（2）处理方法

1）常温管道穿墙部位渗漏水，可参考本书有关裂缝漏水处理方法。

2）常温管道穿墙部位渗漏水，也可采用刚柔结合的方法治理。其施工顺序为：渗漏点凿缝，除去杂物，清洗干净→沿穿墙管周围粘贴遇水膨胀橡胶条（橡胶条截面为 20mm×30mm，在接头处插一根 $\phi1$ 胶管）→静置 24h→喷涂水玻璃浆液（厚度约 1～1.5mm）→涂刷湿固化的聚氨酯防水涂料（厚度 3～5mm，涂刷半径为 200mm，可分 4 次涂刷，最后一遍涂刷时随即撒上热干砂）→抹氯丁胶乳水泥砂浆（10～15mm 厚，涂抹半径为 300mm）→注浆堵漏（待刚性防水达到强度后，拔出引水胶管用水玻璃注浆，然后再用防水砂浆封堵浆孔）。

3）热力管道穿透内墙部位出现渗漏水时，可将穿管孔眼剔大，采用埋设预制件圆混凝土套管法进行处理，如图 8-15 所示。

4）热力管道穿透外墙部位出现渗漏水，修复时需将地下水位降至管道标高以下，用设置橡胶止水套的方法处理。

(3) 防治措施

1) 在设计上尽可能将管道埋置深度提高至常年地下水位以上。

2) 对于处于地下水位以下的管道和电缆穿墙部位，防水处理必须严格细致，切实保证施工质量。

3) 根据各种管道的使用性能，选择不同的防水处理方案。

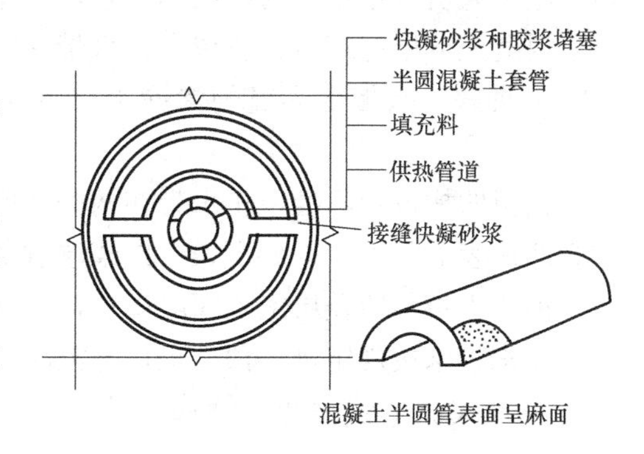

图 8-15 埋设预制半圆套管法

① 常温穿墙管道可采用中间设置止水片的方法，以延长地下水的渗入距离，或在管道四周焊锚固筋，以更好地与结构形成整体，避免管道受震动时出现裂缝而渗漏，详见图 8-16。

② 热力管道穿外墙时，应采用橡胶止水套；内隔墙部位，应采用套管，后安装管道，然后用柔性防水材料封闭，详见图 8-17。

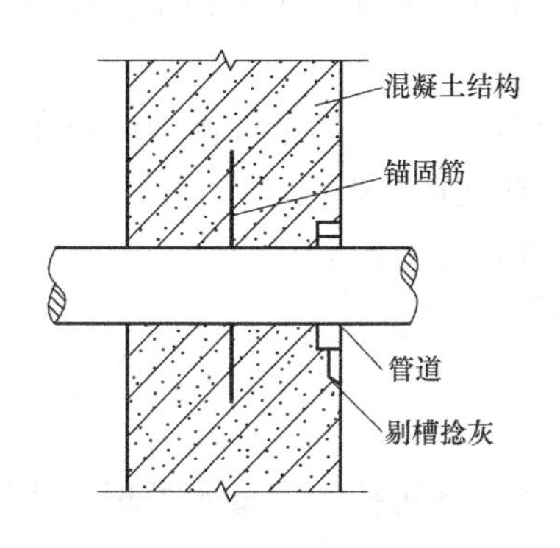

图 8-16 常温管道穿墙作法

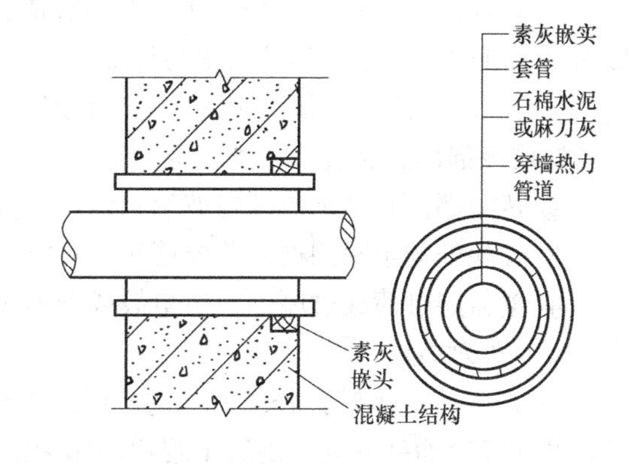

图 8-17 热力管道穿内墙作法

③ 电缆穿外墙时，应采用套管方法；套管与电缆之间的空隙应用石棉热沥青（根据有关资料查出相应的热沥青的控制温度）嵌填密实。

6. 地下室变形缝渗漏

变形缝（包括沉降缝、伸缩缝）是地下防水工程的重要部位。变形缝的构造力求简单，变形缝材料应满足强度、延伸率、耐老化与耐酸碱性能的要求。

(1) 原因分析

1) 埋入式止水带沿变形缝隙渗漏水，一般多发生在变形缝下部及止水带的转角处。

① 止水带未采取固定措施或固定方法不当，埋设位置不准确或被浇筑的混凝土挤偏。

② 止水带两翼的混凝土包裹不严，特别是底板部位的止水带下面，混凝土振捣不严或留有空隙。

③ 钢筋过密、浇筑混凝土方法不当等造成止水带周围粗骨料集中，这种现象多发生在下部的转角处。

④ 施工人员对止水带的作用不了解，操作马虎，甚至将止水带破坏。

⑤ 混凝土分层浇筑前，遗留在止水带周围的木屑、灰垢等杂物未清除干净。

2）后埋式止水带变形缝的渗漏水，主要发生在后浇覆盖层混凝土两侧产生裂缝的部位。

① 预留凹槽位置不准，止水带在两侧宽度不一。

② 凹槽表面不平，过分干燥，素浆层过薄，止水带下有残存空气。

③ 铺止水带与覆盖层施工间隔过长，素灰层干缩或混凝土收缩。

④ 止水带未按规定进行预处理，与混凝土衔接不良。

3）粘贴式氯丁胶片变形缝渗漏特征，主要是表面覆盖层空鼓、收缩、出现开裂等现象。

① 粘贴胶片的基层表面不平整、不坚实、不干燥。

② 胶粘剂质量不符合要求，粘贴时间掌握不好，粘贴时局部有气泡。

③ 胶片搭接长度不够，端头没按要求打成斜坡形，致使搭接粘贴不牢。

④ 覆盖层过薄，胶片在水压力下剥离，使覆盖层开裂破坏。

⑤ 当用水泥砂浆作覆盖层时，一次抹得过厚，造成收缩裂缝。

4）涂刷式氯丁胶片作法适用于变形缝渗漏水的修补，尤其适用于构筑物因不规则变形而出现缝隙的补救。其渗漏水的特征与粘贴式氯丁胶片相同。

① 变形缝两侧基面过于粗糙，胶层涂刷厚薄不均，缝隙处的半圆沟槽的两角过于尖锐，造成该部位胶层过薄，当缝隙变形时，该处胶层往往被割破。

② 转角部位和半圆沟槽内玻璃布铺贴不实，局部出现气泡等。

③ 缝隙处的半圆凹槽覆盖层填实，不能伸缩变形。

④ 覆盖层过薄或过厚，产生空鼓或干缩裂缝。

（2）处理方法

1）埋入式止水带：若已完工的变形缝出现渗漏水，则可按裂缝漏水处理方法进行堵漏，并在其表面粘贴或涂刷氯丁胶片，作为第二道防线。

2）后埋式止水带：渗漏水的变形缝须全部剔除，经过堵漏处理后，再按要求重新埋设。

3）粘贴式氯丁胶片：若变形缝处渗漏水，应剔除重做。

4）涂刷式氯丁胶片：应剔除覆盖层，按照裂缝漏水处理方法堵漏后，重做涂刷氯丁胶片处理。

（3）防治措施

1）埋入式止水带

① 止水带的规格、型号、材质必须符合设计要求，止水带安装前应认真检查，确保完好无损。

② 止水带一般固定在专用的钢筋套中，并在止水带的边缘处用镀锌钢丝绑扎牢固（图 8-18），在浇筑混凝土时严禁挤压止水带，防止位移变形。

③ 埋设底板止水带时，要把止水带下部的混凝土振实，然后将铺设的止水带由中部向两侧挤压按实，再浇筑上部混凝土，严禁在止水带的中心圆环处穿孔，而变形缝处的木丝板必须对准中心圆环处，详见图 8-19。

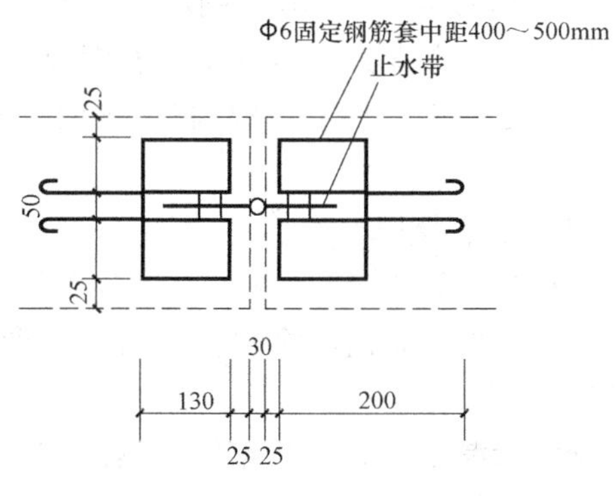

图 8-18 止水带固定

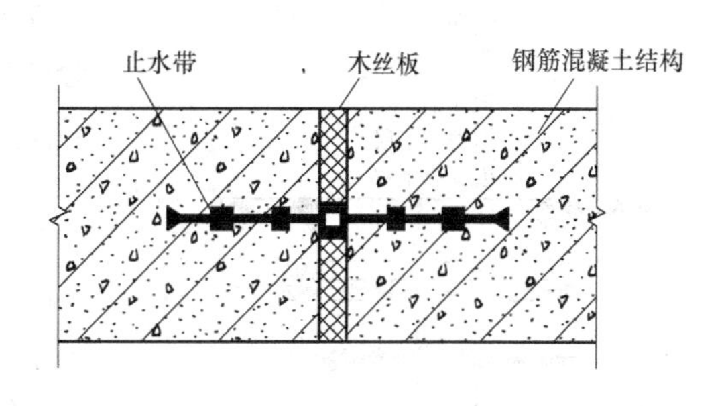

图 8-19 埋入式止水带变形缝构造

④ 浇筑混凝土时，要仔细操作，在钢筋过密的区域应采用细石混凝土浇筑，以免粗骨料集中在止水带周围，而影响混凝土的强度与防水性能。

2）后埋式止水带

① 预留凹槽的位置必须符合设计要求，如不符合，凹槽须经剔凿合格后，方可在其内表面做抹面防水层，防水层表面应呈麻面，转角处做成直径 15～20mm 的圆角。

② 止水带的表面应为粗糙麻面。对于光滑的表面，要用锉刀或砂轮打毛，以便与混凝土粘结。

③ 铺贴时，先在凹槽底部抹厚为 5mm 左右的素浆层，然后由底板中部向两侧边铺贴边用手按实，赶压出气泡，在表面再用稠度较大的水泥浆涂抹严密。

④ 铺贴后立即用补偿收缩混凝土（最好采用微晶混凝土）覆盖。

⑤ 覆盖层的中间用木丝板或防腐木板隔开，以保证在变形情况下，覆盖层能按预想的要求开裂，如图 8-20 所示。

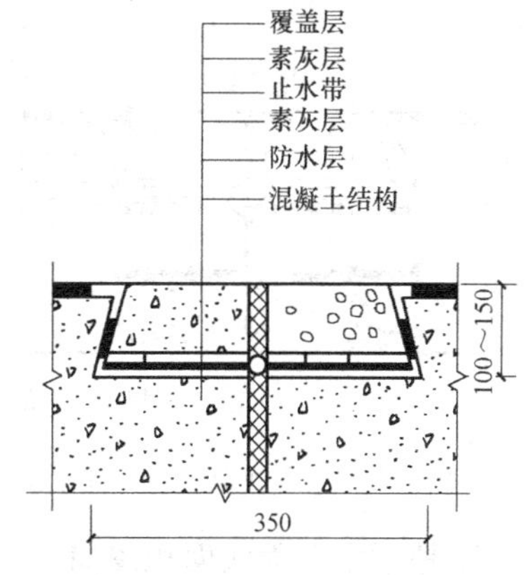

图 8-20 后埋式止水带变形缝构造

3）粘贴式氯丁胶片

① 预留凹槽的要求与后埋式止水带相同。粘贴胶片的表面必须平整、坚实、干燥，必要时可用喷灯烘烤，或在第一遍胶内掺入 10%～15%的干水泥。

② 粘贴前一天，在基面和胶片表面分别涂刷两遍氯丁胶作为底胶层，待其充分干燥后，再均匀涂刷界面胶，厚度为 1～2mm。

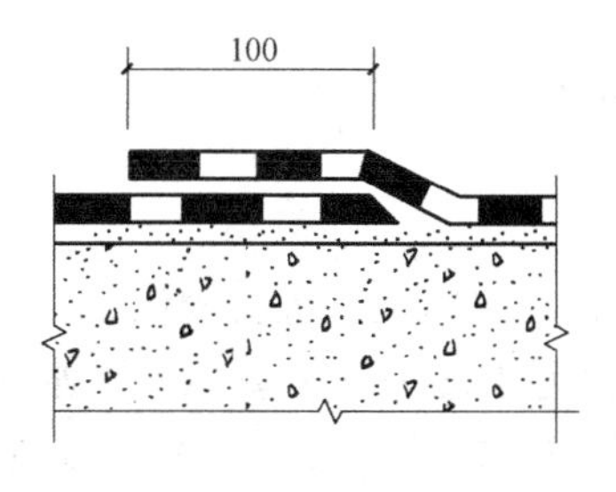

图 8-21 胶片搭接示意图

③ 氯丁胶片粘贴时机，以用手背接触涂胶层不粘手为宜。粘贴时如发生局部空鼓，须用刀割开，填胶后重新粘贴好，并补贴胶片一层，全部粘贴完成后，胶片表面应再刷上一层胶粘剂，随即撒上干燥的砂粒，以保证覆盖层与胶片的粘结。

④ 每次粘贴胶片的长度以不超过 2m 为宜，搭接长度为 100mm。底层胶片的端头应预先制成斜坡形，如图 8-21 所示。

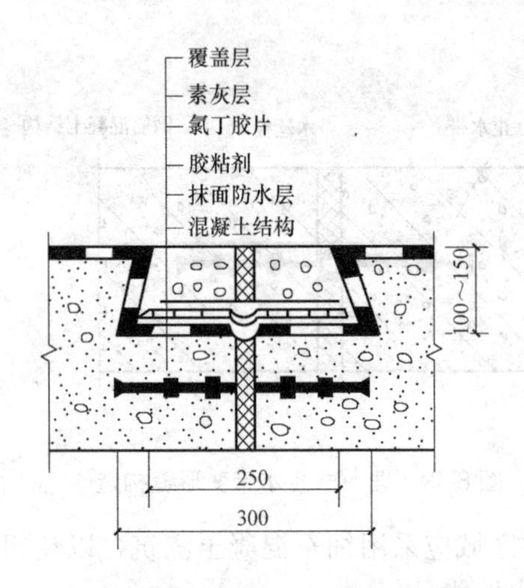

图 8-22 粘贴式氯丁胶片变形缝构造

⑤ 粘贴后应放置 1～2d，待胶层溶剂挥发，再在凹槽内满涂一道素浆，然后用细石混凝土或分层抹水泥砂浆覆盖，并用木丝板将覆盖层隔开，如图 8-22 所示。

4）涂刷式氯丁胶片

① 对不规则开裂的变形缝隙要找出准确位置，并画出标记，以便于涂刷，涂刷宽度沿裂缝两侧不小于 150mm。

② 如缝隙渗漏水，先进行堵漏，然后按粘贴式氯丁胶片变形缝的要求做好基层处理。

③ 半圆沟槽半径应根据裂缝预测开展宽度设计，半圆沟槽两角做成圆角，并不得有飞刺现象。半圆沟槽内先用 108 胶粘贴一层纸条隔离高层，然后再在两侧满涂胶层，涂刷次数不少于 5～6 遍，厚度不少于 1mm，涂层要均匀，局部产生的气泡要排除，转角及半圆沟槽的玻璃布铺贴要严实，涂后在半圆槽上再铺贴一层玻璃布，防止水泥覆盖层将沟槽填实，如图 8-23、图 8-24 所示。

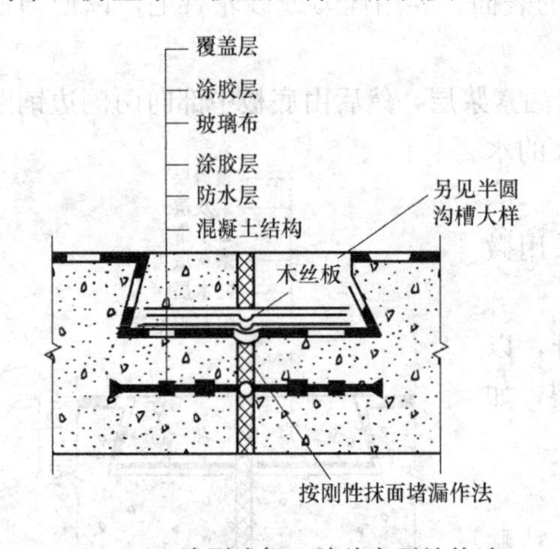

图 8-23 涂刷式氯丁胶片变形缝构造

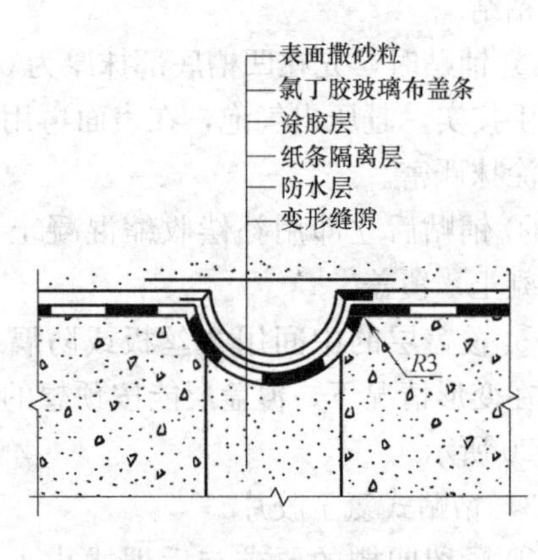

图 8-24 半圆沟槽大样

7. 地下室墙面大面积渗漏

（1）原因分析

1）混凝土或砖砌体施工质量不好，内部不密实，有微小孔隙，形成很多渗水通道，地下水在压力作用下进入这些孔道，造成墙体大面积渗漏。

2）地下室未做防水处理，或虽做了防水处理，但质量低劣。

3）地下水位发生变化，压力增大。

（2）处理方法

处理地下室大面积渗漏时，宜先将地下水位降低，尽量在无水状况下进行操作。

1）氯化铁防水砂浆抹面处理：氯化铁防水砂浆的配合比为水泥：砂：氯化铁：水＝1：2.5：0.03：0.5；氯化铁水泥浆的配合比为水泥：氯化铁：水＝1.0：0.03：0.5。修补时，先将原抹灰面凿毛，空鼓处剔除补平，刷洗干净，抹 2～3mm 厚的氯化铁水泥浆一遍，再抹4～5mm厚的氯化铁水泥砂浆一道，用木抹槎平。24h后，用同样方法再抹氯化铁水泥浆和氯化铁水泥砂浆各一道，最后压光，12h后洒水养护7d。

2）"防水宝"处理：在大面积渗水的地下室工程上，为了达到快速止漏的效果，可采用II型防水宝加水调和后，涂抹在渗漏的墙面上，很快凝固堵漏。还可加入3%～6%的整凝剂，调整凝固时间。

3）喷涂M_{1500}水泥密封剂：如地下室为钢筋混凝土结构或有刚性水泥砂浆抹面时，则可将表面清理干净，修补破损。龟裂处，将油污、涂料、橡胶及其他不能被M_{1500}水泥密封剂渗透的油性物质清除干净。然后在需施工表面喷上足够的水，在干燥前再喷涂水泥密封剂二遍。喷涂M_{1500}水泥密封剂可用低压喷射器（如农药喷雾器），喷涂时使整个施工表面达到均匀饱和。如面积较小时，可用刷子涂刷。必须注意的是，第二遍喷涂水泥密封剂需在第一遍材料基本干燥时进行；另外在喷涂第二遍水泥密封剂后3h或将干前（特别在夏季）用水湿润表面，夏季每天6～7次，其他季节1～2次，大约养护2d。

8. 地下室墙面潮湿

（1）原因分析

地下室墙面潮湿，一般多出现在砖砌体水泥砂浆刚性防水层的墙面上，先是在墙面上出现一块块潮湿痕迹，之后，随着时间的延长，潮湿面积逐渐扩大或形成渗漏，其原因如下：

1）施工人员对质量不重视，没有严格按照防水层的要求进行操作，忽视防水层的整体连续性。

2）刚性防水层厚薄不均匀，抹压不密实或漏抹；刚性防水层抹完后未充分养护，砂浆早期脱水，使防水层中形成微小毛细孔。

3）砖砌体砌筑质量差，砂浆饱满度不符合要求。

4）原材料水泥、防水剂质量不合格，防水性能不好。

（2）处理方法

1）环氧立得粉处理法：用等量乙二胺和丙酮反应，制成丙酮亚胺，加入环氧树脂和二丁酯混合液中，掺量为环氧树脂的16%，并加入一定量的立得粉，在干净、干燥的墙上涂刷环氧立得粉。如果墙面有碱性物质，应先用含酸水洗刷，然后用清水冲洗干净。一般涂刷两次，厚度为0.3～0.5mm。

2）氰凝剂处理法：配合比是预聚体氨基甲酸酯100%，催化剂三乙醇胺1%，释剂丙酮10%，填料水泥40%。操作方法是先将预聚体倒入容器中，用丙酮稀释，加入三乙醇胺，调成氰凝浆液，最后加入水泥，搅拌均匀即可涂刷。如果涂刷后仍有微渗，可再涂刷一次，涂刷后撒一层干水泥面压光。

（3）防治措施

1）对施工人员进行技术交底，严格按照规范和操作规程进行施工。

2）加强对防水层施工的质量检查工作。

9. 地下防水工程卷材防水层转角部位渗漏

（1）原因分析

地下室卷材防水层采用外防外贴法时，地下室主体结构施工后，在转角部位出现渗漏。其原因如下：

1）在地下室转角部位，卷材未能按转角轮廓铺贴严实，后浇主体结构时，此处卷材遭到破坏。

2）所用的卷材韧性不好，转角处操作不便，铺贴时出现裂纹，不能保证防水层的整体严密性。

3）转角处未按有关要求增设卷材附加层。

（2）处理方法

当转角部位出现粘贴不牢或卷材遭到破坏时，将此处的卷材撕开，并根据不同卷材的品种，将卷材逐层搭接补好。如为改性沥青卷材时，则可灌入热塑性聚氯乙烯胶泥，用喷灯烘烤后，逐层补好。

（3）预防措施

1）基层转角处应做成圆弧形或钝角。

2）选用强度高、延伸率大、韧性好的防水材料，认真施工，做好防水附加层。

8.3　工程实例分析

8.3.1　屋面防水工程渗漏实例分析

【案例 8-1】

1. 工程概况

郑州市某单层仓库，建筑面积 2500m^2，坡屋顶，内檐沟有组织排水。2002 年 11 月完工。2012 年 7 月某晚下大雨，第二天上班时还没有停，只见雨水顺内墙大量流向室内，地面有 5cm 深的积水。上屋面观察，檐沟积满雨水，雨水口全部被粉煤灰和豆石堵死，雨水顺檐沟卷起上口流淌，将雨水口疏通后，积水逐步排净，漏雨现象停止。

2. 渗漏原因分析

（1）设计不合理：该工程离厂内锅炉房很近，粉煤灰落在屋面上。由于是破屋顶，粉煤灰都堆积在檐沟。设计时没有考虑这一点，没有采取相应措施。

（2）油毡收口处设计不合理：该工程只用模板条压，即便雨水口不堵死，也容易发生渗漏现象。时间一长，压条也要损坏，渗漏会更严重。应该用砂浆将收口封住，在檐沟垂直面上用豆石混凝土压油毡效果更好。

（3）施工问题：施工质量较差是主要原因。豆石保护层施工不好，在坡屋面上有一层浮着的豆石，被雨水冲刷到檐沟里；檐沟垂直面上，也用同样的豆石，几乎全部脱落。再加上很厚一层粉煤灰，将雨水口堵死。卷材收口不好。一是高度不够，有一部分没有达到设计高度；二是压顶抹灰时没有将滴水做好，没有将收口堵严，留下了后患。

3. 处理方法

（1）分格缝的设置：分格缝应设置在屋面板的支承端，屋面转折处、防水层与突出屋面的交接处，并应与屋面板缝对齐，使防水层因温差的影响，混凝土干缩、结构变形等因素造成的防水层裂缝，集中到分格缝处，以免板面开裂。分格缝的设置间距不宜过大，大于 6m 时，应在中部设一 V 形分格缝，分格缝深度宜贯穿整个防水层厚度。当分格缝兼作排气道时，缝可适当加宽，设排气孔出气，屋面采用沥青、油毡作防水层时，分格缝处应加 200～300mm 宽油毡，用沥青胶单边点贴，分格缝内嵌填满油膏。

（2）屋面找平层施工：屋面采用建筑找坡与结构找坡相结合的做法。先按3%的结构找坡后，再在结构层上用1：6水泥炉渣或水泥膨胀混凝土石找坡，再做25mm厚1：2.5水泥砂浆找平层。建筑找坡时，一定要找准泛水坡度和流水方向，将最高点与泄水口之间用鱼线拉直、打点、打巴，泄水口处厚度不得低于30mm。浇砌时，一定要用滚筒和尺方滚、压赶，使其密实。

（3）屋面隔离层的施工：施工期间需要因地制宜，取长补短，这样才能起到隔离层的作用，又不被日晒雨淋，在找平层与刚性层之间，能够防止油膏老化，又能起到防水作用。

4. 结论

屋面防水工程是一项系统工程，需要从各个方面进行质量控制，如设计构造、材料构造和施工细部构造以及基层处理等方面。总体上，防止屋面渗漏的前提就是设计，基础是材料的选择，关键是施工是否有保证等。因此需要严格把握材料关，然后精心设计，精心施工，才能保证屋面的防水工程质量，从而保证建筑工程的质量。

8.3.2 地下设施防水工程渗漏实例分析

【案例8-2】

1. 工程概况

广州市某人防工程总建筑面积约12000m^2，该工程由主体指挥所及附属车库组成，结构类型为钢筋混凝土结构，地下4层。基坑支护结构为地下连续墙与内支撑支护体系，基坑墙厚0.8m，连续墙有效深度约为21m，基坑内侧东北边长约97m、西边长约69m、南边长约42m，坑内净面积约2500m^2。工程完成后顶板上为公共绿地，地下室顶板（厚300mm）和底板（厚800mm，局部1500mm）为现浇钢筋混凝土结构。场地的地下水位埋深为0.5～1.2m，地下水类型有潜水和基岩裂隙水，地下水的补给来源主要是大气降雨及地表渗流。

2. 施工工艺

（1）聚氨酯防水层施工工艺

找平层清理→节点部位处理→涂刷底胶→刷防水涂料→涂刷第二遍涂料→涂刷第三遍涂料至设计厚度→防水层清理与检查处理→防水层分项验收→水泥砂浆保护层。

（2）地下室防水层施工

该工程地下室底板为现浇钢筋混凝土结构，防水采用混凝土自防水加涂料防水层的做法，垫层为100mm厚C15混凝土，其上做2.0mm厚聚氨酯涂膜防水层，最后做50mm厚C20细石混凝土保护层，其中集水井、污水井、电梯井等做JS聚合物水泥基防水涂料层。其中聚氨酯防水施工方法如下：

1）水泥砂浆基层面清理：现场水泥砂浆找平层表面的杂物应清理干净，阴阳角做成圆弧形。

2）涂聚氨酯专用底涂胶一遍。

3）涂膜层施工：将聚氨酯材料倒至干净的容器中，用搅拌器充分搅拌，然后刮在干燥的基面后用橡皮刮板均匀涂上。

4）待先涂布的涂膜干燥成型后，涂布下一遍涂料。涂布时要求厚薄一致，对平面基层涂布3遍，每遍用量约为0.75kg/m^2。防水层总厚度经现场检查，符合设计及规范要求。

5）涂完第一度涂膜后，固化了5小时后（固化效果具体表现为基本不粘手），然后再按上述方法涂布余下各层，各层的涂布方向应互相垂直，前一度涂布与后一度涂布的方向呈90°。

（3）涂膜施工

先涂布阴阳角等部位，然后再自上而下作大面积涂刷。要求每层涂膜均没有露底、起鼓、脱落、开裂、皱折、翘边或收口密封不严现象。本工程为增加涂膜间的粘结力，施工过程中在固化的涂膜上用粗砂纸打磨，清扫干净后再进行涂布。另外为增加涂膜防水层与找平层的粘结力，在最后一层涂膜涂布后均匀地撒上一层中砂。

3. 结论

人防工程地下防水是一项系统工程，它比一般工程的地下室防水要求更高，需要从设计构造、材料选择、施工细部构造及基层处理等方面进行质量控制。本工程按照施工工艺流程并结合工程实际现状优化施工，在施工过程中注意各分项分部工程的工程要求，保证了工程的施工质量，满足预期设计及相关规范要求。

【案例8-3】

1. 工程概况

某工程大楼高84m，其地下室共三层，采用掺加UEA的抗渗钢筋混凝土，基底埋深21m，底板厚3m和2m，外墙厚700mm，整个大楼为现浇混凝土双筒外框结构。地下室为整体现浇钢筋混凝土，无变形沉降缝，施工缝采用铜板止水带防水，底板为抗渗混凝土结构自防水。由于施工方面原因，造成了该大楼地下室部分底板和外墙大面积的渗漏水，严重影响了施工进度和工程质量。其渗漏部位为：渗漏部位主要集中在地下三层地下室四周外墙和距墙6m范围内底板上；渗漏表现形式：外墙表现为大面积慢渗和点线渗漏；底板表现为点、线渗漏和裂缝漏水。

2. 地下室渗漏原因

（1）水文资料失实。原勘测地下水位较深，而实际施工中发现地下水位比勘测水位高，降水方案中虽采用集水坑降水，但地下水位仍然高于地下室底板。

（2）施工不当。由于施工面积大，所用抗渗混凝土由于运送不及时，所以不得不留施工缝，而这些缝成为地下室渗漏的薄弱环节。另外，由于大楼地下室底板以及外墙钢筋较密，造成了抗渗混凝土浇捣不密实，多处出现露筋、蜂窝麻面，基层不够平整，且多处有孔隙，致使抗渗混凝土不抗渗，影响了结构自防水的防水质量。

（3）地下室外墙防水施工质量差。地下室外墙防水设计选用2mm厚的聚氨酯涂膜防水，实际施工中，大多部位未达到2mm厚度。

3. 处理方法

在处理渗漏前，先确定渗漏部位和渗漏特点。堵漏部位采用整体防水、堵防结合、封排结合；按照大漏变小漏，线漏变点漏的原则，具体做法为：

（1）大面积慢渗的处理

施工时先用火焰喷灯烘干渗水基面，紧接着用SI堵漏剂化学浆材与强度等级为42.5的普通硅酸盐水泥配制成复合胶浆涂抹在渗水部位上。其作用机理是：将复合的速凝防水胶浆涂抹于渗水部位后，复合胶浆中的无机材料由于渗入了化学材料，不仅早强速凝，且易于控制，改善了胶浆固化后的力学性能，并依靠亲水细微的渗水通道，使渗水压力孔道内的化学材料，在水泥材料的约束下，在有限侧压力的状态下聚合而根植于基层，从而大大提高了粘结质量和防水效果。

（2）点、线渗漏和裂缝漏水的处理

1）点、线渗漏处理：①点渗漏处理是先用冲击钻在渗水点上打眼，然后用SI堵漏剂直接封堵，SI堵漏剂固化时间为45s。②若漏水严重时，用冲气钻打眼，下PVC塑料引管，待做好抗渗增强砂浆防水层后，依据渗漏具体情况，采用直接堵漏或化学灌浆堵漏。③线渗漏处理是人工沿漏水缝凿一V形槽，接着抽管引水，待做好抗渗增强砂浆防水层后，注浆堵漏。

2）裂缝漏水处理：①缝表面处理，在混凝土裂缝处先用冲击钻打两个眼，然后埋置注浆引水管，并从引水管中用压缩空气清埋缝中的杂质，沿缝用SI堵漏剂堵缝，使漏水从引水管中向外排水，最后进行化学注浆。②由于裂缝漏水较大，根据有关资料，采用了30mm厚防水砂浆作为抗渗增强抵抗水压是不够的，经过认真研究，最后采用绑扎钢筋网片，浇筑80mm混凝土，以抵抗漏水压力，待混凝土达到强度后，进行注浆堵漏。

（3）做抗渗增强防水砂浆：砂浆平均厚度2.5cm，采用刚性五层抹面防水施工方法，基层经凿毛处理，抗渗防水砂浆中掺加3%的复合抗渗早强剂。早强剂的加入一是提高防水砂浆的早期强度，二是缩短了施工作业时间，提高作业效率。据现场实测，抗渗砂浆初凝为2h，终凝为4h。

（4）注浆堵漏：① 试注浆：待封闭裂缝或漏水点抗渗砂浆防水层具有一定强度后，压水试验，检查封闭情况，确定注浆压力。② 注浆：注浆顺序按水平缝自一端向另一端，垂直缝先下后上进行，先选其中一孔注浆，待浆液沿着引入通道向前推进，注到不再进浆时停止压浆。如此逐个进行直至结束，注浆材料采用单组分聚氨酯化学注浆液。③封孔：经检查无漏水现象后，割掉注浆管，用水泥胶浆将孔封堵。

4. 结论

经过了工程技术人员十几天的努力，最终根治了该工程地下室的渗漏，但代价是巨大的。要彻底做好地下工程防水，重要的是设计和施工严格把关，把工程质量放在首位，真正做到以防为主，杜绝渗漏现象，否则一旦造成渗漏，损失是惨重的。本工程的事故处理，可为同类工程渗漏处理提供参照。

本章小结

本章主要介绍了屋面防水工程、地下防水工程质量缺陷的分类，分析了防水工程质量缺陷的原因。掌握各类防水工程质量缺陷处理方法。

屋面防水工程无论采用刚性或柔性防水，或刚柔并用，造成渗漏的主要原因，是没有形成一个完整密封的防水系统。从外观表现形式来看，主要是裂缝和破损。抓住了分析的特点，就抓住了防水的关键，才能保证屋面防水工程质量。要加深“防排并重”的理解。

地下防水工程的质量通病产生的原因，与屋面防水工程质量通病有许多相同之处，加深理解刚性、柔性防水的利弊。

厨房、卫生间渗漏的主要原因，要重点抓住楼面板密实性、泛水、找坡、管道周边堵塞等进行分析。外墙面渗漏：客观原因，高层建筑受雨面积大，又受风力影响；主观原因，施工单位对外墙面防水认识不足，施工不精细，施工工艺不当，造成返修困难，又不容易根治。

思考与练习题

8-1 卷材、刚性、涂膜屋面防水有哪些质量通病？

8-2 混凝土防水工程对材料有哪些要求？

8-3 简述涂膜防水层渗漏的分析要点。

8-4 地下防水工程常见的质量通病有哪些？

8-5 谈谈你对建筑细部构造防水的认识。

8-6 防水的功能是什么？

8-7 什么是渗漏？

8-8 屋面防水等级是如何划分的，各级的设防要求如何？

8-9 地下工程防水等级如何划分？

8-10 卷材防水最容易产生的质量问题有哪些，如何防治？

8-11 涂膜防水常见的质量缺陷有哪些，如何处理？

8-12 细石混凝土刚性防水常见的质量缺陷有哪些，如何处理？

8-13 防水工程有哪几种堵漏技术，如何施工？

8-14 厕浴厨房等用水房间易发生哪些渗漏问题，如何处理？

8-15 屋面卷材起鼓有什么处理方法？

8-16 如何防止防水层老化？

8-17 细石混凝土刚性防水屋面分格缝渗漏的原因有哪些，如何防治？

8-18 用什么方法检查地下防水工程渗漏？

8-19 地下工程施工缝、后浇带的渗漏原因是什么？

第 9 章　装饰工程质量缺陷分析与处理

本章要点及学习目标

本章要点：

本章主要对地面工程、抹灰工程、门窗工程、饰面工程及涂饰工程的质量缺陷与处理方法作了分析，从根本上找原因，采用相应的处理方法，以便在实践中应用。

地面工程重点分析了水泥砂浆细石混凝土地面、水磨石地面、板块面层、木板面层的质量缺陷与处理方法；抹灰工程重点分析了面层脱落、空鼓、裂缝等质量缺陷与处理方法；门窗工程重点分析门窗安装不牢固、推拉门脱落等原因和处理方法；饰面工程重点分析了饰面砖（板）工程中容易出现的质量缺陷以及相应的处理方法；涂饰工程重点分析了涂料常见质量缺陷产生的原因及处理方法。

学习目标：

1. 掌握地面工程的质量缺陷分析与处理。
2. 掌握抹灰工程的质量缺陷分析与处理。
3. 掌握门窗工程的质量缺陷分析与处理。
4. 掌握饰面工程的质量缺陷分析与处理。
5. 掌握涂饰工程的质量缺陷分析与处理。

9.1　地面工程

9.1.1　水泥地面和细石混凝土地面

1. 水泥地面和细石混凝土地面裂缝

（1）底层地面裂缝

原因分析：

1）基土和垫层都未按规范规定回填夯实。一般多层建筑工程的基坑（槽）深度都大于 2m，在回填土前没有排干积水和清除淤泥，就将现场周围多余的杂质土一次填满基坑，仅在表面夯两遍，下部是没有夯实的虚土。

2）地面下的松软土层没有挖除。有的地面下基土是杂堆松土，有的是耕植土，地面施工前，将原土平整夯一遍，上面就铺垫层。由于基土不密实、不均匀，所以不能承托地面的刚性混凝土板块，板块在外力作用下弯沉变形过大，导致地面破坏并产生裂缝。

3）垫层质量差。垫层用的碎石、道砟质量低劣，如风化石过多，含泥量达 30%以上。有的用低强度等级的混凝土作垫层时，混凝土是铺刮平整的，与基土之间密实度差。

靠墙边、柱边的垫层夯压不到边，又没有加工补夯密实。

4）没有按规定留伸缩缝。大面积地面没有按规定留伸缩缝。有的面层与垫层的伸缩缝和施工缝不在同一条直线上，因伸缩不能同步，常沿错缝处裂缝。

处理方法：

1）破损严重的地面需要查明原因。基土确是松软土层时，要返工重做，挖除松软的腐殖土、淤泥层。选用含水量为19%～23%的黏土或含水量为9%～15%的砂质黏土作填土料，按规定分层夯填密实。用环刀法取样测试合格，方可铺垫层夯实，确保表面平整，按要求做好面层。

2）局部破损。查清楚破损范围，在地面的破损周围弹好直角线，用切割机沿线割断混凝土，凿除面层和垫层，挖除局部松软土层，换土分层夯填密实。铺夯垫层，重做的面层应与原地面材质相同，色泽一致，一样平整。

3）裂缝不多，缝宽不大。先将缝隙中清扫干净，用压力水冲洗晾干，将配合比为1∶4∶8的108胶、水和42.5级普通水泥浆液搅拌均匀、灌满缝隙，收水后抹平、刮光。

(2) 楼层地面裂缝

1）沿预制楼板平行裂缝

原因分析：

该裂缝的位置多数离前檐墙2m左右，缝宽常为0.5～2mm。裂缝的主要原因有：混合结构的地基纵横交接处的应力有重叠分布，该处地基承载力增加15%～40%，则持力层易产生不均匀沉降；檐墙上还有悬挑阳台、雨篷等荷载的影响；安装预制楼板的支座面上坐浆不匀或不坐浆，因板端变形而导致板缝开裂；使用低劣的预制楼板；灌缝质量差，不能传递相邻板的内力。

处理方法：

① 裂缝数量较少，裂缝较细，楼面无渗漏要求时，可采用配合比为1∶4∶6的108胶、水和水泥浆灌注封闭。在灌注前扫刷干净缝隙，隔天浇水冲洗晾干，用搅拌均匀的聚合物水泥浆液沿板缝灌注，并用小木槌沿裂缝边轻轻敲打，使水泥浆渗透缝隙。当水泥浆收水初凝时，用小钢抹子刮平抹光，隔24h后喷水养护。

② 对有防水要求的裂缝处理。扫刷干净所有缝隙内积灰，用压力水冲洗后晾干，用氰凝或环氧树脂浆液灌注缝隙，用小木槌沿缝隙边轻敲，使化学浆液渗透缝隙，把原有裂缝密封，凝固后成为不渗水的整体。

③ 裂缝缝宽大于1mm时，要凿开缝隙检查原有板缝的灌缝质量是否合格。如灌缝的砂浆或细石混凝土酥松，也要凿除，扫刷干净，用压力水冲洗晾干，用108胶、水和水泥配合比为1∶4∶8的水泥浆刷板缝两侧，吊好板缝底模。随后用水、水泥、砂和细石子配合比为0.5∶1∶2∶2的混凝土灌注板缝，插捣密实，拍平，用小钢抹子抹光，隔24h浇水养护，在浇水的同时检查灌缝的板底，不漏水为合格。如发现漏水严重处，需返工重新灌筑混凝土，再按原地面品种配制同品种、同颜色的砂浆、混凝土或石渣浆，按规定铺抹平整、拍实抹平，认真湿养护14d后方可使用。

2）沿预制楼板端头的横向通长裂缝

裂缝位置：沿预制楼板支座上的裂缝，包括挑阳台、走道的裂缝。

裂缝宽度：上口宽约2～3mm，下口比上口缝窄。

原因分析：

① 预制楼板为单向简支板，在外荷载作用下，板中产生挠曲引起板端头的角变形，拉裂楼面面层。

② 施工不良所造成的板端头的裂缝。如板端的支座面上没有认真找平，安装楼板不坐浆，则减少预制板的铰支作用。

处理方法：

① 若缝宽大于 3mm，可扫刷干净缝中灰尘，用压力水冲洗晾干，用配合比为 1∶4∶8 的 108 胶、水和水泥的水泥浆，沿板端裂缝灌注，随用小木槌沿缝隙边轻敲，使水泥浆渗透缝隙，收水初凝时用钢抹子抹平抹光，保持湿润养护 7d 以上。

② 有防水要求的楼面裂缝处理：先扫刷干净所在裂缝内的灰尘，再用压力水冲洗晾干，然后用氰凝或环氧树脂浆液沿地面裂缝灌注，用木锤沿缝边轻敲，使浆液渗透到缝隙中，使裂缝凝固成不漏水的整体。

3）地面的不规则裂缝

原因分析：

① 基层质量差。如有的基层面灰疙瘩未刮除，基层面上的灰泥未认真冲洗扫刷干净，有的结构层的板面高低差大于 15mm，有的预埋管线高于基层面等原因，造成地面面层产生收缩不匀的不规则裂缝。

② 大面积地面没留伸缩缝。当水泥砂浆、细石混凝土等面层，在收缩和温差变形作用下，拉应力大于面层砂浆和混凝土的抗拉强度时，则产生不规则裂缝。

③ 材料使用不当。如水泥的安定性差，使用细砂，砂、石含泥量超过 3%，搅拌砂浆时无配合比，有配合比不计量，有的使用已拌好 3h 以上的砂浆等。

处理方法：

① 当地面有不规则的龟裂、缝隙不贯穿、不脱壳者，可先将地面扫刷冲洗干净，晾干无积水，将配合比为 1∶4∶6 的 108 胶、水和水泥的水泥浆浇在地面上，用抹子反复刮，使浆液刮入缝隙中，收水初凝时将地面上的余浆刮除，使缝隙中嵌满水泥浆。

② 当缝宽大于 0.25mm，且贯穿和脱壳时，先查明脱壳范围，弹好外围直角线，用切割机沿线切割断面层，凿除起壳、裂缝部分，扫刷冲洗洁净、晾干，刷纯水泥浆一遍，随后用按规定配合比计量准确、搅拌均匀的水泥浆、石渣浆或混凝土铺满、刮平，不留施工缝，初凝前拍实抹平，终凝前抹平抹光，湿养护 7d 以上，并做好成品保护，防止过早踩踏和振动损坏。

③ 当裂缝少，缝宽大于 1mm 且不脱壳时，扫刷干净缝中灰尘，用吹风机吹尽粉尘后，可灌注水泥浆、氰凝浆液、丙凝浆液、环氧树脂浆液等，将缝隙灌满刮平。

（3）室外散水坡、明沟、台阶等裂缝

原因分析：

沿外墙的回填土，没有分层填土夯实；未按设计规定铺垫层夯实；靠外墙面、沿长度方向、转角处未留分隔缝、伸缩缝；混凝土浇筑振捣拍实抹平不当等。

处理方法：

1）当散水、明沟已开裂，且基土已下沉，有的散水坡、明沟已局部吊空时，宜返工重做。有的要挖除下面的淤泥，有的要重新夯实后回填土再夯实。经检查基土密实度合格后，按原设计要求铺好碎石垫层夯实找平。当再浇混凝土散水坡、明沟、台阶时，靠外墙面留一条宽为15～20mm的隔离缝，长度方向每隔12m左右设一条分隔缝，转角处留对角分格缝，缝内嵌沥青砂浆或胶泥。

2）散水坡、明沟有裂缝和断裂但下面不空。先扫刷冲洗干净缝隙中的垃圾，缝宽不小于2mm，可用108胶水泥浆灌注后刮平；缝宽大于2mm时，可用1∶1～1∶2的水泥砂浆填嵌密实刮平，湿养护7d，也可以将缝隙处凿开20mm宽，扫刷干净，灌聚氯乙烯（PVC）胶泥。

3）局部破损严重，采取局部返工重浇混凝土。先将旧混凝土的端头割平留分格缝，当新混凝土浇好后，在缝中灌沥青砂浆或胶泥。

2. 地面空鼓

原因分析：

（1）基层面或找平层面的灰疙瘩没有刮除干净。在墙面、顶棚抹灰时，砂浆散落在基层面，没有扫刷和冲洗干净，积灰粉尘形成基层与地面面层的隔离层。

（2）基层干燥，面层施工前没有浇水湿润后晾干。有的随做面层随浇水，造成基层面积水，导致空鼓。

（3）基层质量低劣，表面有起粉、起砂，有的基层混凝土面结有游离杂质膜层，没有刮除，形成与面层的隔离层。

（4）材料质量控制不严。有的施工人员误认为地面施工质量不重要，将工地的剩余水泥、砂和石子用于地面，这些材料含泥量和杂质大大超过规定，造成地面混凝土、砂浆的强度不足，且在操作过程中，混凝土和砂浆的泥灰杂质在挤压、拍实过程中凝聚到基层面，也会起到隔离作用。

（5）基层面没有先刷水泥浆结合层，有的刷浆过早已经干硬，起不到粘结作用，也有随刷浆随浇筑混凝土和砂浆，因刷浆的水没有晾干，反而起到了隔离的作用。

处理方法：

（1）查清事故范围及原因。查清空鼓面积的大小与数量，是面层与基层空鼓脱壳，还是基层（找平层）与结构层或垫层之间的空鼓。

（2）面积不大，又是局部时，用小锤敲击查明空鼓范围，用粉笔画清界线，然后拉线弹直角线，用切割机沿线割断，掌握切割深度，面层脱壳切到基层，基层脱壳切到结构层。凿除空鼓层，从凿出的碎片分析空鼓的原因。清扫刮除基层面的积灰、酥松层，游离质隔离层用水冲洗晾干。按原面层相同的配合比计量，拌制混凝土或砂浆。先涂抹一遍配合比为1∶4∶8的108胶、水和水泥的水泥浆，隔1h左右，用拌制好的混凝土或砂浆一次铺足，用长刮尺来回刮平，设专人负责插捣密实。如为混凝土面层，可用平板振动器振实，再用刮尺刮平，并检查平整度，如有低洼处随即用水泥浆补平。在收水后抹光，初凝时压抹第二遍，终凝前全面压光和抹平。隔24h浇水湿养护不少于7d，也可在终凝前压光后喷涂养护液，不需再浇水养护。

（3）大面积起鼓和脱壳。应全部凿除，按第（2）步的施工方法重做。但必须控制原材料质量，水泥选用标号不低于42.5级普通硅酸盐水泥，中砂必须洁净，含泥量不大于2%。

【案例9-1】 某自行车链条车间，多层框架结构，二层楼面面积1080m²，预制槽型楼板，用双向配筋的C20细石混凝土作找平层，厚度为50mm，面层用20mm厚的1∶2.5

的水泥砂浆。楼面在 6 月份施工，7 月份发现局部空壳和裂缝，到 9 月份检查已有 80％空壳和裂缝现象。

调查使用的材料和施工工艺，水泥是矿渣硅酸盐 32.5 级水泥；碎石子采用粒径 15mm 以内的级配良好的细石子，含泥量大于 3％；中细砂，含泥量达 5％。混凝土和砂浆为现场搅拌，按配合比计量，但计量不严格。结构层面没有认真刮除灰疙瘩，没用水冲洗，也没刷水泥浆粘结层，整个楼面地面没留分格伸缩缝。

原因分析：

对脱壳的面层凿开检查，发现面层砂浆底与基层面之间都有一层石灰和泥灰粉状物质的隔离层，有的是基层细石混凝土中的泥灰或水泥中的游离物质，如粉煤灰、未熟化的粉尘等，浮结在基层面上，还存在未清理干净的灰浆泥污等有害物质，形成一层泥灰粉尘的隔离层，是造成壳裂的原因之一。此外，大面积的水泥砂浆面层没留伸缩缝，收缩应力大于砂浆抗拉强度，产生了不规则裂缝和空鼓脱壳。

处理方法：

（1）基层处理。全部铲除原地面的水泥砂浆层，用水冲并配以钢丝刷刷洗基层面，由工长、质检员共同检查、验收、签证合格后，方可进行下一道工序。

（2）材料质量控制。水泥选用普通硅酸盐 42.5 级水泥，用洁净中砂，含泥量小于 2％。搅拌砂浆严格按配合比计量，水泥砂浆必须搅拌均匀，随拌随用，拌好的砂浆超过 3h 后不准使用，水泥砂浆坍落度控制在 30mm 左右。

（3）伸缩缝设置。横向留在柱中，纵向居中留一条，缝宽为 20mm。

（4）刷聚合物水泥浆结合层。采用配合比为 1∶4∶8 的 108 胶、水和水泥的水泥浆，在铺面层水泥砂浆前 1h 左右涂刷。

（5）铺面层水泥砂浆。每一分格块中一次铺足水泥砂浆，用长刮尺来回刮平拍实，设专人沿伸缩缝边拍平拍实。当砂浆收水后，用木抹子由周边向中间搓平、压实，用力均匀，后退操作，将砂眼、脚印等消除后，再用靠尺检查地面的平整度，发现凹凸及时纠正。

（6）抹平、压光。待砂浆初凝前，即用钢抹子抹压出浆后抹平。当砂浆初凝后进行第二遍压光，由边角到大面用力压实抹光，把坑洼、砂眼填满压平。终凝前进行第三遍压光，抹成无抹纹的光滑表面。轻轻起出伸缩缝木条，缝内灌注沥青砂浆。

（7）湿养护。面层压光后隔 24h，洒水养护 7d，最好铺 10mm 以上厚的锯木屑覆盖，保持湿润。该地面已经使用多年，没有发现脱壳、裂缝、起砂等现象。

3. 地面起砂、麻面

原因分析：

（1）选材不当。使用强度低的劣质水泥、过期结块水泥或库存散落的混合水泥，其强度低，不耐磨；使用细砂，有的砂含泥量大于 3％。使用的水泥砂浆存放时间已超过 3h，一般情况下该砂浆强度已下降 20％～30％。

（2）施工工艺不当。如没有掌握好压实抹光的时机，有的抹光时间过早压不实；有的抹光时间过迟，水泥砂浆已经终凝硬化，再在上面洒水抹压造成面层酥松；有的在面上撒干水泥引起脱皮；有的不养护或养护不及时；成品不保护，在刚完工的地面上面走动、推车和操作等，使地面强度下降，导致起砂、露砂、脱皮。

(3) 使用不当。有的在已完工的地面上手拌砂浆，有的室内粉刷用的砂浆直接倒在地面上，再转铲给抹灰工使用，使光洁的地面形成麻面和起砂。

(4) 冬期施工保温措施不当。冬期施工好的水泥砂浆等地面，没有及时保暖，早期受冻，使表面脱皮、起粉、起砂等。如保暖不当也会造成表面酥松、起粉等。如水泥地面抹光后，气温下降至0℃以下，常将门、窗关闭，用临时煤炉等生火保暖，当二氧化碳气体和水泥中的游离物质氢氧化钙、硅酸盐和铝酸钙互相作用，形成表面呈白色酥松的薄层，使表面起砂和起粉。

处理方法：

(1) 表面局部脱皮、露砂、酥松的处理方法。用钢丝板刷刷除酥松层，扫刷干净灰砂，再用水冲洗，保持清洁晾干，用聚合物水泥浆涂刷一遍，如缺陷厚度大于2mm时，可用1∶1的水泥砂浆铺满刮平，收水后用木抹子搓平，初凝前用钢抹子抹平并抹光；终凝前再用钢抹子抹成无抹痕的面层，尤其是与旧面层边结合处要刮平。随喷一遍养护液养护，保护好成品，28d后方可使用。

(2) 大面积酥松。因原材料质量造成的大面积酥松，必须返工铲除，扫刷冲洗干净后，晾干，重做地面面层。

(3) 表面粘有灰疙瘩的处理方法。因使用不当，地面粘有灰疙瘩时，须检查地面的强度，如质量比较好，可用磨石子机磨光，但砂轮要换用200号金刚石或240号油石。

【案例9-2】 某蚕种场的催青室，在冬期施工好的水泥砂浆地面上，生成一层呈白色粉末状柔软的酥松层。

现场调查：

因催青室对保温、隔热性能要求高，所以分隔成6个小房间，同时门窗的密封性要好，其作用是蚕种放在室中，用温度控制蚕种在规定时间内使小蚕破壳而出。因此该工程的交工时间性很强。在冬期施工好的水泥砂浆地面，用煤炉生火保暖，将门窗全部关闭。3d后打开，发现此现象。

原因分析：

用煤炉生火保暖，门窗关闭，二氧化碳气体与地面水泥中的游离质氢氧化碳、硅酸盐和铝酸钙互相作用，使水泥砂浆面形成一层呈白色柔软的酥松层，造成面层起砂，影响使用。

处理方法：

用钢丝刷刷除表面酥松层，扫刷干净，用水冲洗干净晾干，涂刷水泥浆一遍，在1h后，将稠度（以标准圆锥体沉入度计）不大于35mm的1∶2的水泥砂浆，搅拌均匀，一次铺足一个小间，用长刮尺搓平拍实，掌握好平整度。待收水后，用木抹子由内向外抹平，后退操作，随后将砂眼、脚印都要抹平，再用靠尺检查平整度，初凝前抹第二遍；终凝前压光，把表面全部压光，成为无抹痕光滑的面层。隔24h后用草帘覆盖，洒水保持湿润7d。之后没有发现酥松和起砂现象。

9.1.2 水磨石地面

1. 地面空鼓

原因分析：

没有排除找平层空鼓，就进行面层石子浆施工；水泥素浆刷得不好，失去粘结作用，或在分格条两侧、分格条十字交叉处漏刷素浆；石子浆面层与找平层没有达到规定的粘结强度；开裂引起振动；养护或成品保护不好。

处理方法：

（1）大面积磨石子面层空鼓的处理

1）查清空鼓的范围。如为大面积空鼓和分格块中的空鼓，必须凿除后重做磨石子面层，凿除基层面的砂浆残渣和凸出部分，洗刷干净，纠正碰坏的嵌条。

2）刷一遍聚合物水泥浆粘结层。水泥浆配合比为108胶：水：水泥＝1：4：10，搅拌均匀，随用随拌。刷浆后在1h左右铺石渣浆。

3）铺水泥石渣浆。石渣粒径按设计要求，如设计无规定时，宜采用3～4号石渣，必须先淘洗洁净，晾干。选用42.5级无结块普通硅酸盐水泥，配合比为水泥：石渣＝1：（1.2～1.3）。

配制彩色石渣浆，配色要先做试配比，经优选后作施工配合比。在配料时要有专人负责配料计量，确保颜色均匀。要先铺设有颜色的水泥石渣浆，后做普通石渣浆。

水泥石渣浆铺在已刷水泥浆的粘结层的方格中，用铁抹子将石渣浆沿嵌条边铲铺后，再用刮尺搓平拍实，随即撒一层石渣，要均匀密铺，用滚筒滚压出水泥浆。保持石渣面高出嵌条1～2mm，确保表面的平整度。用铁抹子再次拍实抹平后养护。

4）磨石子面层。须掌握气温和水泥品种，确定开磨时间，如气温在20℃以上，24h后即可磨石渣，试磨时以不掉石子为标准，磨石渣的遍数和各遍的要求，见表9-1。

5）打蜡。上蜡要在地面以上其他工序全部完成后进行。将蜡包在薄布内，在面层上薄涂一层，待干后，用木块上包两层麻布或帆布层，将木块在磨石渣机上代砂轮，研磨到光洁滑亮为合格。

水磨石地面各遍磨石渣要求 **表9-1**

遍数	砂轮号	各遍质量要求及说明
一	60～90号粗金刚石	(1)磨匀、磨平、磨出嵌线条； (2)磨好冲洗后晾干，浆补砂眼和掉石子的孔隙； (3)不同颜色的磨面，应先涂擦深色浆，后涂擦浅色浆，经检查没有遗漏后，养护2～3d
二	90～120号金刚石	磨至表面光滑为止，其他同第一遍(2)、(3)条要求
三	200号细金刚石	(1)磨至表面石子粒显露、平整光滑、无砂眼细孔； (2)用水冲洗后用草酸溶液（热水：草酸＝1：0.35，质量比，溶化冷却后）满涂刷一遍
四	240～300号油石	经研磨至出石浆、表面光滑为止，用水冲洗晾干，随即检查平整度、光滑度，无砂眼、细孔和磨痕

【案例9-3】 某市绝缘材料厂，部分封闭车间的地面标高低于车间地面800mm，车间为6m×10m的水磨石地面。其四周是现浇的钢筋混凝土墙体封闭。在封闭车间试车时，室内温度升高到60℃左右，试车到3h即听见地面的爆裂响声。经停车检查，发现水磨石地面隆起而从中间断裂。

原因分析：水磨石地面受热膨胀，四周受混凝土墙体的挤压，下面是密实的地基，地面热胀向上隆起并产生破裂。

处理方法：清除原有地面，沿混凝土墙体四周和长度方向居中位置，切割开伸缩缝，深度到垫层底，缝宽20mm。扫刷干净，缝内填嵌聚氯乙烯胶泥。扫刷洁净、冲洗后晾干，贴嵌分格条，沿垫层缝的边嵌分格铜条，使面层缝的位置和垫层缝相同。磨石子的具体做法可参照“大面积磨石子面层空鼓的处理”有关做法。该车间投产后再没有发生隆起和裂缝。

(2) 局部空鼓的处理

1) 虽有局部空鼓但不裂缝时，可用电锤，用$\phi6$～$\phi8$的钻头打孔，位置选在空鼓处的四角，距边20mm处，深入基层约60mm深，将孔中的灰粉吹刷干净，不能用水洗。在干净的孔中灌环氧树脂浆液，配合比见表9-2。边灌边用锤轻轻敲击，使浆液流入空鼓的空隙，灌好后用重物压在加固的水磨石上，保养24h，用相同颜色的水泥石渣浆补好孔洞。

环氧树脂浆液配合比（质量比） **表9-2**

材料名称	环氧树脂E-44	乙二胺	邻苯二甲酸二丁酯	二甲苯或丙酮
质量(kg)	100	8	10～15	10

调制方法：环氧树脂称好后放入容器，加入二甲苯或丙酮、二丁酯、乙二胺，每加入一次搅拌均匀，搅拌温度控制在40℃左右，调制好的浆液要在40min内使用完毕。

2) 局部空鼓又有裂缝的处理方法是将空鼓沿裂缝部分凿除，用小口尖头钢錾沿边缘剔除松动的石子，要求边缘上口小，下口大，有凹有凸。将基层清扫洗刷干净。施工工艺为：清理基层→刷水泥浆→铺水泥石渣浆→磨面层→打蜡。

2. 漏磨、孔眼多、表面不光滑

原因分析：

(1) 磨石机磨不到边，又没有用手工补磨，造成沿墙体、柱周表面粗糙。

(2) 磨石机的砂轮没有按有关要求，磨不同遍数更换不同细度的砂轮。

(3) 每磨一遍后，没有按规定用原色水泥浆擦补孔隙和砂眼。

(4) 磨第三遍时没有换200号金刚石细砂轮磨光，打草酸后，又没有再用240号细油石研磨光滑。

处理方法：

漏磨和表面粗糙等的处理：先洗刷洁净晾干，用原色水泥浆全面擦涂一遍，补好孔眼，略大的孔眼嵌小石子，保护2d。用200号金刚石砂轮磨光，一边磨一边冲水检查光滑度，用靠尺检查平整度，用人工磨光阴角，磨好后冲洗晾干，全面检查达到标准后，涂草酸溶液，再用240号油石砂轮磨出石浆，冲洗晾干并打蜡。用木块外包麻布或帆布，装在磨石机上研磨，直到光亮洁净为止。

3. 分格条不顺直，显露不全、不清晰

玻璃分格条断缺、偏歪，地面颜色不匀，石子分布不均匀，彩色污染等。

原因分析：

(1) 没有控制好石子浆铺设厚度，使石子浆超过顶条高度，难以磨出。

(2) 石子浆面层施工完毕，开机过迟，石子浆面层强度过高，难以磨出分格条。

(3) 磨光时用水量过大，使面层不能保持一定浓度的磨浆水。

(4) 属于机具方面的原因，磨石机自重太轻，采用的磨石太细。

处理方法：

(1) 以上缺陷如不明显，既不大又不多，可以不纠正和不处理。

(2) 缺陷比较明显，影响观感和使用时，沿缺陷处用小口或尖头钢錾，轻轻剔除，要求边缘上口小、下口大，可凹可凸，不要一条直线，清扫洗刷洁净。纠正处理好缺陷：按要求补嵌好分格条，刷水泥浆、铺同颜色的水泥石渣浆、拍实抹平、养护、磨平、擦补水泥浆、磨光、擦草酸、打蜡。

9.1.3 板块面层

1. 预制水磨石、大理石、花岗岩地面

(1) 板块空鼓

原因分析：

1) 底层的基土没有夯实，产生不均匀沉降。

2) 基层面没有扫刷洁净，残留的泥浆、浮灰和积水成为隔离层。

3) 预制板块背面的隔离剂、粉尘和泥浆等杂物没有洗刷洁净。

4) 基层质量差。有的基层面酥松，砂浆强度不足M5，有的基层干燥，施工前没有先浇水湿润，也有的水泥浆刷得过早，已干硬。铺板块的水泥砂浆配合不准确，有时干、有时湿，操作不认真，铺压不均匀，局部不密实。

5) 成品养护和保护不善，面层铺好后，没有及时湿养护，过早在上操作或加载。

处理方法：

1) 由于基土不密实，造成地面板块空鼓、动摇、裂缝等，要查明原因后再处理。

2) 将空鼓的板块返工，挖除松软土层，换合格的土，分层回填夯实平整，铺垫层。

3) 清除基层面的泥灰、砂浆等杂物，并冲洗干净。

4) 拉好控制水平线，先试拼、试排。应确定相应尺寸，以便切割。

5) 砂浆应采用干硬性的配合比为1∶2的水泥砂浆。砂浆稠度控制在30mm以内。

6) 铺贴板块。铺浆由内向外铺刮赶平。将洗净晾干的板块反面薄刮一层水泥浆，就位后用木槌或橡皮锤垫木块敲击，使砂浆振实，全部平整、纵横缝隙标准、无高低差为合格。

7) 灌缝、擦缝。板块铺后，养护2d。在缝内灌水泥浆，要求颜色和板块相同。待水泥浆初凝时，用棉纱蘸色浆擦缝后，养护和保护成品，要求在7d内不准在内作业和堆放重物。

(2) 接缝高低差大、拼缝宽窄不一

原因分析：

1) 板块的几何尺寸误差大。预制水磨石、大理石、花岗岩板块的平面没有磨平，存在明显的凹凸与挠曲。

2) 铺板时接缝高低差大，拼缝宽窄不一，又未及时纠正，也有粘结层不密实，受力后局部下沉，造成高低差。

处理方法：

1) 严格控制板块质量，正确掌握好接缝的高低差和缝宽，发现不符合标准的，要及时调换和纠正。

2）检查已铺好后局部沉降的板块接缝高低差，要将沉降板块掀起，凿除粘结层。扫刷冲洗干净晾干，刷水泥浆一遍，铺 1：2 干硬性水泥砂浆粘结层，要掌握厚度和密实度，铺板块须用锤垫木块敲打密实和平整，要和周边板块标高齐平，四周缝要均匀，用原色水泥浆灌缝和擦缝。成品养护和保护 7d 后使用。

2. 地面砖

地面砖主要质量缺陷有：地面砖的空鼓和脱落、地面砖的裂缝、地面砖的接缝问题、地面砖的不平、积水和倒泛水等。

（1）地砖空鼓、脱落

原因分析：

1）基层面没有冲洗扫刷洁净，泥浆、浮灰、积水等形成隔离层。

2）基层干燥，铺贴地砖前没有浇水湿润，水泥浆刷得过早已干硬，水泥砂浆计量不准确，用水量控制不严，拌的砂浆时干时稀，地砖铺贴不密实。

3）地面砖在施工前没有浸水，没有洗净砖背面的浮灰，或一边施工一边浸水，砖上的明水没有晾干就铺贴，明水就成了隔离剂。

4）地面砖铺贴后，粘结层尚未硬化，过早地有人在上面踩踏。

处理方法：

查清松动、空鼓、破碎地面砖的位置，画好范围的标记，逐排逐块掀开，凿除结合层，扫刷冲洗干净晾干，刷水泥浆一遍，刷浆后 1h 左右，铺 1：2 水泥砂浆的粘结层，稠度控制在 30mm 左右，掌握粘结层的平整度、均匀度、厚度。地面砖先浸水后晾干，背面刮一薄层胶粘剂或 JCTA 陶瓷砖胶粘剂，压实拍平，与周围的地面砖相平，拼缝均匀。经检查合格后，再用水泥砂浆灌缝擦平擦匀，擦净粘在地面砖上的灰浆，湿养护和成品保护不少于 7d 方可使用。

（2）地面砖裂缝、隆起

原因分析：

1）选用釉面陶瓷砖质量低劣，规格大，制作压力小，烧成的温度差异大。

2）结合层使用纯水泥浆。

3）铺贴前地面砖没有浸水，有的一边浸水一边铺贴，砖背面的明水没晾干或擦干。

4）大面积地面未设伸缩缝，结构层、结合层、地面砖各层之间在干缩、温差和结构的变形作用下，其应力和应变差异，常造成地面砖裂缝和起鼓。

处理方法：

将起鼓、脱壳和裂缝的地面砖铲除或掀起，沿裂缝的找平层拉线，用混凝土切割机切缝，缝宽控制在 10～15mm 之间，将粉尘扫净，缝内灌柔性密封胶。掀起的地面用扁凿子凿除水泥砂浆结合层，再用水冲洗扫刷干净，将添补的地面砖浸水洗去泥浆并晾干。结合层可以用干硬性水泥浆（水泥：砂＝1：2）铺刮平整，然后铺贴地面砖；也可采用 JCTA 建筑装饰粘合剂。铺贴地面砖时要准确对缝，将地面砖的缝留在锯割的伸缩缝上，该条砖缝控制在 10mm 左右。铺贴中要确保地面砖的横平竖直、铺贴砂浆的饱满度、地面砖的标高和平整度，相邻两块砖的高差不得大于 1mm；表面平整度用 2m 直尺检查不得大于 2mm；地面砖铺贴后应在 24h 内进行擦缝、勾缝；缝的深度宜为砖厚的 1/3；擦缝、勾缝应用同品种、同强度等级、同颜色的水泥，随做随清理砖地面上的水泥砂浆；做好后湿养护要在7d以上，并保护成品不被随意踩踏和震动。

【案例9-4】 某市银行三楼营业大厅，长48m、宽18m的现浇框架结构整浇楼板，地面铺贴10mm×300mm×300mm的彩釉陶瓷地砖，但没有设置任何防裂的伸缩缝。该工程交付使用后的第二年，当室外气温在－5℃左右时，工作人员听到地面有爆裂的响声，然后发觉地砖向上隆起。经现场调查发现，地面隆起的位置在北檐框架梁到次梁之间的6m宽的楼面上，每隔1500mm左右就有一条基本等距离垂直于长度方向的裂缝，缝宽两端小、中间大。检查脱壳隆起的地砖，发现其背面无水泥砂浆粘结的痕迹，结合层与结构层也有脱壳现象。地面砖、结合层、结构层三层，在同一位置上有裂缝。

原因分析：

1）地面砖的爆裂和隆起共同点：结合层都是用纯水泥浆铺贴和擦缝，厚度在20～30mm；地砖规格为10mm×200mm×200mm～10mm×300mm×300mm，且多是紧密铺贴的，砖缝小于1mm；爆裂时间一般都是使用2年以后，环境气温低于－2℃；基本都是多层和高层建筑的二层以上，底层地面没有发现爆裂事故。

2）选材不当，如地砖质量达不到现行产品标准，或选用低劣水泥，强度等级低、收缩值大。

3）施工不规范，如基层质量不合格，没有认真清扫和冲洗；结合层都是纯水泥浆铺设，其干缩和温差都至少大于1∶2.5水泥砂浆的70%；铺砖前的陶瓷地砖没有按规定浸水和晾干，有的一边浸水一边铺贴，砖背面的明水没有晾干或擦干，也是导致地砖脱壳的一个原因。

4）大面积的地面工程没有设置防裂的伸缩缝和周边分格缝。

5）钢筋混凝土结构层、纯水泥浆结合层、陶瓷地砖三者的干缩变形、温差变形、结构变形的差异较大，在长期的变形作用下，当收缩应力大于地砖的应变时，就会导致爆裂和隆起。

处理方法：

参照“（2）地面砖裂缝、隆起”的处理方法处理后，再无爆裂和隆起产生。

（3）接缝高低差大、缝宽不均匀

原因分析：

1）地面砖质量低劣，砖面挠曲。

2）操作不良，没控制好平整度，造成接缝高低差大于1mm，接缝宽度大于2mm或一端大、一端小。

3）粘结层的砂浆不均匀，局部不密实，受力后产生沉降差，造成高低差。

处理方法：

当接缝高低差大于1mm，应查明地砖是高差还是低差，或是砖面不平。应掀起返修砖，换砖后，凿除所有粘结层，扫刷冲洗后晾干，参照“（1）地砖空鼓、脱落”处理方法的工艺流程修补。

（4）地面砖的不平、积水和倒泛水

原因分析：

1）所测的水平线误差大，拉线不紧，造成两边高、中间低。

2）底层地面的基土没有夯实，局部沉陷，造成地面低洼而积水。

3）铺贴地面砖前没有检查作业条件，如厕浴间地漏高出地面、排水坡度误差等，常造成积水和倒泛水现象。

处理方法：

1）查清倒泛水和积水洼坑的面积范围大小和积水的原因。

2）若地漏高出地面，必须纠正地漏，把地漏周围凿开，拆开割断排水管，重新安装，确保地漏低于地面10mm。板底及管周托好模板，在结构楼板孔周涂刷水泥浆后，将配合比为水泥：砂：石子＝1：2：2的细石混凝土搅拌均匀，铺在管周，插捣密实，表面低于基层面10mm，隔天浇水养护，并检查板底，以不漏水为合格。干硬后灌防水柔性密封膏，经试水不漏。可参照“（1）地砖空鼓、脱落”处理方法修补好地面砖。

3）若因找坡层误差，必须返工纠正找坡层。经流水试验，水都流向地漏，无积水的洼坑后，可参照“（1）地砖空鼓、脱落”处理方法修补好地面砖。

4）底层地面沉陷低洼积水，要铲除已沉降处的地砖，凿开基层，挖除松软土层，换土重夯实、重铺夯垫层。可参照“（1）地砖空鼓、脱落”处理方法修补好地面砖。

3. 塑料板面层

（1）面层起鼓，手揿有气泡或边角起翘

原因分析：

1）基层表面粗糙，或有凹陷孔隙。粗糙的表面形成很多细孔隙，涂刷胶粘剂时，不但增加胶粘剂的用量，而且厚薄不均匀。粘贴后，由于细孔隙内胶粘剂多，其中的挥发性气体将继续挥发，当积聚到一定程度后，就会在粘贴的薄弱部位形成板面起鼓或板边起翘现象。

2）基层含水率大，面层粘贴后，基层内的水分继续向外蒸发，在粘贴的薄弱部位积聚鼓起，当基层表面粗糙时特别明显。

3）基层表面不清洁，有浮尘、油脂等，降低了胶粘剂的胶结效果。

4）涂刷胶粘剂后，面层粘贴过早或过迟。为了便于胶粘剂涂刷，需掺一定量的稀释剂，如丙酮、甲苯、汽油等，当涂刷到基层表面和塑料板粘贴面后，应稍等片刻，待稀释剂挥发后，用手摸胶层表面感到不粘手时再行粘贴。如果粘贴过早，稀释剂闷于其中，当积聚到一定程度后，就会在面层粘贴的薄弱部位起鼓。面层粘贴过迟，则粘性减弱，最后也易造成面层起鼓。

5）塑料板在工厂生产成形时，表面涂有一层极薄的蜡膜，粘贴前，未作除蜡处理，影响粘贴效果，也会造成面层起鼓。

6）面层粘贴好后就进行拼缝焊接施工，胶粘剂尚未充分凝固硬化，受热膨胀，致使焊缝两侧的塑料板空鼓。

7）粘贴方法不当，粘贴时整块下贴，使面层板块与基层间存有空气，影响粘贴效果，也易使面层空鼓。

8）施工环境温度过低，粘结层厚度增加，既浪费胶粘剂，又降低粘结效果，有时会冻结，引起面层空鼓。

9）胶粘剂质量差或已变质，影响粘结效果。

处理方法：

起鼓的面层应沿四周焊缝切开后予以更换，基层应作认真清理，用铲子铲平，四边缝应切割整齐。新贴的塑料板在材质、厚薄、色彩等方面应与原来的塑料板一致。待胶粘剂干燥硬化后再行切割拼缝，并进行拼缝焊接施工。

局部小块空鼓处，可用医用针头注入胶粘剂，最后用重物压平压实。

（2）塑料板铺贴后表面呈波浪形

原因分析：

1）基层表面平整度差，出现波浪形等现象。

2）涂刮胶粘剂的刮板，齿的间距过大或深度较深，使涂刮的胶粘剂具有明显的波浪形。由于塑料板粘贴时，胶粘剂内的稀释剂已挥发，胶体流动性差，粘贴时不易抹平，使面层呈现波浪形。

3）胶粘剂在低温下施工，不易涂刮均匀，流动性和粘结性能较差，胶粘层厚薄不均。由于塑料板本身很薄（一般为2～6mm），铺贴后就会出现明显的波浪形。

处理方法：

可参照“（1）面层起鼓，手撳有气泡或边角起翘”的处理方法。

（3）拼缝焊接未焊透

原因分析：

1）焊枪出口气流温度过低；气流速度过小，空气压力过低。

2）焊枪喷嘴离焊条和板缝距离较远；焊枪移动速度过快。

以上任何一种情况，都会使焊条与板缝不能充分熔化，焊条与塑料板难为一体，因而它们结合不好。

3）焊枪喷嘴与焊条、焊缝三者不呈直线，或喷嘴与地面的夹角太小，使焊条熔化物不能正确落入缝中，致使结合不牢。

4）压缩空气不纯，有油质或水分混入熔化物内，影响相互粘结质量。

5）焊缝坡口切割过早，被脏物玷污，影响粘结质量。

6）焊缝两边塑料板质量不同，熔化程度不一样，影响粘结质量。

7）焊条选用不当，或因焊条本身质量差（或不洁净）而影响焊接质量。

处理方法：

对焊接不牢（或不透）的焊缝应返工，并按要求重新施焊。

9.1.4 木板面层

1. 木板松动或起拱

原因分析：

（1）木搁栅中的含水率高于20%，安装后产生干缩现象，使木板松动。

（2）当搁栅空隙间、铺设的隔声材料含有较多的水分，使木板面层受潮后变形膨胀，造成木板面层起拱。

（3）在底层潮湿的水泥地面上用的搁栅和木地板，没有做防潮和防腐处理，受潮后搁栅和木板变形、起拱或松动。

处理方法：

（1）如是搁栅的木材干缩或受潮而造成胀缩时，需拆除地板，更换木搁栅。全部木搁栅的含水率要控制在18%以内，并要进行防腐处理，必须与基层粘牢。其两端应垫实钉牢，搁栅之间应加钉剪刀撑或横撑。

（2）如是因隔声材料中的水分渗透入木材，造成地板起拱或松动时，需拆除起拱的板面层，纠正变形大的搁栅，打开全部门窗加强通风，使水分蒸发晾干。搁栅和板的背面都要用水柏油或其他防腐剂涂刷后，方可铺钉木板面层。

（3）底层的木地板起拱时，由于不通风或湿度大，造成湿胀变形。宜拆除起拱的木板面层，根据工程实际，挖通风沟，开通风窗，使木板底的空气流通。木搁栅和木板面层反面都用水柏油或防腐剂防腐。纠正好变形的搁栅后，再铺钉木板面层。

【案例9-5】 某市住宅小区的底层为木地板，用钢筋混凝土构件作地板楞木，上铺花旗松长条企口木地板。该工程交付使用一年后，即发现木材腐朽，严重影响使用功能。后将木地板撬开检查，发现地板木质脆软，手搓即碎，霉味较重，在搁栅和墙角处长出白菇，地板有凝结水珠。

原因分析：

板下通风不良，虽留有200mm×300mm通风洞，但不对流。先施工土建，后施工室外，室外周围堆土高于室内，雨水流淌入室内，水磨石地面施工的泥浆水流入地板下，使地板的含水率大于30%，地板下不通风，温度保持在2～35℃之间，为木腐菌创造了传播与生长条件。

处理方法：

（1）拆除腐朽的地板。

（2）增设通风洞、通风槽，使地板下的空气能流通。

（3）地面下的基土换干土夯实，疏通四周排水沟，保持地板下的基土干燥。

（4）更换干燥的木地板，先在板的反面满涂水柏油防腐，干燥后再铺钉地板。

2. 拼缝不严

原因分析：

操作工没有培训，有的将企口斜插，也有的板尺寸形状误差大，有的木材收缩大。一般木材的径向、弦向的干缩系数差值在一倍以上，如杉木径向干缩系数为0.11%，而弦向为0.24%。铺钉地板时没有将芯材朝上。

处理方法：

（1）虽有收缩缝，一般小于1mm时，可用油漆石膏泥子或丙烯酸酯密封胶等嵌补密实，地板做油漆时保持色泽一致。

（2）如有的板缝比较大，影响使用功能，宜将板缝过大的返工，并纠正其余板缝。方法是在板前钉扒钉，用硬木棒块将缝隙楔紧。钉子要斜钉，斜度为45°，使地板越钉越紧，然后补齐拆除部分。

3. 表面不平

原因分析：

基层不平，垫木、搁栅面没有找平，木地板的圆钉没有倾斜度，没有收紧，应用的搁栅材质疏松，含水率大于20%，导致圆钉钉不紧，当产生干燥收缩后，圆钉松动，造成木地板向上拱起。

处理方法：

（1）局部不平，如确系操作不良造成局部凸出，需在板面缝中加斜钉钉牢，需要将钉尾敲扁送入板中，再将凸面刨平。

（2）如因用的圆钉短，或搁栅木材潮湿，在干燥过程中圆钉松动，须加圆钉重钉，钉长要大于板厚的2.5倍，要斜钉，钉尾敲扁送入板中。经检查不松动和基本平整后，刨平，用油漆腻子补嵌好钉眼。

9.2 抹灰工程

9.2.1 一般抹灰工程

抹灰工程一般指一般抹灰、装饰抹灰和清水砌体勾缝等分项工程。

一般抹灰工程又分为普通抹灰和高级抹灰。

一般抹灰常见的质量缺陷为：面层脱落、空鼓、爆灰和裂缝。

1. 室内抹灰

（1）门窗框两侧墙面出现抹灰层空鼓、裂缝或脱落（图9-1）

原因分析：

1）基层处理不当。

2）操作不当，预埋木砖（件）位置、方法不当或数量不足。

3）砂浆品种选择不当。

处理方法：

将空鼓、开裂的抹灰层铲除，如框口松动，将长50～60mm的40mm×40mm角钢卧入框内，用木螺钉固定，并用射钉固定在墙体上（图9-2），间距同木砖，然后将墙面洒水湿润，重新抹灰。

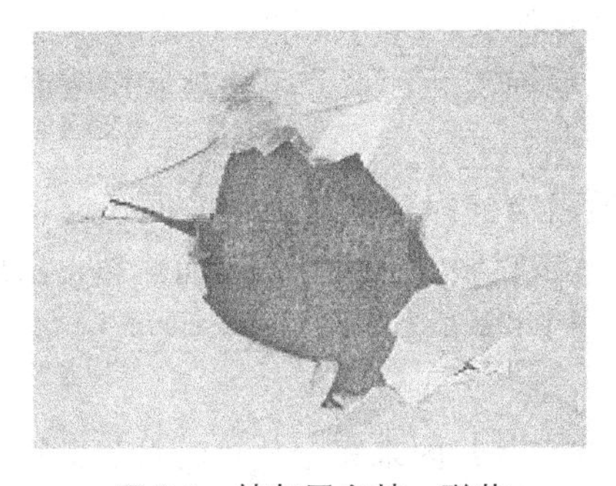

图9-1 抹灰层空鼓、脱落

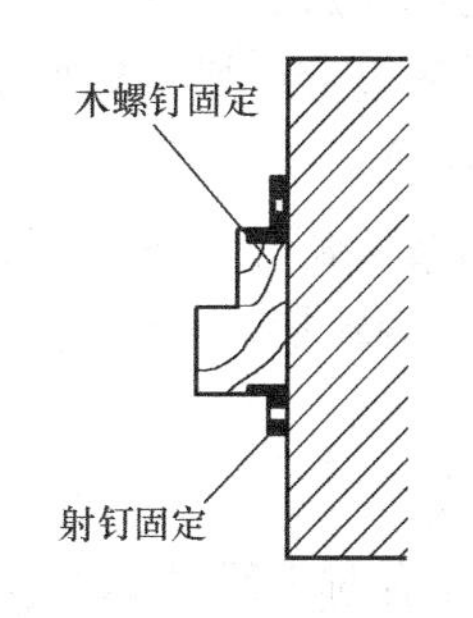

图9-2 框口松动加固

（2）轻质隔墙抹灰层空鼓、裂缝

原因分析：

1）在轻质隔墙板墙面上抹灰时，基层处理不当，没有根据板材的特性采用合理的抹灰材料及操作方法。

2）条板安装时，板缝的粘结砂浆挤压不严，砂浆不饱满，粘结不当等。

3）墙面较高、轻薄，造成刚度较差。条板平面接缝处未留出凹槽，无法进行加固补强处理。

4）条板端头不方正，与顶板粘结不牢。

5）条板下端头做在光滑的地面面层上，仅一侧背木楔，填塞的细石混凝土坍落度过大。

处理方法：

可将条板之间纵向裂缝处的抹灰铲除，清理打磨干净。板缝处用板材所需的胶结材料将玻纤网格带贴平、压实，刷胶后重新抹灰。

【案例 9-6】 某住宅楼 2005 年 12 月开工，于 2007 年 5 月竣工交付使用，为一幢 6 层框架异形柱结构建筑，设计填充墙采用蒸压加气混凝土砌块。2008 年 6 月三楼住户发现填充墙粉刷层出现裂缝，在室内 3 面墙体，4 个房间、2 个卧室、1 个客厅都有裂缝出现，客厅与邻居客厅相隔的墙体裂缝长度约为 1.5m，大卧室与客厅相隔的墙体裂缝的长度为 1.5～2m，在卧室墙面形成自上而下竖斜向裂缝。

原因分析：

1）墙体材料及砂浆等产品出现干缩变形。

2）砌体沉降收缩。

3）温度应力引起裂缝。

处理方法：

1）将裂缝两边 500mm 宽范围内粉刷砂浆全部铲除至砌块面，并清理干净，墙面孔洞用水泥砂浆填实，抹平至砌块表面。

2）基层用水充分湿润后刷界面处理剂。

3）满铺并固定 ϕ0.7@20 双向镀锌钢丝网，用 1∶2 水泥砂浆加胶粉 12mm 厚。

4）基层砂浆硬化后，再用 1∶3 水泥砂浆（加胶粉）粉平、搓毛。

(3) 抹灰面起泡、开花、有抹纹

原因分析：

1）抹完罩面灰后，压光工作跟得太紧，灰浆没有收水，压光后起泡。

2）底子灰过分干燥，罩面前没有浇水湿润，抹罩面灰后，水分很快被底层吸收，压光时易出现抹纹。

3）淋制石灰膏时，慢性灰、过火灰颗粒及杂质没有滤净，灰膏熟化时间不够，未完全熟化的石灰颗粒掺在灰膏内，抹灰后继续熟化，体积膨胀，造成抹灰表面炸裂，出现开花和麻点。

处理方法：

墙面开花有时需经过 1 个多月的过程，才能使掺在灰浆内未完全熟化的石灰颗粒继续熟化膨胀完。因此，在处理时应待墙面确实没有再开花时，才可以挖去开花处松散表面，重新用腻子找补刮平，最后喷浆。

【案例 9-7】 某乡镇小学，新建一栋 2 层砖砌体结构教学楼，抹面工程正逢夏季。秋季开学时，发现抹灰层多处有抹纹、起泡、开花，北窗下内墙潮湿。

原因分析：

1）砂浆稠度小，和易性差，抹罩面灰后，水分很快被底层吸收，抹压不顺，出现抹纹。

2）面层抹压不紧密，与底层间留有空隙。

3）石灰淋制熟化时间少于30d，抹灰后继续熟化，体积膨胀，造成抹灰面开花。

4）南面有外走廊挡雨水，故无墙面潮湿现象。北面窗台抹面高于窗框，水泥砂浆干缩，面层与窗框之间形成缝隙，雨水沿缝隙渗入墙体，因赶工期外窗台漏做滴水槽。

处理方法：

窗台有倒坡、咬框而引起渗水时，需返工重做，铲除抹灰层，将下部砌砖纠正砌好，清除灰疙瘩，扫刷冲洗洁净，刷水泥浆一道，随用水泥砂浆分层铺抹，窗台面上口要缩进窗下框2～3mm并做成20mm的圆弧，下口粉成10mm×10mm的滴水槽，隔天湿养护和成品保护7d。墙面抹灰重新用腻子找补刮平，最后喷浆，所用的石灰熟化时间不少于30d。严禁使用含有未熟化颗粒的石灰膏，采用磨细生石灰粉时也应提前1～2d熟化成石灰膏。

（4）墙面抹灰层析白（反碱）

原因分析：

1）冬期施工中使用的盐类早强剂、防冻剂随着抹灰湿作业析出抹灰面层。

2）水泥砂浆抹灰墙面，水泥在水化过程中产生$Ca(OH)_2$，同空气中的CO_2化合成白色粉末状$CaCO_3$析出于墙面。

3）选用的外加剂不当。

处理方法：

1）粉末状析白墙面可用细砂纸打磨后，用干净布擦净粉末后再喷浆。

2）析白较严重（如出现硬析白层）可用砂纸打磨后，在墙面上轻轻喷水，干燥后出现析白，再次用砂纸打磨，数遍后直至析白减少至轻微粉末状，擦净后再喷浆。

（5）混凝土顶板抹灰面空鼓、裂缝、脱落

原因分析：

1）基层清理不干净，砂浆配合比不当，底层砂浆与楼板粘结不牢，产生空鼓、裂缝。

2）预制楼板两端与支座处结合不严密，使得楼板负荷后，产生扭动而裂缝。

3）楼板灌缝后，混凝土未达到设计强度要求，也未采取其他技术措施便在楼板上施工，使楼板不能形成整体工作而产生裂缝。

4）板缝过小，清理不干净，灌缝不易密实，加载后影响预制楼板的整体性，顺板缝方向出现裂缝。

5）板缝灌缝后，养护不及时，使灌缝混凝土过早失水，达不到设计强度，加载后出现裂缝。

6）由于板缝窄小，为了施工方便，灌缝细石混凝土水灰比过大，在混凝土硬化过程中体积收缩，水分蒸发后产生空隙，造成板缝开裂。

处理方法：

预制楼板顺板缝裂缝较严重者应从上层地面上剔开板缝，重新认真施工；如裂缝不严重，可将板缝处剔开抹灰层60mm宽，认真勾缝后，用108胶粘玻纤带孔网带条（一般成品50mm宽），再满刮108胶一遍，重新抹灰即可。

（6）板条顶棚抹灰层裂缝、起壳、脱落

原因分析：

1）顶棚基层龙骨、板条等木材材质不好，含水率过大，龙骨截面尺寸不够，接头不严，起拱不准，抹灰后产生较大挠度。

2）板条钉得不牢，板条间缝隙大小不匀或间距过大，基层表面凹凸偏差过大，板条两端接缝未错开或没有缝隙，造成板条吸水膨胀和干缩应力集中；抹灰层与板条粘结不良，厚薄不匀，引起抹灰与板条方向平行的裂缝或板条接头处的裂缝，甚至空鼓、脱落。

3）板条过长，丁头缝留置不合适或偏少。

4）各层灰浆配合比和操作不当，时间未控制好。

处理方法：

顶棚抹灰产生裂缝后，一般较难消除，如使用腻子修补，过一段时间仍会在原处开裂。因此，对于开裂两边不空鼓的裂缝，可在裂缝表面用乳胶贴上一条2～3cm宽的薄尼龙纱布修补，再刮腻子喷浆就不易再产生裂缝。这种做法同样适用于墙面抹灰裂缝处理。

2. 室外抹灰

(1) 外墙面渗水

原因分析：

抹灰前没有将外墙砌体中的空头缝、穿墙孔、洞等嵌补密实，混凝土构件与砌体接合处没有处理好，常造成外墙面渗水。

处理方法：

外墙面渗水，应查清其原因，采取以下不同的方法处理。

1）墙面有集中渗水点。用小锤敲打有局部空壳时，铲除墙面抹灰层，清除孔洞中的灰疙瘩、垃圾和灰尘，冲洗干净。用水泥浆涂刷孔洞内的周围，孔洞小于30mm时，随用配合比为1∶1∶4的水泥、纸筋灰和中砂的混合砂浆嵌填密实；孔洞大于30mm时，要用砖块刮满砂浆堵嵌密实，如图9-3所示。堵塞好外墙渗水的通道，然后再补平铲除的抹灰层。

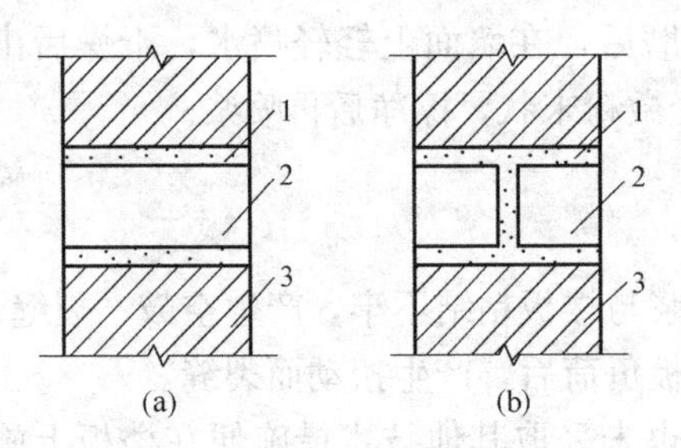

图9-3 穿墙孔洞的嵌补

(a) 用整砖补；(b) 用两块断砖补

1—灰缝中嵌满砂浆；2—砖块；3—墙体

2）因裂缝渗水。将缝隙扫刷干净，用压力水冲洗缝中的泥灰，晾干，按“2. 室外抹灰”的第(6)条处理方法中的第7）条处理。

3）沿分格缝渗水。将分格缝内的灰疙瘩刮除，扫刷清洗晾干，用规定颜色的密封胶填嵌渗水的缝隙。

4）因外装饰面层脱壳渗水。按“2. 室外抹灰”的第(7)条的处理方法中的有关方法修补。

5）外墙渗水面积比较大，但渗水量较小时，将墙面灰尘扫刷冲洗干净，晾干，用喷雾器将外墙面喷涂有机硅溶胶防水涂料，必须满涂满喷，待头道干燥后再喷一遍。

(2) 外窗台倒坡、咬槎、空鼓

原因分析：

砌筑窗台时，没有留足做坡度和抹灰层的余量，有的水平线控制不严，造成局部高低和咬槎。窗台抹灰基层没有清扫冲洗干净积灰，抹灰没有分层找坡，一次抹灰太厚，抹好后又不养护，造成窗台脱壳、裂缝、空鼓而渗水和泛水等缺陷。

处理方法：

1）窗台有倒坡咬框而引起向室内渗水时，需返工重做，如图9-4所示。铲除抹灰层，将下部砌砖纠正砌好，清除灰疙瘩，扫刷冲洗洁净，刷水泥浆一道，随用水泥砂浆分层铺抹，窗台面上口要缩进窗下框2～3mm并做成20mm的圆弧，下口粉成10mm×10mm的滴水槽，隔天湿养护和成品保护7d。

2）窗台有空鼓、脱壳。要铲除空鼓、脱壳部分，扫刷干净，浇水冲洗晾干，刷水泥浆一道，随用与原有色泽相同砂浆粉抹平整，新旧砂浆接合处要细致地拍压密实，砂浆收水时要二次抹压消除裂缝，盖好湿养护7d。

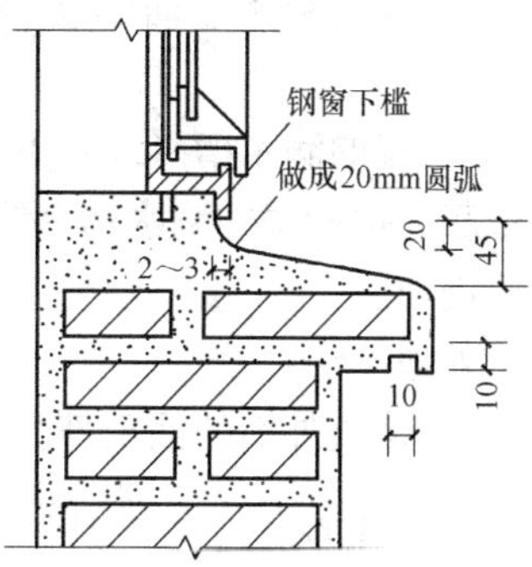

钢窗下槛
做成20mm圆弧
2～3
20
45
10
10

图9-4　窗台的抹灰

3）裂缝的处理。窗台有裂缝但不脱壳，将裂缝中扫刷干净，用压力水冲洗晾干，再用配合比为108胶：水：水泥＝1：4：10的水泥浆灌满缝隙；待水泥初凝后，再抹平压实，湿养护。

（3）女儿墙压顶抹灰壳裂、倒坡

原因分析：

压顶面流水坡向外侧，雨水流淌污染外装饰，如图9-5所示。有的施工管理不善，顶层作业难度大，忽视抹灰基层的洁净与湿润，抹灰前没有刷水泥浆粘结层，没有做好成品的保养工作等。常造成压顶的抹灰层脱壳、裂缝，雨水从裂缝中渗漏入室内。

处理方法：

1）已有脱壳和向外泛水的压顶，需凿除后重新粉抹。基层面必须扫除灰尘，浇水冲洗洁净，刷一层水泥浆，抹灰的方法是先粉抹垂直面，后粉抹顶平面，抹压密实，每隔10m留一条伸缩缝，缝宽10mm左右，下口要留滴水线或滴水槽，如图9-6所示。完工后要有专人负责湿养护7d。

2）压顶横向裂缝。沿裂缝画线，用切割机沿线割开，宽度10mm左右，做伸缩缝，扫刷干净，后嵌柔性防水密封胶。还有部分裂缝的处理方法同“2. 室外抹灰”的第（2）条中处理方法的第3）条。

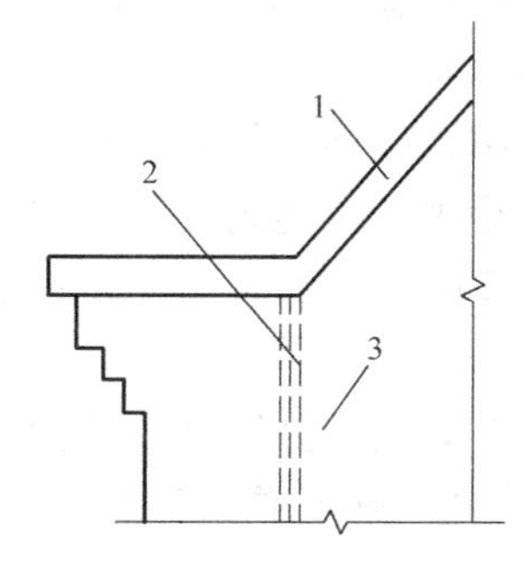

图9-5　坡屋面山墙排水

1—压顶；2—滴水线；3—山墙

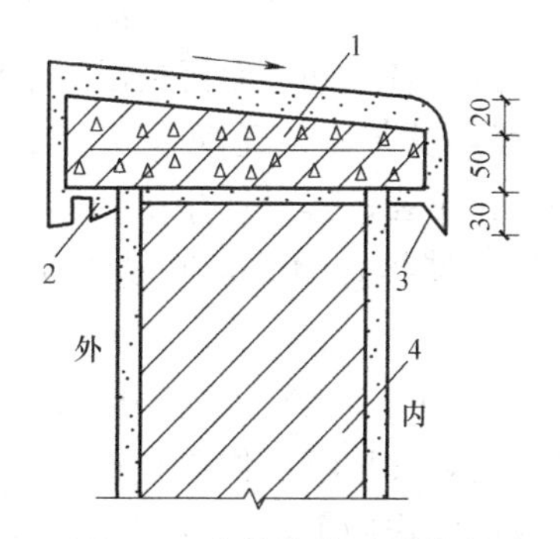

图9-6　女儿墙的压顶排水

1—压顶；2—滴水槽；3—滴水线；4—女儿墙

（4）滴水槽（线）不良，造成爬水

原因分析：

1）凡是突出墙面的构件和线条，没有做滴水线，雨水就沿墙流淌，污染墙面和渗水。

2）有的滴水槽（线）不顺直，有的是用钉划一条槽，滴水线的鹰嘴坡度平缓，有的阳台底、挑梁底的滴水槽（线）处理简单，雨水仍沿梁底淌到墙上污染装饰，渗入室内影响使用功能。

处理方法：

1）建筑外墙的凸出部分，下口没有做滴水槽（线），因爬水而渗水时，按图9-7的要求补做好滴水槽。

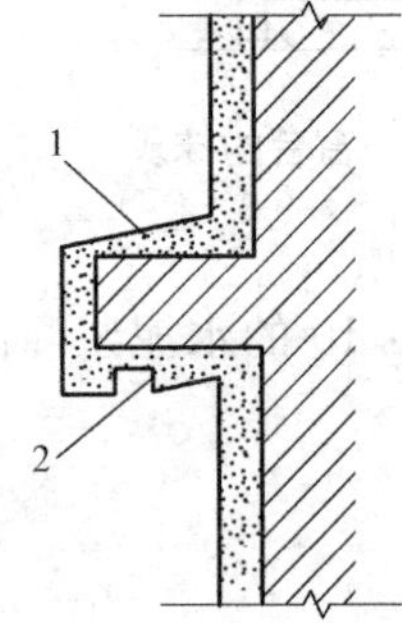

图9-7　腰线滴水
1—流水线；2—滴水线

2）原有滴水槽（线）有缺损或槽的深度过浅，滴水线的鹰嘴较平，仍因有爬水而渗水，要返工纠正或重做。在斜挑梁的根部，需多做两道滴水线，防止雨水淌到墙上渗入室内。

（5）抹灰层接槎明显、有色差、抹纹乱

原因分析：

1）外墙抹面材料不是一次备足，如水泥不是一个厂生产的，且不是一个品种，砂的产地不同，有的配合比不计量等，造成色差。

2）外墙抹灰的留槎位置不当，操作技术差，抹灰面层、抽光手法不同，没有拉直。

处理方法：

调配原色砂浆，再加粉3mm，抹平抹光；消除上述缺陷，也可喷涂外墙涂料。

（6）抹灰层空鼓、脱壳、裂缝

原因分析：

1）建筑物在结构变形、温差变形、干缩变形过程中引起抹灰面层裂缝，裂缝大多出现在外墙转角以及门窗洞口的附近。外墙钢筋混凝土圈梁的变形能力比砖墙大得多，这是导致外墙抹灰面层空鼓和裂缝的重要因素。

2）抹灰基体没有处理好，没有刮除基体面的灰疙瘩，扫刷不干净，浇水不足不匀，是造成脱壳、裂缝的原因之一，使底层砂浆粘结力（附着力）降低，如面层砂浆收缩应力过大，会使底层砂浆与基体剥离而空鼓和裂缝。有的在光滑基体面没有“毛化处理”，也会产生空鼓。有的基层面污染没有清除或没有清洗干净而空鼓。

3）搅拌抹灰砂浆无配合比、不计量、用水量不控制、搅拌不均匀、和易性差、分层度＞30mm等，容易产生离析，又容易造成抹灰层强度增长不均匀，产生应力集中效应而裂缝。搅拌好的砂浆停放3h以后再用，则砂浆已开始终凝，其强度和粘结力都有下降。

4）抹灰工艺不当，没有分层操作一次成活，厚薄不匀，在重力作用下产生沉缩裂缝；也有虽分层，又把各层作业紧跟操作，各层砂浆水化反应快，强度增长不能同步，在其内部应力效应的作用下，产生空鼓和裂缝。

5）抹灰层早期受冻。

6）表层抹灰撒干水泥吸去水分的做法，造成表层强度高、收缩大，拉动底层灰脱壳。

7）砂浆抹灰层失水过快，又不养护，造成干缩裂缝。

8）大面积抹灰层无分格缝，产生收缩裂缝。

处理方法：

1）用小锤检查起鼓和脱壳裂缝的范围，画好铲除的范围线，尽可能画成直线形。宜采用手提式切割机沿线割开，将空鼓、脱壳部分全部铲除。

2）砖砌体的处理。用钢丝板刷刷除基体面的灰疙瘩，用压力水冲洗洁净，先刷一遍108胶水泥浆，配合比为108胶：水：水泥浆＝1：4：8。抹灰砂浆配合比及色泽要与原抹灰层相同，要求计量准确、搅拌均匀、和易性好，抹底层灰的厚度要控制在6mm左右，如超过厚度，要分两层施工，抹压平实。隔天按墙面分格线拉通线贴分格条，要求与原有分格条跟通，外平面要求平整，面层抹灰与分格条面平，要求抹纹一致，刮除分格条上面的灰，露出两侧的边棱以利起条，抹灰层稍收干，用软毛刷蘸水，沿周围的接槎处涂刷一遍，再细致压实抹灰层，确保新旧面层接合平整密实。然后轻轻起出分格条，再按“2. 室外抹灰”的第（1）条处理方法的第3）条填嵌密封胶处理。

3）混凝土基体脱壳的处理。铲除脱壳的抹灰层后，要用10%火碱水溶液或洗洁精水溶液，将混凝土表面的油污及隔离剂洗刷干净，随用清水反复冲洗洁净。再用钢丝板刷将表面酥松的浆皮刷除。人工“毛化处理”方法：将聚合物砂浆喷洒到基体面，聚合物砂浆配合比为108胶：水：水泥：中砂＝1：4：10：10。大面积喷洒宜用0.6m^3/min空压机及喷斗，喷洒聚合物水泥砂浆。经湿养护硬化后，用手擦不掉砂为合格，即可抹底层灰、贴分格条、抹面层、起条、嵌分格缝、养护等，其方法同砖砌体。

4）加气混凝土面层脱壳的处理方法。提前1d浇水湿润，边浇水边清扫干净浮末。补好缺棱掉角处，一般用聚合物混合砂浆分层补平，聚合物混合砂浆配合比为108胶：水泥：石灰膏：砂＝1：3：1：6。加气板接缝处最好有200mm宽的钢丝网条或无碱玻纤网格布条，以增强板缝拉接，减少灰层开裂。如为加气砌块块体时，也需钉一层钢丝网或无碱玻纤网格布，要钉牢和拉平，然后喷或撒聚合物毛化水泥砂浆，经湿养护7d硬化后，可用配合比为水泥：石灰膏、砂子＝1：1：5的混合砂浆抹头层灰，搓平压实后，贴分格条、抹面层、起分格条、嵌分格缝、养护等，其方法同砖砌体面层做法。

5）抹罩面灰：要求砂浆的配合比和色泽必须与原有抹灰一致，控制好平整度，抹灰手法要和原抹纹一致。周围原抹灰接槎处，用排笔蘸水涂刷一遍，再细致压实抹灰层，防止收缩裂缝。

6）湿养护，当抹灰层完成后，隔24h即可喷水湿养护7d，并保护不受碰撞和划伤。

7）对有裂缝但不脱壳的处理：将裂缝的缝隙扫刷干净，用水将灰尘冲洗干净。采取刮浆和灌浆相结合的方法，将1：1的水泥细砂浆刮入缝隙，有的裂缝比较深，砂浆刮不到底，刮浆由下口向上刮，每次刮高500mm后，下口要留一个小孔，用医用大号针筒吸入纯水泥浆注入缝中。当下口孔中有水泥浆流出，随用砂浆堵孔，再向上补嵌。

（7）水泥砂浆表面反碱泛白

原因分析：

主要是水泥中$Ca(OH)_2$与空气中的CO_2作用生成$CaCO_3$；除此之外还有水泥中的化合物和盐类、酸类起化学反应，以及水泥砂浆中采用外加剂的影响等。

处理方法：

先用板刷刷除泛白粘附物，再用10%的盐酸水溶液刷洗，随用清水冲洗盐酸水溶液。

9.2.2 装饰抹灰工程

1. 水刷石

(1) 空鼓

原因分析：

1) 基体面未扫刷冲洗干净灰尘，没有使抹灰基层充分湿润。混凝土构件面没有清除油污和隔离物质，光滑的表层没有进行处理。

2) 没有按规定分层抹灰，一次抹灰厚度大于10mm。

3) 粘结层做法问题：有的将纯水泥浆抹刮在干燥的找平层上，使水泥浆干硬过快；有的纯水泥浆粉得过早而硬化，失去粘结作用；在上面粉水泥石子浆而空鼓。

处理方法：

1) 用小锤敲击检查空鼓范围，画好空鼓周边位置线。

2) 根据检查空鼓范围的面积大小，计算水泥、砂、石子的数量。

3) 凿除空鼓处，对于水刷石空鼓，只凿除面层；对于底层空鼓，则要把底层或找平层凿除。

4) 基体处理：刮除砌体面层灰疙瘩，扫刷冲洗干净，湿润基体与周边。混凝土面可参照9.2.1节中"2. 室外抹灰"的第(6)条处理方法的第3)条的要求处理。

5) 水刷石层的周边处理：用尖头或小扁头的錾子，沿周边将松动、破损的石子剔除，使周边形成凹凸不规则的毛边。

6) 粉找平层：基体面先刷一层108胶水泥浆，随分层粉抹找平层，对周边要细致抹平压实，养护7d。

7) 补粉水泥石子浆：检查找平层有无空鼓、开裂、酥松等缺陷。先浇水湿润，刮一层配合比为108胶：水：水泥=1：4：20水泥浆粘结层，随铺抹水泥石子浆，由下向上抹平整，用直尺刮平压实，与周围接槎处要细致拍平揉压，将水泥浆挤出，使石子的大面朝上，掌握好水刷石子的时间，用手指按压无明显指纹，用刷子轻刷不掉石粒为好，即可用喷水器由下向上喷，待喷刷好后，再从上面用清水喷刷一遍，保持石子面洁净无水泥浆液。

(2) 面层的裂缝、掉粒、色差

原因分析：

1) 基层面浇水不匀，一般上部少下部多；也有风雨后，基体吸足水分，容易使粉好的水泥石子浆产生不规则的水平裂缝。

2) 水泥一般都是分批进场的不同品种、不同标号的水泥，造成色差，石子不是一个产地，也有色差。石子含泥量大，清洗不干净，又没有过筛，大小混合使用等原因，容易造成掉石子。

3) 操作工艺问题：基层不平，水泥石子浆粉抹厚薄不匀，抹石子浆的人员安排不当，没有按规定在垂直面上下都配足人员一次抹好。

4) 水刷石子的时间没有掌握好，过早用水刷洗，造成石子松动。

处理方法：

1) 水刷石面层裂缝的处理：方法同9.2.1节中"2. 室外抹灰"的第(6)条处理方法的第7)条，当水泥浆刮好一段，再用石子粒嵌入缝隙，将水泥浆面拍平，到时用水刷洗干净石子面。

2）掉石子粒的处理：如掉落的石子较多，又集中，影响观感时，需轻轻凿除原水泥石子浆面层，冲洗扫刷干净，刷一层108胶水泥浆，按“1. 水刷石”第（1）条处理方法第7）条的要求补抹好水泥石子浆，掌握水刷时间，刷洗洁净石子面，湿润养护。

3）由于使用劣质水泥使大面积石子掉落的处理：必须查清酥松和掉粒的范围，然后凿掉铲除，扫刷冲洗干净。施工按“1. 水刷石”第（1）条处理方法第7）条的要求重粉水泥石子浆，掌握好水刷时间，冲洗洁净石子面。

（3）烂根

原因分析：

“烂根”都发生在墙面与地面或墙面与腰线的交接处，主要是接触处的杂物没有清除干净，也有的是因为操作不当，如水泥石子浆没有抹平抹好，拍实、压光的遍数不够，则水泥石子浆不密实。当用水冲刷石子时，部分石子、水泥被冲掉，形成空洞和酥松的根部。

处理方法：

将“烂根”部分的空洞、酥松部分凿除，沿上口要凿到密实处，上口凿成凹凸状，用细尖的錾子将松动和破损的石粒凿除。用钢丝板刷将基体面刷净，用水冲洗灰尘晾干。配制和原有色泽相同的水泥石子浆，按“1. 水刷石”的第（1）条处理方法的第7）条处理。

2. 干粘石

（1）空鼓

原因分析：

基体面没有认真清扫和冲洗湿润；不同基体未采取不同的施工工艺。

处理方法：

1）检查空鼓范围，备料、凿除，基体处理参照“1. 水刷石”的第（1）条的方法处理。

2）抹结构层砂浆：水泥要选用合格的普通硅酸盐水泥，选用洁净的中砂。配合比为108胶∶水∶水泥∶砂＝1∶4∶10∶25，搅拌均匀，随拌随用。结合层厚度控制在6mm，要求平整密实，粘结牢固。

3）用石渣（子）面层：石渣必须过筛，筛除过大的或过小的，清洗干净备用。紧跟结合层面刮一层2mm厚的粘结层，采用配合比为108胶∶水∶水泥＝1∶4∶12的水泥浆，另一人向抹好的墙上甩石渣，再用拍板拍平拍实。先甩分格条两侧，后甩大面积，要自上而下，每一分格仓内粘好后，再粘另一分仓。要求干粘的石子均匀、密实，等收水后再溜一遍。

（2）面层龟裂

原因分析：

使用的水泥安全性不好，结合层砂浆厚薄不均匀，灰浆配合比不计量、差异较大，有的粘结层中石粉、石灰掺量不当。

处理方法：

1）龟裂缝较细、较小，又不脱壳，可不返工处理，可用有机硅溶液喷涂，封闭裂缝，防止渗水。

2）有龟裂、脱壳，则需铲除后，按“1. 水刷石”的第（1）条处理方法第2）条重新补做干粘石面层。

(3) 石渣粘结不牢固、不均匀、有色差

原因分析：

1) 使用劣质水泥，石子没按规定过筛和清洗；原材料分批进场，材料有色差。

2) 粘结层：配合比不计量、搅拌不均匀等。夏季施工，粘结层粉得过早，已失去粘度，有的厚薄不均，薄的不足1mm，则石粒嵌入深度浅而粘不牢。

处理方法：

1) 石渣没有粘牢，粘结层过薄或已有脱壳和裂缝，使用劣质水泥时，铲除干粘石和粘结层，按“1. 水刷石”的第（1）条的处理方法，重做干粘石粘结层和面层。

2) 少量干粘石不均匀和局部色差，可不处理。

9.3 门窗工程

门窗工程是建筑物的一个重要组成部分。其主要作用是采光、通风、隔离，用于建筑物外立面，还发挥重要的装饰作用。

门窗按使用的材质分类，大致可以分为木门窗、金属门窗、塑料门窗。

门窗安装是否牢固既影响使用功能又影响安全，规范规定，无论采用何种方法固定，建筑外窗安装必须确保牢固，并将这一规定列为强制性条文。

本节重点分析门窗在安装过程中，容易出现的质量缺陷。

9.3.1 木门窗安装工程

1. 门窗窗框安装缺陷

原因分析：

(1) 立框前没有拉好通长水平线，造成门窗框高低不一。

(2) 安装门窗框没有从顶层吊垂直线到底层，使多、高层的门窗框不垂直。

(3) 安装门窗框的位置偏差，有进有出，造成外墙门窗侧的面砖时宽时窄，有的门窗框装反或颠倒、斜倾等。

处理方法：

(1) 检查核对每层门窗的型号、开向、安装位置，如里平、外开或墙中的位置，水平标高，如有差错必须及时纠正。

(2) 用吊线的方法检查安装的门窗框垂直度和平直度，几何尺寸和倾斜。如有不符合要求时，将固定的门窗框拆除并纠正，达到标准后再重新安装固定。

2. 门窗扇下垂

原因分析：

安装门窗扇时木材含水率大，材质松软；有的铰链和螺钉小于规定；有的木螺钉违章作业，螺钉是打进去的，破坏了木纤维，门窗受力后会松动下垂；有的门大铰链小，造成门扇下垂，使门扇无法开关。

处理方法：

先找出下垂的原因，如因门窗框扇的木材干缩、榫头松动时，需拆除门窗框或扇，整修后，将榫头蘸木胶拼装，再用木楔涂木胶楔紧，重新安装；如因铰链的木螺钉松动，要拆除原有铰链，更换大号铰链或增加铰链，建议每樘门扇采用 3 块 100mm 的铰链，可有效地减少门扇的下垂。如原铰链的螺钉是打进去而松动的，则需要将原铰链拆除，将其移位后，换木螺钉重新拧紧。

3. 门窗翘曲变形

原因分析：

(1) 制作门窗的木材材质差，如使用水曲柳、桦木等杂木制作的门窗，在使用过程中容易翘裂。门窗扇的外面受阳光照射，而内面受阴凉和潮湿的影响而翘曲。

(2) 制作木门窗扇的木材，没有先进行干燥处理，含水率大于 18%，导致门窗在使用过程中产生干缩变形。有的木材长期受雨淋、日晒，在时干时湿的作用下，潮胀干缩而翘曲。

(3) 不掌握木材的材性（如木材的径向干缩值比弦向干缩值小得多），配料制作时未将木材的芯材向外。

处理方法：

(1) 制作门窗的木材，需选用优质针叶树种，如红松、杉木、云南杉、冷杉等木材，其优点是纹理平顺，材质均匀，木质较软，易加工，易干燥，开裂少，变形小，耐腐性也较强。

(2) 对已翘曲变形的门窗扇拆卸后，进行平放加压，在门扇四角的榫接合处，会有不同的缝隙，可用硬木片做成楔子，在榫的缝隙中注入水胶，然后打入木楔楔紧。经检查平整合格后再安装。有的门梃和上梃变形过大，必须更换后重拼装，经检验合格再安装。

(3) 将变形的门窗扇拆下平放加压。在四角各用一块直角扁铁，在门窗四角按扁铁形状刻槽，深度为扁铁厚，用木螺钉拧紧固定，是防止门窗变形的方法之一。

4. 木门窗安装质量差

原因分析：

(1) 砌体中的预埋件不牢固，造成门窗框固定不牢而松动。

(2) 施工管理不善，事前没有交底，操作人员不懂操作规程和质量标准，安装的门窗扇缝大小不一，门窗扇开关不灵活、回弹、倒翘等。有的门扇和地面摩擦，阴雨天受潮膨胀后关不上，气候干燥木材收缩则缝隙大。

(3) 不按操作规程操作，门窗小五金位置误差大，螺钉不是拧进去的而是钉进去的，小五金没有装齐全。

处理方法：

(1) 门窗框不牢、松动，需更换固定框的防腐木砖，用高强度砂浆砌牢，并加楔楔紧，养护 14d 以上，用 100mm 长的圆钉将门窗边框和木砖钉牢。框与砌体的间隙用 1∶2.5水泥砂浆分层嵌填密实。

(2) 门窗扇安装缝不符合表 9-3 的要求时，必须拆除纠正后重装。

(3) 小五金的位置误差大，有的影响使用，要拆除，按下列要求重新安装：铰链上口的位置为扇高的 1/10，下口为扇高的 1/11，上下铰链各拧紧一枚螺钉，然后关扇检查缝隙合格后，再将其余螺钉拧紧，拧紧的螺帽要平整，不得有倾斜和凸出，以免影响门窗开关的灵活或回弹，五金件必须装齐全。

木门窗扇安装留缝宽度 **表 9-3**

<table>
<tr><th>项次</th><th colspan="2">项目</th><th>留缝宽度(mm)</th><th>检查方法</th></tr>
<tr><td>1</td><td colspan="2">门窗扇对口和扇与框间留缝宽度</td><td>1.5～2.5</td><td rowspan="9">用楔形尺检查</td></tr>
<tr><td>2</td><td colspan="2">厂房双扇大门对口缝宽度</td><td>2～5</td></tr>
<tr><td>3</td><td colspan="2">框与扇上缝留缝宽度</td><td>1.0～1.5</td></tr>
<tr><td>4</td><td colspan="2">窗扇与下框间留缝宽度</td><td>2～3</td></tr>
<tr><td rowspan="5">5</td><td rowspan="3">门窗与地面间留缝宽度</td><td>外门</td><td>4～5</td></tr>
<tr><td>内门</td><td>6～8</td></tr>
<tr><td>卫生间门、厂房大门</td><td>10～20</td></tr>
<tr><td rowspan="2">门窗与下框间留缝宽度</td><td rowspan="2">外门</td><td>4～5</td></tr>
<tr><td>3～5</td></tr>
</table>

9.3.2 金属门窗安装工程

金属门窗安装工程，一般指钢门窗、铝合金门窗、涂色镀锌钢板门窗安装。

1. 钢门窗安装工程

(1) 门窗锈蚀

原因分析：

有的生产单位，无酸洗磷化设备及喷涂防锈涂料的工艺，造成钢门窗的防锈性能差，也有成品保护不善等原因，使钢门窗锈蚀，铁锈污染环境，影响使用功能。

处理方法：

要全面检查安装的钢门窗，对防锈质量差、漏涂漏刷防锈涂料的部位，需刷除锈污，再涂刷防锈涂料，干燥后再涂面层涂料。

(2) 嵌玻璃的油灰皱皮、裂缝、脱落

原因分析：

嵌玻璃的油灰质量低劣，嵌油灰的接触面上的灰尘没有扫刷干净，造成油灰的隔离层脱落，操作技术不熟练。

处理方法：

1) 玻璃周围的油灰酥松脱落的处理：铲除失效的油灰，扫刷干净，选用优质油灰重嵌，若无优质油灰，可自制，其配合比为大白粉：清油或鱼油：熟桐油＝100：12：5，调制均匀，补嵌密实，刮平刮光。

2) 也可采用氯丁胶型建筑门窗密封胶或丙烯酸建筑门窗密封胶嵌填，其优点是施工方便，强度高，有弹性，密封性能好。所用密封胶要有出厂合格证，使用期不得超过规定期限。

(3) 制作质量差

原因分析：

有的生产单位设备简陋，制作工艺不规范，几何尺寸偏差大，焊疤不磨平，窗扇的横芯位置不统一。

处理方法：

1）钢门窗翘曲、歪斜变形、脱焊、焊疤不平、横芯位置误差、五金配件不齐全的，必须退换或纠正合格后方可安装。

2）已安装的钢门窗，发现有缺陷，要及时纠正、补焊，配齐五金配件；对无法纠正的，必须退换质量合格的。检查合格后，再装玻璃。

（4）安装质量不符合要求

原因分析：

1）安装不牢固。安装好的钢门窗框与砌体、过梁、窗台连接不牢固。框周与接触墙体之间的间隙未用砂浆分批嵌固，外口又未用防水密封胶填封而渗漏水。

2）安装时，不拉水平线，不挂垂直线，造成误差。

处理方法：

1）发现已安装的钢门窗错位、不水平、不垂直时，应拆除连接固定点进行纠偏处理，并用木楔临时固定，然后将框上的铁脚和过梁上的预埋件或钢筋焊牢，两侧和框下的铁脚与砌体的预埋件焊牢。

2）有的砌体没有预埋件，按钢框上的铁脚位置凿洞，将洞中灰尘用水冲洗干净后，再将铁脚伸入孔洞中就位，用 1∶2.5 水泥砂浆嵌堵密实固定，并洒水养护。

3）凡经检查安装的钢门窗合格后，用 1∶2.5 水泥砂浆分层嵌填门窗框与砌体的间隙，防止沿门窗缝隙渗水，确保安装牢固。

（5）钢门窗质量差

原因分析：

制作工艺不规范，手工操作，扇与框不配套，有的扭曲、有的翘棱，导致水密性差，容易渗漏，气密性也差，影响保温隔热。纱窗与框的缝隙大，不防蚊蝇。五金配件质量低劣，如有的撑窗器尚未交工就已损坏。

处理方法：

已安装的钢门窗扇，有启闭不灵活、关闭后不严密、门窗扇回弹、翘曲者，必须整修合格，若整修无效，要拆除后更换合格的门窗；对五金配件安装不牢固、不齐全的，要及时加配齐全，安装牢固；有缝隙的纱窗，要纠正、改制或更换合格的，重新安装。

2. 铝合金门窗工程

（1）制作质量差

原因分析：

选用低劣的铝合金型材，断面尺寸偏小，有的窗型材壁厚不足 1mm，表面氧化复合膜薄。制作的门窗刚度差、变形大，几何尺寸误差、变形大，拼缝不严密，附件不防锈，锈玷污在门窗的铝合金面上。

处理方法：

1）选用的铝合金门窗，要有生产许可证和出厂合格证，窗型材壁厚不宜小于 1.6mm，门型材壁厚不宜小于 2mm，氧化膜色泽应一致，成品质量、型号、几何尺寸等必须符合设计要求，拼缝紧密，表面平整无高低差，缝隙处要涂上防水密封胶，附件除不锈钢外，都要有防腐处理。

2）对进场的铝合金门窗，经抽检，凡不符合相关国家标准，必须退货、重做或更换。

（2）推拉窗扇不灵活

原因分析：

制作窗的铝合金型材壁厚小于1mm，施工粗糙，几何尺寸误差大，在外力作用下变形，或滑槽变形，有的滑槽积灰。

处理方法：

必须拆除变形的窗扇或变形的窗框，纠正或更换合格的再行安装。先安装内侧的窗扇，后安装外侧的窗扇，旋转调整滑轮，使窗的竖梃和竖框配合严密，间隙均匀。

【案例9-8】 某美食城内外装饰施工正逢冬季，为保持室内温度，以利于其他专业工种施工，外墙铝合金窗提前安装完毕。因赶工期忽视了安装质量和成品保护，致使窗框翘曲变形，开关不灵活，窗框腐蚀，铝合金窗污染。

原因分析：

(1) 型材系列选得偏小，壁厚小于1.2mm，强度不足，产生翘曲变形。

(2) 窗框与墙体间隙太小，无法嵌填隔离、密封材料，用水泥砂浆抹灰，直接接触窗框，被水泥砂浆腐蚀。

(3) 不注意成品保护，提前撕掉窗框保护胶带，又没有采取其他保护措施，被砂浆、灰尘玷污。

处理方法：

将翘曲变形、腐蚀严重的窗框拆除，更换合格的窗框，其型材壁厚不小于1.6mm，成品质量、型号、几何尺寸等必须符合设计要求，窗框与墙体的缝隙可用岩棉或发泡胶填塞，窗框与墙体连接件须进行防腐处理，安装施工过程中必须注意成品的保护。

(3) 推拉窗下框槽内积水或渗水

原因分析：

窗的制作粗糙，窗下框外侧没有钻泄水孔，有的窗框拼角处的缝隙中没有涂防水密封胶，导致下框槽中遇雨积水，有的积水沿下框拼缝中渗入内墙，有的窗下框与窗台接合处的空隙没有嵌填砂浆和密封胶，雨水沿空隙流淌渗入窗下墙。

处理方法：

1) 如窗下框外侧槽中没有泄水孔时，应补钻泄水孔。窗框拼装接合处缝隙漏水，要将拼缝处缝隙扫刷干净，补嵌防水密封胶。

2) 窗下框底与窗台的空隙漏水，必须用水泥砂浆嵌填密实，并抹6mm×6mm的槽，槽中嵌填防水密封胶。

3) 及时清除槽中的灰尘及堵塞泄水孔的赃物，保持泄水孔畅通。

(4) 玻璃密封条断裂或密封胶脱落

原因分析：

1) 嵌橡胶条是在拉伸状态下安装的，在热胀冷缩的长期作用下，产生断裂或缩缝而漏水。有的采用劣质橡胶条，在紫外线照射下过早龟裂而老化。

2) 采用劣质门窗密封胶封嵌，又未清除接触表面的油污、灰尘等，因而产生龟裂、老化和脱落。

处理方法：

1) 拆卸已断裂或老化的橡胶密封条，更换优质橡胶条，一般要比装配玻璃外边周长长10～20mm，不要在拉伸状态下密封；在转角处应切成90°拼角，用硅溶胶粘贴，防止产生收缩缝。

2）将老化和脱壳的玻璃密封胶铲除，扫刷粘结处的油污、灰尘，擦干水和潮湿部分，选用的建筑门窗密封胶质量必须符合密封胶性能指标的要求。施涂时每块玻璃周边的密封胶要一次完成，表面应平整，凹凸不能超过 1mm。

9.3.3 塑料门窗工程

1. 安装的门窗框松动

原因分析：

不同砌体未分别采用相应的固定方法，因而松动。施工管理不善，安装前没有交底，安装中没有检查是否合格。

处理方法：

(1) 对松动和不合格的门窗，要拆除连接件，纠正后用木楔临时固定，调整至横平竖直。按实际规定的位置钻孔，用自攻螺钉将镀锌连接件紧固。

(2) 因连接件少于要求或质量不合格，要用电锤在门窗洞的砌体上打孔，装入尼龙胀管，用木螺钉将镀锌连接件固定在胀管内。

(3) 在轻质墙体上安装门窗，需要将预制混凝土砌块按规定位置嵌砌在砌体内，使连接件与混凝土砌块连接牢固。

2. 门窗安装后变形

原因分析：

使用劣质或不合格的材料，在温差作用下变形，框周边连接螺钉松动，成品保护不善，如存放时没有竖直靠放，没有远离热源。也有施工时碰撞或搁脚手架等人为造成的局部变形，直接影响使用功能。

处理方法：

(1) 门窗安装后，要全面校正固定件和螺钉的松紧度，使之固定牢固。墙体与窗框之间要填塞矿物棉或泡沫塑料，再用抹面砂浆封闭，窗框周边留 6mm×6mm 的槽，然后嵌防水柔性密封材料。

(2) 由于 UPVC 门窗型材的质量低劣，导致塑钢门变形时，需要拆除更换合格型材的门窗。窗的各项机械力学性能必须符合要求，方可安装。

(3) 碰伤变形、局部受热变形，必须拆除，纠正合格后再安装，重新更换合格的窗扇。

【案例 9-9】 一作业班组在安装塑料门窗时，窗扇开关灵活。当窗框与墙体间隙用了规定材料（伸缩性能较好的弹性材料）嵌填，并用了密封胶密封后，出现窗扇开关不灵活现象。

原因分析：

在技术交底时，强调窗框外围空隙填实必须严密。操作工人用矿棉条填实时，以为越紧密越好，用小锤击实，密封胶镶嵌，填实过紧，造成外框变形。

处理方法：

若外框变形不严重，可全面校正固定件和螺钉的松紧度，使之固定牢固。墙体与窗框之间填塞矿物棉或泡沫塑料，再用抹面砂浆封闭，窗框周边留 6mm×6mm 的槽，然后嵌防水柔性密封材料即可；若变形严重，须拆除，纠正合格后再安装。

9.4　饰面工程

9.4.1　饰面砖

饰面板（砖）的工程质量，一般指饰面板安装、饰面砖粘贴的质量。常用的饰面材料有天然饰面板（大理石、花岗岩）、人造饰面板（大理石、水磨石等）、饰面砖（釉面砖、外墙面砖等）和金属饰面板等。

1. 饰面砖空鼓、脱落

原因分析：

使用劣质水泥或安定性不合格的水泥，搅拌砂浆不计量，和易性差，砂的含泥量大等原因，引起均匀干缩。贴面砖的粘结层不饱满，面砖贴好后再纠正误差，使面砖与粘结层松动。饰面砖的缝没有嵌严，雨水渗入空隙，受冻后水的体积膨胀，引起面砖脱壳和空鼓。

处理方法：

（1）查清饰面砖空鼓和脱壳的范围，用红笔画好周围线，用手提切割机沿缝割切；也可用小扁薄口的錾子，沿缝隙轻轻凿开，然后将空鼓、脱壳部分铲除，刮除灰疙瘩，冲洗扫刷干净。

（2）根据返修面积计算用料数量并备料；需选用检测合格的42.5级普通硅酸盐水泥，洁净的中砂，与原有的规格、色泽相同的面砖。

（3）粘结层的做法必须和原有方法相同。一般粘结层，采用108胶水泥砂浆，认真计量搅拌均匀，随拌随用，粘接层厚度掌握在3～4mm。也可采用JCTA系列陶瓷粘合剂粘贴。单组分直接加水搅拌均匀成糊状，即可粘贴。操作方便，粘结强度比较高。

（4）贴面砖。按原有面砖的垂直和水平拉线粘贴牢固，确保平整与垂直度。隔日用粘结砂浆擦缝或勾缝，必须密实，防止雨水渗入缝内，及时将墙面清扫干净，并喷水养护。

2. 饰面砖污染

原因分析：

面砖运输、保管受潮污染，施工过程中没有及时清除玷污砖面上的水泥浆。凸出墙面构件的下口没有做滴水槽，污水淌在面砖上污染面砖，或其他工种操作的涂料或沥青污染面砖。

处理方法：

（1）面砖上玷污的水泥浆液、污水、污物，用10%稀盐酸溶液先涂刷一遍湿润玷污面，然后用板刷蘸溶液擦洗。擦洗洁净后，用清水将盐酸水冲洗干净。

（2）沾有沥青和涂料的处理。先用刮刀刮除沾在面砖上的沥青和涂料，再用苯涂刷沾污处使其湿润，然后用苯擦洗干净，随后用清水将苯溶液冲洗干净。

（3）发现有污水挂沾面砖之处，需要纠正或重做滴水线或滴水槽。

3. 饰面砖釉面爆裂

原因分析：

使用的面砖质量低劣，制作工艺不良，烧成的温度欠佳。进场的面砖没有按规定抽样测试；粘贴上墙后，冷天雨后受冻釉面会爆裂，夏季高温热辐射作用下也会爆裂，造成墙面斑痕累累，影响建筑的观感。

处理方法：

（1）局部爆裂的处理：采用优质外墙涂料，配制同原有釉面砖相同的颜色；将釉面爆裂处的灰尘扫刷干净，细致地涂刷涂料，并保持外墙釉面的颜色相同。

（2）大面积釉面爆裂，严重影响观感，并有渗漏水时，宜全部铲除，更换外墙饰面材料。最好不要再用釉面砖，必须选用测试合格的优质面砖，重抹粘结层。

9.4.2 饰面板

1. 板面裂缝

原因分析：

（1）大理石板有暗缝或隐伤，甚至有的板材已开裂，用粘结剂拼合后出售。安装后在结构沉降、温差变形和外力作用下，导致板材开裂。

（2）施工粗糙、灌浆不足。当有害气体和水分渗入板缝，使钢筋锈蚀、体积膨胀，或者滞留在缝隙中的水分受冻膨胀挤压，使板材裂缝。

（3）结构变形使板材剪切破坏而裂缝。

处理方法：

（1）对于细裂缝但不脱壳的情况，先扫刷裂缝中的灰尘，用水冲洗后晾干，用医用大号针筒吸入环氧树脂溶液或氰凝浆液，注射入缝隙中，将缝隙粘合成整体。

（2）裂缝大于 2mm 的处理。扫刷干净裂缝中的灰尘，用压力水冲洗晾干。可用建筑装饰粘合剂或白水泥调制成同大理石颜色相同的色浆，将缝隙嵌填密实，表面压光抹平，硬化后涂蜡并擦光。

（3）对有裂缝又脱壳的处理：按“9.4.2 饰面板”下第 2 条空鼓、脱落的相关处理方法补贴。

2. 空鼓、脱落

原因分析：

（1）光面天然石板材是由机械锯割开片，再用平面磨光机加水磨光，则光面、镜面石板材背面沾附着磨细的石粉浆液，安装前没有洗刷干净，而造成板材与基层粘结不牢而脱壳。

（2）使用劣质水泥或存放期超过 3 个月的结块水泥，拌制的水泥砂浆不计量，搅拌好的砂浆停放时间超过 3h 后继续使用，导致强度低。

（3）施工不遵守规范和规程中的有关要求：如不设钢筋网，不用 18 号铜丝挂扎牢固，而是用铁丝挂扎，铁丝锈蚀而断裂。灌缝的水泥浆加水量过多，当缝隙灌满后沉缩与干缩，造成空隙，降低粘结强度。

（4）板材拼缝的缝隙中没有填嵌密实粘结浆液，雨水渗入后，因滞留在缝隙中的水分受冻后体积膨胀，将板块挤裂。

（5）因建筑的结构温差和干缩变形，造成天然石板块受力不匀而脱壳。天然石板块的自重大，造成板块与粘结层之间的剪切力较大，当剪应力大于粘结强度时，板块脱落。

处理方法：

（1）板块大面积脱壳的处理。必须拆除全部板块并编号按规定排列好，凿除原有水泥砂浆粘结层；扫刷冲洗洁净基层面和板块反面。配齐因破损与不足尺寸的板材，需选用同规格和色泽、花纹相同的板块。如为外墙面，最好不再用大理石板材。重新全面整理好竖向、横向的钢筋网，绑扎或焊接补齐牢固。补钻好板块的孔眼和槽，孔内穿 18 号铜丝。全面检查基层抹灰找平层的质量，如有脱壳和裂缝处，必须修补合格后，检查水平和垂直度。在最下一行两端控制好水平和垂直线。拉好水平线，从阳角或分好中线的中间一块开始，将板块已穿好的防锈金属丝和钢筋网骨架绑扎固定，控制板块与墙面的灌浆缝隙为 20mm 左右。然后向两侧安装，用靠尺与水平尺托平靠直。接缝可垫入木模，用石膏嵌好缝隙的外面，用支架或支撑临时固定。灌入搅拌均匀的 1：2.5 水泥砂浆，稠度控制在 80～120mm 之间，分层灌注，每层高度在 200mm 以内。灌到板块上口底 60mm 处暂停，终凝后再二次灌平。清除木楔、石膏后，将表面擦净，继续安装其他板块。

（2）采用环氧树脂螺栓锚固法。

1）钻孔：在脱壳大理石板上，确定钻孔位置和数量，用 $\phi12$ 钻头在石板面上先钻 5mm 深的孔，再用 $\phi10$ 的钻头钻孔，孔深到达墙体内 30mm 以上，钻头应向下倾斜 15°，清除孔内的灰粉。

2）配制环氧树脂水泥浆，配合比为：6106 号环氧树脂：邻苯二甲酸二丁酯：590 号固化剂：水泥＝100：20：20：（100～200）。配制时，将环氧树脂和邻苯二甲酸二丁酯搅拌均匀，加入 590 号固化剂搅匀，再加入水泥搅拌匀；采用树脂枪灌注，枪头深入孔底，枪头慢慢向外退出，确保孔内树脂浆饱满。

3）放入锚固螺栓，螺栓直径为 6mm，全螺纹型，一端带六角螺母，粘牢扣住石板，螺栓要经化学除油，表面涂抹一层环氧树脂浆，慢慢转入孔内，待树脂浆固化后，用丙酮或二甲苯及时擦洗干净残留在石板面的浆液，保养 2～3d。

4）砂浆封口：孔洞外口用配合比为 108 胶：水：白水泥浆＝1：4：12 的砂浆，加颜色适配成与饰面石板颜色相同的砂浆，将孔洞嵌填密实。

（3）膨胀螺栓固定法：确定螺栓位置，从石板外面打孔深入墙体 100mm 以上，将膨胀螺栓打入孔中，将石板固定，拧紧螺栓。将凸出板面的螺栓割平，按照第 4）条的方法封口。

【案例 9-10】 某市沿街建筑挑檐外口，垂直板面高 1500mm，垂直面花岗岩板块整体脱落，砸坏 12 辆自行车，1 人轻伤。

原因分析：

经查事故的原因是构造错误，板块是用铁丝固定的。查设计图纸上，没有注明钢筋网和铁丝绑扎的要求，施工管理不善，操作人员不按规范和规程要求施工，形成隐患。

处理方法：

凿除原有粘结层的水泥砂浆，刮除灰疙瘩，扫刷冲洗干净，在钢筋混凝土栏板上弹线，因下端的受力大，用 $\phi12$ 膨胀螺栓，上面受力小，用 $\phi10$ 膨胀螺栓，螺栓紧固后，纵横用 $\phi6$ 钢筋焊牢成网。将花岗岩板的背面洗刷干净，上下各钻两个 $\phi5$ 的孔，用 18 号铜丝穿入，绑扎在钢筋网上。当第一层的板块按规定就位，找准垂直、平整、方正后，将缝隙用石膏或密封胶嵌贴好，用稠度为 100mm 的 1：2.5 水泥砂浆开始分层灌注，每次灌 150mm 厚，灌到离板块上口 60mm 暂停，等砂浆终凝沉缩后再灌平。清理板缝上和板面的水泥砂浆。用同样的方法安装第二层、第三层。如先在水平缝上口涂刮一层防水密封胶作粘结层，则粘结强度和防水效果较好。

3. 斑驳和腐蚀

原因分析：

装饰外墙面的光面大理石表面常有结露，露水和水渗入石材，水中含有 SO_2 和 CO_2 等物质，能溶解石中的碳酸钙和方解石，经反应生成易溶于水的二水石膏（$CaSO_4 \cdot 2H_2O$）。这些被水溶解的白色浆液粘附在表面，使光亮的面层很快就失去光泽，使大部分表面存在褪色、粗糙的麻面和白斑。

处理方法：

对大理石面失去光泽和析白的处理：用刮刀刮除所有缝隙的砂浆，深度控制在 6mm 左右，被水溶解析出的白色浆痕，用板刷刷洗洁净晾干，用防水密封胶将纵横缝隙嵌填密实，堵住一切渗水通道，随用上光软腊全面涂抹，用纱头擦抹光亮，用涂蜡隔离有害物质的侵蚀，保持原有的光泽，但要定期涂擦上光蜡。

4. 水斑痕

原因分析：

（1）花岗岩板块的拼缝，一般为干接缝，不防水。有的板块上口无压缝板块，一般都是采用稀水泥砂浆灌缝镶贴，因稀浆收缩值大，空隙多，水渗进缝隙，滞留在缝隙的水分浸透花岗岩光滑的板面，显出深浅不同的斑痕。此外水分还能溶解水泥砂浆和板块中的石膏、氢氧化钙等形成白浆，从缝隙渗出玷污板块。

（2）板块靠地面的底部，没有做防潮层，使水分沿毛细孔上升。

处理方法：

刮除缝隙中的砂浆和灰尘，深度控制在 6mm 左右，刮除干固的白色粘附物，扫刷干净，用柔性防水密封胶嵌填密实，顶面的缝隙必须全部封闭，花岗岩的板面涂满两遍有机硅树脂乳液，以提高板面的抗污染性能。

9.5 涂饰工程

1. 油性涂料的慢干与回粘

涂膜形成后，久久不干，手触有粘感。

原因分析：

（1）油性涂料的质量低劣，配方中树脂少而干得慢。

（2）将不同类型的涂料混用，由于材性不相容、干燥时间不一，造成慢干、变色、发胀等质量问题。

（3）涂料施工环境差。含有盐、酸、碱雾和煤气等有害气体或液体污染，有的木构件上的干性松脂没有处理，涂料施涂后，酸碱等逐渐渗透涂膜而导致发粘。

（4）涂料中任意多加催干剂和稀释剂，也会造成发粘和慢干。

处理方法：

（1）当涂膜出现轻微的慢干或回粘的处理：可加强通风，如环境气温较低，可适当加温。加强保护，防灰尘污染，观察数日如已干燥结膜，可不再处理。如不能干燥结膜，处理方法同下述方法。

（2）涂膜慢干或回粘严重的处理：一般采用强溶剂苯、松香水、汽油等涂布面层，用溶剂擦洗干净晾干后，再选用优质涂料重新施涂面层。

2. 笑纹收缩（俗称“发笑”）

涂膜表面出现斑斑点点收缩，露出底层。

原因分析：

（1）底层表面太光滑，底涂光泽大；有油污、蜡质、潮气时，涂膜附着力差，表面张力使涂膜收缩，产生破绽和露底。

（2）溶剂选用不当，挥发太快，涂膜来不及二度流平，即出现收缩发笑现象。

（3）涂料的粘度小，涂刷涂膜太薄。也有喷涂时混入油或水，产生涂膜收缩。

（4）使用劣质涂料，不能涂成均匀的膜层，也会产生收缩。

处理方法：

（1）施涂时即发现有“发笑”现象的处理：应即停止施涂，用肥皂水、洗洁精溶液或酒精擦洗一遍，随用清水洗净溶液晾干。再用细砂纸全面打磨，揩擦干净，重新涂刷优质涂料。

（2）已干燥的涂膜“发笑”的处理：应用溶剂将涂膜洗刷掉，揩擦干净，待干燥后，用0号细砂纸打磨揩净，重涂优质涂料。

3. 涂膜开裂、卷皮

原因分析：

（1）涂料质量低劣，成膜后脆裂。

（2）屋面沾有油污物质，涂膜粘结不牢。

（3）屋面有干湿变化，涂层太厚收缩大，底层面光滑附着力小。

（4）底涂层没有实干，就涂刷面层涂料。有的使用油性底涂层，挥发性面层涂料，接触空气挥发干燥快，涂膜收缩结硬，其后底涂层逐渐干燥收缩，致使面涂层开裂、卷皮、脱落。

处理方法：

（1）对涂层大面积开裂、卷皮的处理：将开裂卷皮的涂膜用刮刀刮除，随用强溶剂涂刷湿润后，再用溶剂洗刷干净，然后用清水冲洗净溶液，晾干。用0号细砂纸打磨揩擦干净，重涂优质涂料。

（2）局部涂层开裂、卷皮的处理：用刮刀轻轻刮除开裂卷皮处，用细砂纸打磨底层，揩擦干净，选用与原涂层同品种的涂料，补涂平整，确保颜色相同。

【案例9-11】 某旅行社新建一栋6层砖混结构的办公楼。为获得艺术装饰效果，外墙拟采用光泽高溶剂型外墙涂料。涂饰前发现墙面平整度差，担心在阳光照射下，暴露出明显缺陷，影响美观。后改用无光外墙乳液型涂料涂饰。验收前，承建商发现：成膜不良，多处出现了不规则裂缝，且有发展趋势。决定对裂缝严重部位作返工处理。

原因分析：

（1）成膜不良。涂饰施工时，正值冬季，平均气温低于5℃。

（2）基层抹灰过厚，干缩变形，造成膜层裂缝。

（3）抹灰层裂缝尚在发展，涂饰施工过早。

（4）涂料的渗透性差，对微细裂缝也不能弥合。

处理方法：

（1）对涂层大面积的开裂，将开裂的涂膜用刮刀刮除，随用强溶剂涂刷湿润后，再用溶剂洗刷干净，然后用清水冲洗净溶液，晾干。用 0 号细砂纸打磨揩擦干净，重涂优质外墙乳液涂料。

（2）局部涂层的开裂，用刮刀轻轻刮除开裂卷皮处，用细砂纸打磨底层，揩擦干净，选用与原涂层同品种的涂料，补涂平整，确保颜色相同。

4. 气包、针孔

膜层出现大小不同的气泡，具有弹性。

原因分析：

（1）涂膜基层处理不当，木材面的管孔大；水泥砂浆表面有水孔、气孔，没有按规定刮补好。气眼中的空气受热膨胀，使涂膜形成气包。

（2）基层含水率大，当涂层干燥时，未逸出的水蒸气导致涂膜鼓包。

（3）喷涂时压缩空气带入涂膜中，使涂层产生气包。

处理方法：

（1）少量气包和针孔的处理：先用刮刀轻轻刮除气包和针眼处的涂膜，用 0～1 号砂纸打磨平整揩擦干净；用腻子补嵌孔眼和凹坑，再打磨擦净，补涂同品种、同颜色的涂料，要求与周围的涂膜平整，颜色一致。

（2）成膜的涂层气包较多的处理：将涂膜刮除，查明原因，如基层含水率大，要加强通风排除水分，然后再施涂。如因其他原因，要采取针对性的处理措施。用砂纸打磨，补嵌腻子，打磨揩擦洁净，再补涂涂料面层。

5. 反碱（析白、反霜）

施涂涂料后，膜层表面出现毛状物，形似白霜，称之为“反碱”。

原因分析：

砌体、混凝土墙体上的水泥砂浆、混合砂浆的抹灰层中含碱量大，当墙体受潮后向外析出，造成涂膜局部发霉，析出白霜，严重的反碱可导致抹灰层、涂层脱壳，随时间延长而酥松逐渐脱落。

处理方法：

（1）轻度反碱的处理：用清水冲洗白霜，随用板刷擦洗干净，晾干后，重涂刷涂料罩面层。如涂料不耐碱，在涂层施工前，配 15%～20%浓度的硫酸锌或氯化锌溶液，在抹灰层面上涂刷几遍，干燥后扫除中和析出的粘附物。也可用稀盐酸或稀醋酸溶液涂刷进行中和处理，再洗刷干净后，晾干，重涂面层涂料。

（2）重反碱处理：铲除碱化的酥松层，洗刷干净。用氟硅酸锰溶液（相对密度为 1.075～1.162），也可用锌或铝的氟硅酸盐，在基体面上重复涂刷几遍，每涂刷一遍间隔 24h，把基体中的碱性物质中和，然后全面刷除粉质浮粒，冲洗洁净后晾干，再用与原配合比相同的砂浆分层补抹平整，养护 7d 以上。硬化后，再涂刷涂料面层。必须消除墙体的水源，不再返潮。

6. 涂膜失光（倒光）

涂料涂饰后，光泽饱满，膜层逐渐失光。

原因分析：

（1）涂料质量低劣，掺不干性稀释剂多，不耐晒而失光。

（2）有光涂料成膜时，被烟气、煤气熏染后起化学反应，使涂膜失光。

（3）涂料操作时的环境湿度大于80%时，水分子和涂料混合或凝集在涂膜的表面，呈现出白色的雾状凝结物。

（4）底涂层或腻子未实干，又没有磨平，影响面层涂料光泽。施涂前没有清扫周围环境区，遇有大风，灰尘都粘附在涂膜上，使涂膜失去光洁度。

处理方法：

对已失光或粘有灰尘的涂膜处理：用0号细砂纸全面打磨，揩擦刷扫洁净，施涂区的环境打扫洁净。施涂温度要高于5℃，气候干燥，相对湿度小于70%，选用和底层涂料材性相溶的优质涂料涂刷面层。

7. 金属面涂膜反锈

涂饰金属表面后，膜层表面初期略透黄色，黄色处逐渐破裂，露出锈斑。

原因分析：

（1）金属构件没有按规定酸洗磷化处理。有的构件受酸液、氯气或其他有害气体和水分的侵蚀。

（2）防锈涂料质量低劣，不起防锈作用，铁锈胀裂涂膜、玷污涂膜。

（3）膜层太薄，附着力弱，水分或腐蚀气体透过涂膜腐蚀金属，加速锈蚀，渗透到膜层表面，破坏膜层。

处理方法：

对已产生锈蚀的涂膜，敲击和铲除脱壳的涂层，彻底清除铁锈，采用防锈涂料涂刷，不得有漏涂和少涂现象。经检查合格后，方可涂面层涂料。

本章小结

本章主要内容为地面工程、抹灰工程、门窗工程、饰面工程、涂饰工程的常见质量缺陷分析与处理。

地面工程主要简述了水泥地面和细石混凝土地面、水磨石地面、板块面层、木板面层；抹灰工程简述了一般抹灰工程和装饰抹灰工程；门窗工程简述了木门窗安装工程、金属门窗安装工程和塑料门窗安装工程；饰面工程介绍饰面砖和饰面板两种典型的饰面；涂饰工程介绍了油性涂料的慢干与回粘，笑纹收缩，涂膜开裂、卷皮，气泡、针孔，反碱，涂膜失光，金属面涂膜反锈等质量缺陷产生的原因及处理方法。

思考与练习题

9-1 水泥地面和细石混凝土地面常见的质量缺陷有哪些？

9-2 一般抹灰工程常见的质量缺陷有哪些？

9-3 简述钢门窗锈蚀的原因及处理方法。

9-4 简述饰面板裂缝的原因及处理方法。

9-5 简述涂饰工程中“反碱”的原因及处理方法。

9-6 某办公楼地面铺设大理石板材，工程竣工交付使用前，出现了空鼓、接缝不平、地面开裂等质量缺陷。试分析大理石板材出现空鼓、接缝不平、地面开裂现象的原因及处理方法。

9-7 某四星级宾馆，装修时正立面外墙安装红色大理石板饰面。一年后，发现大理石褪色加剧，隐约可见黑影，极大影响了装饰效果，且门庭处大理石脱落。试分析外墙大理石脱落的原因及处理方法。

9-8 某高层建筑，设备用房楼地面为长条形杉木企口楼板，铺在现浇钢筋混凝土楼板上，设计要求在搁栅间距中，铺设50mm厚湿拌炉渣混凝土，然后铺钉木地板，完工后，因设备没有及时进场，所以将门窗全部关闭。一年左右，当设备进场后，进行安装，发现木地板大部分已腐朽，人踩上去就断。试分析木地板腐朽的原因及处理方法。

第 10 章　工程灾害事故分析与处理

本章要点及学习目标

本章要点：

本章主要介绍了火灾事故的成因，火灾对建筑的影响，火灾后结构的鉴定与加固；介绍了地震灾害的表现形式，工程结构的抗震加固方法，举例说明结构的抗震加固；介绍了燃气的分类和组成，举例说明燃爆事故，工程燃爆事故的分析与处理。

学习目标：

理解火灾事故的成因，了解火灾对建筑的影响，掌握火灾后结构的鉴定与加固；了解地震灾害的表现形式，掌握工程结构的抗震加固方法；了解燃气的分类和组成，掌握工程燃爆事故的分析与处理。

10.1　火灾事故

10.1.1　概述

近几十年来，国内外特大恶性建筑火灾屡有发生。1971 年 12 月 25 日，韩国 22 层的汉城大然阁饭店起火，死 163 人，伤 64 人，高楼全部报废。1972 年 5 月 13 日，日本大阪市千日百货大楼，由于电气施工人员边工作边吸烟，引发大火，死亡 117 人，伤 82 人。1980 年，美国米高梅饭店大火，死亡 85 人。2001 年 9 月 11 日，恐怖分子劫持飞机撞击美国纽约世贸中心大楼，爆炸起火，大火最终导致大楼坍塌，事故造成至少 453 人死亡，5422 人失踪。在我国，1994 年新疆克拉玛依友谊馆发生特大火灾，死亡 325 人。1994 年阜新市歌舞厅发生特大火灾，死亡 233 人。1996 年 11 月 21 日，香港一座 16 层高的购物大楼发生大火，造成 40 人死亡，81 人受伤。

火灾在造成人员伤亡的同时，还会造成巨大的经济损失。据统计，全球发达国家每年的火灾损失额多达几亿甚至十几亿美元，占国民经济总产值的 0.2～1.0%。美国 1976 年至 1980 年间，每年平均发生火灾 307.4 万起，火灾死亡人数 8730 人，直接经济损失折合人民币达 83.5 亿元。日本 1980 年发生火灾 6 万起，经济损失达 1460 亿日元。英国、加拿大、澳大利亚等国家的情况同样严重。我国火灾直接经济损失逐年递增，20 世纪 80 年代，平均每年火灾直接经济损失 3 亿元，20 世纪 90 年代平均每年因火灾损失 11 亿元，21 世纪以来则平均每年损失 14 亿元。火灾产生直接经济损失的同时，还会产生十倍以上的间接经济损失。

我国近年来火灾发生率的变化趋势如图 10-1 所示。自改革开放以来，随着经济建设的发展，城镇数量和规模的扩大，人民物质文化水平的提高，在生产和生活中用火、用电、用易燃物和可燃物，以及采用具有火灾危险性的设备、工艺逐渐增多，因而发生火灾的危险性也相应地增多，火灾发生的次数以及造成的财产损失、人员伤亡呈现上升的趋势。在2002年我国火灾次数处于最高水平，发生火灾20多万起。之后，火灾次数逐年降低，但每年仍有13万起以上火灾发生。表10-1列出了近年来我国部分特大火灾，这些火灾造成了严重的人员和财产损失，为社会各界所高度关注，甚至对社会稳定造成了影响。

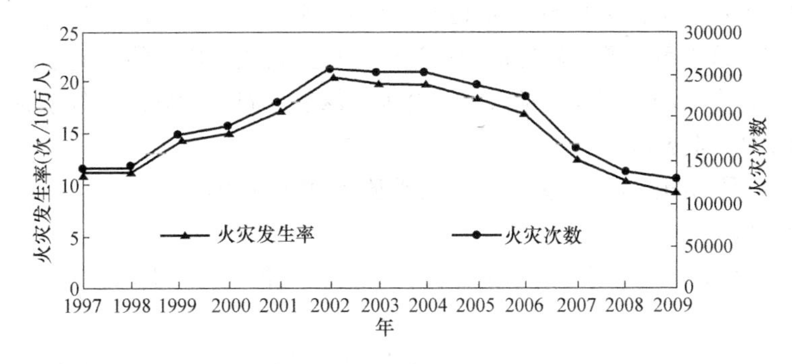

图10-1 1997～2009年我国火灾次数与火灾发生率

2000年以后我国发生的严重火灾 **表10-1**

发生时间	起火单位名称或地址	死亡人数（人）	受伤人数（人）	直接损失（万元）	火灾场所	火灾原因
2000年3月29日	河南省焦作市天堂音像俱乐部	74	2	20	录像厅	电气
2000年4月22日	山东省青州市某肉鸡加工车间	38	20	95.2	车间	电气
2000年12月25日	河南省洛阳市东都商厦	309	7	257.3	歌舞厅	电焊
2003年2月2日	黑龙江省哈尔滨市天潭大酒店	33	10	15.8	商住楼	违反操作规程
2004年2月15日	吉林省吉林市中百商厦	54	70	426.4	商场	吸烟
2004年2月15日	浙江海宁市黄湾镇五丰村	40	3	0.1	农村	用火不慎
2005年6月10日	广东省汕头市华南宾馆	31	28	81	娱乐场所	电气
2005年12月15日	吉林省辽源市中心医院	37	46	821.9	医院	电气
2007年10月21日	福建省莆田市秀屿区笏石镇飞达鞋面加工厂	37	19	30.1	“三合一”场所	放火
2008年9月20日	广东省深圳市龙岗区舞王俱乐部	44	64	27.1	歌舞厅	室内发射烟花弹
2009年2月9日	央视新大楼火灾事故	1	—	16000	央视大楼	违规燃放烟花
2010年11月5日	吉林市商业大厦火灾事故	19	24	—	商业楼	电线短路
2010年11月15日	上海市静安区胶州路高层公寓大楼	58	71	15800	高层住宅楼	违章电焊
2012年6月30日	天津蓟县特大火灾事故	10	16	—	商场	空调电线短路

1. 火灾事故的分类

火灾分为建筑火灾、石油化工火灾、交通工具火灾、矿山火灾、森林草原火灾等。其中，建筑火灾发生的次数最多，损失最大，约占全部火灾的80%。建筑火灾主要是指建筑物或建筑构件燃烧以至结构破坏倒塌，造成人员伤亡及财产损失的灾害。建筑物的主要支撑体系是建筑构件，火灾发生后，必须在一定时间内保持足够的支撑承载能力，这样才有助于受困人员安全撤离火灾现场，消防救援人员及时进行灭火，开展救护受困伤亡人员等活动。多数建筑火灾发生在建筑物的局部或多高层建筑中的一至两层内，受火灾破坏的建筑物能否继续使用，是否可以通过修复加固措施恢复建筑物的使用功能，就必须科学地判断建筑物结构的受损程度，确定其残余承载力，合理地修复加固，达到减少经济损失的目的。

2. 火灾事故原因分析

建筑起火的原因可以分为人为原因、自然原因和爆炸原因。

（1）人为原因

主要包括电气事故、违反操作规程、火灾隐患排除不利、生活和生产用火不慎、纵火等。

1）电气设备引起火灾的原因，如电气设备超负荷运行，电气线路接头接触不良，电气线路短路，照明灯具设置使用不当，在易燃易爆车间内使用非防爆型的电动机、灯具、开关等。

2）违反操作规程引起火灾的情况很多。如将性质相抵触的物品混存在一起，引起燃烧爆炸；在焊接和切割时，迸出火星和熔渣，焊接切割部位温度很高，如果没有采取防火措施，则很容易酿成火灾；在机器运转过程中，不按时加油润滑，或没有清除附在机器轴承上的杂质、废物，使机器这些部位摩擦发热，引起附着物燃烧起火；化工生产设备失修，发生可燃气体、可燃液体跑、冒、滴、漏现象，遇到明火燃烧或爆炸。

3）火灾隐患意识不强、排除不利导致火灾甚至爆炸的发生。如燃气管道设备老化、腐蚀严重，长时间未进行检测维修，导致燃气泄漏引发爆炸火灾；瓶装燃气灌装超量、瓶体受热膨胀、瓶体受腐蚀或撞击，导致瓶体破损漏气引起火灾爆炸事故。

4）生活和生产用火不慎引起的火灾原因，有吸烟不慎、炊事不慎、取暖用火不慎、燃放烟花爆竹等。

5）纵火分刑事犯罪纵火及精神病人纵火。

（2）自然原因

主要包括雷电、静电、地震、自燃等引起的火灾。

1）雷电引起的火灾原因大体上有三种：一是雷直接击在建筑物上发生的热效应、机械效应作用等；二是雷电产生的静电感应作用和电磁感应作用；三是高电位沿着电气线路或金属管道系统侵入建筑物内部。在雷击较多的地区，建筑物上如果没有设置可靠的防雷保护设施或其失效，便有可能发生雷击起火。

2）静电引起的火灾，通常是由静电放电引起。如易燃、可燃液体在塑料管中流动，由于摩擦产生静电，引起爆炸；抽送易燃液体流速过大，无导除静电设施或者导除静电设施不良，产生火花引起爆炸。

3）发生地震时，人们急于疏散，往往来不及切断电源、熄灭炉火以及处理好易燃、易爆生产装置和危险物品，因而伴随着地震会有各种次生火灾发生。

4）自燃是指在没有明火的情况下，物质受空气氧化或受外界温度的影响，经过较长时间的发热或蓄热，逐渐达到自燃点而发生的现象。如堆在仓库的油布、油纸，因通风差，以至积热不散发生自燃。

（3）爆炸原因

主要包括燃气爆炸、化学爆炸、核爆炸等引起的火灾。几乎所有的爆炸都伴随着火焰的产生与传播，许多火灾往往直接起源于爆炸。爆炸时由于建筑物内留存的大量余热，会把从破坏设备内部不断流出的可燃气体或可燃蒸气点燃，使建筑物内的可燃物全部起火，加重爆炸的破坏。

10.1.2 火灾对建筑的影响

1. 建筑材料与建筑构件的耐火性能

不同的建筑材料有着不同的耐火性能，表 10-2 给出的几种主要建筑材料的耐火性能，是在试验室理想化条件下观测的。建设部门将建筑材料按其燃烧性能粗分为四类，列于表 10-3。

几种主要建筑材料的耐火性能 **表 10-2**

种类		耐火温度及表征	备注
岩石		600～900℃热裂	—
黏土砖		800～900℃遇水剥落	—
钢材		300～400℃强度开始迅速下降，600℃丧失承载力	—
混凝土	花岗岩骨料	550℃热裂	增大保护层可延长耐火时间
	石灰石骨料	700℃热裂	
钢筋混凝土		300～400℃钢筋与混凝土粘着力破坏	—
硅酸盐砖		300～400℃热裂，释放 CO_2	—
木材		100℃释放可燃气，240～270℃，一点即着，400℃自燃	—
玻璃		700～800℃软化，900～950℃溶解	玻璃窗限制 250℃

建筑材料燃烧性能分类表 **表 10-3**

类别	名称	简单描述
A	不燃性材料	火烧或高温下不起火、不燃、不微燃，如石材、混凝土、金属
B1	难燃性材料	火烧或高温作用下，难起火、难燃、难微燃、难引燃，火源移走燃烧可立即停止，如水泥、木屑板及许多无机复合材料
B2	可燃性材料	火烧或高温下燃烧，火苗移走大都可继续燃烧，如三合板、杉木板等有机材料
B3	易燃性材料	凡比 B2 类更易燃烧的材料均列入此列，如聚苯乙烯泡沫板、厚度≤1.3mm 模板等

对于建筑构件一般分为三类：第一类是非燃烧构件；第二类是难燃烧构件；第三类是燃烧构件。所谓非燃烧构件，指用在空气中受到火烧或高温作用时不起火、不微燃的材料做成的构件，如钢筋混凝土、加气混凝土等构件。所谓难燃烧构件，指用在空气中受到火烧或高温作用难起火的材料做成的构件，如经过防火处理的木材、刨花板等。所谓燃烧构件，指用在空气中受到火或高温作用时，立即能起火或微燃，并且离开火源后仍能继续燃

烧或微燃的材料做成的构件，如木构件等。

建筑构件起火或受热失去稳定而导致破坏，能使建筑物倒塌，造成人身伤亡。为了安全疏散人员，抢救物资和扑灭火灾，要求建筑物具有一定的耐火能力。建筑物的耐火能力又取决于建筑构件耐火性能的好坏。

2. 混凝土在高温下的物理力学性能

为了量测的需要，大多数建筑材料的燃烧性能是在试验室条件下用电高温加热而不是用明火燃烧来实现的，判定的序列标准是温度而不是火苗传播、形状等参数。这样做的目的不仅是为了便于量测和控制，更主要的温度是燃烧的主要参数，对建筑材料尤其如此。

混凝土是以水泥胶凝材料和粗、细骨料适当配合，加水后经一定时间硬化而成的非匀质材料，为固、液、气三相结合结构。这些材料本身的热工和力学性能，在高温下会发生明显的变化，从而影响混凝土的抗火性能。

(1) 混凝土的热工性能

混凝土的热工性能主要表现为热导率、热膨胀系数、热容及密度四个参数。

1) 热导率

混凝土的热导率是指单位温度梯度下，通过单位面积等温面的热流速度，单位为“W/(m·K)”。它主要受骨料种类、含水量、混凝土配合比等因素的影响。许多学者对这些因素进行了试验研究，得到了比较一致的结论。随着温度的提高，混凝土的热导率近似线性减小。不同类型骨料的混凝土，其热导率可相差一倍以上。当温度小于100℃时，混凝土的热导率主要受材料含水量的影响，而后随着温度的提高，自由水分不断蒸发，其影响越来越小。所以，在事故高温下和承受较高温度辐射的钢筋混凝土结构中，混凝土的热导率一般不考虑水分的影响。此外，当混凝土加热至预定温度后降温时，热导率不仅没有恢复（增大），反而继续减小。

2) 热膨胀系数

热膨胀系数是指温度升高1℃时物体单位长度的伸长量，单位为“$℃^{-1}$”。它和热导率是影响混凝土力学性能的主要因素。自由试件在升温时产生热膨胀的主要原因是：当温度低于300℃时，混凝土的固相物质和空隙间气体受热膨胀；当温度高于400℃后，水泥水化生成的氢氧化钙脱水，未水化的水泥颗粒和粗细骨料中的石英成分形成晶体而产生巨大膨胀。

3) 热容

热容是指温度升高1K时单位质量的物体所需要的热量，单位为“J/(kg·K)”。虽然混凝土的热容受其骨料种类、配合比和水分的影响，但这些影响都不大。

4) 密度

密度是指单位体积的物体质量，单位为“kg/m^3”。由于加温过程中水分的蒸发，混凝土的密度在受热过程中有所降低。轻骨料混凝土密度的减少比一般混凝土的大些，但总的来说还是很小。

(2) 混凝土过火后表面特征

过火后的混凝土建筑根据其表面特征可以大致判断它的过火温度，对于确定修复方案有着重要的实用价值。用普通水泥（P.O）、矿渣水泥（P.S）、火山灰水泥（P.P）制成标准混凝土试块，模拟实际火灾升温曲线对试块进行灼烧试验，试验结果见表10-4。试验表明：三种水泥制成的混凝土试块受热后颜色都会发生改变。三种水泥颜色变化规律与加热时间的关系大体是相同的，都是随着加热时间的增长、温度的升高，颜色变化规律是红→粉红→灰→浅黄。

混凝土外观变化与温度的关系 表 10-4

加热时间(min)	最高温度(℃)	普通水泥(P. O)		矿渣水泥(P. S)		火山灰水泥(P. P)	
		颜色	外形变化	颜色	外形变化	颜色	外形变化
不加热	15	浅灰	无	深灰	无	浅粉红	无
10	658	微红	无	红	无	红	无
20	761	粉红	无	粉	无	粉红	无
30	822	灰红	无	深灰白	无	橙	无
40～60	925	灰白黄	表面有裂纹，放置不粉化，角有脱落	灰白	同普通水泥	灰红白	同普通水泥
70～80	968	浅黄白	裂纹加大，放置时角脱落	浅黄	同普通水泥	浅黄	同普通水泥
90 以上	≥1000	浅黄	粉化，各面脱落	浅黄	同普通水泥	浅黄	同普通水泥

试验还表明，混凝土在不受外力作用下，当加热时间不足 50min（温度低于 898℃）时，试块外形基本完好，只有四角稍有脱落；当加热时间持续到 60min（温度 925℃）时，边角开始粉化脱落；70min（温度 948℃），混凝土各面开始粉化；80min（温度 968℃），表面的粉化深度 5～8mm；90min（温度 986℃），表面粉化深度 8～10mm；100min（温度 1002℃），表面粉化深度 10～12mm；120min（温度 1029℃），表面粉化深度 12～15mm。从混凝土表面裂纹大小也可以看到被烧温度的变化。

（3）混凝土在高温下的抗压强度

对高温下混凝土立方体的抗压强度，国内外已进行过大量的试验研究。影响高温下混凝土抗压强度的因素较多，比较一致的结论有：

1）当温度在 350℃以下，混凝土的抗压强度与常温时抗压强度值差别不大，破坏形态与常温下的试件也没有太大的差别；当温度大于 350℃以后，抗压强度明显下降，破坏形态也明显变化，上、下两端的裂缝和边角缺损现象开始出现，并随温度的提高而渐趋严重；当温度达到 900℃时，混凝土的抗压强度几乎不到常温下的 10%。

2）混凝土的强度越高，其抗压强度的损失幅度越大。

3）降温后的残余抗压强度比高温时的还要低，原因是冷却过程中试件内部的裂缝又有发展。

4）随着水灰比的增大，混凝土的高温抗压强度将降低。

5）高温持续下的混凝土抗压强度的下降大部分在第二天内就出现，温度越高，下降幅度越大，第七天后抗压强度趋向稳定。

6）混凝土龄期对高温下抗压强度影响较小。

7）试验温度较低（≤600℃）时，加热慢的试件比加热快的试件的强度低，但超过 600℃以后，升温速率对强度没有影响。

混凝土的抗压强度随温度的升高而逐渐降低。图 10-2、图 10-3 给出了高温下混凝土抗压强度与温度之间的回归关系式。

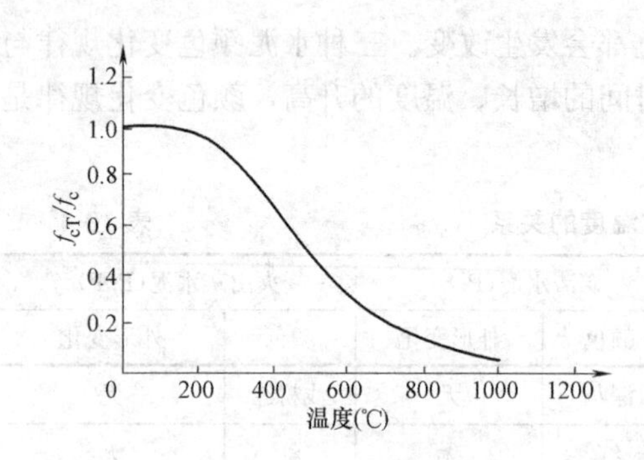

图 10-2 混凝土棱柱体强度与温度的关系

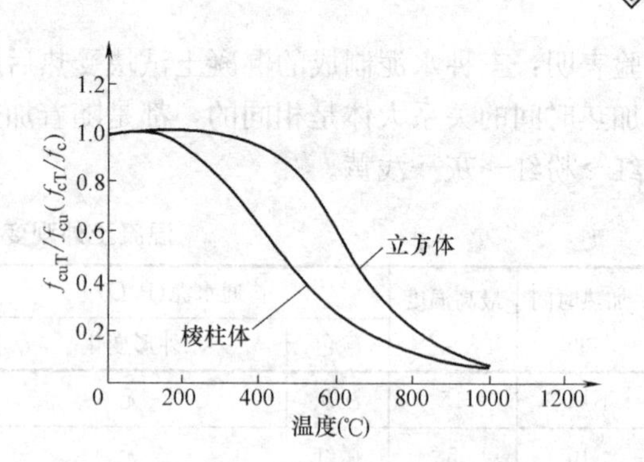

图 10-3 高温下混凝土立方体和棱柱强度与温度的关系

（4）混凝土在高温下的抗拉强度

高温下混凝土抗拉强度的试验一般都采用立方体和圆柱体试件的劈裂试验方法。结论是混凝土的抗拉强度随温度的升高而单调下降，但试验结果离散较大。

高温下混凝土的抗拉强度随温度的提高而线性下降，试验结果表明，在 100～300℃范围内混凝土的抗拉强度下降缓慢，超过 400℃后则剧烈下降；此外，由于升温过程中水分的蒸发、内部微裂缝的形成，高温下混凝土的抗拉强度比抗压强度损失要大。

（5）混凝土在高温下的弹性模量

混凝土的弹性模量，包括初始弹性模量和峰值变形模量，都随试验温度的升高而降低，与下列因素有密切关系。

1）骨料种类对混凝土弹性模量的影响较大，膨胀黏土骨料的弹性模量最小，其余依次为石英石、石灰石和硅化物骨料。

2）混凝土的水灰比越高，弹性模量降低越多。

3）湿养护的混凝土比空气中养护的混凝土弹性模量损失多。

4）高强混凝土的弹性模量比普通混凝土受温度的影响小。

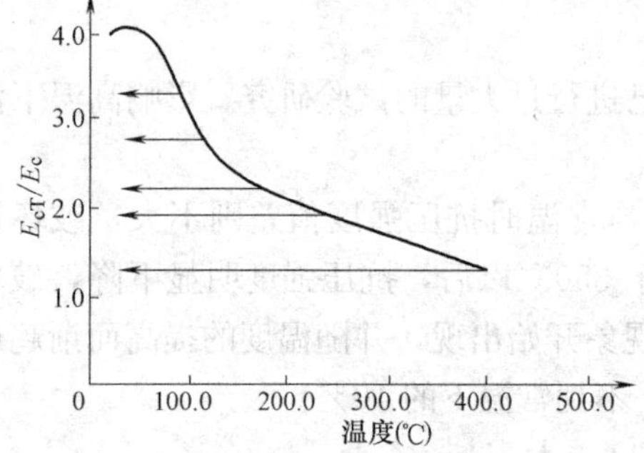

图 10-4 高温下混凝土的弹性模量

由于高温下混凝土内部损伤在降温时不可恢复，因此，降温过程中，弹性模量基本不变，呈水平直线状态。图 10-4 给出了高温下混凝土弹性模量的变化，其中 E_c 和 E_{cT} 分别表示常温下和高温下混凝土的初始弹性模量。

3. 钢材在高温下的物理力学性能

（1）钢材的热工性能

对于钢筋混凝土构件来说，高温下钢材的热延伸可以高于、等于或低于包裹它的混凝土的膨胀值，导致构件不同的破坏方式，因此了解高温下钢材的热工及力学性能是很重要的。

1）钢材的热导率 λ

通常钢材的导热性能随温度升高而递减，但当温度达到 750℃时，其热导率几乎等于常数，所以一般只给出 0～750℃的热导率的变化，λ［单位：W/(m·℃)］可采用以下经验公式求出：

$$\lambda=-0.0329T+54.7 \qquad (10\text{-}1)$$

2）钢材的比热 c_p

钢材的比热 c_p［单位：kJ/(kg·℃)］与温度的关系可用下式表达

$$c_p=38.1\times10^{-8}T^2+20.1\times10^{-5}T+0.473 \qquad (10\text{-}2)$$

3）钢材的热膨胀系数 α_s

钢材高温下产生膨胀，图 10-5 给出了钢材膨胀系数与温度的关系曲线。热膨胀系数可表达为

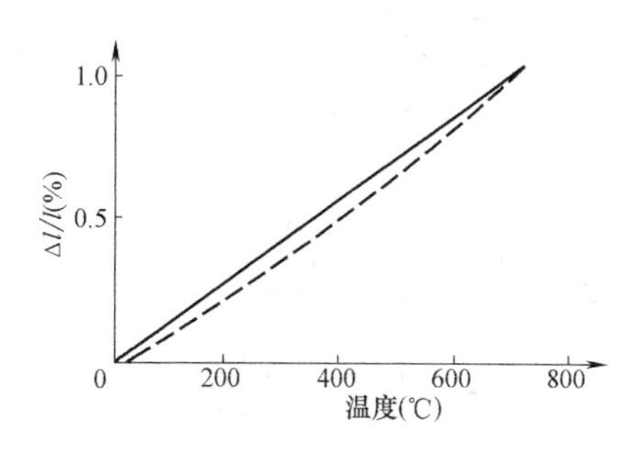

图 10-5 钢材膨胀系数与温度的关系曲线

$$a_s=\frac{\Delta l}{l}=0.4\times10^{-8}T^2+1.2\times10^{-5}T-3.1\times10^{-4} \qquad (10\text{-}3)$$

（2）钢材高温下的弹性模量

钢筋的弹性模量随温度的升高而不断降低，图 10-6 给出了钢筋弹性模量随温度的变化曲线。在 20～1000℃范围内可用两个方程来表述，600℃是这两个方程的分界线：

当温度在 20～600℃范围时
$$\frac{E_T}{E}=1.0+\frac{T}{200\ln\left(\frac{T}{1100}\right)} \qquad (10\text{-}4)$$

当温度在 600～1000℃范围时
$$\frac{E_T}{E}=\frac{600-0.69T}{T-53.5} \qquad (10\text{-}5)$$

（3）钢材在高温下的本构关系及抗拉强度

对于普通热轧钢筋，当温度小于 300℃时，其屈服强度降低不到 10%；而当温度升高到 600℃时，其屈服强度只剩下常温时的 50%左右，屈服台阶也随温度的升高逐渐消失。对于冷拔钢丝或钢绞线，当受火温度达到 200℃时，其极限强度的降低就更明显；在温度达到 450℃时，极限强度只有常温时的 40%左右。对于高强合金钢筋，在 200～300℃之间时强度反而有所上升，随后同冷拔钢筋呈同一趋势下降（图 10-7）。

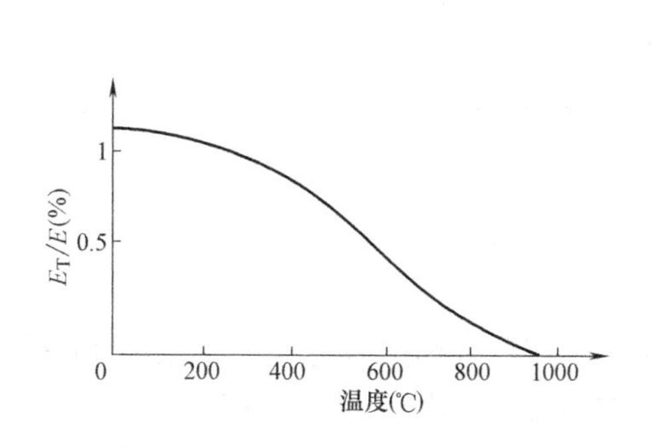

图 10-6 钢筋弹性模量与温度关系曲线

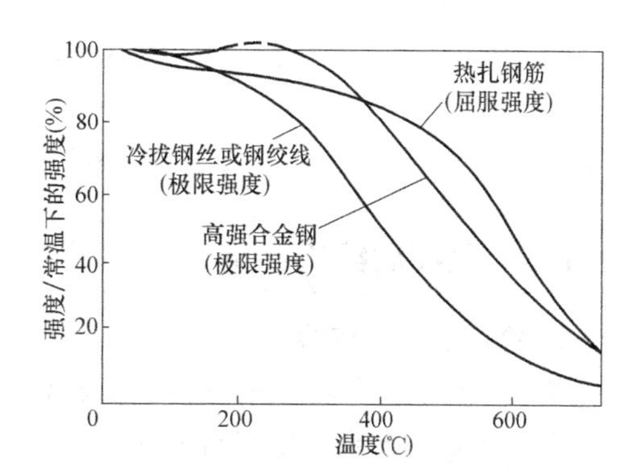

图 10-7 高温下的钢筋强度

（4）高强钢筋的高温性能

用于预应力的钢材大都是高强钢筋，这种钢材往往无明显的屈服台阶，高温下的性能与一般钢材不同，图 10-8 给出了这种钢材随温度升高强度下降的趋势，图中纵坐标代表

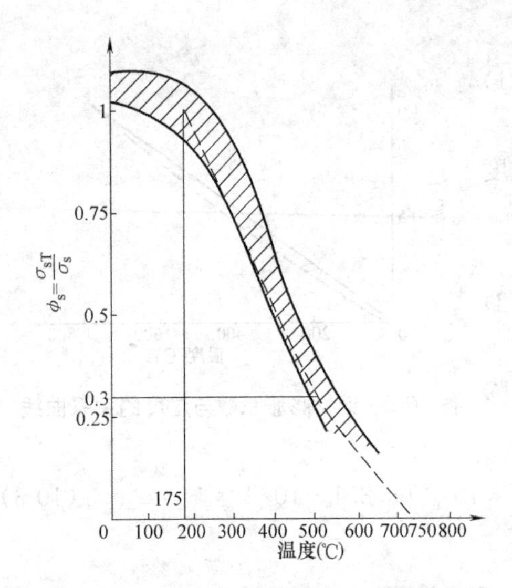

图 10-8 高强钢筋的高温特性

高温下的强度与常温下强度之比。由图中可看出，高强钢筋较具有明显屈服台阶的软钢对高温更为敏感，温度超过 175℃之后，强度急剧下降；温度达到 500℃时则降至常温强度的 30%；温度达到 750℃则完全丧失工作能力，无任何强度可言。一般来说，预应力构件耐火性能要低于普通混凝土构件，其原因除上述钢筋对温度比较敏感以外，还因为在高温下预应力极易损失，使构件难以正常工作。如对于强度为 600MPa 的低碳冷拔钢丝，当温度升高至 300℃时，其预应力几乎全部丧失。

（5）高温下钢筋与混凝土的粘结强度

钢筋与混凝土的粘结强度反映钢筋与混凝土在界面的相互作用的能力，通过这种作用来传递两者的应力和协调变形。它的大小对构件的裂缝、变形和承载能力有直接的影响。高温下混凝土与钢筋粘结强度的研究还不多，图 10-9 给出了一种有代表性的研究结果。高温下混凝土与钢筋粘结强度的损失与钢筋品种、表面形状和锈蚀程度有关，光面钢筋在高温下的粘结强度损失最大。与混凝土的抗压强度相比，粘结强度的损失要大得多。

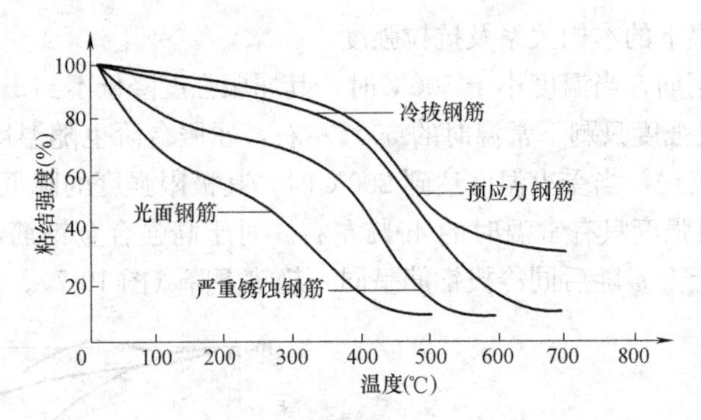

图 10-9 高温下钢筋与混凝土的粘结强度

10.1.3 火灾后结构鉴定

1. 鉴定程序与内容

建筑结构受损后鉴定的目的，是要对建筑结构作用及结构抗力进行符合实际的分析判断，以利于结构的合理使用与加固。建筑物鉴定的内容和范围可以是整体建筑物，也可以是区段或构件。

火灾后结构鉴定宜分三个层次进行，即初步鉴定（概念性分析）、详细鉴定（规范标准规定深度的分析）和高级详细鉴定（用高级理论鉴定分析）。按哪个层次进行以业主合同要求和能解决工程问题的需要为准。绝大多数结构做到第二层次即可，只有少数要求较高的结构或为解决疑难问题才做第三层次高级详细鉴定。

鉴定工作应委托专门机构或具有法定资质的单位进行。鉴定程序框图原则应和国际标准《结构设计基础——现有结构的评定》ISO 13822：2010 原则相一致，如图 10-10 所示。

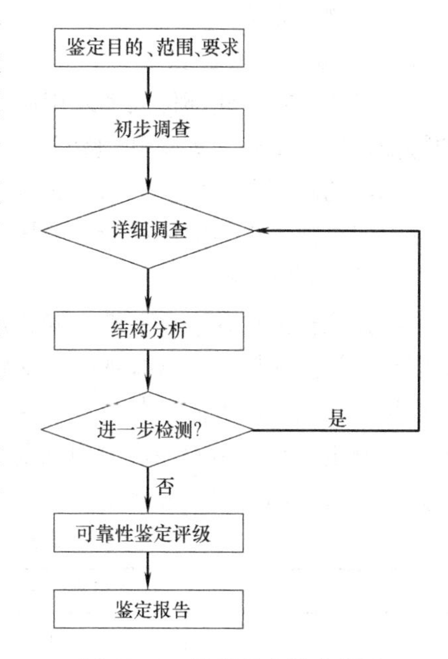

图 10-10　检测鉴定程序框图

火灾对建筑的损害与地震不同，火焰的高温使构成建筑物的材料本身会发生很大的变化，有时不仅是物理的，如强度、硬度等，甚至也会有化学的。火灾后建筑物必须通过鉴定确认受害情况和损坏程度，以便做出科学的加固修复方案，损害严重的应该拆除重建。

建筑物的火灾鉴定包括三项主要的内容：火灾温度；结构构件损伤程度；抗力计算及修复处理意见。其中的每一项都要靠一些检测手段才能确定，图 10-11 给出了详细的鉴定内容和步骤。

2. 火灾温度的判定

火灾温度与火场温度（消防部门称谓）的概念是差不多的，判定的手段也很多，可分物理方法、化学方法及计算方法。重大火灾可根据三种方法对比确定。

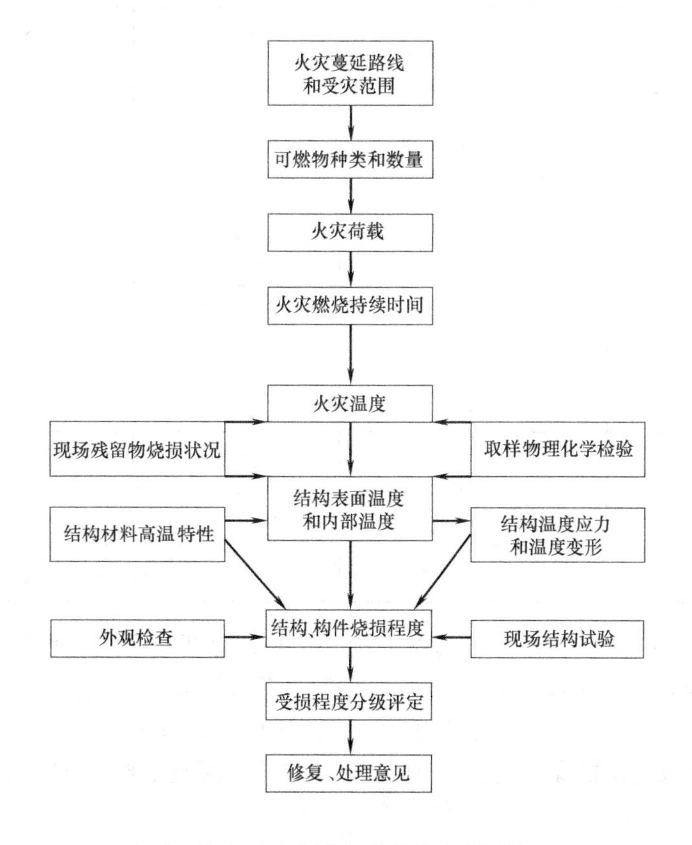

图 10-11　火灾事故鉴定内容和步骤

(1) 物理方法

1) 表面特征判定法

近代建筑在不同部位大都采用混凝土，过火后的混凝土表面因温度不同都呈现出不同的特征，见表10-4。如果知道建筑结构所采用的水泥种类，可确定大致的火灾温度。混凝土加热到破坏温度后，恒温加热时间越长，破坏越大。如果达不到破坏温度，尽管恒温加热时间很长，也不能使混凝土破坏。

2) 回弹仪检测法

回弹仪检测作为一种非破损检测技术，在常温下可以用来评定混凝土的质量。火灾中混凝土受高温作用后，其微观结构受到了损害，表面硬度发生了变化。由于各种部位在实际火场中受热温度不同，各部位也相应地表现出不同程度的损伤，因而各部位的回弹值也相应地发生变化。用回弹仪检测混凝土构件表面硬度，可以定性地判断烧损程度，判定其受热温度和受热时间。混凝土表面回弹值与受热温度、时间的关系见表10-5。

混凝土表面回弹值与受热温度、时间的关系 **表10-5**

加热时间(min)	最高温度(℃)	回弹值	回弹值降低率(%)
0 5	15 556	22 21.5	2
0 10	15 658	25 23	6
0 15	15 719	21.5 17.7	18
0 20	15 761	24.4 14.3	42
0 25	15 795	21 8.3	60.5
0 30	15 845	29.3 9.3	68.1
0 35	15 845	22.3 6.0	71.3
0 40	15 865	24.5 2.0	91.8
0 50	15 898	25 0	100

从表10-5可以看出，随着加热持续时间的增长、温度的升高，回弹值越来越小，回弹值降低率越来越大。在加热5～10min（556～658℃）时，混凝土表面硬度变化不大；加热到50min（898℃）以上时，混凝土表面已严重粉化，回弹值为0。火场勘查人员可以根据混凝土回弹仪测定被烧混凝土表面的回弹值，判断混凝土被烧温度的高低。

3) 超声波检测法

遭受火灾作用的混凝土建筑构件，混凝土内部出现许多细微裂缝，对超声波在其内部的传播速度影响很大。实验证明，超声波脉冲的传播速度随混凝土过火温度的升高而降低（图 10-12）。因此，可以根据超声波在混凝土内部传播速度的改变定性地说明混凝土结构某部位的烧损程度，进而说明该部位的受热温度的高低，以此判断火势蔓延方向和起火部位。

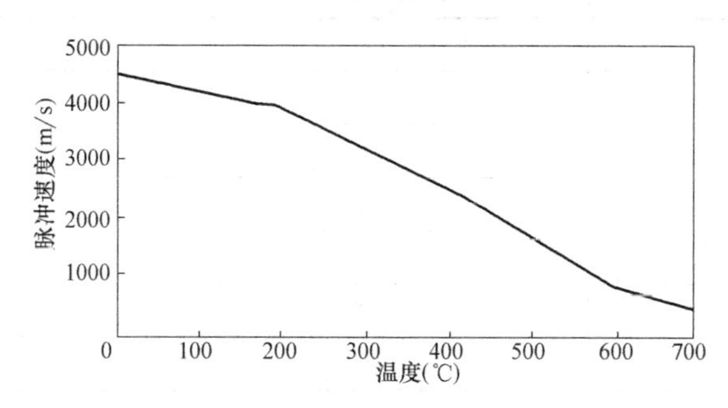

图 10-12 超声波脉冲传播速度与混凝土过火温度关系

（2）化学方法

当混凝土被加热时，会发生如下变化：

$$Ca(OH)_2 = CaO + H_2O \tag{10-6}$$

$$CaCO_3 = CaO + CO_2 \tag{10-7}$$

反应生成物数量随受热温度升高和时间增长而增加，因此，可通过测量其质量变化值判断混凝土火烧部位温度的高低。

1）测定中性化深度

混凝土中由于存在 $Ca(OH)_2$ 和少量 NaOH、KOH，因而硬化后的混凝土呈碱性，pH 值为 12～13。混凝土经火灾作用后，碱性的 $Ca(OH)_2$ 发生分解，放出水蒸气，留下中性的 CaO，CaO 遇无水乙醇的酚酞溶液不显色，$Ca(OH)_2$ 则显红色。因此，可以用 1% 酚酞的无水乙醇溶液喷于破损的混凝土表面，测定不显红色部分的深度，即中性化深度。实验研究表明，混凝土中性化深度随着加热温度的升高和加热时间的增长而加深。现场勘查时可直接在混凝土构件表面凿取小块，将小块放入 1% 酚酞的无水乙醇溶液中，测定混凝土中性化深度。通过测定不同部位混凝土构件的中性化深度，得出受热温度和持续时间。根据温度分布分析火势蔓延方向，进而分析判定起火部位。

2）测定碳化层中 CO_2 含量

混凝土在水化凝结过程中会生成大量 $Ca(OH)_2$，当混凝土长期在空气中自然放置时，表面层中的 $Ca(OH)_2$ 就会吸收空气中的 CO_2 形成 $CaCO_3$，通常把这种过程称为混凝土的碳化作用，所形成的 $CaCO_3$ 层叫碳化层（一般厚度为 2～3mm）。碳化作用的速度随空气中 CO_2 含量的增大而加快。一般碳化层中 CO_2 含量在 20% 左右。试验表明，当混凝土受热温度达 550℃ 时 $CaCO_3$ 开始分解，但分解速度很缓慢，随着混凝土受热温度的升高，其分解速度迅速增加。当达到 898℃ 时，分解出的 CO_2 分压可达到 1 个大气压。因此，898℃ 称为 $CaCO_3$ 的分解温度。如果加热温度继续提高，仍会加剧 $CaCO_3$ 分解速度，混凝土碳化层中 CO_2 含量将随加热温度的升高而降低。所以可在现场勘查中凿取混凝土碳化层试样，采用《煤中碳酸盐二氧化碳含量测定方法》GB/T 218—2016 测定二氧化碳的含量，通过查表10-6推算出燃烧时间和火烧温度。根据现场温度分布，分析判断火势蔓延方向和起火部位。

普通水泥混凝土碳化层中CO_2含量与受热温度、时间的关系表　　表10-6

加热时间(min)	最高温度(℃)	CO_2含量(%)
20	761	16.1
30	822	13.9
53	901	7.3
60	925	6.0
75	975	2.9
88	983	2.3
93	991	1.6

3）测定混凝土碳化层中游离氧化钙（*f*-CaO）含量

游离氧化钙（*f*-CaO）是指水泥熟料煅烧过程中未被硅酸二钙完全吸收的CaO，该项指标一般作为水泥厂的一项技术指标，含量在1%以下，如果过高则影响水泥质量。火灾中混凝土碳化层中的游离氧化钙（*f*-CaO）会随被烧温度发生变化（表10-7）。

火灾中混凝土碳化层中游离氧化钙（*f*-CaO）的含量随温度的变化　　表10-7

时间(min)	温度(℃)	*f*-CaO(P. P)	*f*-CaO(P. S)	*f*-CaO(P. O)
20	761	0.75	0.40	2.14
30	822	1.00	1.31	1.64
53	901	1.66	1.56	3.13
60	925	2.39	2.40	2.70
75	975	1.86	2.12	4.45
88	983	1.45	1.54	4.73
93	991	1.28	1.89	4.00

由表10-7可知：火场温度在761～925℃（时间20～60min）范围内，由于正好在$CaCO_3$分解温度范围内，温度升高，游离氧化钙（*f*-CaO）含量升高；当温度升至900～1000℃时，硅酸二钙吸收氧化钙变成硅酸三钙，此时游离氧化钙含量随温度升高而降低。因此，在现场勘查时凿取混凝土碳化层试样，采用《水泥化学分析方法》GB/T 176—2008中氧化钙测定方法测定氧化钙的含量，查表推算出燃烧时间和火烧温度。根据现场温度分布，分析判断火势蔓延方向和起火部位。

此外，还可以采用热分析技术测定混凝土碳化层中水泥的失重以及用电子显微镜测定混凝土中$Ca(OH)_2$晶体改变等方法来判断混凝土化学成分的变化，为分析判定火势蔓延路线和起火部位提供依据。

调查人员可以根据这些规律，依据火灾现场各部位混凝土的不同特征，“反推”出该部位火灾时曾受过的温度、持续时间的变化情况，找出受温最高、持续时间最长部位，用比较的方法从鉴别受热面和烧损破坏程度的顺序中辨明火源或火势蔓延方向，进而判定起火部位，认定起火原因。

（3）计算方法

1）火灾荷载的计算

一般先计算火灾荷载，再计算火灾燃烧持续时间，最后由燃烧持续时间即可求出火灾温度。建筑物内部有各种材料制作的各种物品，不同材料其单位质量的发热量是不同的。为计算方便，将火灾区域内实际存在的全部可燃物，按木材发热量统一换算成木材的重量，作为可燃物总量。可燃物总量除以火灾范围内的建筑面积，得到单位面积上的可燃物量（换算木材重量），称为火灾荷载。火灾荷载按下式计算：

$$q=\frac{\sum(G_iH_i)}{H_0A}=\frac{\sum Q_i}{18810A} \tag{10-8}$$

式中 q——火灾荷载（kg/m^2）；

G_i——可燃物质量（kg）；

H_i——可燃物单位质量发热量（kJ/kg）；

H_0——木材单位质量发热量，取 18810kJ/kg；

A——火灾单位区域面积（m^2）；

$\sum Q_i$——火灾区域内可燃物总发热量（kJ）。

由于临时性可燃物变化极大，计算通常非常繁杂和困难。因此，在计算有困难时，也可按建筑物的不同用途统计得到的火灾荷载资料进行估计，表 10-8 的数值可作为参考。

火灾荷载调查统计表 **表 10-8**

房屋用途	火灾荷载（k/m^2）	房屋用途	火灾荷载（k/m^2）	房屋用途	火灾荷载（k/m^2）
住宅	35～60	教室	30～45	图书库房	150～500
办公室	40～50	旅馆客房、医院病房	20～25	剧场	30～75
设计室	30～150	图书阅览室	100～250	商场	100～200
会议室	20～35			仓库	200～1000

2）计算火灾燃烧持续时间

火灾燃烧持续时间取决于可燃物量（火灾荷载）和燃烧条件。所谓燃烧条件是指房间的通风条件，即门窗开口面积和高度。试验表明，一般民用建筑的火灾燃烧持续时间可按式（10-9）计算：

$$t=\frac{qA}{KA_b\sqrt{H}} \tag{10-9}$$

式中 t——火灾燃烧持续时间（min）；

K——系数，可取 5.5～6.0kg/(min·$m^{5/2}$)；

A_b——门窗开口面积（m^2）；

H——门窗口的高度（m）；

A——火灾区域面积（m^2）；

q——火灾荷载（kg/m^2）。

此外，火灾燃烧持续时间，也可根据火灾荷载值按表 10-9 所列经验数值取用。

3）推算火灾温度

求得火灾燃烧持续时间后，可按由国际标准化组织（ISO）经统计方法确定的标准火灾升温曲线公式推算火灾温度。

火灾荷载与火灾持续时间的关系 表 10-9

火灾荷载(kg/m^2)	25	37.5	50	75	100	150	200	250	30
火灾持续时间(h)	0.5	0.7	1.0	1.5	2.0	3.0	4.5	6.0	7.5

$$T=345\lg(8t+1)+T_0 \tag{10-10}$$

式中 T——火灾温度(℃);

T_0——火灾前的室内温度(℃);

t——火灾燃烧持续时间(min)。

4)估算结构表面温度和内部温度

结构表面温度和内部温度判断的方法很多,可以通过观察残留物状况考察结构材料特性的变化,以及取样进行物理化学试验等。

① 结构表面温度

火灾时梁和楼板的表面温度可按式(10-11)计算。

$$T_h=T-\frac{k(T-T_0)}{\alpha_1} \tag{10-11}$$

式中 T_h——火灾时楼板底面(直接受火焰热流体作用的面)的表面温度(℃);

T——火灾温度(℃);

T_0——楼板顶面空气温度(℃);

α_1——火焰热流体对楼板地面的综合换热系数,可按表 10-10 取用[单位:$1.163W/(m^2\cdot K)$];

k——楼板的传热系数,按式(10-12)计算,这里采用SI标准符号,但温度仍按摄氏温度取值,下同。

$$k=\frac{1}{\frac{1}{\alpha_1}+\frac{\delta}{\lambda}+\frac{1}{\alpha_2}} \tag{10-12}$$

式中 δ——楼板厚度(m);

λ——材料热导率,按表 10-11 取用;

α_2——楼板放热系数,对不稳定的火灾热源 $\alpha_2=\frac{\lambda c\rho}{\pi t}$,其中 t 为火灾燃烧时间(h),c 为材料比热,ρ 为材料密度,见表 10-11。

综合换热系数 α_1 表 10-10

火灾温度(℃)	200	400	500	600	700	800	900	1000	1100	1200
α_1	10	15	20	30	40	55	70	90	120	150

建筑材料的热工性能表 表 10-11

材料名称	密度 ρ (kg/m^3)	热导率 λ [$1.163W/(m^2\cdot K)$]	比热 c [$4.18J/(kg\cdot K)$]	导温系数 α (m^2/h)
钢筋混凝土	2400	1.33	0.20	0.00277
混凝土	2200	1.10	0.20	0.00262

续表

材料名称	密度 ρ (kg/m^3)	热导率 λ [1.163W/(m^2 · K)]	比热 c [4.18J/(kg · K)]	导温系数 α (m^2/h)
轻混凝土	1500 1200 1000	0.60 0.45 0.35	0.19 0.18 0.18	0.0021 0.00208 0.00195
泡沫混凝土	1000 800 600 400	0.34 0.25 0.18 0.13	0.20 0.20 0.20 0.20	0.017 0.00156 0.00156 0.00162
建筑钢材	7850	50.00	0.115	0.0552
多孔砖砌体	1300	0.45	0.21	0.00165
水泥砂浆	1800	0.80	0.20	0.00222
混合砂浆	1700	0.75	0.20	0.00221
石棉板(瓦)	1900	0.30	0.20	0.00079
石棉毡	420	0.10	0.20	0.00119
玻璃棉	200	0.05	0.20	0.00125

② 结构内部温度

火灾时钢筋混凝土板（或墙板）内部温度可按式（10-13）计算：

$$T_{(\mathrm{Y,t})}=T_{\mathrm{h}}-(T_{\mathrm{h}}-T_{0})\operatorname{erf}\frac{Y}{2\sqrt{\alpha t}} \tag{10-13}$$

式中 $T_{(\mathrm{Y,t})}$——火灾持续时间为 t 时，离板底表面 Y（cm）处的楼板内部温度（℃）；

T_{h}——楼板底表面温度（℃）；

T_0——火灾前室内温度（℃）；

$\operatorname{erf}\frac{Y}{2\sqrt{\alpha t}}$——高斯误差函数，按表 10-12 取值，其中 α 为材料导温系数，按表 10-11 取值；

Y——至楼板底面的距离（cm）；

t——火灾燃烧时间（h）。

火灾时，板、墙、梁等构件内部温度也可按表 10-13～表 10-15 直接查取。

③ 受力主筋温度的确定。如果求得了结构内部温度，那么内部附近的钢筋温度也就确定了，表 10-16 还提供了一个根据火灾持续时间及保护层厚度来查取受力主筋温度的关系表，可供参考。

3. 抗力的验算

对现有结构的抗力进行验算，以确定加固的水平。验算的主要内容有：

（1）结构材料的现有强度，火灾后要考虑材料的强度折减和沿截面分布。

（2）结构现有的实际刚度，这对确定超静定结构的弯矩分布至关重要。

（3）混凝土结构以实际配筋按规范验算抗力和提供允许荷载值，用混凝土加固砌体结构时，按砌体规范验算其抗力。

（4）当结构无法测定其配筋时，可根据现有荷载及结构裂缝和变形状况进行抗力验算，

误差函数表 **表 10-12**

$\frac{Y}{2\sqrt{\alpha t}}$	$\text{erf}\frac{Y}{2\sqrt{\alpha t}}$	$\frac{Y}{2\sqrt{\alpha t}}$	$\text{erf}\frac{Y}{2\sqrt{\alpha t}}$	$\frac{Y}{2\sqrt{\alpha t}}$	$\text{erf}\frac{Y}{2\sqrt{\alpha t}}$
0.00	0.00000	0.80	0.74210	1.60	0.97635
0.05	0.05637	0.85	0.77067	1.65	0.98038
0.10	0.11246	0.90	0.79691	1.70	0.98379
0.15	0.16800	0.95	0.82089	1.75	0.98667
0.20	0.22270	1.00	0.84270	1.80	0.98909
0.25	0.27633	1.05	0.86244	1.85	0.99111
0.30	0.32863	1.10	0.88020	1.90	0.99279
0.35	0.37938	1.15	0.89612	1.95	0.99418
0.40	0.42839	1.20	0.91031	2.00	0.99532
0.45	0.47548	1.25	0.92290	2.10	0.99702
0.50	0.52050	1.30	0.93401	2.20	0.99813
0.55	0.56332	1.35	0.94376	2.30	0.99885
0.60	0.60386	1.40	0.95228	2.40	0.99931
0.65	0.64203	1.45	0.95970	2.50	0.99959
0.70	0.67780	1.50	0.96610	2.75	0.99989
0.75	0.71116	1.55	0.97162	3.00	0.99997

混凝土板内部温度分布值（单位:℃） **表 10-13**

深度(mm)	受火时间(h)					
	0.5	1.0	1.5	2.0	3.0	4.0
0	600	740	800	800	800	800
10	480	660	800	800	800	800
20	340	530	650	730	800	800
30	250	420	550	610	700	770
40	180	320	450	510	600	670
50	140	250	360	430	520	600
60	110	200	310	360	450	530
70	90	170	260	310	400	470
80	80	130	220	270	350	430
90	70	110	180	230	310	390
100	65	100	160	200	290	360

混凝土梁内温度分布值（单位:℃） **表 10-14**

深度(mm)	受火时间(h)						
	0.5	1.0	1.5	2	3	4	5
0			760	815	890	935	1000
5			720	775	850	905	970
10		670	680	740	820	875	940
15		625	640	700	785	840	910
20	460	580	600	660	750	810	880
25	420	540	555	625	710	775	855
30	380	495	520	590	680	740	825
35	340	450	475	550	640	710	800
40	300	400	435	510	605	675	770
45	270	360	400	475	570	645	740
50	215	315	360	440	535	585	720
55	180	270	325	405	500	555	690
60		235	295	375	475	530	660
65		200	265	340	440	500	635
70		175	235	320	420	480	615
75			200	290	400	455	585
80			185	265	375	430	560

混凝土墙内部温度分布值（单位:℃） 表 10-15

到底面的距离（竖向深度）(cm)	到侧面的距离（横向深度）(cm)					
	12	10	8	6	4	2
20	140	175	250	355	500	680
18	150	180	255	360	505	685
16	160	195	265	370	510	690
14	180	210	280	385	520	695
12	210	245	310	405	540	705
10	260	290	350	445	565	720
8	335	360	415	495	605	745
6	430	455	500	570	665	780
4	560	580	610	660	735	825
2	720	730	750	780	825	885

各项资料及检测数据收集齐全后，才能根据加固要求、结构现状的可能性、施工场地及条件、材料供应的可能性等，做出鉴定结论，提出一个或几个方案，从而进行加固设计。

梁内主筋温度与火灾持续时间及保护层厚度的关系（单位:℃） 表 10-16

主筋保护层厚度(cm)	升温时间(min)									
	15	30	45	60	75	90	105	140	175	210
1	245	390	480	540	590	620	—	—	—	—
2	165	270	350	410	460	490	530	—	—	—
3	135	210	290	350	400	440	—	510	—	—
4	105	175	225	270	310	340	—	—	500	—
5	70	130	175	215	260	290	—	—	—	480

10.1.4 火灾受损结构修复加固

1. 修复加固特点和原则

建筑过火后的加固，就是恢复结构的原始强度和刚度，使其像火灾前一样正常工作，但加固结构受力性能与未经加固的普通结构差异还是很大的。首先，加固结构属二次受力结构，加固前原结构已经承载受力（即第一次受力），而且又是在受力情况下过火受损的，截面上已经存在了一个初始的应力、应变值。加固后新加部分并不立即分担荷载，而是在新增荷载下，即第二次加载情况下，才开始受力。这样整个加固结构在其后的第二次载荷受力过程中，新加部分的应力、应变始终滞后于原结构的累计应力、应变，原结构的累计应力、应变值始终高于新加部分的应力、应变值，原结构达到极限状态时，新加部分的应力应变可能还很低，破坏时，新加部分可能达不到自身的极限状态，其承载潜力可能得不到充分发挥。其次，加固结构属二次组合结构，新旧两部分存在整体工作共同受力问题。整体工作的关键，主要取决于结合面的构造处理及施工做法。由于结合面混凝土的粘结强度一般总是远远低于混凝土本身强度，因此，在总体承载力上二次组合结构比一次整浇结构一般要略低一些。

加固结构受力特征的上述差异，决定了混凝土结构加固计算分析和构造处理，不能完全沿用普通结构概念进行设计，要遵循以下基本原则：

（1）加固设计应简单易行，安全可靠，经济合理。

（2）对危险构件，应包括应急加固措施，并选用施工周期短、方法可靠的加固方法。

（3）考虑加固结构的二次受力，尽可能采用卸荷加固方法。

（4）选用的加固方法，尽可能不改变原建筑的使用功能。

（5）加固材料的选择应满足以下条件：加固用钢筋选用 HPB300、HRB335 级钢筋；加固用水泥选用普通硅酸盐早强水泥，其强度等级不小于 42.5R；加固用混凝土等级应高于原混凝土一个等级，且不低于 C20；新旧混凝土面采用界面剂或同类胶质材料。

2. 修复加固方案选择

常用的加固方案有增大截面法、外包钢法、预应力法、外粘钢板法、外粘玻璃钢法、碳纤维（CFRP）加固法等。火灾后的建筑应根据鉴定的破损状况，选用上述方法进行加固，表 10-17 根据鉴定级别列出了梁、板、柱可选用的加固方法。

梁、板、柱加固方法 **表 10-17**

结构可靠性等级	构件	可选加固方法
C_u	梁	预应力法、加大截面法、外包钢法、外粘钢法、增补受拉钢筋法、喷射混凝土法
	板	预应力法、加大截面法、改变支撑条件法、增设板肋法、喷射混凝土法
	柱	预应力撑杆法、加大截面法、外包钢法、外包角钢法、喷射混凝土法
d_u	梁	预应力法、预应力与粘钢综合法、外包钢法、加大截面法、改变传力路线法、增设支撑体系法
	板	预应力法、局部拆换法、增设支撑体系法
	柱	预应力撑杆法、加大截面法、外包钢法、外包角钢法

注：结构可靠性等级参见《工业建筑可靠性鉴定标准》GB 50144—2008 及《民用建筑可靠性鉴定标准》GB 50292—2015。

3. 工程实例

【案例 10-1】 某纺织车间火灾后的鉴定与加固

过火建筑为某纺织厂的清花车间，为单层工业厂房，钢筋混凝土柱、风道梁、锯齿形屋架、双 T 形屋面板，这些构件均为预制安装，预制构件及现浇梁、板、楼梯、天沟等混凝土强度等级均为 C25。梁柱主筋为 HRB335 级钢筋，砖墙为砖 MU10、混合砂浆 M5 砌筑。

1994 年 4 月 9 日发生火灾，火灾旺盛期 1h 左右，持续时间 4h，图 10-13 为火灾面积与温度区域示意图。

（1）火灾后结构烧损的调查结果

1）建筑烧损情况

建筑物材料烧损情况如下：

②轴、Ⓓ—Ⓔ轴水泥窗框内侧钢杆安全扶手烧红、弯曲。

①轴、Ⓑ—Ⓒ轴和②轴、Ⓒ—Ⓓ轴水泥窗框内侧钢杆安全扶手弯曲变形。

①—③轴、Ⓒ轴直径 5cm 的自来水管烧红变形弯曲；①轴和②轴、Ⓒ—Ⓓ轴和Ⓓ—Ⓔ轴上的窗户玻璃熔化；②—③轴、Ⓓ—Ⓔ轴靠Ⓔ轴液压升降机钢板外壳烧后发红。

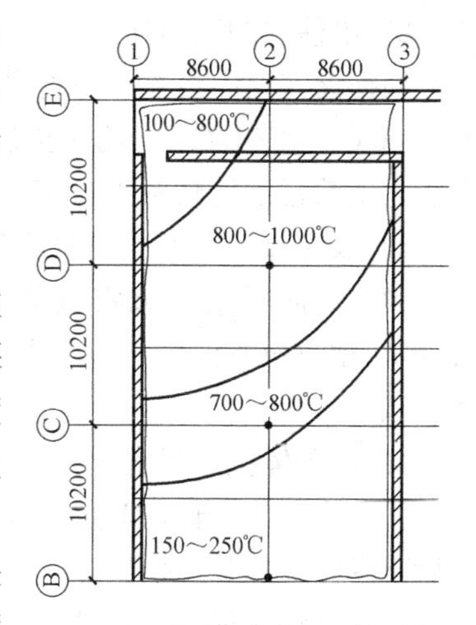

图 10-13 火灾面积与温度区域图

2）结构受损情况

① 钢筋混凝土预制柱。②轴、Ⓓ轴柱受损严重，柱混凝土爆裂，外表呈红色或白色带黄，该柱混凝土烧伤深度严重的达 20mm，碳化深度 15mm，一般部位烧伤深度 15mm，碳化深度 10mm 左右。柱距地面 1m 以上混凝土烧成红色带黄，1m 以下混凝土为微红带青色。

② 钢筋混凝土预制风道梁。风道梁烧损最严重的是①—②轴、Ⓒ—Ⓔ轴梁，混凝土颜色烧成红色、白色带黄，局部爆裂。烧伤深度严重的达 20mm，碳化深度严重的达 14mm，一般烧伤 16mm，碳化 10mm 左右。

③ 钢筋混凝土预制锯齿形屋架。屋架烧损最严重的是①—②轴、Ⓒ—Ⓔ轴和②—③轴、Ⓓ—Ⓔ轴跨内屋架，混凝土颜色一般为红色，局部为白色，烧伤深度严重的达 17mm，碳化 13mm 左右。

④ 钢筋混凝土双 T 形屋面板。屋面板受损严重的是①—③轴、Ⓓ—Ⓔ轴范围内的板，板底混凝土颜色一般是红色，局部为白色。烧伤深度严重的达 12mm，碳化 9mm 左右，一般烧伤深度为 7mm，碳化 5mm 左右。板在火灾后混凝土爆裂露筋 1 处，孔洞 2 处。

⑤ 山墙砖砌体烧损。山墙砖砌体烧损严重的是①—③轴、Ⓔ轴。砖墙水泥砂浆粉刷层烧酥，呈粉状剥落，黏土砖局部爆裂。

（2）火灾温度的判定

1）根据现场残留物和混凝土结构颜色的调查结果判定火灾温度。

2）根据混凝土结构内钢筋的强度损失和混凝土烧伤深度判定温度。

3）取构件表面混凝土的烧伤层在电子显微镜下进行混凝土内部结构和矿物成分变化分析，判定温度。

根据现场调查和构件各部位的取样鉴定，判定该工程最高火灾温度 800～1000℃。其轴线位置为①—②轴、Ⓒ—Ⓓ轴之间和②—③轴、Ⓒ—Ⓔ轴范围内，火灾温度区域如图 10-13 所示。

根据调查和现场查看，该火灾起火部位在②—③轴，靠Ⓓ轴附近，火焰由南向北蔓延，从而使得①轴和②轴的结构受损较为严重。

（3）结构材料性能检测

1）梁柱的混凝土强度

火灾后混凝土构件各部位的火灾温度不同，其强度损失也不同，对于同一根构件的混凝土强度取较低的混凝土强度值。根据判定的火灾温度区域和采用拔出法、取芯法、回弹法等的检测，结构火灾后梁柱的混凝土强度如下：柱子一般为 22MPa，最低的 17MPa；风道梁一般为 25MPa，最低的 18.5MPa；屋架 28MPa，最低的 17.5MPa。该厂房的结构施工总说明中的混凝土强度等级为 C25。

2）梁柱内的钢筋强度

根据火灾温度与梁、柱内主筋强度折减系数与保护层的关系曲线，判定最高火灾温度为1000℃，实测柱子钢筋保护层22mm左右、风道梁20mm左右、屋架19mm左右，推定柱内主筋强度折减系数0.87，风道梁、屋架内的主筋强度折减系数0.80。

3）双T形屋面板内钢筋强度

判定屋面板最高火灾温度1000℃，板内主筋保护层最小4mm，一般8mm，最厚11mm。根据火灾温度与板内主筋强度折减系数与火灾温度的关系曲线，推定板内主筋强度折减系数为0.77。

4）砖砌体抗压强度

②—③轴、Ⓔ轴，鉴定火灾最高温度为1000℃，砖墙的一面受火自然冷却，推定火灾后砖砌体抗压强度损失10%。

（4）结构受损评定意见

本工程结构受损根据火灾温度按“受损严重”“受损比较严重”“受损一般”三种情况评定如下：

1）柱子：②轴、Ⓓ轴柱受损严重；③轴、Ⓓ轴柱牛腿侧面受损严重；①轴和Ⓔ轴、Ⓓ轴、Ⓒ轴柱仅牛腿侧面受损比较严重，其他柱子受损一般。

2）风道梁：②轴、Ⓔ—Ⓓ轴和Ⓓ—Ⓒ轴梁受损严重；①轴、Ⓔ—Ⓓ轴和Ⓓ—Ⓒ轴北侧面，③轴、Ⓓ—Ⓔ轴南侧面受损比较严重；其余风道梁受损一般。

3）屋架：②—③轴、Ⓔ—Ⓓ轴和Ⓔ—Ⓒ轴跨靠Ⓓ轴屋架，①—②轴、Ⓓ—Ⓒ轴靠Ⓓ轴内屋架受损严重；①—②轴、Ⓔ—Ⓓ轴内的屋架受损比较严重；其他屋架受损一般。

4）双T形屋面板：②—③轴、Ⓓ—Ⓔ轴和①—②轴、②—③轴、Ⓓ—Ⓒ轴跨内的部分屋面板受损严重；①—②轴、Ⓓ—Ⓔ轴跨内的屋面板受损比较严重；其他屋面板受损一般。

5）山墙砖砌体：②—③轴、Ⓔ轴砖砌体结构受损比较严重；其他砖砌体结构受损一般。

（5）受损结构加固设计与施工

根据结构受损程度评定确定该工程需要修复加固的构件。对梁、板、柱、砖墙受损严重、受损比较严重的构件采取了加固措施，其他构件仅做恢复使用功能的修复处理。

1）加固原则：将受损结构恢复到满足原结构的设计荷载要求，被加固后的截面不宜过大。

2）加固范围火灾后受损严重、比较严重的构件。

3）加固方案

① 预制钢筋混凝土风道梁。对于“受损严重”的风道梁，梁侧面的主筋用建筑结构胶粘贴钢板和用无粘结预应力筋体外张拉的方法加固，加固方案如图10-14所示。对于受损“比较严重”的梁，在跨中用建筑结构胶粘贴钢板的方法加固。

② 预制钢筋混凝土屋架。对“受损严重”和“受损比较严重”的屋架，均采用无粘结预应力筋体外张拉的方法加固，加固方案如图10-15所示。

③ 预制钢筋混凝土柱。对“受损严重”和“受损比较严重”的柱，采用双侧预应力角钢撑杆法加固，加固方案如图10-16所示。

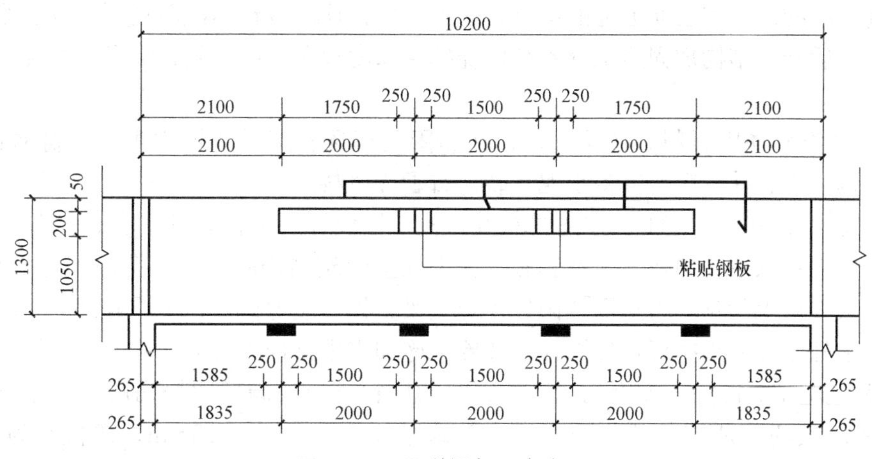

图 10-14 风道梁加固方案图

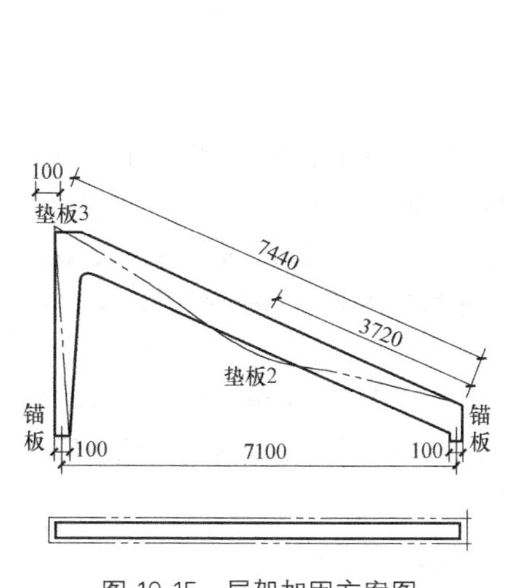

图 10-15 屋架加固方案图

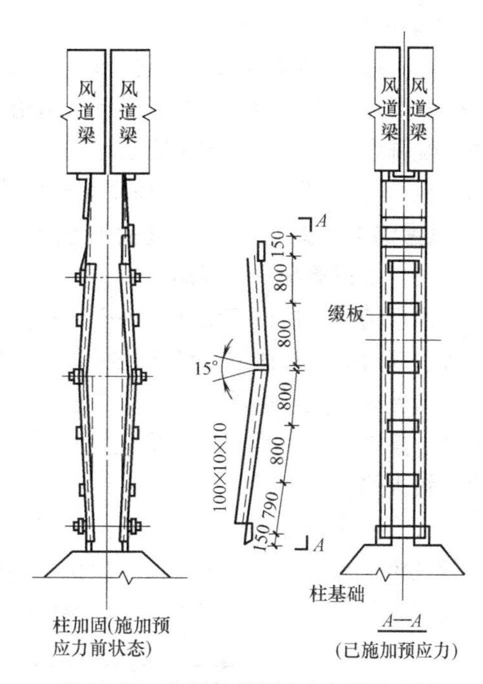

图 10-16 牛腿柱的预应力加固方案图

④ 预制双 T 形屋面板。对“受损严重”和“受损比较严重”的屋面板，均采用无粘结预应力筋体外张拉的方法加固。

⑤ 山墙砖砌体加固。在室内墙面用 $\phi6$@200 双向网片、10mm 厚 M10 水泥砂浆粉刷加固。

4）结构加固施工

① 设置安全支撑。混凝土梁、板、柱遭火灾后，对烧损严重的构件要设置安全支撑，为此，在风道梁底每 50mm 设一道临时安全支撑。

② 面层清理。对遭火灾的部位，铲除其表面的石灰粉刷层和水泥砂浆粉刷层。

③ 凿除梁、板、柱和砖砌体烧酥层。凿除构件表面混凝土和砖砌体烧酥层。用钢丝刷刷去凿后构件表面的灰尘，也可用干抹布和小型鼓风机吹去灰尘。用 1∶2 水泥砂浆粉

刷凿去烧酥层的部位和表面毛糙的部位，使梁、板、柱和砖砌体截面复原，待水泥砂浆达到设计强度后开始结构加固施工（若结构烧酥层深度较深，可用细石混凝土填实恢复原截面）。

④ 准备修复加固材料。按梁、板、柱加固及现场实测尺寸切割角钢、扁钢和钢筋。用砂纸除锈，用布抹干净。准备水泥、砂、石子等材料。

⑤ 梁、板、柱加固施工。按图样在梁、板、柱设计规定位置处钻孔、打洞安装膨胀螺栓和锚固件；吹去孔内灰尘，在膨胀螺栓上涂上建筑结构胶，插入孔内固定膨胀螺栓；粘贴梁、板、柱上的预应力加固锚固件；焊接梁、板预应力拉杆，按图样设计要求施加预应力；安装柱子预应力撑杆，按图样设计要求施加水平撑杆预应力，固定，焊接钢板。

⑥ 其他施工。凿除未加固的梁、板、柱的原粉刷层或局部微烧伤层，清除灰尘。用1∶2水泥砂浆粉刷所有的梁、板、柱，粉刷厚度：梁、柱为25mm，楼板底为13mm。梁、板、柱结构加固后，对于暴露在外的钢筋、钢板、角钢等涂刷防锈漆二道，内墙粉刷（室内装饰根据使用单位要求另定）。

⑦ 混凝土结构表面烧伤层处理。混凝土结构中的柱、梁、板烧伤层处理：凿除混凝土烧酥层。在火灾检测及加固设计人员指导下完成，凿除工作应仔细，避免将未烧酥层振松，烧酥层凿除后用钢丝刷刷去浮灰，用压力清水将表面冲洗干净后用801胶涂刷一遍，用1∶1水泥砂浆将构件分层粉平至原尺寸。

【案例10-2】 某商品市场火灾的鉴定与加固

（1）工程概况及现场调查

该市场为八层框架结构，一～三层为市场，五～八层为住宅。2000年4月二楼由于烟头引起火灾，造成二楼结构烧损，整个二楼市场的服装及设备烧毁。

遭受火灾损伤区域主要为第二层⑥—⑩轴54开间。火灾后受损区域内的木支架、凳子烧成焦炭，摊位钢丝网变形扭曲；楼层顶棚吊物用的吊钩变形，表皮脱落，窗玻璃熔化，被火焰熏黑。

火灾后⑨轴Ⓑ轴柱混凝土表面呈灰白色，Ⓑ轴⑨—⑩轴梁呈淡黄色，部分构件混凝土呈粉红色，其余混凝土未变色。根据现场物品烧损情况、表面颜色变化情况及现场取样所做电镜分析，该楼第二层火灾后，温度区域划分如图10-17所示。

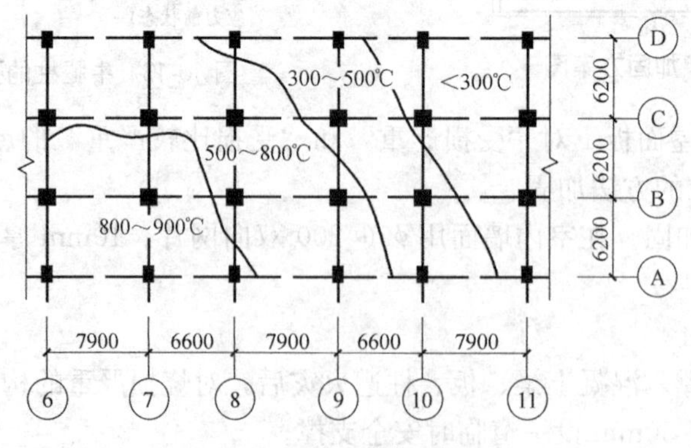

图10-17 火灾温度区域划分

（2）结构损情况及混凝土强度检测结果

火灾后该大楼第二层Ⓑ轴与⑧轴梁角部烧酥，Ⓑ轴⑥—⑦轴梁烧伤深达2.6cm，⑥—

⑦轴Ⓑ轴柱受损比较严重，特别是⑦轴Ⓑ轴柱，烧伤深达 2.5cm，使局部柱的钢筋外露。

1）构件强度检测

采用多种方法检测，综合评价混凝土强度。

① 敲击法

首先用敲击法全面检测了各构件混凝土强度，检测部位为构件可能遭遇受火灾的部位。

② 回弹法

a. 检测程序：先按式（10-14）的常规方法进行分析，然后进行修正。

$$f_{ct}=k_{cn}f_c \tag{10-14}$$

式中 f_{ct}——火灾后混凝土抗压强度（MPa）；

f_c——按常规法回弹评定的结果（JGJ/T 23—2011）；

k_{cn}——回弹修正系数，$k_{cn}=1.08-8.48\times10^{-4}T+4.84\times10^{-2}L$；

T——混凝土构件受火温度；

L——碳化深度（JGJ/T 23—2011）。

b. 测试部位及测试点：主要测试了柱中下部，梁侧的中上部，板的底部。全面检测了各构件强度。

③ 取样分析法

从现场取样后与标准试件相比，确定柱梁混凝土强度。

取样点位置：柱上+1.00m、+2.00m 处，梁侧中上部，板底部。取了相当部分有代表性的试样。

④ 受火温度分析法

火灾后混凝土抗压强度 f_{ct} 按式（10-15）计算。

$$f_{ct}=k_cf_{co}\quad k_c=1.068-5.73\times10^{-4}T \tag{10-15}$$

式中 f_{co}——未受火混凝土强度。

2）构件强度评定

由于篇幅有限，选同类型的梁柱中有代表性的部位分别进行灾后混凝土强度测试，其综合评定结果见表 10-18。

混凝土强度测试及评定结果（MPa）　　表 10-18

构件编号	火灾前混凝土强度	敲击法强度	回弹法强度	取样分析法强度	温度分析法强度	综合评定
⑥轴Ⓑ轴柱	22.9	17.0	16.5	17.0	15.9	16.6
⑦轴Ⓑ轴柱	21.0	15.0	14.0	15.0	14.0	14.5
⑦轴Ⓒ轴柱	23.0	20.5	20.0	21.0	18.5	20.5
⑥轴Ⓐ轴柱	20.2	15.5	15.5	15.5	15.0	15.3
⑦轴Ⓐ轴柱	22.0	16.5	16.2	16.0	15.5	16.1
⑧轴Ⓐ轴柱	20.0	16.0	15.5	16.0	15.0	15.6
⑥轴Ⓐ～Ⓑ轴梁	20.0	16.0	16.5	16.0	15.0	15.8
⑥轴Ⓑ～Ⓒ轴梁	21.0	17.0	16.5	16.0	16.0	16.4
⑦轴Ⓐ～Ⓑ轴梁	22.1	16.0	16.0	16.0	15.5	15.9
⑦轴Ⓑ～Ⓒ轴梁	21.3	18.0	17.2	17.5	16.1	17.2
⑧轴Ⓑ～Ⓒ轴梁	21.2	19.0	18.2	19.0	17.5	18.4
⑨轴Ⓐ～Ⓑ轴梁	24.0	20.0	20.2	20.0	19.5	20.0

钢筋强度测试及评定结果 **表 10-19**

构件	受火温度 T(℃)	f_y(MPa)	k_y	f_{yt}(MPa)
⑥轴Ⓐ轴柱	800	300	0.779	233.7
⑥轴Ⓑ轴柱	800	300	0.779	233.7
⑥轴Ⓒ轴柱	700	300	0.808	242.4
⑦轴Ⓑ柱	900	300	0.750	225.0
⑧轴Ⓑ轴柱	700	300	0.808	242.4
⑧轴Ⓒ轴柱	600	300	0.837	251.1
⑨轴Ⓐ轴柱	500	300	0.866	259.8
⑦轴Ⓐ～Ⓑ轴梁	900	300	0.750	225.0
⑦轴Ⓑ～Ⓒ轴梁	800	300	0.779	233.7
⑧轴Ⓑ～Ⓒ轴梁	700	300	0.808	242.4
⑧轴Ⓒ～Ⓓ轴梁	600	300	0.837	251.1
⑨轴Ⓑ～Ⓒ轴梁	500	300	0.866	259.8

3）钢筋火灾后强度评定

受力构件的钢筋强度评定采用受火温度分析法，火灾后钢筋抗拉强度按 $f_{yt}=k_y f_y$ 计算。其中 k_y 为强度降低系数，等于 $1.011-2.9\times10^{-4}T$；f_y 为钢筋未受火的抗拉强度；f_{yt} 为火灾后的抗拉强度。其评定结果见表 10-19。

（3）剩余承载力计算

根据《混凝土结构设计规范》GB 50010—2010 条文说明，得式（10-16）、式（10-17）。

$$f_{ck}=0.88a_1a_2f_{cu,k} \tag{10-16}$$

式中 a_1——棱柱体强度与立方体强度比值，C40 及以下时取 0.76，C80 时取 0.82，C40～C80 之间时按线性内插取值；

a_2——混凝土脆性系数，C40 及以下时取 1.0，C80 时取 0.87，C40～C80 之间时按线性内插取值；

0.88——考虑实际结构混凝土强度与试块强度之间的差异影响系数；

$f_{cu,k}$——混凝土立方体抗压强度标准值（单位 MPa 或 N/mm²）；

f_c——混凝土棱柱体抗压强度标准值（单位 MPa 或 N/mm²）。

$$f_c=f_{ck}/\gamma \tag{10-17}$$

式中 γ——材料分项系数，HPB300、HPB335、HRB400 及 RRB400 取 1.1，HRB500 取 1.15，预应力用钢丝、钢绞线和热处理钢筋取 1.2；混凝土取 1.4；

f_c——混凝土棱柱体抗压强度设计值（单位 MPa 或 N/mm²）。

由于遭受火灾损伤的主要受力构件是柱、梁、板，因而火灾的剩余承载力分析主要是这三种构件。

1）柱

原设计图柱配筋均为双向对称配筋，在此分别计算其受灾前极限承载力和火灾后极限承载力。

a. ⑥轴Ⓐ柱（400×650）

火灾前，原柱参数 $b\times h=400\times650$，根据未受火的混凝土强度实测取值。

$$f_c=0.76\times1.0\times20.2/1.4=10.97\text{N/mm}^2$$

$$N_{max}=f_cb\xi_bh_0=10.97\times400\times0.550\times615=1483.7\text{kN}$$

火灾后，经现场检测得其损坏层 a_1 为 6mm，损伤层 a_2 为 10mm，如图 10-18 所示。考虑到损坏层已失去承载能力，损伤层能够承载但承载力降低。

受损面积（不考虑到损坏层）：

$$A_{ct}=2\times10\times(650-6)+10\times(400-6\times2)=16560\text{mm}^2$$

灾后综合评定混凝土强度为：

$$f_{ct}=0.76\times1.0\times15.3/1.4=8.31\text{N/mm}^2$$

故火灾后，剩余极限承载力

$$N_t=[10.97\times368\times(615-10-6)+2\times8.31\times10\times(615-6]\times0.550=1385.1\text{kN}$$

承载力损失：$(1-N_t/N)\times100\%=(1-1385.1/1483.7)\times100\%=6.64\%$

b. ⑦轴Ⓑ轴柱（650×650）

火灾前，原柱参数 $b\times h=650\times650$，根据未受火的混凝土强度实测取值。

$$f_c=0.76\times1.0\times21.0/1.4=11.40\text{N/mm}^2$$

$$N_{max}=f_cb\xi_bh_0=11.40\times650\times0.550\times615=2506.4\text{kN}$$

火灾后，经现场检测得其损坏层 a_1 为 25mm，损伤层 a_2 为 45mm，如图 10-19 所示。考虑到损坏层已失去承载能力，损伤层能够承载，但承载力降低。

受损面积（不考虑到损坏层）：

$$A_{ct}=4\times45\times(650-70\times2)+45\times45\times4=99900\text{mm}^2$$

灾后综合评定混凝土强度为：

$$f_{ct}=0.76\times1.0\times14.5/1.4=7.87\text{N/mm}^2$$

故火灾后，剩余极限承载力为：

$$N_t=[11.40\times510\times(615-25-45)+7.87\times(99900-10\times600]\times0.550=2149.3\text{kN}$$

承载力损失：$(1-N_t/N)\times100\%=(1-2149.3/2506.4)\times100\%=14.25\%$

同理计算可得其他柱剩余极限承载力及损失。

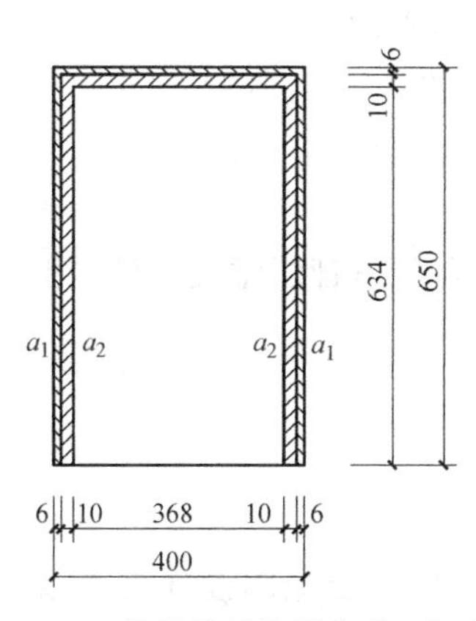

图 10-18 ⑥轴Ⓐ轴柱烧伤截面示意图

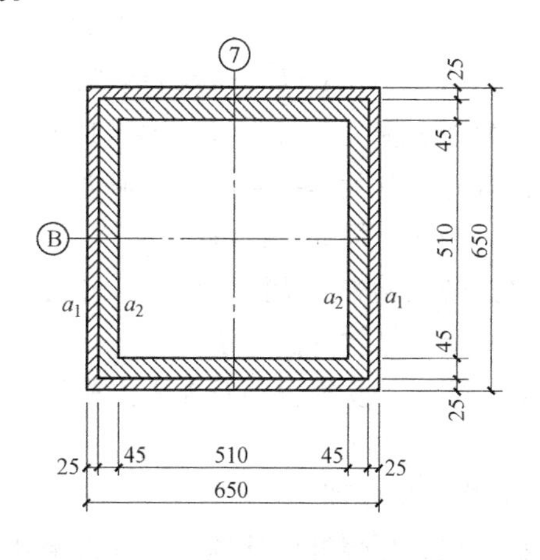

图 10-19 ⑦轴Ⓑ轴柱烧伤截面示意图

2）梁

以⑦轴Ⓐ～Ⓑ轴梁为例：

火灾前，原设计为单筋矩形截面梁，$b \times h = 250 \times 600$，混凝土强度为 $f_c = 12.0\text{N/mm}^2$，底筋 4Φ20，$f_y = 300\text{N/mm}^2$。

则其抗弯能力

$$\alpha_1 f_c b x = f_y A_s$$

得 $x = f_y A_s / (\alpha_1 f_c b) = 300 \times 314 \times 4 / (1.0 \times 8.63 \times 250) = 125.6\text{mm}$

$$M = f_y A_s (h_0 - x/2) = 300 \times 314 \times 4 \times (565 - 125.6/2) = 189.2\text{kN} \cdot \text{m}$$

火灾后损伤情况如图 10-20 所示。

混凝土强度为：$f_{ct} = 8.63\text{N/mm}^2$

综合评定火灾后钢筋强度为：$f_{yt} = 225.0\text{N/mm}^2$，如图 10-20 所示。

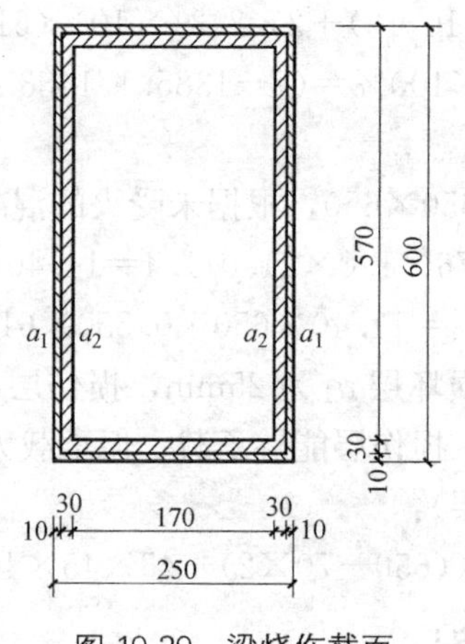

图 10-20 梁烧伤截面

受压区高度计算：

$$\alpha_1 f_{ct}[(b - 2a_1)a_2 + 2a_2(x - a_1 - a_2)] + \alpha_1 f_c (b - 2a_1 - 2a_2)(x - a_1 - a_2) = f_{yt} A_s$$

$$1 \times 8.63 \times [(250 - 20) \times 30 + 60(x - 10 - 30)] +$$

$$1 \times 12.0 \times (250 - 20 - 60)(x - 10 - 30) = 225.0 \times 1256$$

$$x = 127.2\text{mm}$$

$$M_t = f_{yt} A_s (h_0 - x/2) = 225.0 \times 1256 \times (565 - 127.2/2) = 141.7\text{kN} \cdot \text{m}$$

抗弯能力损失：$(1 - M_t/M) \times 100\% = (1 - 141.7/189.2) \times 100\% = 25.1\%$

同理可得其他梁抗弯能力及损失。

（4）结构受损综合评价

经过现场调查、检测、计算，分析得出火灾损伤结构的综合评定结果，见表 10-20。

（5）受损结构加固方法

板、梁、柱受损分类及加固方法见表 10-21。

（6）加固施工

1）烧酥层处理

柱、梁、板烧酥层处理：凿除混凝土烧酥层。在火灾检测及加固设计人员指导下完成，凿除工作应仔细，避免将未烧酥层振松，烧酥层凿除后用钢丝刷刷去浮灰，用压力清

结构受损程度综合评价 表 10-20

构件分类	严重受损构件	中度受损构件	轻度受损构件
二层顶棚楼板	⑥～⑦轴Ⓐ～Ⓑ轴跨、Ⓑ～Ⓒ轴跨 ⑦～⑧轴Ⓐ～Ⓑ轴跨、Ⓑ～Ⓒ轴跨	⑥～⑦轴Ⓒ～Ⓓ轴跨 ⑦～⑧轴Ⓒ～Ⓓ轴跨 ⑧～⑨轴Ⓐ～Ⓑ轴跨	⑥～⑪轴 其他板
二层梁	⑦轴梁Ⓐ～Ⓑ轴跨、Ⓑ～Ⓒ轴跨 Ⓑ轴梁⑥～⑦轴跨、 ⑦～⑧轴跨	⑥轴Ⓐ～Ⓑ轴跨、Ⓑ～Ⓒ轴跨、Ⓒ～Ⓓ轴跨 ⑦轴Ⓒ～Ⓓ轴跨 ⑧轴Ⓐ～Ⓑ轴跨、Ⓑ～Ⓒ轴跨、Ⓒ～Ⓓ轴跨 ⑨轴Ⓐ～Ⓑ轴跨	⑥～⑪轴 其他梁
柱	⑦轴Ⓑ轴柱 ⑥轴Ⓒ轴柱	⑥轴Ⓐ轴柱、Ⓑ轴柱、Ⓓ轴柱 ⑦轴Ⓐ轴柱、Ⓒ轴柱、Ⓓ轴柱 ⑧轴Ⓐ轴柱、Ⓑ轴柱、Ⓒ轴柱 ⑨轴Ⓐ轴柱、Ⓑ轴柱	⑥～⑪轴 其他柱

板、梁、柱受损分类及加固方法 表 10-21

构件分类	严　　重	中　　度	轻　　度
板	撑桁架方法加固	板底高强度水泥砂浆法加固	清理面层，用水泥砂浆粉平
梁	预应力撑杆及受压区粘钢加固	预应力撑杆加固	铲除烧酥层，清理剥落的粉刷层，用 1∶1 水泥砂浆粉抹平
柱	撑杆角钢加固，1∶1 水泥砂浆粉刷 50mm 厚	撑杆角钢加固，1∶1 水泥砂浆粉刷 25mm 厚	铲除烧酥层和清理剥落的粉刷层，用 1∶1 水泥砂浆粉刷 25mm 厚

水将表面冲洗干净后用 801 胶刷一遍，用 1∶1 水泥砂浆将构件分层粉平至原尺寸。

2）柱子加固施工

① 根据柱子的实际尺寸在现场放样，受力四角用角钢加固。

② 施工时，缀板与角钢应采用等焊。

③ 在分块缀板下各焊一道Φ12 箍筋一道。

④ 安装柱角传力钢板。

⑤ 用 C30 细石混凝土灌捣密实 60mm 厚，柱角钢保护层 30mm 厚。

3）梁加固施工

① 中度损伤梁用预应力拉杆加固

预应力拉杆张拉。由于梁端放置千斤顶有困难，故采用拉式千斤顶在梁中间部位张拉。拉杆锚固如图 10-21 所示。

预应力拉杆锚固，其施工工艺为：

a. 在原梁及钢板上钻出与高强度螺栓直径相同的孔。

b. 在钢板和原梁上各涂一层环氧砂浆，用高强度螺栓将钢板紧紧地压在原梁上，以产生良好的粘结力和摩擦力。

c. 将预应力筋锚固在与钢板相焊接的凹缘处。

d. 张拉结束后，对外露的加固钢筋粉刷 1∶2 水泥砂浆和涂刷防锈漆。

② 损伤严重梁的加固施工

先与中度损伤梁一样进行预应力撑杆加固施工，施工完毕的再进行粘贴加固，其加固示意图如图 10-22 所示。

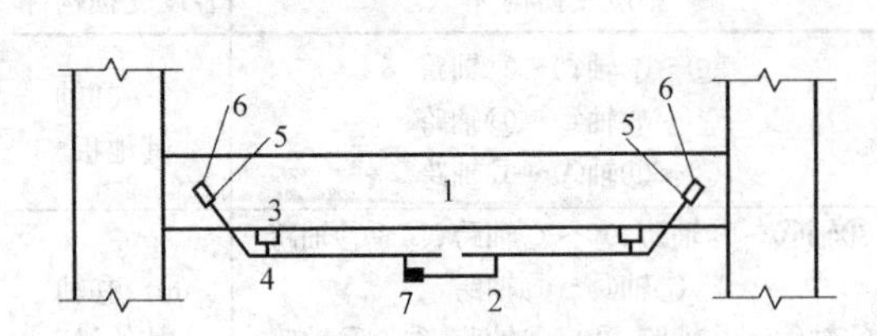

图 10-21 拉杆锚固示意图

1—原梁；2—加固梁；3—上钢板；
4—下钢棒；5—焊接；6—高强度螺栓；
7—外拉式千斤顶

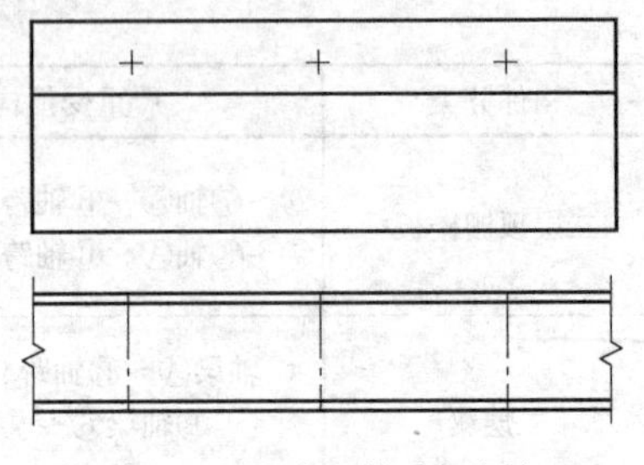

图 10-22 梁受压粘贴钢板加固

③ 施工操作

a. 构件表面处理：先用钢丝刷将表面松散浮渣刷去，并用硬毛刷沾洗涤剂清洗表面，然后用压力水冲洗。稍干后用30%左右浓度的盐酸溶液涂敷，于常温下放置约15min。再用硬尼龙刷刷除表面产生的气泡，用冷水冲洗；用3%的氨水中和，最后用压力水冲洗干净，待完全干燥后可涂胶粘剂。

b. 钢板粘贴前的处理

前贴面须打磨进行防锈处理，然后用脱脂棉沾丙酮擦拭干净。

贴钢板前，先对被加固梁卸荷。

胶粘剂的配制。JGN 胶粘剂为甲、乙两组，将两组按说明配比混合使用，并用转速为100～300r/mm 的锚式搅拌器拌至色泽均匀为止。

c. 钢板粘贴

将配制好的胶用抹刀抹在已处理好的钢板表面上1～3mm 厚，将钢板粘贴剂的砂表面粘在构件表面，并立即用 U 形夹具夹紧，以防胶液从钢板边缘挤出。

d. 24h 后可拆除夹具，并在钢板表面涂水泥砂浆保护层。

4）板的加固施工

一般用 1∶1 水泥砂浆粉刷板底即可。

对于严重损伤的板，采用撑桁架方法进行加固。将板面酥松砂浆全部凿除，全部铺双向钢筋网浇筑 C30 细石混凝土。

10.2 地震灾害事故

全世界每年约发生500万次地震，其中1%为有感地震。造成灾害的强烈地震每年约发生十几次。地震灾害具有突发性和不可预测性，还伴生严重的次生灾害，给人类带来了巨大灾害。我国处于世界上两个最活跃的地震带之间，东临环太平洋地震带，西部和西南部是欧亚地震带经过的地区，是世界上多地震国家之一。地震造成的人员伤亡巨大，造成的经济损失也十分巨大。

在地震灾害面前，人类显得软弱无力，但地震灾害是可以预防的。目前，人类只能从加强地震的预报、提高结构物的抗震能力，以及提高受损结构的加固技术等方面着手，最大限度地避免或减少地震灾害的程度和损失。因此，从设计和施工方面做好地震的预防和抗震是很重要的工作。

10.2.1 概述

1. 地震灾害

地震造成的灾害可分为直接灾害和次生灾害。

(1) 地震直接灾害

直接灾害，又称为一次灾害，是指由于地震破坏作用导致地面、房屋、工程结构、物品等的破坏，包括以下几方面：

1) 土木工程破坏。主要有房屋倒塌、建筑结构破坏、地基失效破坏、各类墙体裂缝破坏，对钢结构还有整体失稳和局部失稳情况，塔式钢结构在强震下发生支撑整体失稳、局部失稳的情况。房屋坍塌不仅造成巨大的经济损失，还会造成人员伤亡。

2) 基础设施破坏。如交通、电力、通信、给水、排水、燃气、输油、供暖等生命线系统，大坝、灌渠等水利工程等，这些结构设施破坏的后果也包括本身的价值和功能丧失两个方面。城镇生命线系统的功能丧失还给救灾带来极大的障碍，加剧地震灾害。

3) 工业设施、设备、装置的破坏。破坏会带来巨大的经济损失，也影响正常的供应和经济发展。

4) 牲畜、车辆等室外财产遭到地震的破坏。

5) 引起山体滑坡、崩塌、地表裂缝、喷水冒砂等，还破坏林地农田等，造成林地和农田的损毁。

(2) 地震次生灾害

地震次生灾害，又称二次灾害，是指强烈地震造成的山体崩塌、滑坡、泥石流、水灾、火灾、海啸和逸毒等威胁人畜生命安全的各类灾害。大致可分为两大类：

1) 社会层面的，如道路破坏导致交通瘫痪、燃气管道破裂形成的火灾、排水管道损坏对饮用水源的污染、电信设施破坏造成的通信中断，还有瘟疫流行、工厂毒气污染、医院细菌污染或放射性污染等。

2) 自然层面的，如滑坡、崩塌落石、泥石流、地裂缝、地面塌陷、砂土液化等次生地质灾害和水灾，发生在深海地区的强烈地震还可引起海啸。

地震灾害会带来巨大损失。1923 年日本关东地震，震倒房屋 13 万间，地震后引起的火灾烧毁房屋 45 万间。地震还可能引起社会混乱，停工、停产，疾病流行，甚至导致城市瘫痪等。表 10-22 是 1949 年以来我国部分灾难性地震灾害。

2. 地震灾害特点

(1) 突发性比较强。地震发生前有时没有明显的征兆，地震持续的时间往往只有几十秒，来不及逃避，在短时间内就造成大量的房屋倒塌、人员伤亡，这是其他的自然灾害难以比拟的。

(2) 破坏性大，成灾广泛。地震能量巨大，可以瞬时摧毁一座城市，如汶川地震就相当于几百颗原子弹的能量。地震波到达地面以后会造成大面积的房屋和工程设施的破坏，若发生在人口稠密、经济发达地区，往往可能造成大量的人员伤亡和巨大的经济损失，尤其是发生在城市里，20 世纪 90 年代发生的几次大的地震，造成了重大的人员伤亡和损失。

我国1949年以来部分灾难性地震灾害 表10-22

时间	地震名称	震级	震中烈度	人员死亡(人)	次生灾害
1950.8.15	西藏察隅地震	8.5	12度	4000	冰川跃动、山崩、泥石流、大地开裂、沉陷变形、地面喷水涌砂、雅鲁藏布江洪水
1966.3.8	河北邢台地震	7.2	9度	8064	火灾、裂缝和喷水冒砂、滑坡、崩塌、错动、涌泉、水位变化、地面沉陷等
1970.5.31	云南通海地震	7.7	10度	15621	山体滑坡、水灾
1976.7.28	河北唐山地震	7.8	11度	242769	环境污染和疫情
1999.9.21	台湾大地震	7.6	10度	2000	火灾
2008.5.12	四川汶川地震	8.0	11度	69227	堰塞湖等
2010.4.14	青海玉树地震	7.1	9度	2698	
2017.8.8	四川九寨沟地震	7.0	8度	19	

(3) 社会影响深远。地震突发性强、伤亡惨重、经济损失巨大，它所造成的社会影响比其他自然灾害更为广泛、强烈，往往会产生一系列的连锁反应，会对一个地区甚至一个国家的社会生活和经济活动造成巨大的冲击。它波及面比较广，对人们心理上的影响也比较大，这些都可能造成较大的社会影响。

(4) 防御难度比较大。与洪水、干旱和台风等气象灾害相比，地震的预测要困难得多，已经成为一个世界性的难题，同时建筑物抗震性能的提高需要大量的资金投入，要减轻地震灾害需要各方面协调与配合，需要全社会长期艰苦细致的工作，因此地震灾害的预防比其他灾害要困难。

(5) 地震还会产生次生灾害。地震不仅产生严重的直接灾害，而且不可避免地要产生次生灾害。有的次生灾害的严重程度大大超过直接灾害造成的损害。一般情况下，次生或间接灾害是直接经济损害的两倍，如大的滑坡和火灾都属于次生灾害。次生灾害不是单一的火灾、水灾、泥石流等，还常伴有滑坡、瘟疫等。

(6) 地震灾害持续时间比较长。有两方面的含义：一是主震之后的余震往往持续很长一段时间，也就是地震发生后还会发生一些比较大的余震，它们虽然没有主震大，但是这些余震在主震后陆续发生，虽程度不同，但持续时间较长；二是由于破坏性大，使灾区的恢复和重建的周期比较长，地震造成了房屋倒塌，接下来要进行重建，在这之前还要对建筑物进行鉴定，还能不能住人，或者是将来重建的时候要不要进行一些规划，规划到什么程度等，所以重建周期比较长。

(7) 地震灾害具有某种周期性。一般来说地震灾害在同一地点或地区要相隔几十年或者上百年，或更长的时间才能重复地发生，地震灾害对同一地区具有准周期性，发生过强烈地震的地区，在未来几百年或者一定的周期内还可能再重复发生，这是目前对地震认识的水平。

(8) 地震灾害的损害与社会和个人的防灾意识密切相关。

3. 地震灾害因素

地震灾害的损害与地震、社会和个人等各方面的因素密切相关。

(1) 地震震级和震源深度

震级越大，释放的能量也越大，可能造成的灾害当然也越大。在震级相同的情况下，震源深度越浅，震中烈度越高，破坏也就越重。一些震源深度特别浅的地震，即使震级不太大，也可能造成“出乎意料”的破坏。

(2) 场地条件

场地条件主要包括土质、地形、地下水位和是否有断裂带通过等。一般来说，土质松软、覆盖土层厚、地下水位高、地形起伏大、有断裂带通过，都可能使地震灾害加重。所以，在进行工程建设时，应当尽量避开那些不利地段，选择有利地段。

(3) 人口密度和经济发展程度

地震如果发生在没有人烟的高山、沙漠或者海底，即使震级再大，也不会造成伤亡或损失。相反，如果地震发生在人口稠密、经济发达、社会财富集中的地区，特别是在大城市，就可能造成巨大的灾害。

(4) 建筑物的质量

地震时房屋等建筑物的倒塌和严重破坏，是造成人员伤亡和财产损失最重要的直接原因之一。房屋等建筑物的质量、抗震性能，直接影响到受灾的程度，因此，必须做好建筑物的抗震设防。

(5) 地震发生的时间

一般来说，破坏性地震如果发生在夜间，所造成的人员伤亡可能比白天更大，平均可达3～5倍。唐山地震伤亡惨重的原因之一正是由于地震发生在凌晨3点42分，绝大多数人还在室内熟睡。如果这次地震发生在白天，伤亡人数肯定要少得多。有不少人以为，大地震往往发生在夜间，其实这是一种错觉。统计资料表明，破坏性地震发生在白天和晚上的可能性是差不多的，二者并没有显著的差别。

(6) 对地震的防御状况

破坏性地震发生之前，人们对地震有没有防御，防御工作做得好与否将会大大影响到经济损失的大小和人员伤亡的多少。防御工作做得好，就可以有效地减轻地震的灾害损失。辽宁海城大地震是发生在海城、营口县附近的7.3级大地震，时间是1975年2月4日19点36分，因为预报比较成功，这次地震造成8.1亿元的经济损失，人员伤亡18308人，仅占7度区总人口数的0.22%。而国内其他未实现预报的7级以上的大地震，如邢台地震、通海地震、唐山地震的人员伤亡率分别为14%、13%、18.4%。

4. 地震灾害的分级与响应机制

(1) 地震灾害分级

地震灾害分为特别重大、重大、较大、一般四级。

1) 特别重大地震灾害是指造成300人以上死亡（含失踪），或者直接经济损失占地震发生地省（区、市）上一年国内生产总值1%以上的地震灾害。当人口较密集地区发生7.0级以上地震，人口密集地区发生6.0级以上地震，初判为特别重大地震灾害。

2) 重大地震灾害是指造成50人以上、300人以下死亡（含失踪），或者造成严重经济损失的地震灾害。当人口较密集地区发生6.0级以上、7.0级以下地震，人口密集地区发生5.0级以上、6.0级以下地震，初判为重大地震灾害。

3）较大地震灾害是指造成10人以上、50人以下死亡（含失踪），或者造成较重经济损失的地震灾害。当人口较密集地区发生5.0级以上、6.0级以下地震，人口密集地区发生4.0级以上、5.0级以下地震，初判为较大地震灾害。

4）一般地震灾害是指造成10人以下死亡（含失踪），或者造成一定经济损失的地震灾害。当人口较密集地区发生4.0级以上、5.0级以下地震，初判为一般地震灾害。

（2）分级响应

根据地震灾害分级情况，将地震灾害应急响应分为Ⅰ级、Ⅱ级、Ⅲ级和Ⅳ级。

应对特别重大地震灾害，启动Ⅰ级响应。由灾区所在省级抗震救灾指挥部领导灾区地震应急工作；国务院抗震救灾指挥机构负责统一领导、指挥和协调全国抗震救灾工作。

应对重大地震灾害，启动Ⅱ级响应。由灾区所在省级抗震救灾指挥部领导灾区地震应急工作；国务院抗震救灾指挥部根据情况，组织协调有关部门和单位开展国家地震应急工作。

应对较大地震灾害，启动Ⅲ级响应。在灾区所在省级抗震救灾指挥部的支持下，由灾区所在市级抗震救灾指挥部领导灾区地震应急工作。中国地震局等国家有关部门和单位根据灾区需求，协助做好抗震救灾工作。

应对一般地震灾害，启动Ⅳ级响应。在灾区所在省、市级抗震救灾指挥部的支持下，由灾区所在县级抗震救灾指挥部领导灾区地震应急工作。中国地震局等国家有关部门和单位根据灾区需求，协助做好抗震救灾工作。

地震发生在边疆地区、少数民族聚居地区和其他特殊地区，可根据需要适当提高响应级别。地震应急响应启动后，可视灾情及其发展情况对响应级别及时进行相应调整，避免响应不足或响应过度。

10.2.2　工程结构的抗震加固

对地震中受损的工程结构，需要继续使用时要进行抗震鉴定加固。对于地震区的新建工程必须做好抗震设计，对于未考虑抗震设防的既有工程结构应进行抗震鉴定，并采取有效的抗震加固措施。

1. 抗震加固原则

（1）确定设防烈度

设防烈度的确定，是既有工程结构抗震鉴定与加固程序中的第一项重要工作。进行抗震鉴定和加固时所采用的设防烈度，应按既有工程结构所处的地理位置、结构类别、工程现状、重要程度、加固的可能性，以及使用价值和经济上的合理性等综合考虑确定。

（2）确定抗震鉴定的重点

对既有工程结构的抗震鉴定与加固，要逐级筛选，突出重点。首先根据地震基本烈度区划图和中期地震预报确定地震危险性、城市政治经济的重要性、人口数量以及加固资金情况，确定重点抗震城市和地区。然后根据政治、经济和历史的重要性，震时产生次生灾害的危险性和震后抗震救灾急需程度确定重点单位和重点工程，如供水供电生命线工程、消防、救死扶伤的重要医院等一般为重点工程。

(3) 应优化抗震加固方案

加固方案的制定必须建立在上部结构及地基基础鉴定的基础上。加固方案中宜减少地基基础的加固工程量，因为地基处理耗费巨大，且比较困难；多采取提高上部结构整体性以增强抵抗不均匀沉降能力的措施。

(4) 具体分析，因地制宜，提高整体抗震能力

由于既有工程结构的设计、施工及材料质量各不相同，很难有统一的加固方法。因此，一定要具体情况具体分析，因地制宜，加固后要能提高工程的整体抗震能力、结构的变形能力及重点部位的抗震能力。因此，所采用的各项加固措施均应与原有结构可靠连接。加固的总体布局，应优先采用增强结构整体抗震性能的方案，避免加固后反而出现薄弱层、薄弱区等对抗震不利的情况。如抗震加固时，应注意防止结构的脆性破坏，避免结构的局部加强使结构承载力和刚度发生突然变化；加固或新增构件的布置，宜使加固后结构质量或刚度分布均匀、对称，减少扭转效应，应避免因局部的加强导致结构刚度或强度突变。

(5) 加固措施切实可靠，方便可行

抗震加固的目标是提高房屋的抗震承载能力、变形能力和整体抗震性能。确定加固方案时，应根据房屋种类、结构、施工、材料以及使用要求等综合考虑。加固方案应从实际出发，合理选取，便于施工，讲求经济实效。加固措施要切实可靠，方便可行。

(6) 采用新技术

既有建筑物抗震加固时，应尽可能采用高效率、多功能的新技术、新材料，提高加固效果。

(7) 抗震加固的施工效果好

抗震加固的施工应遵守国家现行标准和施工、验收的各项规定，并符合抗震加固设计的要求，应确保设计时所确定的加固效果，并且要确保施工人员和使用者的安全。

2. 结构主体的抗震加固方法

建筑物主体在抗震加固前，应先进行抗震鉴定。建筑结构类型不同的结构，其检查的重点项目内容和要求不同，应采用不同的鉴定方法。然后根据抗震鉴定结果综合分析，因地制宜，确定具体的抗震加固方法，常用的抗震加固方法有以下几种。

(1) 增强自身加固法

增强自身加固法是为了加强结构构件自身，恢复或提高构件的承载能力和抗震能力，主要用于震前结构裂缝缺陷的修补和震后出现裂缝的结构构件的修复加固。

压力灌注水泥浆加固法可用于灌注砖墙裂缝和混凝土构件的裂缝，也可以用来提高砌筑砂浆强度等级≤M1 的砖墙的抗震承载力。

压力灌注环氧树脂浆加固法可用于加固有裂缝的钢筋混凝土构件，最小缝宽可为 0.1mm，最大可达 6mm。

(2) 外包加固法

外包加固法是指在结构构件外面增设加强层，以提高结构构件的抗震能力、变形能力和整体性。此法用于加固破坏严重或要求较多地提高抗震承载力的结构构件。钢筋网水泥

砂浆面层加固法主要用于加固砖柱、砖墙与砖筒壁。水泥砂浆面层加固法适用于不用过多提高抗震强度的砖墙加固。外包钢筋混凝土面层加固法主要用于加固钢筋混凝土梁、柱和砖柱、砖墙及筒壁。钢构件网笼加固法适用于加固砖柱、砖烟囱和钢筋混凝土梁、柱及桁架杆件。此方法施工方便，但须采取防锈措施，在有害气体侵蚀和温度高的环境中不宜采用。

（3）增设构件加固法

指在原有结构构件以外增设构件，以提高结构抗震承载力、变形能力和整体性。

1）增设墙体。当抗震墙体抗震承载力严重不足或抗震横墙间距超过规定值时，宜采用增设钢筋混凝土或砌体墙的方法加固。

2）增设柱子。增设柱子可以增加结构的抗倾覆能力。

3）增设拉杆。此法多用于受弯构件的加固和纵横墙连接部位的加固。

4）增设圈梁。当抗震圈梁设置不符合规定时，可采用钢筋混凝土外加圈梁或板底钢筋混凝土加内墙圈梁进行加固。

5）增设支撑。增设屋盖支撑、天窗架支撑和柱间支撑，可以提高结构的抗震强度和整体性，而且可增加结构受力的冗余度，起二道防线的作用。

6）增设支托。当屋盖构件（如檩条、屋盖板）的支撑长度不够时，宜加支托，以防构件在地震时塌落。

7）增设门窗架。当承重窗间墙宽过小或能力不满足要求时，可增设钢筋混凝土门框或窗框来加固。

（4）增强连接加固法

震害调查表明，构件的连接是薄弱环节。结构构件间的连接应采用相应的方法进行加固。此法适用于结构构件承载能力能够满足，但构件间连接强度差的情况。其他各种加固方法也必须采取措施增强其连接。

1）拉结钢筋加固法。砖墙与钢筋混凝土柱、梁间的连接可通过增设拉筋加强。拉筋一端弯折后锚入墙体的灰缝内，一端用环氧树脂砂浆锚入柱、梁的斜孔中或与锚入柱、梁内的膨胀螺栓焊接。

2）压浆锚杆加固法。适用于纵横墙间没有咬槎砌筑、连接很差的部位。

3）钢夹套加固法。适用于隔墙与顶板和梁连接不良时，可采用镶边型钢夹套与板底连接并夹住砖墙，或在砖墙顶与梁间增设钢夹套，以防止砖墙平面外倒塌。

（5）替换构件加固法

对原有强度低、韧性差的构件用强度高、韧性好的材料替换。替换后要做好与原构件的连接，如用钢筋混凝土替换砖、钢构件替换木构件等。

3. 地基基础的抗震加固方法

（1）确定地基基础是否需要抗震加固的原则

地基与基础的抗震加固工程属于既有建筑的地下加固，其难度、造价、施工持续时间等往往比新建建筑物更多更大，可能涉及停产或居民动迁等问题。在抗震加固时宜尽可能考虑周全，根据结构特点、土质情况选择合理的加固方案，在确定是否加固及加固方案时应考虑下列原则：

1）尽量发挥地基的潜力。当既有建筑地基基础状态良好、地质条件较好时，应尽量发挥地基与基础的潜力。如考虑建筑物对地基土的长期压密使原地基的承载力提高；考虑地基承载力的深宽修正；考虑抗震时的承载力调整系数等有利因素。

2）计算作用于地基上的实际荷载。既有建筑在进行抗震加固时，原设计资料、计算书等未必齐全，地基的承载力也不一定用足，上部结构的抗震加固或改建、扩建均会使地基上的荷载变更（通常会增加）。如果增加后超出地基允许承载力的5%～10%，则一般不考虑地基基础的加固，仅考虑通过调整或加强上部结构的刚度来解决。

3）尽量采用改善结构整体刚度的措施。如加强墙体刚度（夹板墙、构造柱与圈梁体系）、加强纵横墙的连接等，可使结构的空间工作能力加强，从而有助于减少不均匀沉降或绝对沉降，因在地基与基础的计算理论中并未考虑上部结构空间工作的影响。

4）尽量采取简易的结构构造措施。为防止地震中基础失稳或不均匀沉降，宜优先考虑简易的措施。如在基础抗滑能力不足时在基础下增设防滑齿；在基础旁设置坚固的刚性地坪；在相邻基础间设置地基梁，将水平剪力分担到相邻基础上等。

总之，在考虑地基基础问题时，不应孤立地仅考虑地基与基础本身，还应着眼于结构与地基的共同作用，可用加强上部结构的办法来弥补地基方面的不足。

（2）抗震鉴定要求

进行地基基础抗震鉴定时，应仔细观察建筑物的地上和地下部分的现状，分析已有的地质资料，如有必要应补充勘察或挖坑查看基础现状。

对位于抗震不利地段的建筑物，除考虑建筑本身的抗震性能外，还应特别注意岩土的地震稳定性。对可能产生滑坡、泥石流、地陷、溃堤等灾害的危险性应进行鉴定并采取必要的防护措施。

对于砌体房屋、多层内框架砖房、底层框架砖房及地基主要受力层范围内不存在软弱黏性土层的一般单层厂房、单层空旷房屋和多层民用框架房屋等，如在正常荷载下的沉降已趋稳定且现状良好，或沉降虽未稳定，但肯定能满足其静力设计要求，可不进行天然地基及基础的抗震承载力验算。

对于鉴定地震设防烈度为8、9度时的8层以上多层房屋，或按《建筑地基基础设计规范》GB 50007—2011确定的地基持力层的承载力标准值分别小于100kPa和120kPa的单层厂房、空旷房屋，应验算地基土的抗震承载力。

一些软弱地基或严重不均匀地基，在地震时易产生不均匀沉降，引起建筑物开裂。当建筑物建造在软土地基上，或因地基处理不当，致使建筑物发生倾斜或墙身歪斜，以及由于地基不均匀沉降，建筑物的上部结构出现裂缝时，应考虑加固建筑物的地基和基础。

（3）加固技术措施

当抗震鉴定结论认为地基基础不满足要求而需采取措施时，应在采取结构构造措施、基础加固与地基加固三方面选择最经济的解决方法。

基础抗震加固技术措施主要有注浆法加固基础、扩大基础底面积、坑式托换、坑式静压桩托换、锚杆静压桩托换、灌注柱托换、树根桩托换等。

地基的抗震加固技术措施主要有水泥注浆法加固地基、硅化注浆法加固地基、双灰桩加固地基、覆盖法抗液化、压盖法抗液化、高压喷射注浆法、裙墙法等。

10.2.3　抗震加固实例分析

【案例 10-3】 北京 505 工程二街坊住宅楼位于北京西部的马神庙，建筑面积 3101m²，未进行抗震设防设计，Ⅱ类场地，1961 年建成。原建筑平面为 L 形，横墙承重。外墙厚 370mm，内墙厚 240mm，砖强度等级 1～4 层为 MU10，5 层为 MU5。砂浆强度等级：1 层为 M5，2、3 层为 M2.5，4、5 层为 M10。楼板为预制钢筋混凝土空心板，平屋顶，上人屋面。墙内配有钢筋砖圈梁，顶层仅外墙有现浇圈梁，内墙没有圈梁。外墙洞口采用预制钢筋混凝土过梁，横墙为砖砌墙。楼梯和阳台为现浇结构。基础采用 3∶7 灰土。

1. 震害概况

1976 年唐山 7.8 级地震时，该地的地震烈度为 7 度，该楼遭受较重破坏。横墙普遍有剪切裂缝，顶层纵墙外闪，端山墙从上至下沿窗洞开裂；非承重隔墙裂缝较多。室内门洞上砖平碹大部分开裂，楼板板缝拉开，整个房屋沿纵向中间有裂缝贯通，在现浇楼梯部分也有裂缝。在平面 L 形阴角处沿窗洞从上至下开裂，阳角处屋顶檐沟开裂。

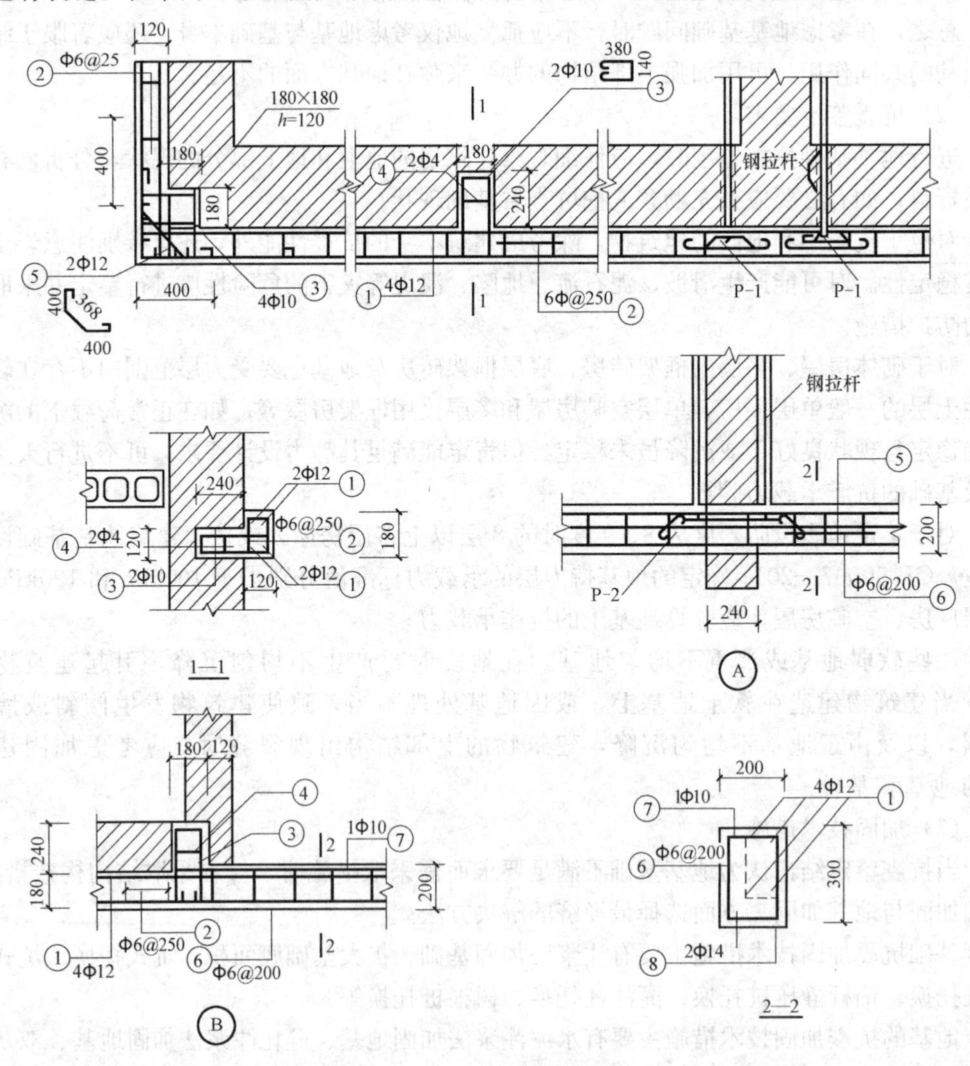

图 10-23　圈梁的做法

2. 修复加固

在工程修复加固时要求按 8 度设防。采取的加固措施有：

（1）由于房屋的震害较重，故每层均加了现浇钢筋混凝土圈梁，尺寸为 120mm×180mm，主筋 4Φ12，箍筋Φ6@ 200。横向用Φ16 或Φ20 的钢拉杆贯通，拉杆中间设花篮螺栓。圈梁和钢拉杆靠近楼板设置，钢拉杆中心线离上面的楼板底面为 50mm。钢拉杆端头锚固在圈梁内，圈梁在 L 形拐角处采用钢拉杆闭合，圈梁做法如图 10-23 所示。原顶层外墙圈梁无内隔墙横向拉结，应在原有圈梁标高处横向加钢拉杆，这样需要拆除室内吊顶，影响住房使用，故采用在顶层吊顶处另加钢筋混凝土外圈梁并在横向加拉杆的做法。

（2）对于墙体开裂、外闪现象，为了增强房屋整体性，提高结构延性，采用加设 19 根钢筋混凝土构造柱的做法。考虑到地震时房屋端部破坏严重的特点，在两端第一开间加设构造柱。由于端山墙窗口大且为无拉结墙大房间，故在山墙的窗间墙处增设一根构造柱。构造柱除与每层外圈梁连接外，还在每层紧贴楼板下用钢拉杆拉锚。角柱为 L 形（图 10-24），长 400mm，厚 180mm，配筋为 8Φ14。中间柱为矩形，如图 10-25 所示，截面尺寸为 400mm×180mm，配筋为 6Φ14。每根柱均做基础，如图 10-26 所示。

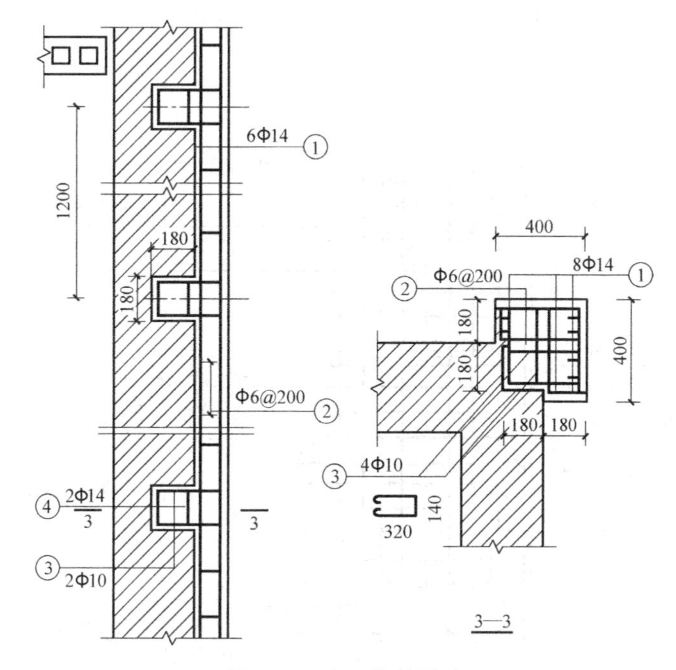

图 10-24　E-1 柱的做法

（3）应对纵、横墙的强度不足状况，在每单元楼梯间两边的纵、横墙两面加Φ6@ 200 的钢筋网水泥砂浆进行加固，双面抹 40mm 厚的 M10 水泥砂浆，如图 10-27 所示。

（4）在 L 形转角处，原先并未设计防震缝，地震时墙体开裂。加固时将此两部分分开，北段从上至下加砌 240mm 砖墙一道，在外墙上加设一根钢筋混凝土构造柱。新砌砖墙与周边锚固做法如图 10-28 所示。

（5）将垃圾道用混凝土浇实，横墙上通往阳台的门用砖砌死。

（6）拆除屋面檐口处的砖砌女儿墙，只保留钢筋混凝土框。

（7）墙体局部严重开裂的拆除重砌，震裂的门砖碹用角钢加固。承重墙及 240mm 以

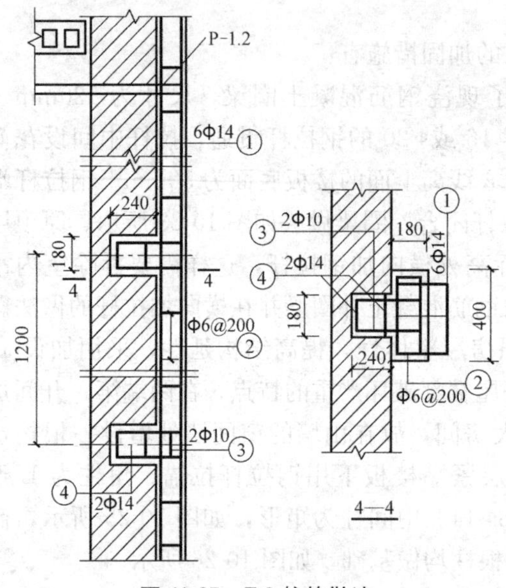

图 10-25　E-2 柱的做法

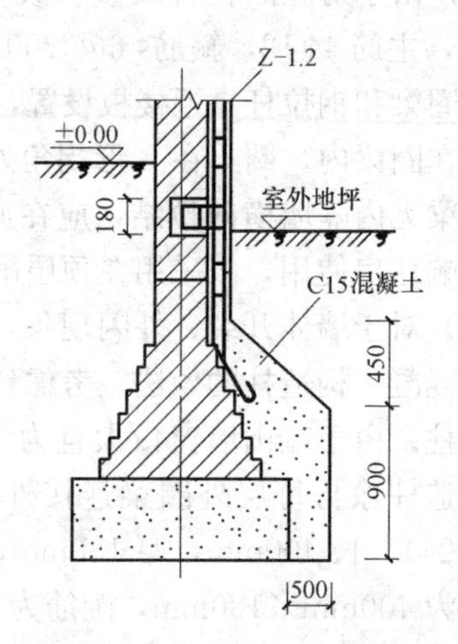

图 10-26　E-1、E-2 柱基础的做法

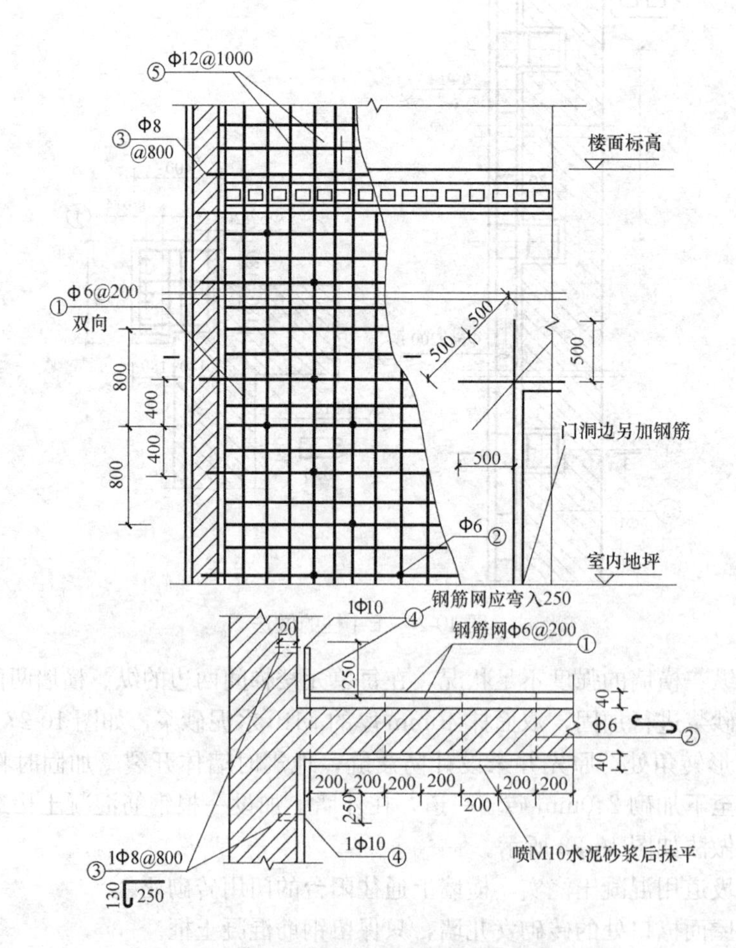

图 10-27　钢筋网抹灰墙做法及遇洞口时的处理

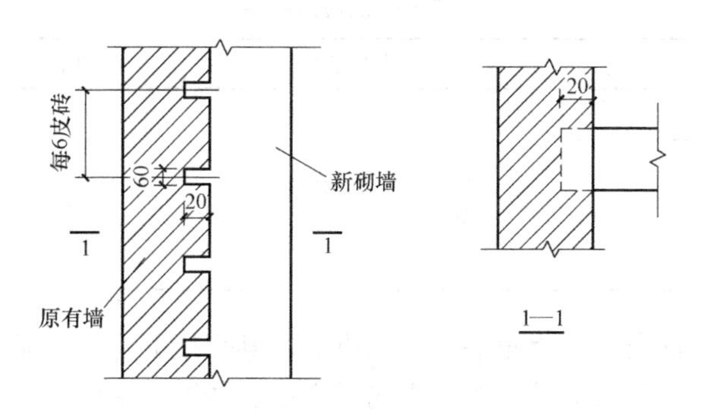

图 10-28　后砌横墙与原有墙的拉结

上的非承重墙的裂缝用钢筋混凝土楔子补强等。

【案例 10-4】 某多层混合结构教学楼的抗震加固

某学校教学楼建于 1984 年，采用浅基础，上部为 4 层混合结构，预制板屋面，平面形状呈矩形，平面尺寸为 57m×11m，建筑面积约 $1800m^2$，建筑总高度 14.0m。该教学楼所在地的抗震设防烈度为 6 度，设计基本地震加速度值为 0.05g，设计地震分组为第一组。建筑平面图如图 10-29 所示。根据《建筑抗震鉴定标准》GB 50023—2009，该建筑物抗震鉴定类别可确定为 A 类建筑 6 度乙类设防，按 7 度核查其抗震措施。

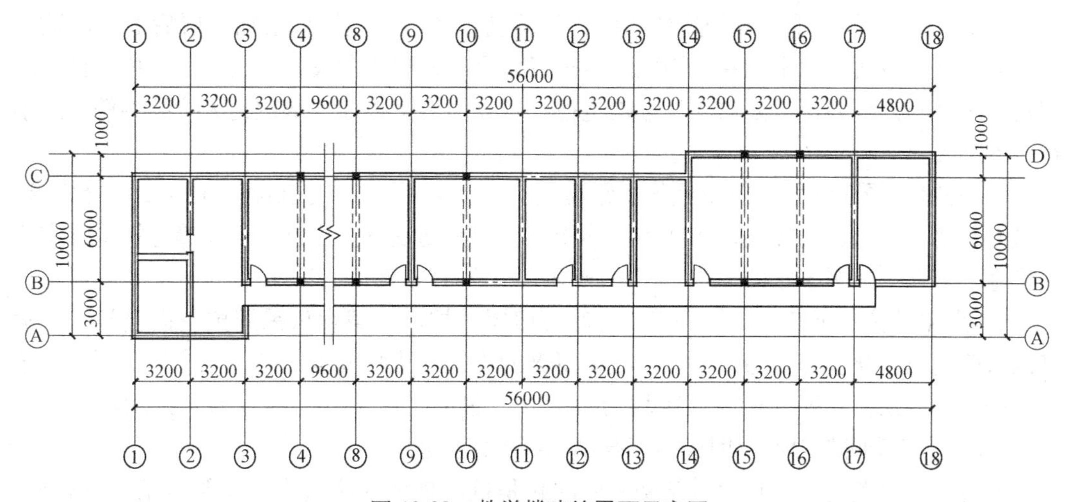

图 10-29　教学楼建筑平面示意图

1. 抗震检测鉴定

通过对学校的相关资料进行审查及现场踏勘，初步认为该教学楼可能存在安全隐患，建议进一步检测鉴定。依据现行检测技术标准，对砖块进行砌块抗压强度抽样检验，对砌筑砂浆抗压强度采用贯入法检测，对混凝土构件抗压强度采用回弹法检测。经检测，该教学楼各层墙体的砖强度均为 MU10，上部混凝土构件现龄期混凝土抗压强度推定值在 15.2～26.3MPa 之间，各层砌筑砂浆检测结果见表 10-23。

（1）第一级鉴定

1）外观和内在质量。通过现场查看，该建筑物墙体不空鼓、无严重酥碱和明显歪闪；

砌筑砂浆检测结果 表 10-23

检测墙体所在楼层	设计强度等级	现龄期砂浆强度实测值(MPa)
一层	M5 混合砂浆	0.8
二层		0.8
三层		0.6
四层		0.6

支承大梁的墙体无竖向裂缝，承重墙、自承重墙及其交接部位无明显裂缝；混凝土梁柱及其节点仅有少量微小开裂或局部剥落，钢筋无露筋、锈蚀；主体结构混凝土构件无明显变形、倾斜和歪扭；上部结构无不均匀沉降裂缝和倾斜，地基基础无严重静载缺陷。

2）结构体系。该教学楼总高度为 14.0m，教学楼主体宽度为 11.0m，底层平面最长尺寸为 57.0m，高宽比不大于 2.2，且高度不大于底层平面的最长尺寸，符合抗震鉴定标准的要求。抗震横墙最大间距为 10.8m。

3）墙体材料。实测砌筑用砖强度等级为 MU10。根据实测结果，一～四层墙体的砌筑砂浆强度推定值在 0.6～0.8MPa，不符合第一级鉴定的要求。

4）房屋整体性连接构造。该教学楼墙体平面内布置闭合，且每层均设有圈梁，符合鉴定标准的要求。但是，对于 20 世纪 80 年代建造的既有建筑，其合理使用年限较新建工程缩短，所以既有多层砌体教学楼乙类建筑的抗震构造措施可按《建筑抗震设计规范》GB 50011—2010 的要求，其构造柱的设置是否满足要求，应根据增加 2 层后的总层数对照相应的抗震设防烈度来判断。因此，经现场检测后发现该学校教学楼外墙四角、楼梯间四角，大房间内外墙交接处均未设置构造柱，且纵横墙交接处等部位也无拉结钢筋，故不符合鉴定要求。

5）房屋易局部倒塌部位及连接。结构构件的局部尺寸、支承长度和连接符合要求，房屋女儿墙、门脸、楼梯及走廊扶手等连接可靠，钢筋混凝土挑檐、雨篷等悬挑构件有稳定措施，符合第一级鉴定的要求。

6）房屋的抗震承载力。第一级鉴定时，房屋的抗震承载力可采用抗震横墙间距和宽度的限值进行简化验算。通过贯入法检测得到的砌筑砂浆强度推定值普遍较低，同时由于教学楼一～四层抗震横墙最大间距均为 10.8m，超出《建筑抗震鉴定标准》GB 50023—2009 的抗震横墙间距限值，因此不符合第一级鉴定要求。

通过第一级鉴定，发现该教学楼主要问题是抗震横墙间距过大；砌筑砂浆强度较低；未设置构造柱，纵横墙交接处也无拉结钢筋，整体性较差。因此，存在多项不符合第一级鉴定要求时，评定为不满足抗震要求，需进行第二级鉴定。

（2）对现有结构体系、楼屋盖整体性连接、圈梁布置和构造及易引起局部倒塌的结构构件不符合第一级鉴定要求的房屋，根据《建筑抗震鉴定标准》GB 50023—2009，可采用楼层综合抗震能力指数方法进行第二级鉴定，同时，楼层综合抗震能力指数应按房屋的纵横两个方向分别计算。根据《建筑抗震鉴定标准》GB 50023—2009，教学楼横墙、纵墙综合抗震能力验算结果表明，该教学楼各楼层纵横墙最弱楼层综合抗震能力指数小于 1.0，应对其采取加固措施。同时，建议按相关规范增设构造柱，并对墙体进行加固处理，加强房屋整体性。

2. 抗震加固设计

(1) 设计构造根据鉴定情况，该教学楼横墙很少，砌筑砂浆实际强度等级 M2.5，纵横墙承载力均满足要求。

1) 由于各层墙体的砌筑砂浆强度普遍较低，为增加结构的整体性，纵横墙均采用双侧加钢筋网砂浆面层的方法加固。面层的砂浆采用厚度为 60mm、强度等级为 M10 的水泥砂浆。钢筋网采用双向Φ8@ 200，同时采用Φ8@ 900 的 S 形穿墙锚筋。当钢筋网的横向钢筋遇有门窗洞口时，宜将两侧的横向钢筋在洞口闭合。底层的面层，在室外地面下加厚并伸入地面以下 500mm。

2) 竖向钢筋应连续贯通穿过楼板。为避免钻孔太密，造成楼板损伤过大，在楼板处可采用集中配筋方式穿过，钢筋采用Φ12@600，上下各搭接 400mm，端部焊 8 字形横筋两道，以便于钢筋网焊接。

3) 由于该教学楼外墙四角均未设置构造柱，因此该部位应加强设计，如图 10-30 所示，转角处另设置 18Φ10 的水平及竖向配筋加强带，以代替构造柱。

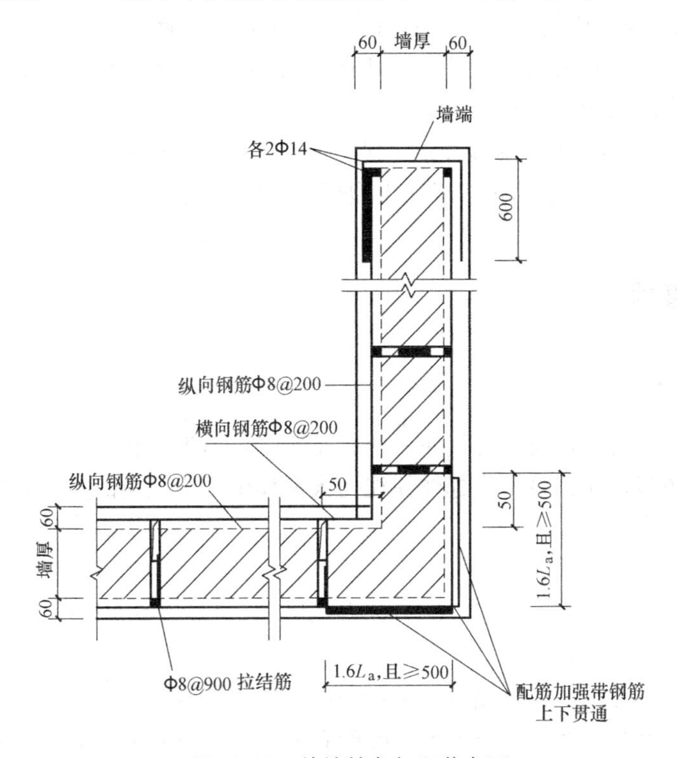

图 10-30 外墙转角加固节点图

4) 由于纵横墙交接处均未设置构造柱，也无拉结钢筋，故该节点也应加强设计，如图 10-31 所示，另设置 6Φ10 的水平及竖向配筋加强带，以代替构造柱。

(2) 施工要点

1) 做面层前，应将原墙面抹灰层清除干净，对油漆或瓷砖装饰层应铲除，以保证加固面层与原墙体的可靠粘结，若原墙面存在局部碱蚀严重或有松散部分时，应先清除松散部分，并用 1∶3 水泥砂浆抹面，已松动的勾缝砂浆应清除。做面层前，原墙的墙面应用水湿润。

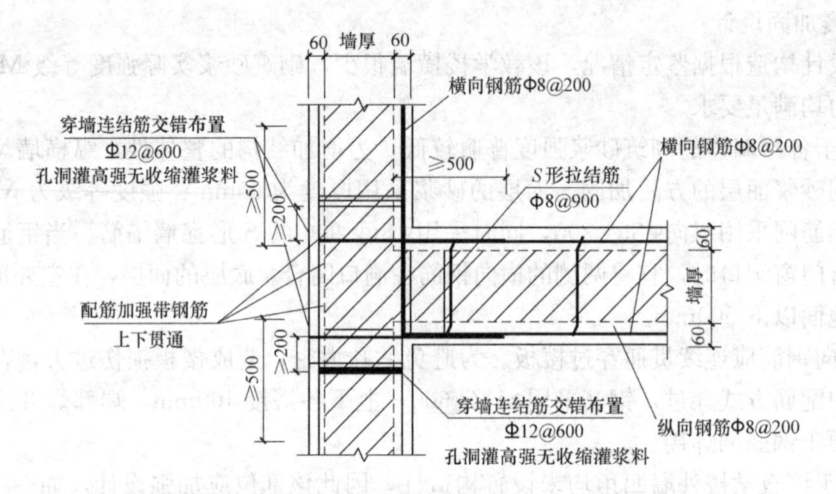

图 10-31 纵横墙交接处加固节点图

2）在墙面钻孔时，应先按设计要求画线标出穿墙筋位置，并应采用电锤在砖缝处打孔，穿墙孔直径应比 S 形筋直径大 2mm。铺设钢筋网时，竖向钢筋应靠墙面并采用钢筋头支起。钢筋网在墙面的固定应平整牢固。

3）抹水泥砂浆时，应先在墙面刷水泥浆一道再分层抹灰，且每层厚度不应超过 15mm。面层施工完后应洒水养护，以防干裂或与原墙面脱开。

10.3 燃爆事故

10.3.1 概述

城市燃气的使用特别是民用燃气使用的日益普及，为生活和生产带来了便利，而燃气爆炸事故也越来越多，尤其是燃气爆炸往往与火灾伴生，给人类的生产和生活带来了极大的威胁和危害。

1. 民用燃气分类

民用燃气按来源可分为天然气（NG）、人工煤气（TG）和液化石油气（LPG）三类。

(1) 天然气

我国天然气分布地区较广且储量丰富，一般天然气可分为气田气、油田伴生气和矿井气三种，它们分别是纯天然气、石油开采时的石油气、含有石油轻质馏分的气田气和矿井瓦斯气等。纯天然气甲烷含量超过 90%，其他为少量二氧化碳、硫化氢、氮气和微量的惰性气体（如氦、氖、氨气等)。油田伴生气甲烷含量约为 80%，乙、丙、丁和戊烷等含量约为 15%。矿井气的主要成分为甲烷，具体含量与集气方式有关，变化范围较大。

(2) 人工煤气

人工煤气也称为城市煤气。按制取方式和原料分为干馏煤气、汽化煤气、油制气等。

1）干馏煤气利用焦炉、直立炉或立箱炉对煤进行干馏而得。干馏煤气是我国城市管道煤气的主要来源，其甲烷和氢的含量高，热值较大。

2）汽化煤气可以用两种方式制取。一种是利用高压制取的汽化煤气，其主要成分为甲烷和氢气，可以直接使用。另一种是利用高炉、煤气发生炉将煤氧化制成，主要成分为一氧化碳和氢气，毒性较大，热值较低，需与干馏气掺混方可使用，一般作为城市煤气的补充。

3）油制气是以重油为原料制取煤气，可分为重油蓄热催化裂解煤气和重油蓄热热裂煤气两种，前者主要组分为氢气、甲烷和一氧化碳，可以直接供城市使用；后者则以甲烷、乙烯和丙烯为主，需掺混干馏煤气或水煤气等才能供应城市。

（3）液化石油气

液化石油气是开采和炼制石油过程中的副产品，其主要组分为丙烷、丙烯（异）丁烷等。液化石油气既可作为城市煤气，同时又是重要的化工原料。

2. 民用燃气组分

燃气的组分与燃气的种类、产地、原料及生产方式有密切关系，表10-24给出了我国主要城市（地区）及主要气田生产的燃气的主要组分。

3. 燃爆的物理力学特征

1）燃气爆炸属于分散相爆炸，要有氧助燃，与周围环境、燃气的组分和含量密切相关。

2）燃气爆炸多为爆燃过程，爆炸的扩大和延伸主要依靠热学效应，已爆介质向未爆介质的传播较慢，低于爆炸介质声速。

3）每种燃气均存在一个上限和下限，超出这个范围，无论其含量过高或过低，即使点燃，也不会引发爆炸。

4）燃气爆炸过程，本质上是一个快速氧化（即燃烧）的过程，压力波的传播伴随火焰波阵面的传播，这种“伴随”性在燃气泄漏严重、扩及范围很大的空间内极易引发恶性大火，而大火又会促使周围其他一些燃气设备（如储罐等）再次爆炸而形成连锁反应。

我国主要民用燃气的组分 **表10-24**

<table>
<tr><th rowspan="3">序号</th><th colspan="4">燃气种类</th><th colspan="11">燃气组分的体积分数(%)</th></tr>
<tr><th colspan="3" rowspan="2">名称</th><th rowspan="2">产地(地区)</th><th rowspan="2">H_2</th><th rowspan="2">CO</th><th rowspan="2">CH_4</th><th colspan="5">C_mH_n</th><th rowspan="2">O_2</th><th rowspan="2">N_2</th><th rowspan="2">CO_2</th></tr>
<tr><th>C_2H_4</th><th>C_2H_6</th><th>C_3H_6</th><th>C_3H_8</th><th>C_4H_8、C_4H_{10}、C_5H_{12}</th></tr>
<tr><td>1</td><td rowspan="7">人工煤气</td><td rowspan="5">煤制气</td><td>炼焦煤气</td><td>北京</td><td>59.2</td><td>8.6</td><td>23.4</td><td colspan="5">2.0</td><td>1.2</td><td>3.6</td><td>2.0</td></tr>
<tr><td>2</td><td>直立炉气</td><td>东北</td><td>56.0</td><td>17.0</td><td>18.0</td><td colspan="5">1.7</td><td>0.3</td><td>2.0</td><td>5.0</td></tr>
<tr><td>3</td><td>混合煤气</td><td>上海</td><td>48.0</td><td>20.0</td><td>13.0</td><td colspan="5">1.7</td><td>0.8</td><td>12.0</td><td>4.5</td></tr>
<tr><td>4</td><td>发生炉气</td><td>天津</td><td>8.4</td><td>30.4</td><td>1.8</td><td colspan="5">0.4</td><td>0.4</td><td>56.4</td><td>2.2</td></tr>
<tr><td>5</td><td>水煤气</td><td>天津</td><td>52.0</td><td>34.4</td><td>1.2</td><td colspan="5">/</td><td>0.2</td><td>4.0</td><td>8.2</td></tr>
<tr><td>6</td><td rowspan="2">油制气</td><td>催化制气</td><td>上海</td><td>58.1</td><td>10.5</td><td>16.6</td><td>5.0</td><td>/</td><td>/</td><td>/</td><td>/</td><td>0.7</td><td>2.5</td><td>6.6</td></tr>
<tr><td>7</td><td>热裂制气</td><td>上海</td><td>31.5</td><td>2.7</td><td>28.5</td><td>23.8</td><td>2.6</td><td>5.7</td><td>/</td><td>/</td><td>0.6</td><td>2.4</td><td>2.1</td></tr>
<tr><td>8</td><td rowspan="3">天然气</td><td colspan="2">气田气</td><td>四川</td><td>/</td><td>/</td><td>98.0</td><td>/</td><td>/</td><td>/</td><td>0.3</td><td>/</td><td>/</td><td>1.0</td><td>/</td></tr>
<tr><td>9</td><td colspan="2">油田伴生气</td><td>大庆</td><td>/</td><td>/</td><td>81.7</td><td>/</td><td>/</td><td>/</td><td>6.0</td><td>/</td><td>0.2</td><td>1.8</td><td>0.7</td></tr>
<tr><td>10</td><td colspan="2">矿井气</td><td>抚顺</td><td>/</td><td>/</td><td>52.4</td><td>/</td><td>/</td><td>/</td><td>—</td><td>/</td><td>7.0</td><td>36.0</td><td>4.6</td></tr>
</table>

注：1. 表中是干煤气组分，实际上煤气中往往含有水蒸气；
2. 由于多种因素的影响，各种煤气组分是变化的，上表是平均值。

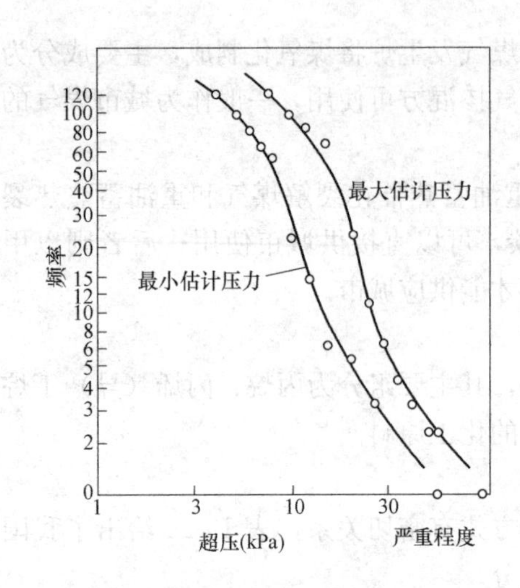

图 10-32　燃气爆炸频率与超压（严重程度）的关系

5）燃气爆炸相对于核爆和化爆升压时间较慢，为100～300ms，密闭体内测得的理论最大压力峰值为700kPa，实际生活中一般室内燃气爆炸都远低于这个值，低1～2个数量级。如图10-32所示，以往发生的燃爆之超压值都在5～50kPa，超压大于70kPa就是很严重的了。

6）燃爆波基本上是压力波而不是冲击波，它的破坏作用以超压为主，动压作用很小，以至于可以忽略不计。

7）泄爆是减少室内燃气爆炸峰值的重要手段，在易爆空间内设置足够的泄爆面积是防爆设计中最廉价而又最现实的措施。

4. 燃爆灾害的特点

由燃爆的特性可以看出，燃爆作为一种灾害，相对于其他灾害如地震、飓风、洪水等具有如下特点：

(1) 频率高偶然性大。千家万户都使用燃气，当空气中的燃气达到一定含量时，一遇明火就发生爆炸。燃气需要经过许多环节才能输送到千家万户，任何一个环节都有可能发生爆炸。

(2) 常与火灾伴生。燃爆既是火灾的引发源，也是火灾的次生、伴生灾害。由于燃爆的动力效应和可燃介质的传播、蔓延，因此，燃爆常常比一般单纯火灾严重得多。

(3) 燃爆灾害具有局部性，如局限于一个单体建筑、某一个小区、某一段管路等；燃爆对承载体（如结构）破坏的程度也比一般化学爆炸要低，并且多为封闭体（如室内）内的约束爆炸，因此，对泄爆特别敏感。泄爆可以作为减轻室内燃爆的重要手段之一。

(4) 燃爆灾害具有显著的人为特征。与地震及风暴潮等其他灾害相比，少了自然特征，多了人为特征，因此，预防的可能性较强。

(5) 抗灾措施较易实施。根据燃爆灾害的特点，预防的措施除在建筑结构设计上要考虑防止连续倒塌之外，还可以做一些普及教育方面的工作，概括如下：

1）对城市储罐区，主要燃气干管等要进行危险性评估。

2）积极开展燃气泄漏检测的研究，研制灵敏度高并能及时报警的装置，使泄漏的燃气达不到燃烧含量就可以提醒人们注意并加以控制。

3）加强对燃爆灾害的重视。既要注意预防燃爆引发的火灾，又要注意由火灾引发的燃爆。

4）对居民要加大宣传，使人们了解一些预防燃爆的基本知识。

5. 燃爆对建筑结构的影响

钢筋混凝土结构及砌体结构的基本自振周期在20～50ms范围内，在爆炸荷载作用下，结构构件的运动由于加速度的存在而产生惯性力。对燃气爆炸来说，荷载的升压时间与结构构件的基本自振周期相比，加载时间足够缓慢，以至于惯性力小到可以忽略不计，因此可以认为室内燃爆对建筑结构的作用基本上不产生动力效应，属于一种静力作用，破坏荷载只是压力波的峰值压力，而不是冲击波的破坏。根据近几年燃爆灾后现场情况、结构的破坏形态，室内燃爆对建筑结构破坏比较严重的是外墙的窗户、与邻户相隔的内墙、楼板、与室外大气相通的通风道等，而室内的物品多数不会被移动式推倒。由此可见，在易爆空间设足够的泄压口，如增加窗口面积或数量是最有效的防护措施。

10.3.2 燃爆灾害事故

可燃气体与空气混合后，一经点燃就可能发生猛烈的爆炸，民用燃气的组分决定了它具有一般可燃气体爆炸的特性。日常生活中，一些闪点较低的可燃液体，如乙醚、汽油等在常温下极易挥发成可燃蒸气，甚至一些闪点较高的可燃液体，遇热后同样挥发成可燃蒸气，这些蒸气达到一定的含量后，遇明火点燃即刻发生爆炸。燃气一般要经过生产、输送、储配、使用四个环节才能实现能量转换即使用效果，其中每一个环节都可能发生爆炸酿成灾害。表 10-25 是在各个环节发生的若干典型燃爆灾害实例。

各环节发生的典型燃爆灾害　　表 10-25

发生时间	起火单位名称或地址	死亡人数（人）	受伤人数（人）	其他损失	燃爆环节
2005 年 6 月 3 日	新疆克拉 2 气田中央处理厂 6 号装置	2	9(重伤)	6 号和 5 号处理装置全部烧毁	生产环节
1984 年 3 月 25 日	巴西圣保罗库巴坦炼油厂	508	127	2000 名幸存者无家可归，毁坏房屋无数	
1970 年 7 月 21 日	某市石油六厂合成车间	14	36	7 号高压釜油气喷出，配电间开关打火引爆	
2006 年 1 月 20 日	四川眉山市仁寿县输气管道爆炸	20	100	镇上 100m 范围内建筑物的门窗和玻璃震坏	火车运输
1993 年 2 月 11 日	中国太原市焦炉煤气干管爆炸	/	/	煤气管道、污水管道、通信管路爆炸。全市一半居民中断煤气供应十几小时，通信及交通中断	
1982 年 4 月 25 日	意大利佩路贾省托迪市煤气管路爆炸	34	60	古董展览会场大批珍贵美术绘画、古董、文物毁坏	
1981 年 9 月 26 日	中国远洋运输公司货轮爆炸	/	/	4 号、3 号、2 号舱爆炸，造成损失 1 亿元以上	
1970 年 6 月 21 日	美国伊利诺伊州运输(LPG)火车爆炸	无统计	66	16 幢大楼毁坏，25 幢民房毁坏，中心街 90%设施被烧毁	火车运输
1984 年 11 月 19 日	墨西哥近郊液化气供应中心站爆炸	490（另 900 失踪）	4000	供应站所有设施毁损殆尽，民房损坏达 1400 余所，31000 人无家可归	储存配送环节
1979 年 12 月 18 日	中国某市液化气储配站发生爆炸	34	58	101 号～104 号、206 号球罐爆炸，3000 支满装钢瓶爆炸，5000 支空瓶烧坏。直接损失 500 万元	
1977 年 7 月 21 日	中国某市油库爆炸	10		损失 60 万元	储存环节
1977 年 2 月	中国某钢厂液化石油气储罐爆炸	8	/	气化间及其附近厂房被毁	

续表

发生时间	起火单位名称或地址	死亡人数（人）	受伤人数（人）	其他损失	燃爆环节
2004年12月14日	吉林市船营区农林大街某居民楼爆炸	/	3	近百户居民遭受到不同程度的损失	使用环节
1990年2月11日	中国盘锦某招待所爆炸	/	/	整栋楼房连续倒塌，损失惨重	
1971年12月25日	韩国汉城大然阁饭店爆炸	163	60	旅馆的家具、陈设、装修全部烧毁	

10.3.3 燃爆事故分析与处理

燃爆大都伴生火灾，其局部建筑特别是爆炸点附近的房间破坏都大于单纯由火灾引发的烧损，如果伴生火灾很大又没有来得及扑救，持续燃烧时间长，过火面积大，这样一来灾害的损失就远远超过仅有局部燃爆造成的损害了，这也是消防部门长期以来把燃爆作为火因的一种原因。但从建筑工程部门设计与修复的角度，燃爆作为一个区别于一般火灾的灾种而需要专门给予考虑。

燃爆后的鉴定应包括燃爆的调查与分析、火灾的评判与鉴定两个部分。

1. 燃爆调查与分析方法

发生燃气爆炸后，特别是使结构发生较为严重的破坏或损坏后，首先要进入现场调查以获取第一手资料，然后加以分析和总结。参考一般爆炸调查方法，结合燃气爆炸的特点，分述如下。

（1）现场调查

1）尽量使破坏现场的碎片、废墟保持原状。

2）拍摄照片或录像，尽可能全面录制现场情况，并做好现场记录。

3）量测结构破坏和损坏的程度，并写出文字材料和绘出图样等。

4）获取该地区的平面图及破损结构的建筑、结构施工图等技术文件。

5）搞清散落或坍塌构件、物品的原始位置并绘制抛散物的抛掷图，标明位置、尺寸、材料、质量等特征。

6）取得目击者的证词等材料。

7）取得事故发生前后的当地气象资料。

（2）分析和总结

1）分析确定事故的全程，包括爆炸前后现象、爆源的类型与位置、现象出现的顺序等。

2）分析爆炸性质和做出超压估计。

3）分析事故原因，得出完整结论。

这里仅是提纲性地简述了调查与分析方法，具体执行可参照下述案例的调查与分析。

【案例 10-5】 北京南沙滩小区居民楼燃爆事故

（1）现场调查

1）事故基本情况描述

南沙滩小区位于北京市德胜门外北大街东侧。建筑总平面图如图 10-33 所示。该区供应天然气，发生爆炸的是 4 号楼。该楼为预制板结构，建于 1982 年，高 6 层，层高 2.9m，同年竣工。各部位预制板厚分别为内墙 140mm，外墙 280mm，楼板厚 120mm。施工为现场装配焊接并浇筑节点混凝土。

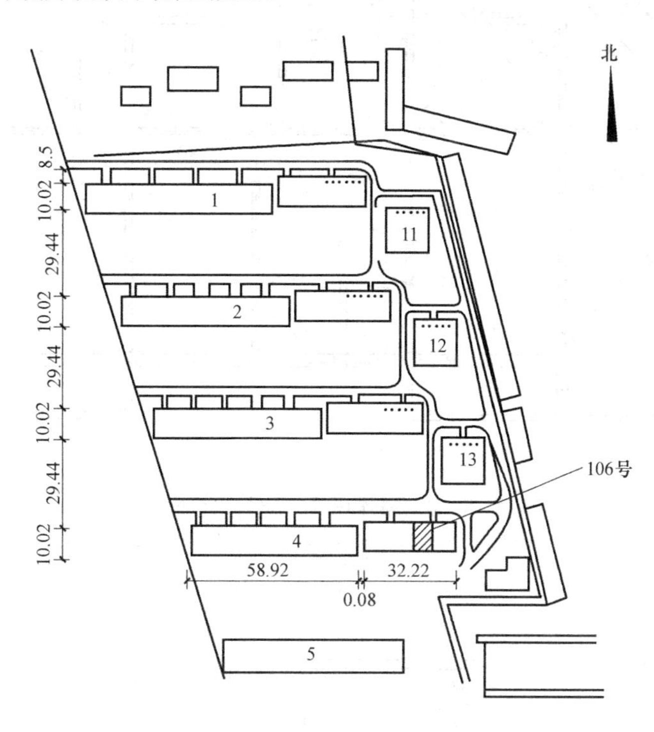

图 10-33 南沙滩小区平面图（单位：m）

1992 年 8 月 23 日凌晨 1 点 35 分，4 号楼 1 单元 2 层 106 号（图 10-34）发生爆炸，当晚家中无人。由气象部门得知当时的气象情况为少云，气温 22℃。相对湿度为 87%，气压为 1000.9hPa（1hPa=100Pa≈0.75mmHg）。爆炸时附近居民听到爆炸声，4 号楼的居民有地震感，特别是 106 号上下左右的住户。

该 1 单元 1 层 101 号周姓居民反映说："当时感觉以为是地震，床、家具乱响，因为天热，睡地铺，觉得地板震颤不已，爆炸过后，发现门扇已经没有了，拿毯子一包床上的孩子，光着脚就冲出门外，满地碎玻璃，把脚都扎破了。脸也被飞散的碎玻璃划伤。""大火从二楼窜到五楼，五、六楼的人从上面往下浇水。"另一傅姓居民说。一位李姓居民说听到两声爆炸，也有人说就听到一声。该区行政科反映，该单元共 18 户，除 106 号外，共换玻璃 4（标准）箱。这个单元的窗户几乎全都碎了，有很多人受外伤。

2）结构构件的破损情况

① 从结构或非结构构件的损坏和破坏情况来看，爆炸比较猛烈，该室玻璃飞至 30～50m 外的对面路上和楼下（图 10-35）。楼梯间受到振动，致使平台梁出现小的破损和一些非结构构件的损坏。106 号阳台的破坏较为严重，两侧的混凝土隔板均有水平走向裂缝，栏板一部分飞出，殃及 2 单元 204 号阳台栏板，而且把中间隔断板扯出一块 200mm×500mm×10mm 的混凝土板，悬垂在阳台板外。

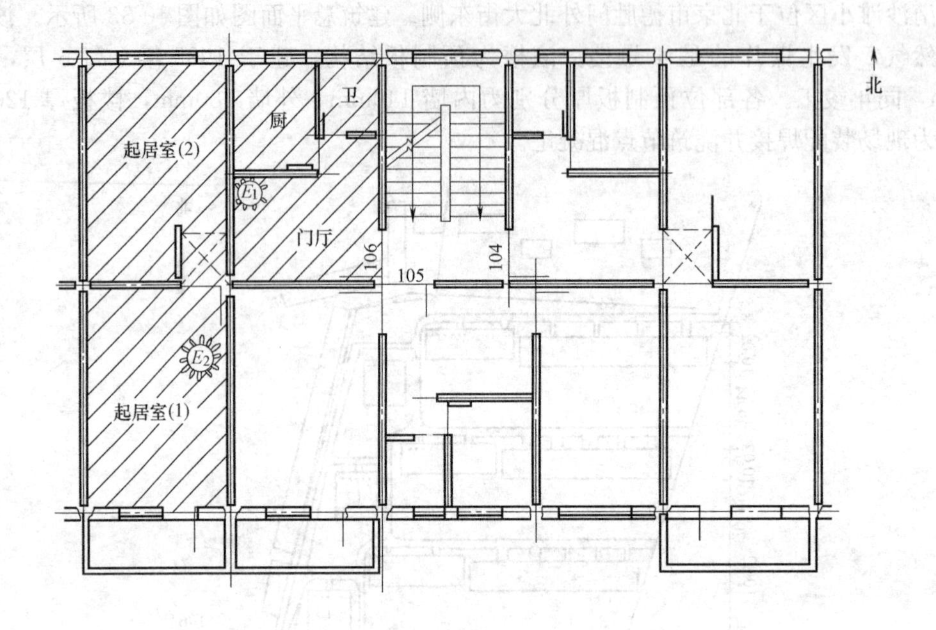

图 10-34　爆炸户（106 号）平面图

注：E_1为第一次引爆，冰箱打火引爆；E_2为第二次引爆，火焰波阵面引爆。

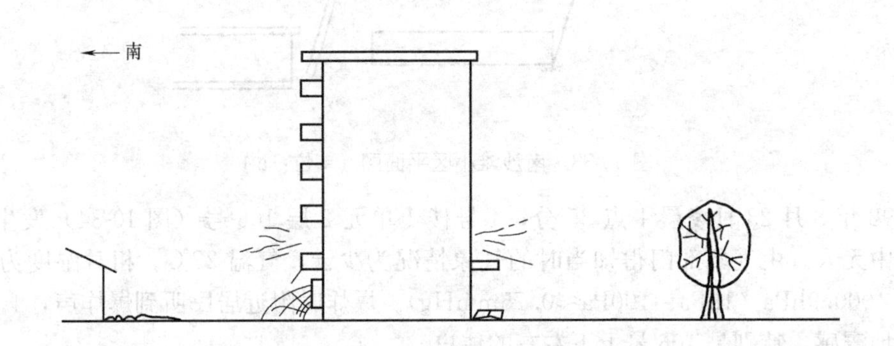

图 10-35　南沙滩 4 号楼 106 号爆炸抛掷示意图

② 106 号起居室（1）的地面、顶面及墙面破坏比较严重，地面板呈漏斗状下沉（图 10-36），中间下沉约 100mm，个别地方漏筋，裂缝宽达 20～30mm，该地面板的反面（即 103 号的顶板）中间下凹，宽的裂缝达 100mm，并严重漏筋（图 10-37）。板的裂缝与均载下四边固支板极限破坏时的塑性铰线惊人得一致。106 号顶板的开裂情况较地板好些（图 10-37），但其破坏状态则与地面板一致，板的中心呈一个下凹的漏斗，经分析可能是负压所致。

③ 106 号起居室（1）的西墙面中心裂缝掉块，剥落严重（图 10-38）。106 号起居室（1）的东墙面的破坏见图 10-39。东墙面的反面（即 105 号的西墙面）破损状况如图 10-40 所示。各墙面裂缝宽度都在 30mm 左右，个别达 50～70mm。漏筋严重且呈明显的塑性铰线的极限破坏状态。

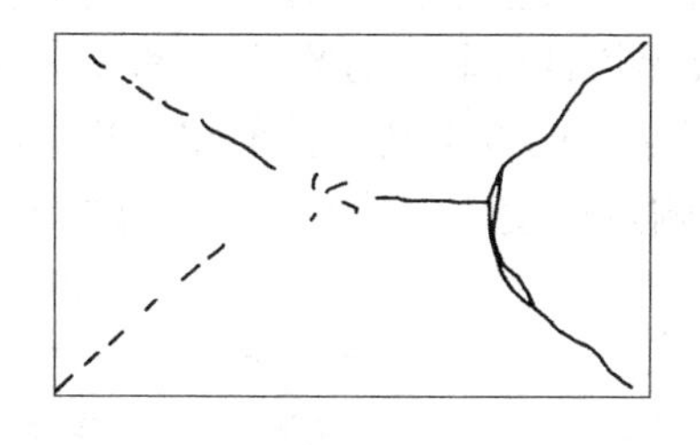

图 10-36 起居室（1）的地面板破坏状况

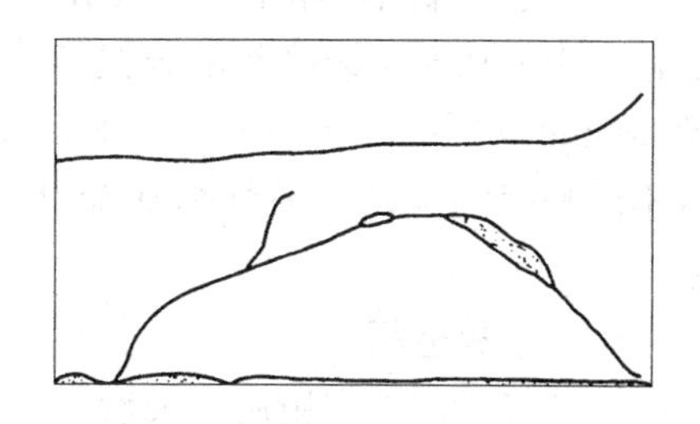

图 10-37 起居室（1）的顶板破损状况

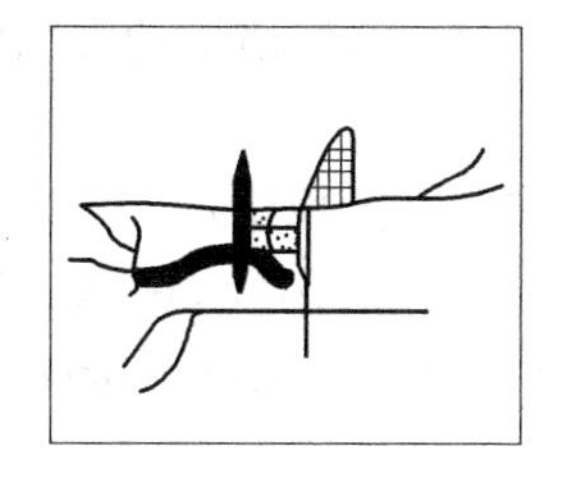

图 10-38 起居室（1）的西墙面破损状况

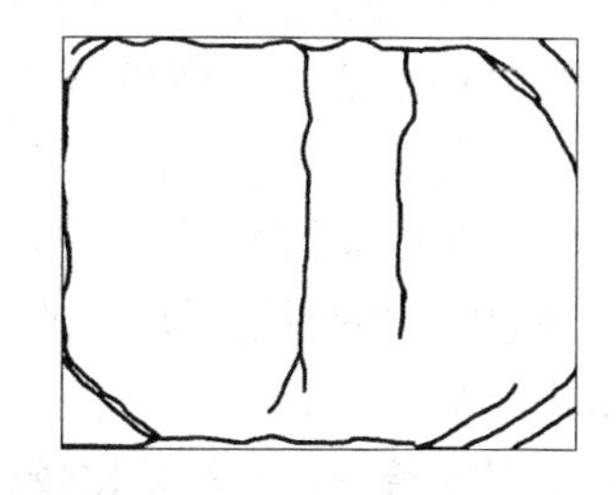

图 10-39 起居室（1）的东墙面破坏状况

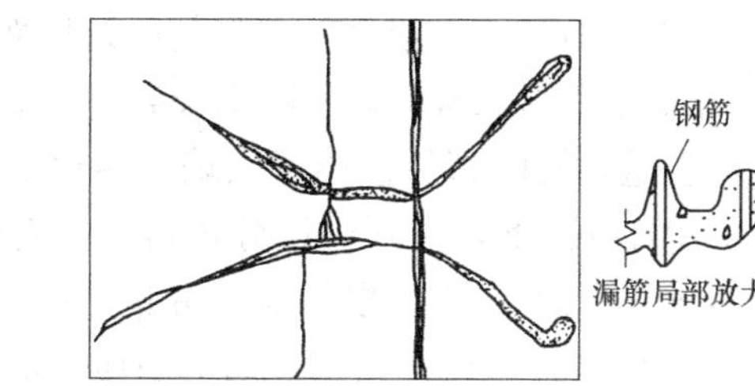

图 10-40 起居室（1）的东墙反面（即 105 号西墙）破坏状况

④ 106 号起居室（2）的东墙面和南墙入口处的破坏情况如图 10-41 和图 10-42 所示，裂缝最宽可达 30mm 左右，但该室地面无明显的裂缝。

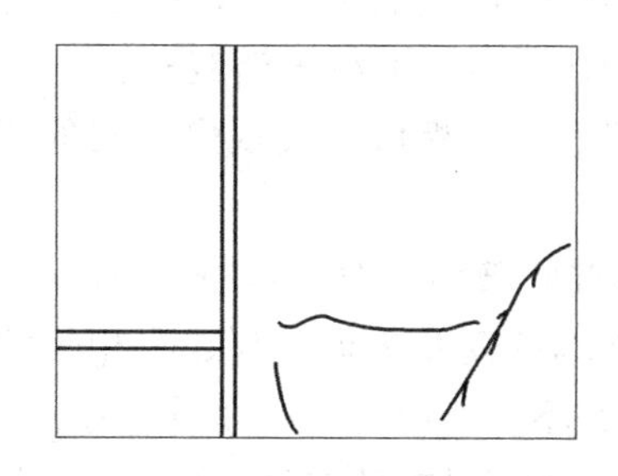

图 10-41 起居室（2）的东墙面破损状况

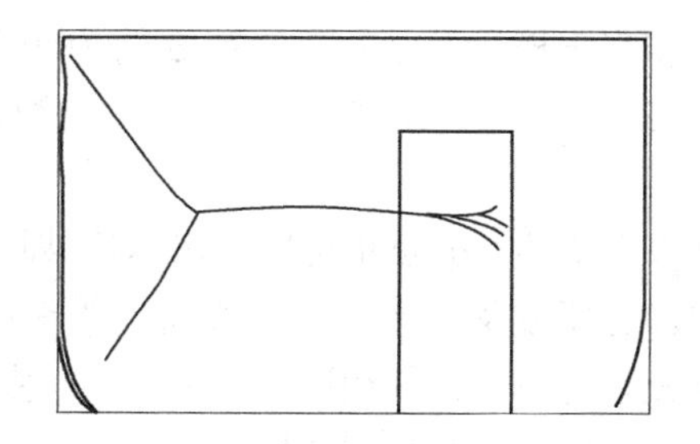

图 10-42 起居室（2）的南墙破损状况

⑤ 106 号厨房结构无肉眼可见的破坏。外窗有变形，外倾达 150mm，与门厅相隔的窗框、门都没有损坏，甚至还有几块玻璃是完整的。菱苦土制作的 200mm×150mm×10mm 通风道破坏严重，有贯通裂缝，大部已跌落。

1单元楼梯间损坏不大，仅在梯段板与平台梁相接处及上下几层通往楼梯间的门框处，由于振动产生裂缝和部分损坏。通往一、三层楼梯栏杆倾斜，分别为5°和4°，即外倾200mm左右。邻居104号、105号外门及部分内门移位或被击破，其他相邻户结构都有不同程度的破坏。另外爆炸荷载对结构的整体影响，也使许多家庭中易碎的物品被振碎。

（2）事故分析

天然气泄漏源在厨房。天然气经厨房门缝等处逐渐弥漫至门厅乃至散布至起居室（1）和起居室（2）室。由于天然气轻于空气，在进入门厅后，门厅上部充满天然气，然后逐渐向下扩散。天然气与空气混合后，达到一定含量，经门厅内的电冰箱启动点燃爆炸，如图10-34所示的E_1点。现场勘察表明这次爆炸的压力不大，但气浪推动火焰向各方传播，导致了第二次在起居室（1）发生的更为严重的爆炸。

天然气在标准状况下（0℃，1atm）爆限是6%～16%（体积比）。天然气发生最大爆炸（即理想配比的当量爆炸）的环境条件是20℃，1atm，相对湿度50%，天然气占空气的体积比为10.5%。当时除相对湿度略大，含量不明外（但一定在10%附近），其他条件均接近于理想条件，爆炸是比较剧烈的。

门厅内发生爆炸后，气浪把内外门扇掀掉或打开，压力骤降，因此没有造成门厅的严重破坏。气体穿过各个狭窄洞口出现湍流，加速把混合气体输送到各个房间或室外。气流沿阻碍最小路径、最短路径的方向移动，在起居室（1）门内近地面处积聚到一定含量时，门厅的火焰即已到达，在E_2处发生了第二次爆炸（图10-34）。现场有人说听到两声爆炸，这是正确的。前一次轻，后一次重，间隔很短。由于火焰传播速度为5～10m/s，这段距离只需0.6～1.0s。一般在清醒的情况下，人耳可以分辨得出。有的人可能因为已熟睡，没有听到两声，所以有人反映只听到了一声。根据超压分析，第二次爆炸在起居室（1）产生了15～25kPa的超压。由于压力分布很不均匀，局部超压可能更高。起居室（1）墙面有局部破坏痕迹，墙的另一面呈明显的塑性破坏。其他地方压力稍弱，但足以破坏门窗等构件。

压力向各个方向作用，地面发生的破坏与预想一致，然而顶板为什么也与同一房间的地面破坏状态相似呢？因为近地面处爆炸压力最大，上部压力较小。考虑湍流的影响，起居室（1）上部可能形成一个负压区。如负压区压力为大气压力的90%，即低于常压10%，相当于楼板附加向下的荷载约为10kPa，楼板面压力q＝恒载＋活载＋向下的负压＝2.65＋2＋10＝14.65kPa，远超过楼板的设计荷载值，顶板依然表现出下凹的塑性状态。

从以上描述及分析也可以看出爆炸破坏是空气压力波的破坏，而不是冲击波的破坏。凡被单面超压波及的构件，均有较为严重的破坏，如外墙的窗及玻璃，与邻户相隔的内墙、楼板，与室外大气相通的通风道等。室内外由于存在不同的压力，使分隔这两个不同压力环境的构件一侧受到超压压力，由压力引起的附加内力超过构件本身的抗力时，就会发生破坏，甚至被抛出。室内物品移动不大，是因为室内压力波从各个方向向物品施加相近的超压，室内物品不会被移动或推倒。

2. 燃爆灾害的加固与修复

燃爆后的加固与一般建筑物加固（如震后加固）基本上没有什么区别，而且比地震加固可能还要轻微（燃爆波是压力波，可视为静载）和局部，如果伴生很大的火灾则应做火灾后的评估与鉴定，并根据鉴定结果给出火灾后的建筑加固修复方案并辅以解决燃爆压力波局部破坏的加固方案，其综合考虑方法如图 10-43 所示。具体加固方案可视不同部位采用各种方法灵活处理。

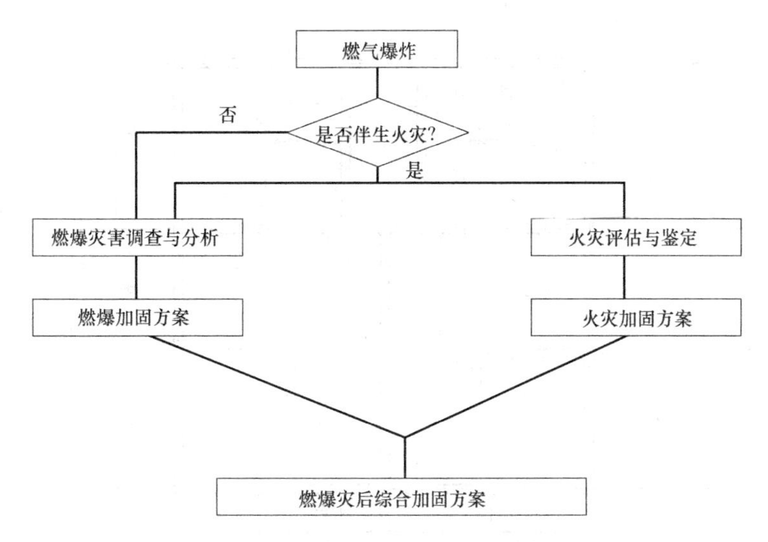

图 10-43　燃爆灾后加固的综合考虑

【案例 10-6】 东北地区某居民楼燃气泄漏爆炸事故

（1）事故概况

某居民小区 9 号楼为一栋六层砖混结构住宅，建于 1997 年，建筑面积为 5655.57m²。房屋采用条形砖基础。主体结构的外墙厚度为 370mm，内墙厚度为 240mm，房屋每层设置现浇钢筋混凝土圈梁、构造柱。楼、屋盖板，过梁、阳台、雨篷、挑檐和楼梯板等采用预制构件。厨房、卫生间和起居室局部采用现浇板。主体结构的材料等级：砖为 MU10，混合砂浆（一～三层为 M10，四层以上为 M7.5），现浇钢筋混凝土构件强度等级为 C20。2001 年 11 月 22 日 6 点 22 分，位于该楼西北角的五单元 102 号厨房发生燃气泄漏爆炸，随后起火，11 分钟后消防队赶到灭火。五单元 102、202 号和首层、二层的楼梯休息平台板的主要承重构件受损情况严重，不能满足继续承载的要求，局部构件成为危险构件。业主要求进行加固处理。五单元 102 号为三室两厅户型，其所在单元平面图如图 10-44 所示。

（2）结构的损伤状况分析

1）结构的损伤状态描述

从结构或非结构构件的损伤和破坏情况来看，爆炸比较猛烈，爆炸使得该楼和周围房屋的多数窗户玻璃破碎、窗框变形，五单元首层和二层，西北侧内纵墙和外墙受损严重。下面就五单元 101、202 号各部位进行逐一描述。

① 五单元 102 号

a. 餐厅、起居室、北侧卧室顶板全部塌落。起居室四周墙体严重开裂，西山墙外闪，与起居室北墙的交接处断开 150mm，与起居室南墙的交接处开裂 10mm。

b. 西南卧室的三块预制板存在不同露筋、露孔现象并以靠近阳台处最严重。该室的

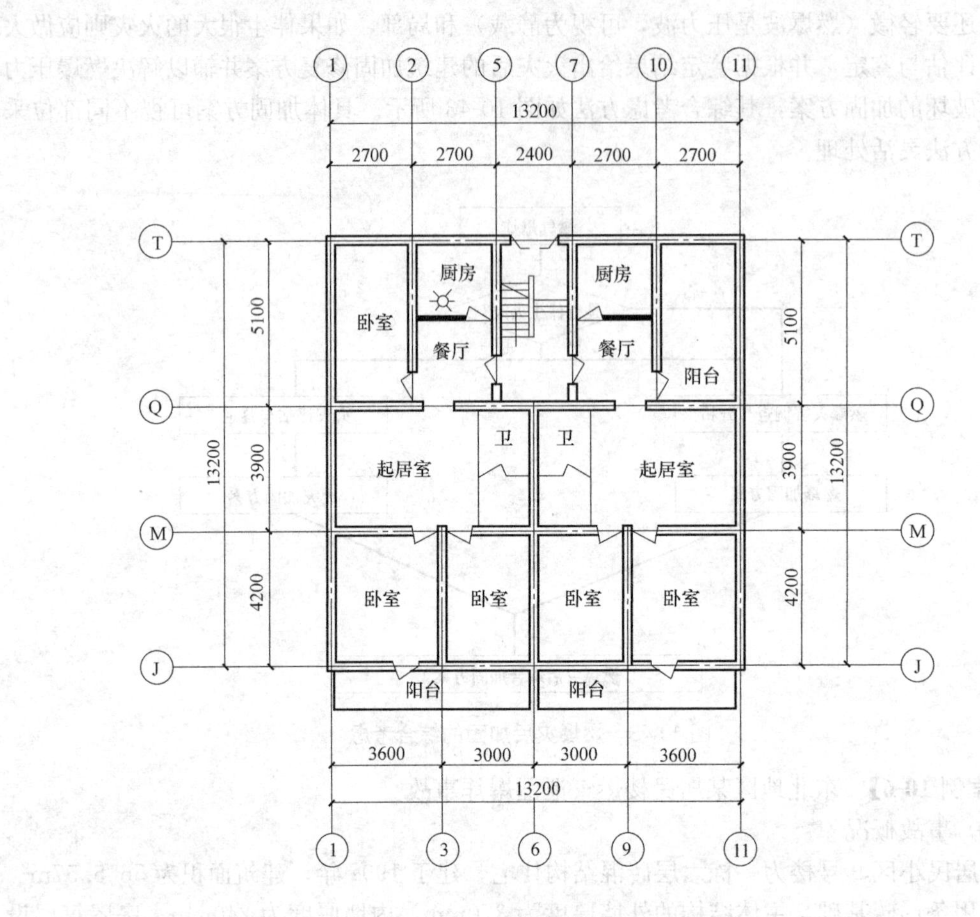

图 10-44 五单元房屋示意图

墙体抹灰全部脱落，砖墙爆裂深度 10mm，敲击声音发闷。东墙有多道竖向及斜向裂缝，最大裂缝宽度 1mm。

c. 东南卧室的三块预制板向上拱起，最大处达 300mm，该室的窗框被炸毁，该室东、西横墙的软包墙面不见，明显受损。

d. 南侧阳台钢窗框严重变形，窗下墙外闪 100mm，砖砌阳台栏板消失，阳台门窗过梁表面熏黑，局部抹灰脱落，且过梁底面个别部位顺裂，但过梁敲击声音清脆。

e. 北侧卧室暖气沟坍塌。西山墙上部塌落，下部外闪达 400mm；该室北侧窗下墙塌落，北墙墙体外闪、开裂，最大处外闪 200mm，最大水平裂缝为 13mm，最大竖向裂缝为 10mm。西北角构造柱混凝土开裂露筋，向西北方向变形严重。

f. 厨房现浇混凝土顶板严重上拱，最大处达 150mm，厨房与餐厅间隔墙塌落，烟道完全损坏，厨房东西墙体酥裂。卫生间轻质围护墙被炸毁，卫生间东墙瓷砖墙面熏黑、爆裂，通风道破损。

② 五单元 202 号。东南卧室的三块预制板存在不同程度的露筋、露孔现象，门窗框严重变形，室内家具已烧光。西南卧室顶板表面熏黑，局部抹灰面层脱落，门窗框变形轻微，木家具已成大孔木炭。起居室顶板表面装修面层全部脱落，露出的原结构板底未见受损，餐厅处顶板表面熏黑，厨房烟道破碎，铝合金窗框变形。北侧卧室西北墙的北侧大部

分塌落，剩余墙体外闪约 400mm，在靠近内纵墙处有竖向裂缝，最大裂缝宽度 30mm。该室西北角墙体塌落，构造柱受损弯曲，北侧墙体存在水平、竖向裂缝，窗下墙的最大竖向裂缝宽度为 10mm。南侧阳台栏板外闪 20mm。

③ 五单元楼梯间梁、板。预制楼梯板、休息平台板除五层西侧外，全部在与墙体交接处开裂；休息平台三层（含）以下，与内纵墙交接处均开裂，越往下越严重。楼梯板与楼梯梁交接处也有开裂。三层外墙处楼梯休息平台板中间横向开裂，裂缝宽度 0.3mm。二层顶板处休息平台板底斜裂、顺裂严重。一层顶板处休息平台板底有斜向、顺向开裂，开裂较二层轻。二层外墙处楼梯休息平台板受损严重，现已采取临时支顶加固，休息平台板边梁开裂 10mm。检查楼梯间墙体发现：二层东、西两侧外闪，一层顶板圈梁多处开裂，一～三层楼梯间南、北纵墙竖向开裂，其中一层墙体受损较轻，四层以上墙体未见开裂。

④ 五单元其他户都有不同程度的损坏，邻居 101、201 号外门及内门部分变形、移位，其他相邻构件都有不同程度的损坏。

2）爆炸损伤分析

此住宅小区使用的燃气为液化石油气（LPG），液化石油气在标准状况下（0℃，1atm）爆限为 2.1%～7.7%（体积比）。当时现场的条件接近于理想条件，爆炸是比较剧烈的。液化石油气泄漏源在厨房，液化石油气经厨房门缝逐渐弥漫至餐厅、北侧卧室，由于液化石油气轻于空气，在进入餐厅及北侧卧室后，上部充满液化石油气然后逐渐向下扩散，液化石油气与空气混合，达到一定含量后，经电冰箱启动点燃。现场勘察表明，破坏严重的是北侧的卧室和厨房。因此爆炸点可判断为在北侧卧室。北侧卧室首先爆炸后，由于北侧卧室的泄压面积很小，致使起居室与北侧卧室的顶板塌落，西侧山墙外闪断裂，外门与邻居的外门被挤到邻居的房中墙上。气体穿过各个狭窄洞口形成湍流加速把混合气体送到起居室。气流沿阻碍最小路径、最短路径的方向移动，在起居室达到一定含量后，厨房火焰已到达，发生第二次爆炸，致使厨房顶现浇楼板向上屈服变形。

灾害性爆炸事先无法预知其爆炸压力，往往需要依靠灾后的现场情况、结构的破坏形态反推爆炸压力的大小。根据构件的破坏来计算爆炸产生的超压，因为厨房顶现浇楼板屈曲变形出现塑性铰线，可由此现浇楼板的破坏情况来计算爆炸产生的超压。厨房顶现浇楼板的轴线尺寸为 2700mm×2400mm，混凝土等级为 C20，下部配筋Φ8@200，上部配筋Φ8@200，楼板厚 120mm。由 Joharvsen 弯曲屈服理论，不考虑板大变形和边界约束带来的薄膜效应，取各材料的强度标准值，则有：

$$m_x = A_{sx} f_{yk} \gamma h_{0x} \tag{10-18}$$

$$m_y = A_{sy} f_{yk} \gamma h_{0y} \tag{10-19}$$

$$q = \frac{\lambda + \alpha}{3\gamma - 1}(1+\beta)\frac{24m_x}{l_x^2} \tag{10-20}$$

式中：m_x为沿短跨塑性铰线上单位宽度内的极限弯矩；m_y为沿长跨塑性铰线上单位宽度内的极限弯矩；λ 为矩形双向板长边边长与短边边长之比；α 为长短跨方向的极限弯矩比；β 为支座、跨中极限弯矩比；q 为板出现破坏机构的均布荷载值。由计算得到 $q=27.3$kPa。按照楼板标准荷载，恒荷载为 3.24kPa，活荷载为 2kPa，设计荷载为 $q=$

6.68kPa，可见爆炸产生的超压远远大于楼板的设计荷载，所以楼板表现为屈服状态。由于爆炸条件的极端复杂性，用不同方法估计的压力峰值有时会有很大差异，但从以上计算中可以大体认定这次爆炸的压力峰值在27.3kPa左右。

（3）爆炸损伤后的结构加固修复处理方案

目前，国内外学者对灾后结构的加固修复技术进行了一定程度的研究。对受损结构的修复问题，提出了许多修复技术和方法，如采用加大截面法、改变受力模式、预应力粘钢加固等技术。各种方法可单独采用也可综合采用。但设计中都应考虑每一结构的损坏特点，因此建筑物的加固修复设计一定要因地制宜。

1）根据此住宅楼爆炸后的损伤情况确定加固改造方案的基本原则

① 充分利用原有结构构件的承载能力，使新加构件与原结构协同工作，降低造价。

② 加固后对主要构件的影响小，对其他部位的居民生活影响小，受力合理，确保安全，便于施工。

2）根据“现场破损情况详细调查结果”确定加固方案

① 地坪加固。首先清除室内杂物，对于凹陷地坪，以回填土填平夯实，找平抹灰。

② 墙体加固。西侧一～二层顶山墙与北侧①—②轴线间墙体，破坏严重不能继续使用，需要拆除，改变为框架结构。先在地梁部分增设一道混凝土梁，钢柱下脚落在新增地梁上。上部结构的荷载通过钢柱传到新加混凝土梁上之后再传到条形基础上。原体加固部分的墙体，通过铺设钢丝网，喷射50mm的混凝土加固。

③ 楼梯加固。楼梯一～四层休息平台板，由于出现裂缝已破坏，需拆除原有休息平台板，重新浇筑现浇混凝土板。在⑤—⑦轴的楼梯墙体4层以下铺设钢丝网，喷射混凝土加固。楼梯板进行原体加固，保证两者之间的连接。

④ 楼板加固。拆除五单元102、202号一、二层所有房间的原有预制空心楼板，改为现浇混凝土楼板。

⑤ 阳台加固。二层阳台与楼板同时加固。

本章小结

本章介绍了近年发生的火灾事故，火灾事故的分类，火灾事故原因分析，火灾对建筑材料的影响，火灾后建筑结构的鉴定，举例说明火灾后受损结构的修复加固；介绍了地震灾害的表现形式及特点，地震灾害的分级与响应机制，工程结构抗震加固的原则、方法，举例说明结构的抗震加固；介绍了燃气的分类和组成，举例说明近年主要燃爆事故，燃爆灾害的调查与处理，工程燃爆事故的分析与处理。

思考与练习题

10-1 火灾对建筑的影响是什么？

10-2 简述引发火灾的原因有哪些？

10-3 火灾现场调查的程序是什么？

10-4 火灾温度的判定方法有哪些？

10-5 简述火灾作用后混凝土结构构件的外观特征。

10-6 简述火灾后混凝土强度的检测方法。

10-7 确定建筑物耐火等级应考虑哪些因素？

10-8 地震作用的特点有哪些？了解地震作用的特点有何工程意义？

10-9 抗震加固应坚持什么原则？

10-10 常用的抗震加固方法有哪些？

10-11 基础抗震加固的技术措施有哪些？

10-12 确定地基基础是否抗震加固的原则是什么？

10-13 我国民用燃气分哪几类？

10-14 简述燃爆的特点。

10-15 燃爆灾害的特点有哪些？

10-16 简述防燃爆设计的一般原则。

10-17 如何进行燃爆事故的现场调查与分析？

参 考 文 献

[1] 王海军，刘勇等. 土木工程事故分析与处理 [M]. 北京：机械工业出版社，2015.

[2] 陈红领. 建筑工程事故分析与处理 [M]. 郑州：郑州大学出版社，2007.

[3] 雷宏刚. 土木工程事故分析与处理 [M]. 武汉：华中科技大学出版社，2009.

[4] 王枝胜，卢滔，崔彩萍等. 建筑工程事故分析与处理 [M]. 北京：北京理工大学出版社，2013.

[5] 李栋，李伙穆等. 建筑工程质量事故分析与处理 [M]. 福州：厦门大学出版社，2015.

[6] 于振兴，刘文锋，付兴潘. 工程结构倒塌案例分析 [J]. 工程建设，2009 (2)：1-7.

[7] 赵连英. 砖混房屋墙体及混凝土构件裂缝的处理 [J]. 山西建筑，2010，36 (29)：109-110.

[8] 中国建筑业联合会质量委员会. 建筑工程倒塌实例分析 [M]. 北京：中国建筑工业出版社，1988.

[9] 刘仲平. 万吨预应力钢筋混凝土贮水池事故分析 [J]. 特种结构，1990 (2)：38-21.

[10] 何文汇，段昌珊. 直径 30m 钢澄清池塌落事故原因分析 [J]. 特种结构，1994，11 (4)：50-54.

[11] 周东星，刘全利. 钢结构事故类型原因分析及预防措施 [J]. 中国建筑金属结构. 2007 (3)：33-35.

[12] 周红波，高文杰，黄誉. 钢结构事故案例统计分析 [J]. 钢结构，2008，23 (6)：28-31.

[13] 尹德珏，赵红华. 网架质量事故分析实例及原因分析 [J]. 建筑结构学报，1998，19 (1)：15-24.

[14] 刘善维. 太原某通信楼工程网架塌落事故分析 [J]. 建筑结构，1998 (6)：36-38.

[15] 谢征勋. 工程事故与安全·典型事故实例 [M]. 北京：中国水利水电出版社，2007.

[16] 王赫. 建筑工程事故处理手册 [M]. 北京：中国建筑工业出版社，1998.

[17] 张廷荣等. 建筑施工质量事故处理与预防 400 例 [M]. 郑州：河南科学技术出版社，1999.

[18] 王树铭，汪浩. 大跨度薄壁褶皱拱型钢板屋顶塌落事故的调查与分析 [J]. 建筑技术，1997，28 (9)：617-619.

[19] 何日毅. 某 110kV 输电线路铁塔倒塌事故分析 [J]. 红水河，2011，30 (6)：150-153.

[20] 舒兴平，胡习兵，于中一. 某铁塔倒塌的事故分析 [J]. 湖南大学学报 (自然科学版)，2004，31 (1)：56-58.

[21] 王元清，王品，石永久等. 门式刚架轻型房屋钢结构厂房的加固设计 [J]. 工业建筑，2001，31 (8)：60-62.

[22] 胡习兵，某轻型门式刚架结构事故分析与加固处理 [J]. 工程抗震与加固改造. 2011，2 (33)：117-121.

[23] 刘念，孙建，许永莉. 地下工程建筑企业事故统计分析 [J]. 工业安全与环保，2009，35 (2)：57-59.

[24] 唐业清. 基坑工程事故分析与处理 [M]. 北京：中国建筑工业出版社，1999.

[25] 胡群芳，秦家宝. 2003-2011 年地铁隧道工程建设施工事故统计分析 [J]. 地下空间与工程学报. 2013，9 (3)：705-711.

[26] 刘辉，张智超，王林娟. 2004-2008 年我国隧道施工事故统计分析 [J]. 中国安全科学学报，2010，20 (1)：96-100.

[27] 余永光. 隧道安全事故分析与安全施工措施 [J]. 安全，2007 (7)：19-21.

[28] 王少飞，林志，余顺. 公路隧道火灾事故特性及危害 [J]. 消防科学与技术，2011 (4)：337-340.

[29] 夏谦. 隧道内爆炸作用衬砌结构的损伤机理和抗爆性能研究 [D]. 硕士学位论文. 浙江大

学，2011.

[30] 白云. 国内外重大地下工程事故与修复技术 [M]. 北京：中国建筑工业出版社，2012.

[31] 文沛溪. 京广线 K2063+300 路基沉陷压浆加固处理 [J]. 路基工程，1987 (1)：62 -67.

[32] 孙长斌，孙宏伟，高文明. 道路路基沉陷、路面开裂工程事故的实例分析 [C] //中国公路学会2002年学术交流论文集. 北京：人民交通出版社，2002：37-42.

[33] 戴长寿. 南京中山南路路面塌陷原因浅析 [J]. 江苏地质，1990 (2)：47-48.

[34] 曹和喜，縻培. 城市下水管道破裂造成地面塌陷的处理技术 [J]. 建筑学研究前沿，2013 (3)：35-37.

[35] 何昆. 蒋楚生. 云南元磨高速公路路堑高边坡及滑坡整治工程 [J]. 路基工程，2004 (1)：49-51.

[36] 马惠民. 山区高速公路高边坡病害防治实例 [M]. 北京：人民交通出版社，2006.

[37] 付大玮. 青海平阿高速公路某边坡病害治理措施 [J]. 青海交通科技，2009 (2)：20-23.

[38] 交通部公路司. 公路工程质量通病防治指南 [M]. 北京：人民交通出版社，2002.

[39] 蔡卓生. 阳茂高速公路沥青路面保护策略 [J]. 广东公路交通，2010 (2)：13. 17.

[40] 刘兴东，向听，杨锡武. 中国南方高速公路沥青路面唧浆病害原因分析与处治措施 [J]. 中外公路，2010，30 (3)：103-106.

[41] 彭余华，沙爱民，张倩. 西宝高速公路沥青路面病害分析及整修 [J]. 中南公路工程，2005，30 (3)：148-151.

[42] 沈其伟，刘先淼. 广三高速公路水泥混凝土路面病害分析及处治 [J]. 中外公路，2004，24 (4)：48 -49.

[43] 潘勇，李强. G321 线肇庆西段旧水泥混凝土路面路况评价及沥青加铺层大修方案设计 [J]. 中外公路，2005，25 (2)：37-40.

[44] 张宇鹏. 水泥混凝土路面断板维修工程实例 [J]. 科学之友，2009，5 (14)：59-60.

[45] 王玉军. 历史上的塌桥事件——桥梁事故辑 [J]. 交通建设与管理，2007 (9)：62-64.

[46] Bjom Akesson. Understanding bridge collapses [M]. London：Taylor&Francis Croup，2008.

[47] Gasparini， DA， Fielcls M. Collapse of Ashtahula Bridge on December 29. 1876 [J]. Joumal of Performance of Constructed Facilities (ASCE)，1993，7 (2)：326-335.

[48] Hanunond R. Engineering Structural Failure，The causes and results of failure in modern structures of various types [M]. London：Odhams Press Limited，1956.

[49] Steinman D B，Watson S R. Bridges and their builders [M]. New York：Dover Publications Inc.，1957.

[50] Hopkins，H J. A span of bridgesan illustrated history [M]. New York：Praeger Publishers，1970.

[51] Pearson C，Delatte N. Collapse of the Quebec Bridge，1907 [J]. Joumal of PerFonnance of Constructed Facilities (ASCE)，2006 (12)：84-91.

[52] Heckel R The Fourth Danube Bridge inVierma-Damage arul Repair [C] //Conference Proceeclings，Devel-opments in Bridge Design and Construction，University College Cardiff，1971.

[53] Jones，DRH. The Tav Bridge [M]. Oxford：Pergamon Press，1993.

[54] Nakao M. Collapse of Tacoma Narrows Bridge-November 7，1940 in Tacorna，Washington，USA [OL]. FailWe Knowledge Database：http：//shippai. Jst，go. jp/en/Search.

[55] Dicker D. Point Pleasant Bridge collapse mechanism analyzed [J]. Crvil Engineering (ASCE)，1971.

[56] 严国敏. 韩国圣水大桥的倒塌 [J]. 国外桥梁，1996 (4)：47-50.

[57] 魏建东. 宜宾小南门大桥的抢修加固与恢复工程 [J]. 公路，2003 (4)：34-38.

[58] 刘维华，安蕊梅. 美国 I-35W 桥坍塌原因分析 [J]. 中外公路，2011，31 (3)：114-118.

[59] Hao S. I-35W bridge collapse [J]. Joumal of Bridge Engineering，2010，9 (10)：608-614.
[60] 何铁光. 株洲红旗高架桥坍塌事故的原因分析及防范对策 [J]. 安全生产与监督，2009，6：42-43.
[61] 钟俊飞. 浅析宝成线广汉石亭江大桥垮塌的原因 [J]. 交通科技，2012 (1)：35-36.
[62] 崔晓林，邹锡兰. 广东九江断桥现场报道 [J]. 中国经济周刊，2007 (24)：22-23.
[63] 李海江. 2000-2008 年全国重特大火灾统计分析 [J]. 中国公共安全 (学术版). 2010 (1)：64-69.
[64] 陈敏. 火灾后混凝土损伤超声诊断方法及应用研究 [D]. 博士学位论文. 中南大学，2008.
[65] 陆松. 中国群死群伤火灾时空分布规律及影响因素研究 [D]. 博士学位论文. 中国科学技术大学，2012.
[66] 王珍. 高性能混凝土建筑火灾烧损试验研究 [D]. 博士学位论文. 西南交通大学，2011.
[67] 房志明. 考虑火灾影响的人员疏散过程模型与实验研究 [D]. 博士学位论文. 中国科学技术大学，2012.
[68] 乔牧. 火灾下建筑结构构件时变可靠性分析 [D]. 博士学位论文. 哈尔滨工程大学，2011.
[69] 徐波. 经济发展及气候变化对中国城市火灾时空变化的宏观影响 [D]. 博士学位论文. 南京大学，2012.
[70] 公安部消防局. 中国火灾统计年鉴 1998 [M]. 北京：警官教育出版社，1998.
[71] 公安部消防局. 中国火灾统计年鉴 1999 [M]. 北京：中国人民公安大学出版社，1999.
[72] 公安部消防局. 中国火灾统计年鉴 2000 [M]. 北京：中国人民公安大学出版社，2000.
[73] 公安部消院局. 中国火灾统计年鉴 2001 [M]. 北京：中国人事出版社，2001.
[74] 公安部消防局. 中国火灾统计年鉴 2002 [M]. 北京：中国人事出版社，2002.
[75] 公安部消防局. 中国火灾统计年鉴 2003 [M]. 北京：中国人事出版社，2003.
[76] 公安部消防局. 中国消防年鉴 2004 [M]. 北京：中国人事出版社，2004.
[77] 公安部消防局. 中国消防年鉴 2005 [M]. 北京：中国人事出版社，2005.
[78] 公安部消防局. 中国消防年鉴 2006 [M]. 北京：中国人事出版社，2006.
[79] 公安部消防局. 中国消防年鉴 2007 [M]. 北京：中国人事出版社，2007.
[80] 公安部消防局. 中国消防年鉴 2008 [M]. 北京：中国人事出版社，2008.
[81] 公安部消防局. 中国消防年鉴 2009 [M]. 北京：中国人事出版社，2009.
[82] 公安部消防局. 中国消防年鉴 2010 [M]. 北京：国际文化出版公司，2010.
[83] 公安部消防局. 中国消防年鉴 2011 [M]. 北京：国际文化出版公司，2011.
[84] 孔新立，金丰年，蒋美蓉. 建筑物防爆抗爆技术研究进展 [J]. 工程爆破，2006，12 (4)：77-81.
[85] 孙建运，李国强. 建筑结构抗爆设计研究发展概述 [J]. 四川建筑科学研究，2007，33 (2)：4-10.
[86] 张正权，张文. 浅谈燃爆及其对建筑结构的影响和防护 [J]. 广东建材，2011 (6)：191-192.
[87] 周云鹏，朱红武，叶勇. 某住宅楼煤气爆炸后的房屋安全鉴定及加固处理 [J]. 住宅科技，2011 (增刊)：132-135.
[88] 谢孝，庞嘉，飞渭等. 天然气爆炸对建筑物的影响初探 [J]. 四川建筑科学研究，2009，8 (4)：88-90.
[89] 王旋，李碧雄等. 结合汶川地震浅析桥梁结构震害机理 [J]. 甘肃科技，2009，25 (5)：100-103.
[90] 陈彦江，袁振友，刘贵. 美国加利福尼亚州桥梁震害及其抗震加固原则和方法 [J]. 东北公路，2001 (1)：70-73.
[91] 王赫. 建筑工程质量事故分析与防治 (第 3 版) [M]. 北京：中国建筑工业出版社，2008.

[92] 汪绯. 建筑工程质量事故分析与处理 [M]. 北京：化学工业出版社，2007.
[93] 彭圣浩. 建筑工程质量通病防治手册（第3版）[M]. 北京：中国建筑工业出版社，2002.
[94] 王赫. 建筑工程事故处理手册（第2版）[M]. 北京：中国建筑工业出版社，1998.
[95] 黄泽德. 建筑加固纠偏工程新技术应用 [M]. 北京：中国建筑工业出版社，2009.
[96] 罗福午，王毅红. 土木工程质量缺陷事故分析与处理（第2版）[M]. 武汉：武汉理工大学出版社，2009.
[97] 江见鲸，王元清，龚晓南. 建筑工程事故分析与防治 [M]. 北京：中国建筑工业出版社，2007.
[98] 黄荣源，王寿华，穆金虎. 建筑工程质量症害分析与处理 [M]. 北京：中国建筑工业出版社，1986.
[99] 王赫. 建筑工程质量事故百问 [M]. 北京：中国建筑工业出版社，2000.
[100] 杨放. 深基坑支护桩断裂事故的原因与处理 [J]. 建筑技术，2002 (7).
[101] 吴兴国. 质量事故分析（第3版）[M]. 北京：中国环境科学出版社，2003.
[102] 张立人，李飞. 建筑结构检测、鉴定与加固（第2版） [M]. 武汉：武汉理工大学出版社，2014.
[103] 张季超，李飞. 地基处理 [M]. 北京：高等教育出版社，2008.
[104] 李飞，王贵君. 土力学与基础工程（第2版）[M]. 武汉：武汉理工大学出版社，2014.
[105] 李飞，高向阳. 土力学 [M]. 北京：中国水利水电出版社，2012.